未读 | 探索家

LARA WIERENGA
DIRMA JANSE

UNREAD

大脑信息图

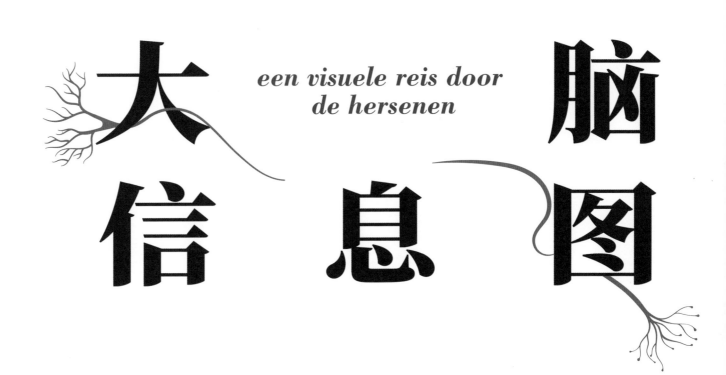

een visuele reis door de hersenen

ATLAS VAN ONS BREIN

[比] 劳拉·维伦卡——著　[比] 迪尔玛·扬斯——绘　轮妹 译

北京联合出版公司
Beijing United Publishing Co.,Ltd.

献给朱利安和泽格
献给亨德里

前言

我们的大脑是处理复杂视觉信息的专家，它对图像的处理速度比文字要快6万倍。与此同时，我们对图像的记忆也比文字更容易。在这场神经科学发现之旅中，有两个学科的专家走到了一起：神经科学家劳拉·维伦卡和平面设计师迪尔玛·扬斯。我们想一起创造一本独特且易于理解的书，以此介绍我们人类大脑这个奇妙的机器。除了文字之外，我们更注重借助图片，使脑科学的复杂信息可视化。这些信息图表和插图直观易懂，能够被迅速理解吸收。这样一来，数据变得更清晰易懂，统计变得更有趣，知识深入人心。

大脑是我们身体里最复杂的器官。近年来，关于我们如何感知事物，大脑如何对外界做出反应，以及如何解决复杂的问题，都有惊人的发现。同时，我们还发现，用大脑来解释人类的行为远比想象的要复杂得多。经过数十年的研究，我们的大脑在某种程度上仍然是一个“黑匣子”。全球成千上万名研究人员每周都会对这个黑匣子取得突破性的发现，但是每一个新的发现又会引发无数新的问题。因此，仍有许多未解之谜存在，比如，意识是如何从大脑中产生的？为什么我们能如此享受音乐？我们怎样才能识别大脑中的精神疾病？

科技的发展使我们越来越有能力回答这些问题。例如，我们现在可以对活体人脑进行详细研究。虽然这些研究并不能完全解释我们的大脑是如何工作的，但它们确实解开了拼图的一小部分。尽管这个复杂的拼图还远未完成，但让有关不同拼图片段的宝贵知识成为共享资产是非常必要的。这样一来，即使在该领域从业多年之后，也会有更多人与我们一样，对头脑中所发生的一切感到惊奇。

你在这本书中会读到什么？

本书将带你踏上一场探索神经科学的冒险之旅。通过26个引人入胜的大脑问题和数百幅迷人的插图及信息图表，我们将带你更清楚地认识这个世界。我们试图回答你曾经想知道的关于大脑的一切问题。同时，我们还会深入讲解大脑研究的工作原理以及脑科学如此复杂的原因。此外，我们还将帮助你以正确的方式解释大脑研究。与其他领域的研究者一样，大脑研究人员不断以批判的眼光审视自己的领域。随着新见解的涌现，现有的理论就会被修改、补充甚至反驳。

本书不是对大脑的全面总结，那是一本书解释不完的。相反，你可以把它看作是对大脑科学当前状况的一个小小概括以及从诸多不同角度解决棘手问题的一个小样本或快照。通常情况下，我们会将这些问题分解成更小的部分来处理。在寻求答案的过程中，提出好的问题是至关重要的。剧透警告：这本书并没有一个令人满意的结局。读完你可能会产生比你刚打开时更多的问题。但《大脑信息图》确实给你提供了工具和指引，让你在陌生的领域里也能自在畅游。

> **“科学知识的增长存在一个悖论。随着信息量越来越大，松散的事实和难以捉摸的谜团让位于合理的解释，混乱中便出现了简单。”**
>
> ——《细胞分子生物学》（1983）

因此，读完这本书后，如果你在报纸、杂志或酒吧谈话中听到关于大脑的新的科学发现，那么本书将为你提供解读并理解这些发现的所有工具。此外，本书还包含一些你以前可能从未考虑过的主题小知识。你可以从头到尾阅读这本信息图，逐一浏览所有26个大脑问题，但你不必非得如此不可。信息图的编排方式使你可以从任意一点上“开始”。如果你还需要更深入了解某个主题，我们会引导你查看书中前面或后面的相应页面。这样，你可以随时阅读你当下最感兴趣的内容。

本书分为五章，每章由不同的条目组成，那么具体你可以从这本信息图中获得哪些信息呢？在第一章中，我们将带你进行一次解剖学之旅，教你了解我们大脑的不同组成部分，以及它们是如何工作和相互联系的。我们还将带你回顾脑科学的历史。与许多其他领域一样，脑科学领域的重要女性先驱并未得到充分的曝光。因此，我们也特别关注那些对整个科学，尤其是对脑科学做出重大贡献的女科学家。在第二章中，我们将进行一次时间的旅行。我们从胎儿在子宫中产生的第一个神经元开始，继而探讨童年时期大脑的爆发，再反思我们现在对青春期大脑生长高峰的了解，最后以老年期的大脑结束。在第三章中，我们将探讨女性大脑和男性大脑之间是否存在有意义的差异，以及这些差异是否可以解释男女之间可能存在的行为差异，如果可以解释，那么又该如何解释。在第四章，我们将讨论天赋是否也可以在大脑中找到。我们将谈论智力和爱因斯坦的大脑。我们讨论大脑如何体验音乐，以及音乐天赋是否在大脑中可见。我们也将探讨关于创造力的研究。在本书结尾处，我们将探讨适合孩子发展的最佳脑部环境，而这与脑科学的研究成果分不开。因此，第五章汇集了教育神经科学这一新研究领域的见解。例如，为什么睡眠能使人变聪明？压力如何影响大脑，对此你又能做些什么？我们的数字化社会又是如何影响儿童和青少年的大脑发育的？没有一本大脑方面的书能够做到包罗万象，所以我们还提供了一个阅读清单，供你进一步了解特定的大脑主题。

我们是谁？

劳拉·维伦卡是莱顿大学发展和教育心理学系的研究员和讲师。她专门研究儿童和青少年的大脑发育。她的工作主要是探讨为什么男孩比女孩更容易患多动症，音乐课程如何影响我们的大脑发育，以及初恋对青春期大脑功能的影响等问题。在工作中，她总是想方设法地寻找能够让自己的科学发现尽可能地深入浅出的方法，包括借助（数据）可视化的方式。她在出版物和报告中，以及在做讲座和公开课中都保持如此。劳拉为这本信息图提出了她自己一直想知道答案的大脑问题，这些问题是基于她的研究课题和目前神经科学领域热门话题而提出的。她分享了自己的研究成果，并对必要的文献进行了筛选、过滤、解释和翻译，将它们以一种易懂、易读的方式收录在本书中。

“我们看到的不是事物本身，而是我们自己。”

——阿娜伊斯·宁（1903—1977）

迪尔玛·扬斯毕业于兹沃勒艺术学院，是一名平面设计师，专门从事信息图表和科学可视化工作。她在工作中，努力寻求通过视觉解决方案将复杂信息清晰地呈现给广大读者。迪尔玛在代尔夫特理工大学教授科学视觉课程，并曾在NRC（美国国家研究委员会）等机构工作过。她为本书设计了可视化的效果图，或对现有的可视化效果图进行了诠释和改造，以此带你进入大脑研究的奇妙世界。在整个过程中，她考虑到了科学中固有的复杂性和细微差别，她还发现在科学和艺术之间创造一种交叉融合的关系是很重要的，因为正是在这个交叉点上，才会出现令人难以置信的、美丽的、意想不到的创新事物，从而为这两个学科同时增光添彩。正是这种有趣而富有启发性的交流让劳拉和迪尔玛为这个项目走到了一起，深入的合作也让她们对彼此的领域有了更多的了解，从而可以进行更多的尝试，以深化本书中的可视化内容。

我们的使命

首先我们希望任何想了解大脑的人都能通过这本信息图成功地获取到相关知识。例如，你想更多地了解儿童是如何发育的，或者你自己或你的亲人患有脑部疾病，或者仅仅是出于兴趣，想更好地了解自己的大脑。我们选择以数据可视化为核心的形式，将艺术和科学结合起来。尽管这两门学科在过去几年里各走各的路，但也有诸多交集，如好奇心、惊奇、创造力、原创性和卓越性等。历史上有许多成功合作的例子：16世纪的科学家安德烈·维萨里将所有最优秀的艺术家和雕塑家请到他的实验室，以绘制最精确的解剖图。神经科学之父圣地亚哥·拉蒙·卡哈尔的工作也为我们了解大脑做出了巨大贡献，原因之一就是他通过显微镜看到了神经元的美丽图像。此外，合作还会带来新的见解和突破，有利于解决重大的社会和基本问题。通过这本信息图我们想展示将这两个学科联系起来是多么有价值。而且我们真诚地希望以它为例来激励其他的人。

此外，这本书还表达了对（年轻）脑科学家的钦佩，钦佩他们对该领域的奉献，钦佩他们对我们大脑做出的非凡和重要的发现。他们中的许多人激发了我们，使我们能以精彩的方式描绘大脑。他们在这本信息图中占有重要的一席之位。我们希望这些优雅的信息图表和插图能以一种有趣的方式向你介绍脑科学，并最终邀请你在本书的复杂数据中发现新颖的模式。

劳拉·维伦卡和迪尔玛·扬斯

目录

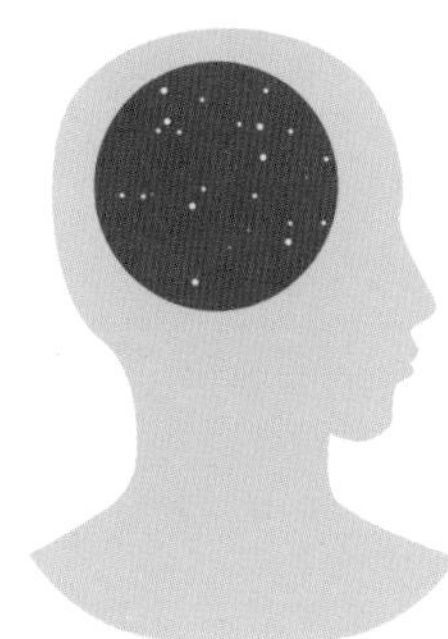

在这一章

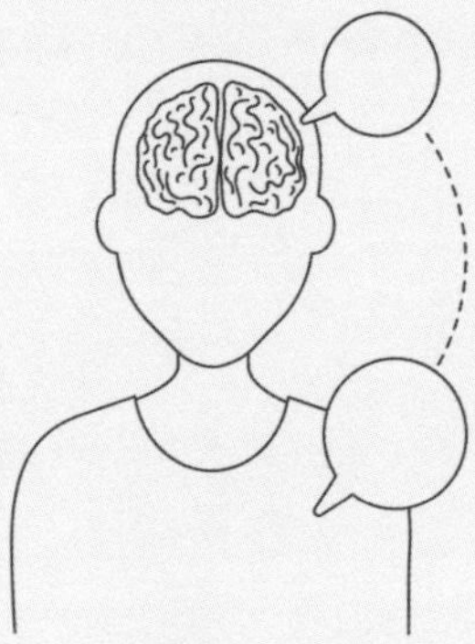

1

你将了解大脑如何与
身体进行交流。

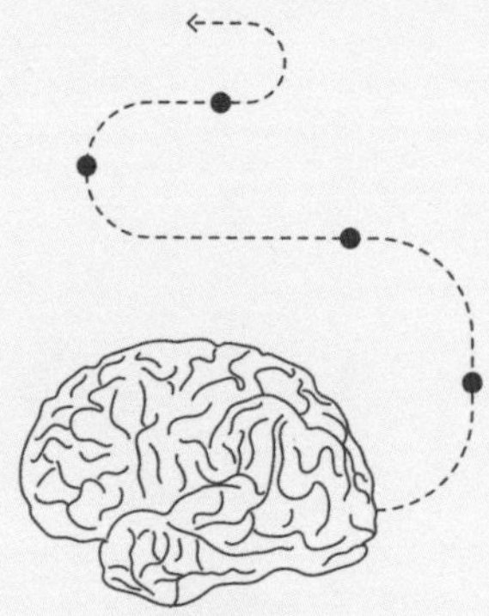

2

你将深入了解
脑科学的历史。

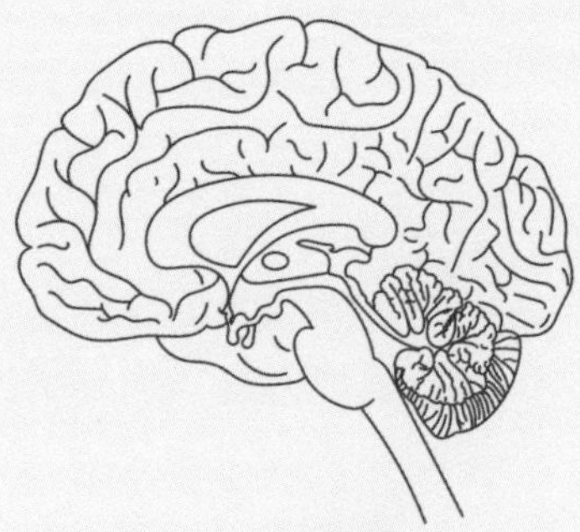

3

你将了解大脑的
各个组成部分。

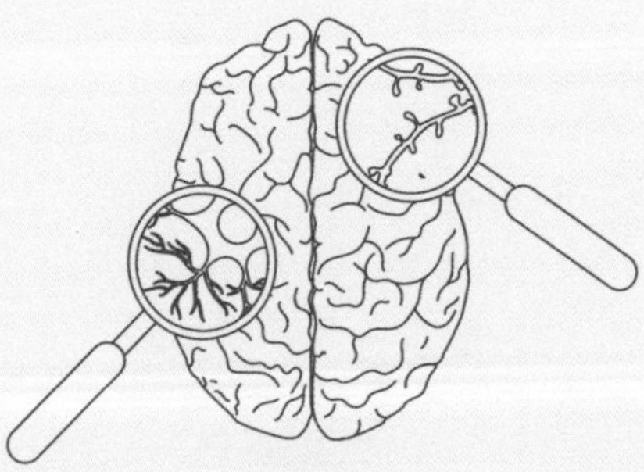

4

你将以不同的
放大倍数观察大脑。

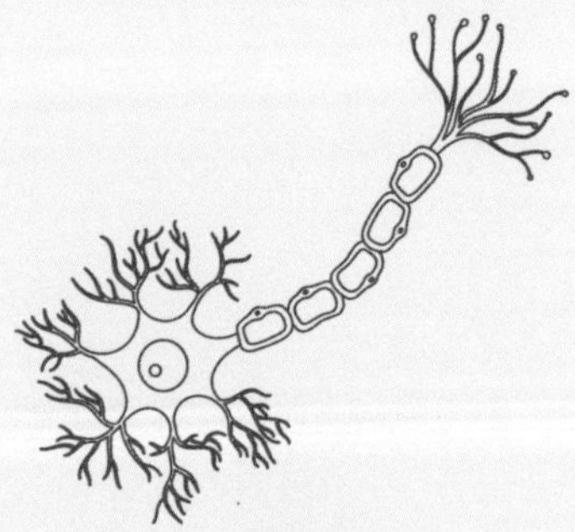

5

你将了解神经元是
如何工作的。

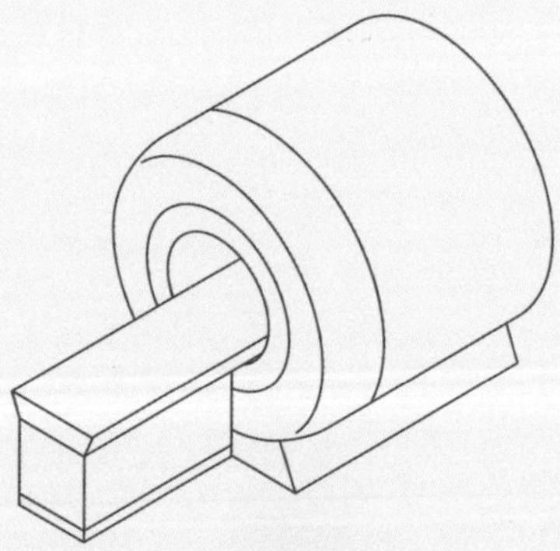

6

你将了解神经科学家是
如何测量大脑的。

1

大脑的组成部分

在本章中，我们将带你进行一次身体的旅行。在这里你将发现你的身体是如何对周围的环境做出反应的。我们从身体的神经系统开启这场旅程，然后我们进一步描述大脑是如何作为神经系统的一部分，并讨论了肉眼可见的所有大脑组成部分及其功能。接下来我们会进一步深入，直到我们来到你大脑中最小的细胞——神经元。先不要惊慌：对一些现在在这里粗略涉及的术语和概念，我们将在后文进行详细解释。此外，我们还在较复杂的章节中穿插了神经科学的历史（当然，少不了时间线）。最后，我们将介绍脑科学家的工具包。这里有简单易懂，也有复杂如脑筋急转弯的内容。你可以毫不费力地也可以全神贯注地阅读这些知识，哪种方式更适合，由你来决定。

你的感官、大脑、器官和肌肉之间的运动是如何调节的？

1

你的大脑与身体的其他部分有什么联系？

神经系统

铃声响起，下一回合开始，对手已经准备好了。一记低踢，成功将其抵挡；一记右拳，再来一记，一记高踢，又一记踢在大腿上……跆拳道要求你的身体保持最高的警觉性并做好最充足的准备。你的身体必须随时处于警备状态，你必须非常细致地观察对手的一举一动，这样你才能预判对方接下来会做什么，并以此判断对每一拳、每一脚应何时做出应对。这需要你的感官、大脑、器官和肌肉通过你身体中最重要的系统之一：神经系统，进行极其精确的合作。神经系统从环境中收集信息，对其进行处理，并通过控制相应的肌肉对其做出反应。而这到底是如何做到的呢？

幼年被囊动物

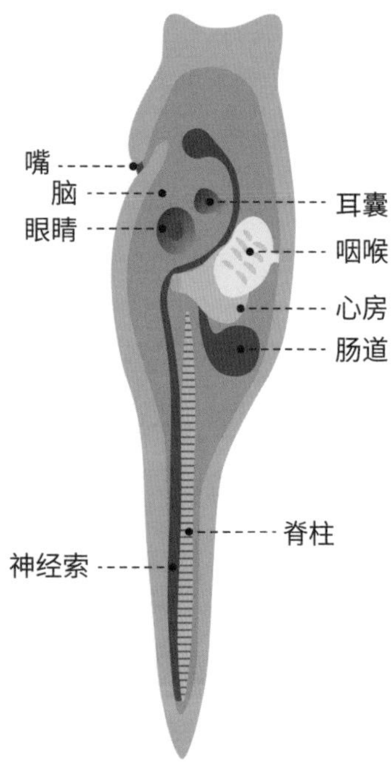

成年被囊动物

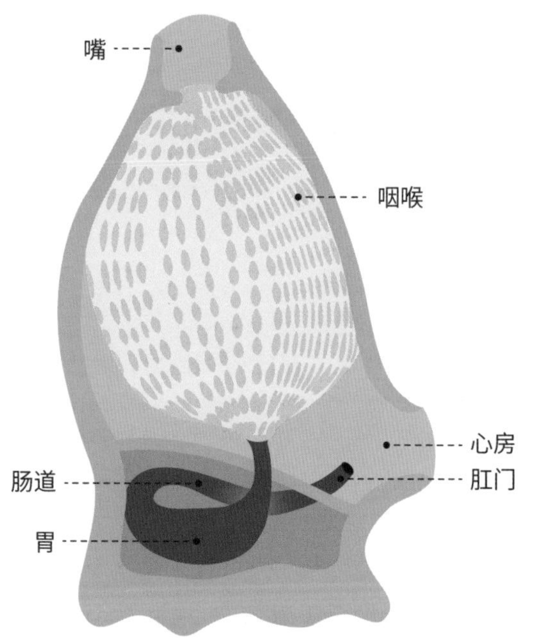

“移动物体是人类唯一真正能做的事情……无论我们是窃窃私语，还是砍伐森林，运动系统都是大脑唯一可用的外部输出。”

——查尔斯·谢灵顿
（1857—1952）

没有输出，就没有输入

产生运动也许是神经系统的主要目的，例如，被囊动物的生命周期就说明了这一点。它们生活在多岩石的海底，并能在不同深度下存活。幼虫期，它们看起来有点像蝌蚪，有一个头和一条尾巴。被囊动物用眼睛观察周围的环境，拥有一个平衡器官，并且通过一条类似于脊柱的加强尾巴上的长神经细胞来移动。这些神经都与一个微小的原始大脑相连。成年后，它们会把头附在岩石上，此后便再也不会移动位置。由于它们不再需要尾巴，因此尾巴就被自己的身体吸收了。更令人震惊的是：它们会吃掉自己的眼睛、神经甚至大脑，直到它们成为管状形态。此时它们只剩一张嘴，一个胃，一个排泄口，还有一个卵巢和一个睾丸。简而言之：一旦被囊动物停止移动，它们就不再需要感知环境的感官和它们的大脑了。换句话说：没有输出，就没有输入！

控制台

中枢神经系统=大脑+脊髓

神经系统是人体的交通控制器，它由被称为神经元或神经细胞的特殊细胞网络构成。神经系统分为中枢神经系统和周围神经系统。它们协调工作，处理来自环境的信息并做出相应反应。大脑与脊髓一起构成了中枢神经系统的一部分，周围神经系统由连接中枢神经系统与器官和肌肉的神经元组成。

我们可以将中枢神经系统比作空中交通控制塔，控制塔通过雷达接收来自不同飞机的各种信息，然后指挥飞机在正确的时间飞向正确的跑道。而这也正是中枢神经系统接收来自感官和器官信息的方式，感官和器官之间便是通过该神经系统进行沟通的。中枢神经系统记录并处理这些信息，然后传递给相应的肌肉和器官，指挥它们什么时候该做什么。脊髓从大脑底部的脑干开始，一直延伸到背部的尾骨，受到椎骨的保护。脊髓分为31个节段，每个节段都有左右两根脊髓神经。它们是周围神经系统中的分支。脊髓神经是由感觉神经元和运动神经元组成的，感觉神经元发送来自感官的信息，运动神经元则负责传导至骨骼肌。脊髓的横截面呈蝴蝶状结构，运动神经细胞在腹侧，感觉神经细胞在背侧。所以在接受硬膜外麻醉时，你下半身的感觉神经细胞和运动神经细胞会被暂时麻痹，因此你不会再感到疼痛，但此时你也无法正常活动。在脊髓的中心有一条非常小的管道，里面充满了脑脊液并与大脑中的脑室相连。因此，如果你想测量脑脊液中的一些成分，你可以通过腰部穿刺或脊髓穿刺来实现。

神经系统

中枢神经系统

周围神经系统

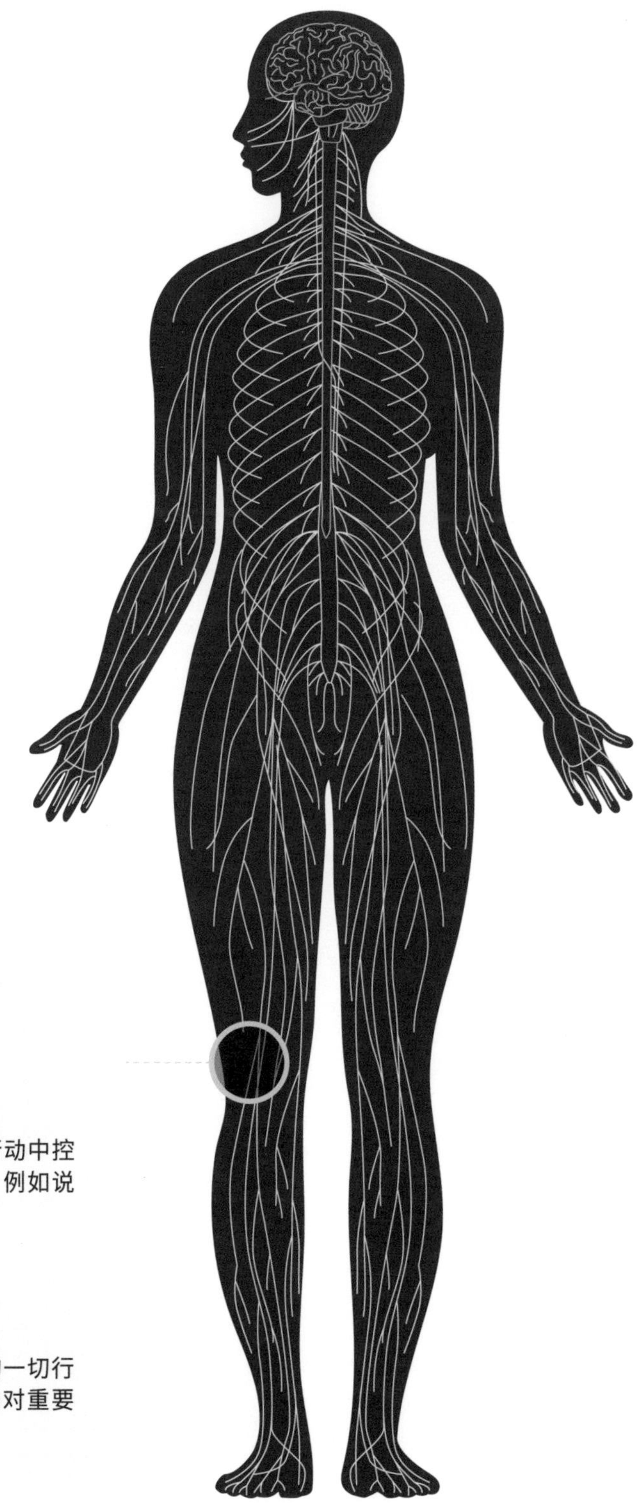

周围神经系统由以下部分组成：

躯体神经系统

在有意识的行动中控制骨骼肌肉，例如说话和踢球。

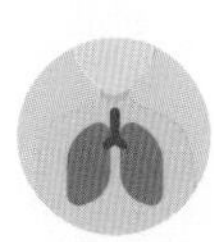

自主神经系统

你无法控制的一切行为，如反射和对重要器官的控制。

脊髓

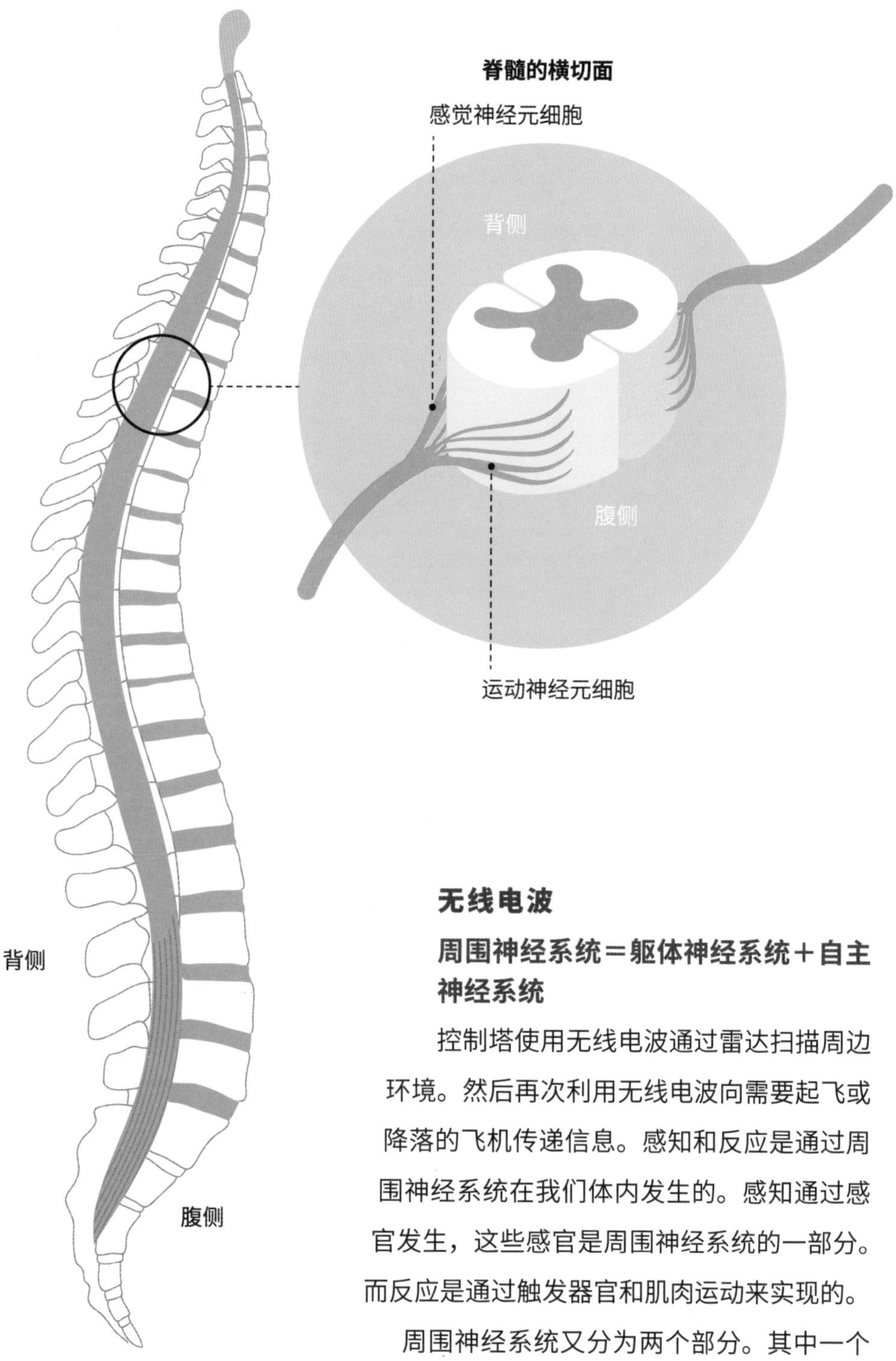

无线电波

周围神经系统＝躯体神经系统＋自主神经系统

控制塔使用无线电波通过雷达扫描周边环境。然后再次利用无线电波向需要起飞或降落的飞机传递信息。感知和反应是通过周围神经系统在我们体内发生的。感知通过感官发生，这些感官是周围神经系统的一部分。而反应是通过触发器官和肌肉运动来实现的。

周围神经系统又分为两个部分。其中一个部分是躯体神经系统（随意神经系统），也就是受我们“意志”影响的部分。想想你有意识地做的每件事，从说话到踢球。因此，当你踢球时，是躯体神经系统在控制骨骼肌。另外一部分是自主神经系统（不随意神经系统），这是我们无法控制的部分，因此它在我们的“意志”之外运作。它负责反射行为和对身体重要器官（如肺和心脏）进行无意识调节。这样很方便，因为你不必每次呼吸或心跳都去思考了。

有意识的生活和运动

躯体神经系统

躯体神经系统使你能够有意识地控制和感知。中枢神经系统记录了由五种感觉器官传递的关于环境的独特信息。其中四种感觉器官：耳朵、眼睛、鼻子和嘴巴，位于大脑附近，因此通过特殊的脑神经直接与大脑相连。这些脑神经之所以特殊，是因为周围神经系统中的大多数神经都是通过脊髓连接到大脑的，第五感觉器官——皮肤的神经便是如此。它通过脊髓向大脑传递有关疼痛、温度、触摸、位置和震动的信息。在通往大脑的途中，感官的神经会交叉来到身体的另一侧，这样身体左半边的信息就会在右半边脑中得到处理。对肌肉有意识的控制也是这个躯体神经系统的一部分。这是从所谓的运动神经元发出指令来实现的，在大脑皮层内完成操作，并驱动骨骼肌运动。同样，这些运动神经元也从左到右穿过身体，所以你的左脑控制你身体右侧的肌肉，反之亦然。

大脑和感觉器官之间的联系

这些感觉器官通过脑神经与大脑有直接联系：

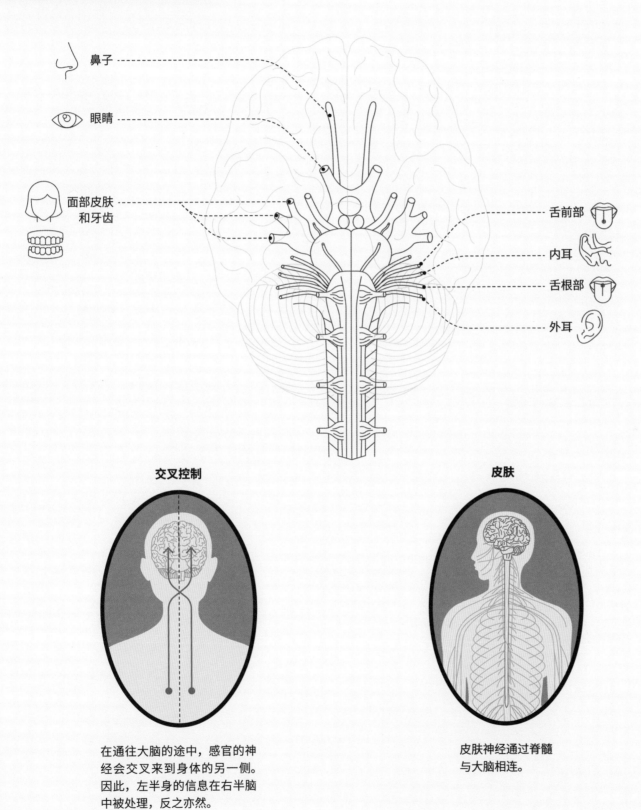

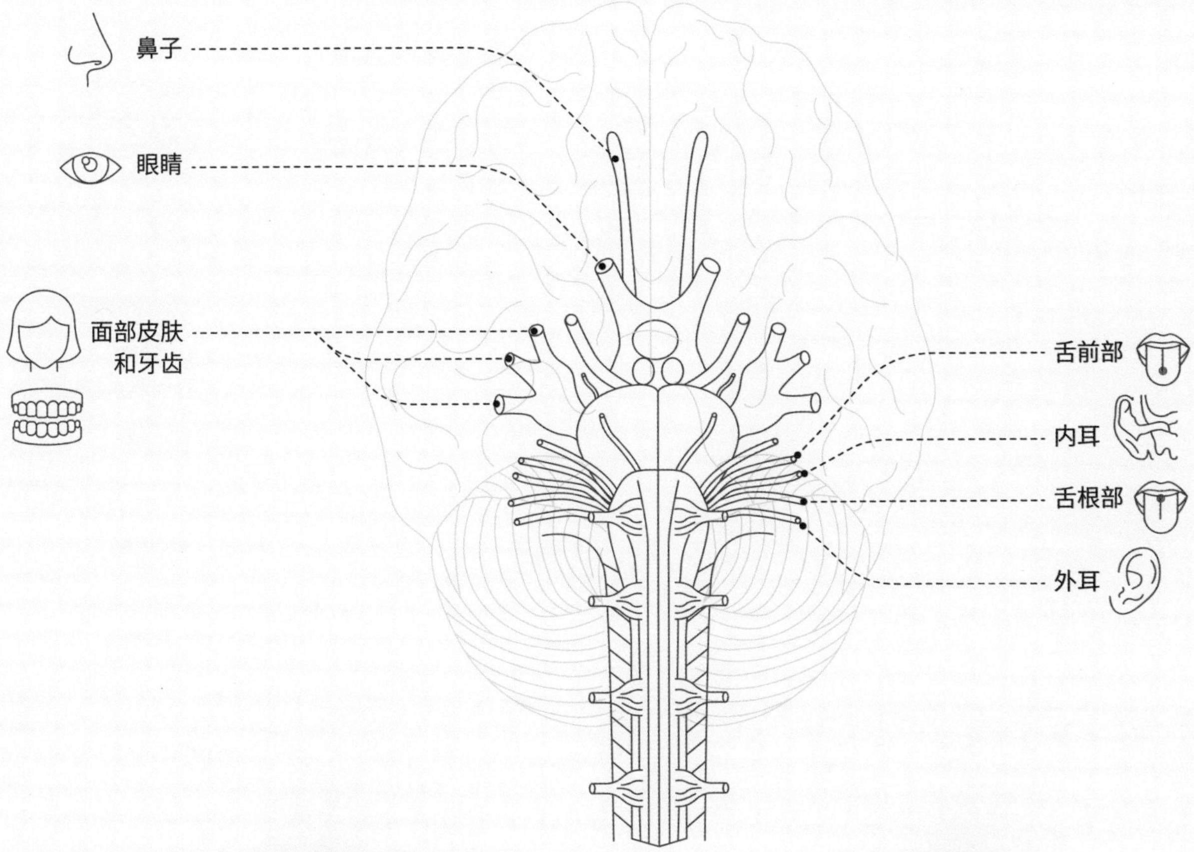

交叉控制

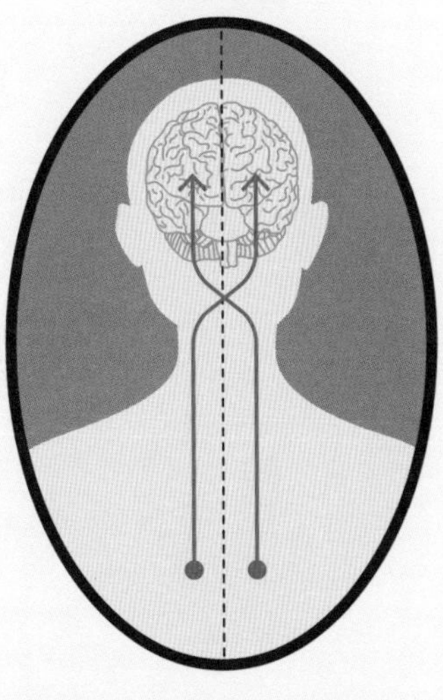

在通往大脑的途中，感官的神经会交叉来到身体的另一侧。因此，左半身的信息在右半脑中被处理，反之亦然。

皮肤

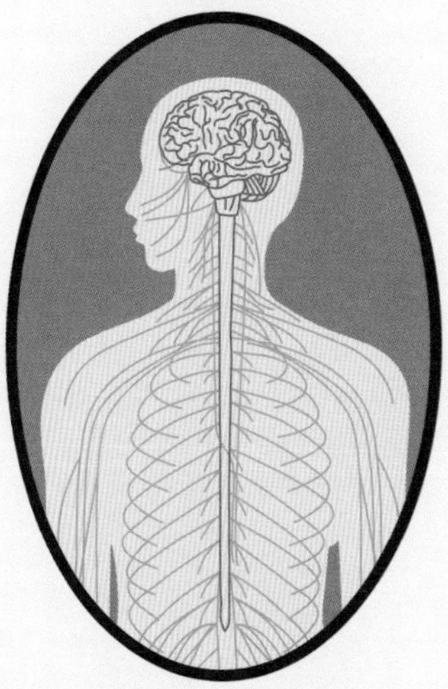

皮肤神经通过脊髓与大脑相连。

自主神经系统

自主神经系统分为**副交感神经系统**和**交感神经系统**。
它们的功能正好相反。

副交感神经系统

充当身体的“刹车”，有助于身体的恢复，比如对营养物质的消化。

交感神经系统

负责各种活动，比如在运动期间或紧急情况下充当我们所说的“油门”。

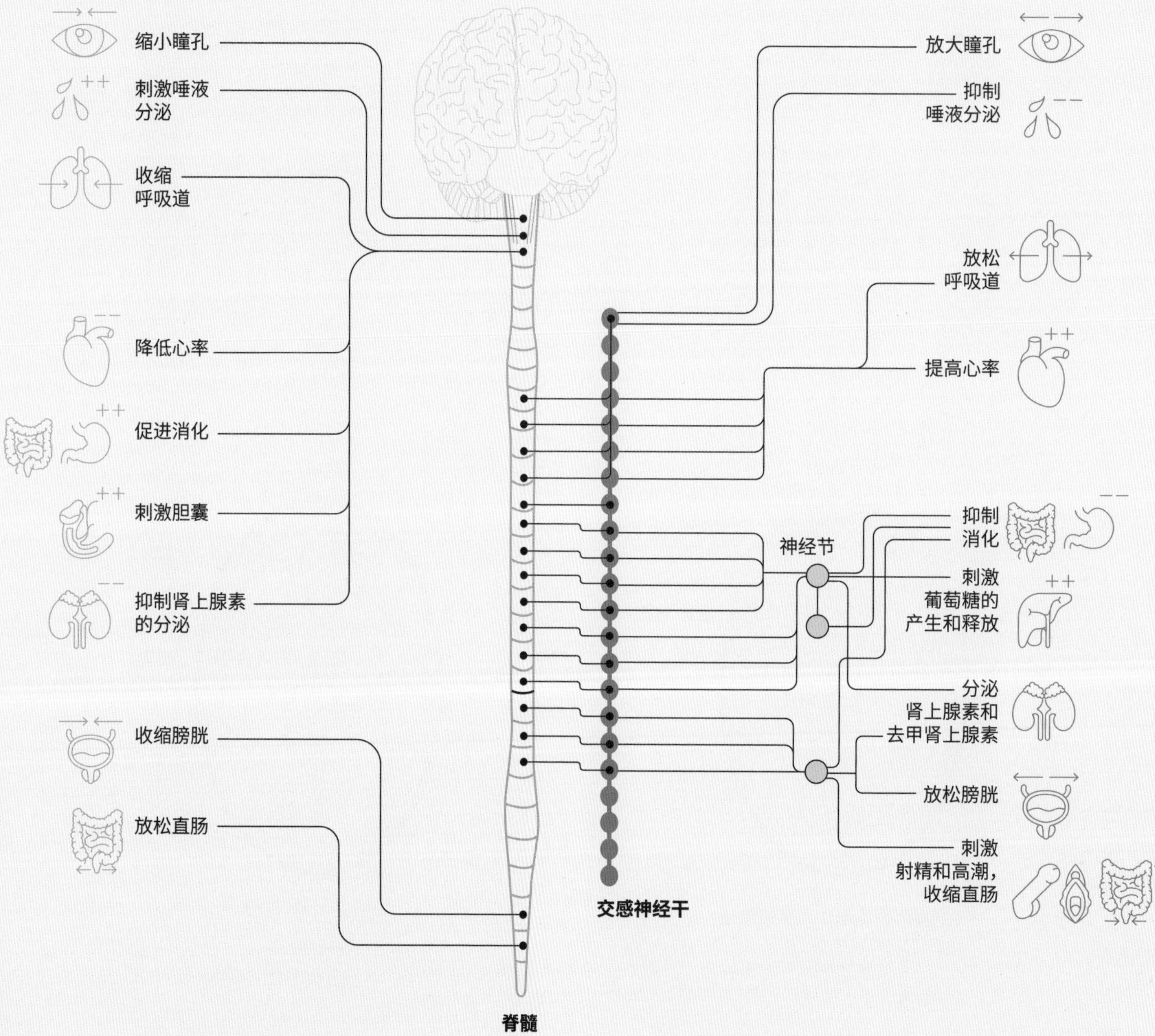

油门和刹车

自主神经系统＝交感神经系统＋副交感神经系统＋肠道神经系统

自主神经系统负责调节你身体的自动过程，如心律、消化、血压等，并被进一步细分。交感（自主）神经系统支配各种活动，例如在运动期间或紧急情况下可以起到“油门”的作用。反过来，副交感（自主）神经系统则作为身体的“刹车”发挥作用。这对身体处于休息状态非常重要，它有助于身体恢复，如消化营养物质。因此，交感神经系统和副交感神经系统的作用正好相反。

战斗或逃跑

交感（自主）神经系统

2010年5月4日，阿姆斯特丹的水坝广场上，每年一度的悼念活动人山人海。突然，一个后来被称为“大坝尖叫者”的男子在2分钟的默哀期间大喊大叫。起初没有什么反应，大家都有些诧异地看着他。但情况很快发生改变。几秒钟内，连锁反应接踵而至。一个手提箱被误认为是炸弹，一道围栏因突然涌动的人群而倒塌，并被误认为是枪声。人们纷纷奔向水坝广场周围的狭窄小巷，甚至还有人因踩踏而受伤。几分钟后，人们才知道其实没有什么威胁，于是停止了奔跑。因此在面对危险时的强烈反应，无论是否合理，都会迅速且不自觉地发生，就像2010年5月4日那样。此时你的整个身体都会进入冻结或逃跑状态，而你的大脑需要更长的时间来评估情况，并做出更适当的反应。在这种情况下，那便是停止奔跑。

长期压力

长期压力会导致皮质醇水平持续升高。这对健康有各种负面影响，比如高血压、睡眠不足和对富含糖分食物的需求增加。一些人的交感神经系统调节会受到干扰，导致杏仁体在没有威胁的情况下过于快速地激活，进而引发更强的应激反应。例如，严重创伤后遗症患者就属于这种情况。

战斗或逃跑的反应是如何在体内发生的

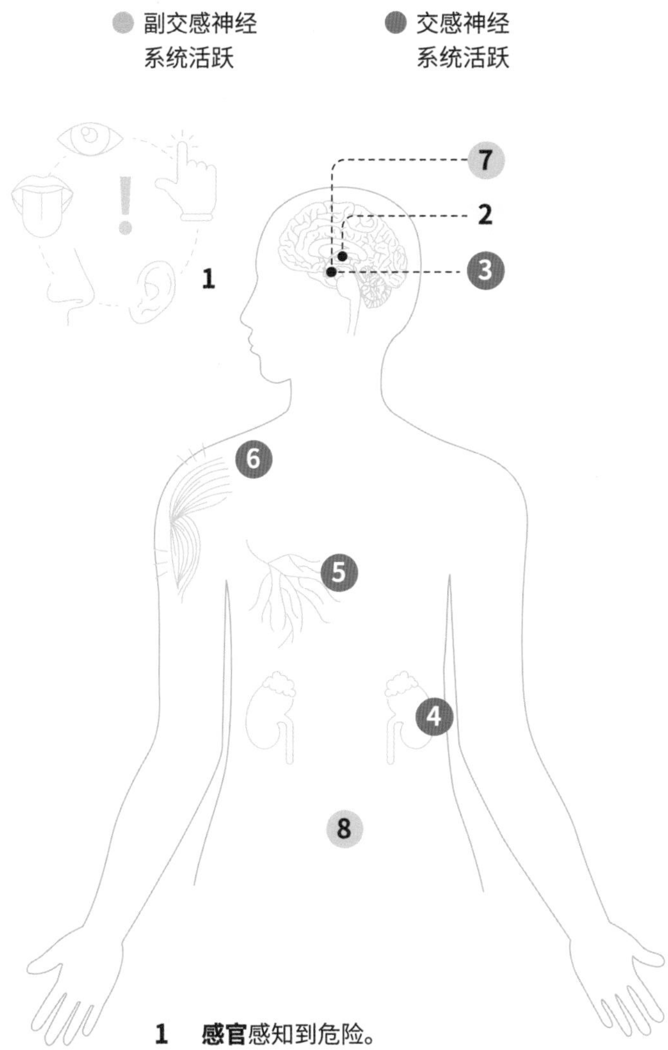

1 **感官**感知到危险。

2 **杏仁体**判断是否有危险。

3 有危险：**下丘脑**向肾上腺发送信号。

4 **肾上腺**分泌去甲肾上腺素和皮质醇……

5 ……它们被吸收到**血液**中。

6 **器官和肌肉**进入高度戒备状态。

7 如果危险过去了，下丘脑分泌的**乙酰胆碱**会抑制皮质醇。

8 **身体**放松，进入维护模式。

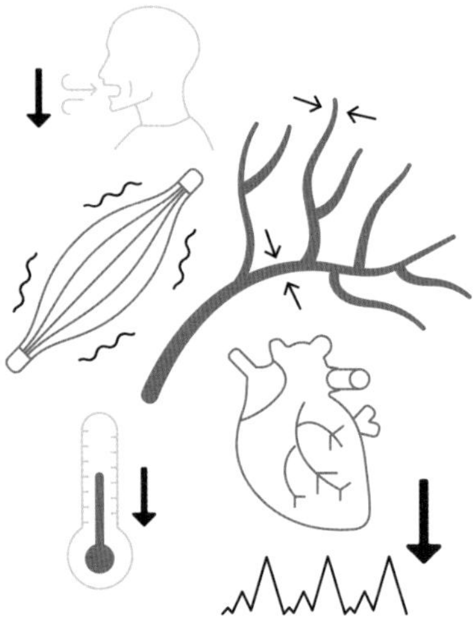

为什么受害者不反击

除了战斗或逃跑反应外，冻结反应（简称“冻结”）也是身体面对危险或极端压力时的三种反应方式之一。这种反应是条件反射性的，就像你把手从过热的蒸锅上拿开一样。冻结反应会使你的肌肉麻痹或僵硬，血管收缩，心率、呼吸频率、体温下降，然后你的身体会感到冰冷。这对人体来说是一件好事：如果受伤，失血会更少；生存也更容易，因为你需要的氧气更少。此外，不移动有助于你保持隐形，这样一来你便可以躲避加拿大的熊。身体冻结在（性）暴力受害者中也很常见。因此，不要问受害者为什么不喊叫反抗，或者为什么不逃跑。这样一来，受害者便成了双重的受害者：首先是暴力受害者，其次是周围人缺乏同情心（也许是无意的）和带有指责性反应的受害者。这被称为受害者指责或“二次伤害”，会在很大程度上导致负面经历带来长期后遗症，如经历再现、内疚和羞耻。所以要知道，在极端情况下，你的身体会掌控一切：所以这没有什么可羞愧的。

最初自动和无意识的冻结反应或逃离反应是由交感神经系统引发的，它是自主神经系统的一部分。自主神经系统由大脑中枢下部的下丘脑控制（第25页）。紧急的情况通过感觉器官反映给大脑，首先在一个名为杏仁体的小型大脑结构中得到快速处理。杏仁体判断（无论对错）存在危险，并激活下丘脑，然后激活身体的交感神经系统。

肾上腺根据下丘脑的指示释放去甲肾上腺素物质，这种物质在血液中循环流动。这可以确保身体获得更多的能量：心率加快，血管扩张，吸入更多氧气，你的肌肉得到了额外的血液供应。当你需要冲出危险时，就能派上用场了！同时，你的消化系统进入休息模式，因此需要消耗的能量更少，这样，身体就做好了快速行动的准备。如果危险没有迅速解除，下丘脑会激活第二次反应，肾上腺会释放皮质醇以保持身体警觉。

休息时的维护工作

副交感（自主）神经系统

当危险完全消除后，副交感神经系统会再次活跃起来，它可以被看作是自主神经系统的“刹车”。然后大脑会释放乙酰胆碱这种物质，抑制肾上腺释放皮质醇。这样一来，你的心率和呼吸就会减慢，消化系统恢复正常运转，并且肌肉得到放松。此时你的身体开始恢复，进入“充电模式”。

尽管（副）交感神经系统的控制是无意识发生的，但这并不意味着你不能影响它们。例如，你可以通过呼吸练习来降低自主呼吸频率，也可以练习深呼吸。通过这种方式，你的身体慢慢地从“逃跑模式”恢复到“休息模式”：放松反应。研究还表明，社会关系对应对压力有积极的影响，尽管目前尚不清楚其在大脑中的作用机制。至于开头提到的跆拳道选手呢？一场比赛结束后，在更衣室休息片刻后他也会重新平静下来。

测谎仪会说谎吗？

你有时会在刑侦片中看到测谎仪测试。但这个测试真的能抓住撒谎的人吗？其背后的理论是：说谎者会无意识地激发他们的交感神经系统，而这是他们无法控制的。因此，测谎仪会测量你的心率、血压和出汗量。这些参数实际上揭示了你的交感（自主）神经系统被激活的程度。然而，并不是每个撒谎者都会出汗。例如，有些人总是能保持冷静。此外，除了“说谎”，还有许多其他触发因素可以激活测谎仪。整个测谎仪测试本身可能会引发应激反应，即使是对说实话的人也是如此。所以这并不是一个非常可靠的测试。

聪明的肠道

肠道（自主）神经系统

自主神经系统还有第三个组成部分：肠道神经系统。直到最近研究人员才将其描述为一个独立的系统，因此人们对它知之甚少。它包括消化道（从食道到肛门）的神经元。关于这个神经系统的初步研究结果已经非常令人着迷了。一些研究表明，肠道神经系统可以在没有大脑指令输入的情况下正常工作。局部刺激可以调节肠道蠕动的节奏——挤压肠道以推动食物前进。例如，食物中的有毒物质会加速你的肠道蠕动。

由于肠道神经系统与大脑有许多相似之处，又独立于大脑，因此也被称为“第二个大脑”。它甚至可以通过迷走神经影响行为，迷走神经是副交感神经系统中控制心脏、肺和消化系统的重要神经。肠道神经系统包含多达5亿个神经元，并且像大脑一样拥有负责清理和维护神经元的胶质细胞。它产生体内50%的多巴胺，这是一种“信使化学物质”，将信息从一个神经元传递到另一个神经元，这对大脑中的运动和奖励系统非常重要。此外肠道神经系统甚至还产生身体内95%的血清素，这是另一种信使物质，在睡眠和情绪等方面有着重要的影响。

研究甚至将肠道神经系统与精神疾病联系起来。例如，患有自闭症谱系障碍的儿童出现肠道问题的概率是没有这种诊断的儿童的四倍。有证据表明，大脑和肠道神经系统的某些异常与相同的基因有关。例如，对大脑发育很重要的基因的异常会导致肠道消化功能延迟。但是，肠道神经系统和大脑是如何相互影响的，目前仍尚不清楚。因此，某些饮食是否也能通过肠道神经系统影响大脑，从而改变行为表现，仍然是一个未解决的问题。

肠道神经系统

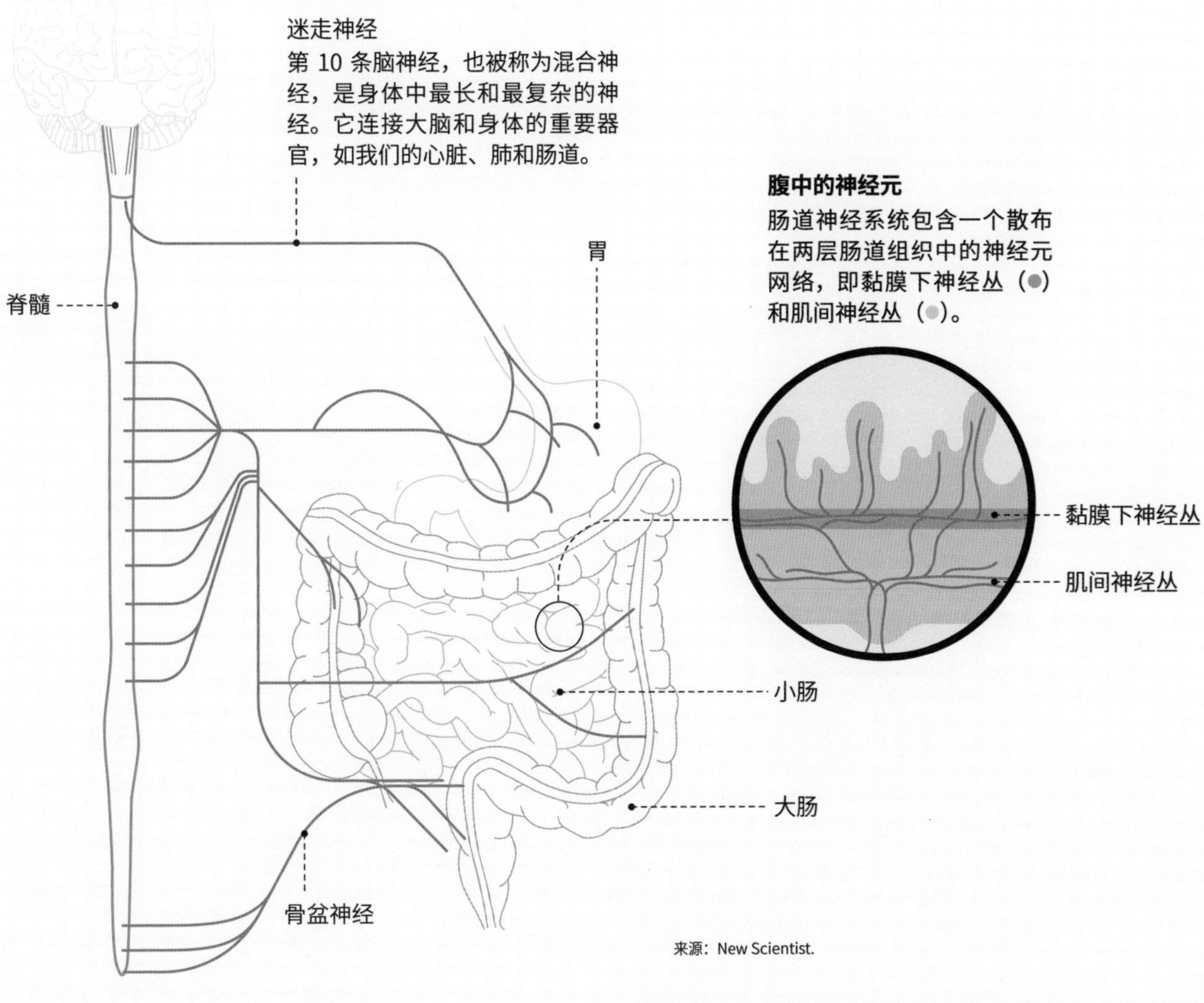
迷走神经
第 10 条脑神经，也被称为混合神经，是身体中最长和最复杂的神经。它连接大脑和身体的重要器官，如我们的心脏、肺和肠道。
腹中的神经元
肠道神经系统包含一个散布在两层肠道组织中的神经元网络，即黏膜下神经丛（●）和肌间神经丛（●）。
胃
脊髓
黏膜下神经丛
肌间神经丛
小肠
大肠
骨盆神经

来源：New Scientist.

人们是如何发现大脑的？

2

神经科学
有多老
(或多年轻)？

大脑研究简史

对大脑的首次描述可以追溯到公元前17世纪。在一张近5米长的莎草纸上，一位古埃及医生记录了十几个病人，以及对他们的诊断和治疗。一些病人有脑损伤。他似乎将病人的脑部损伤与他们的运动障碍联系了起来，这一点很了不起，因为从事木乃伊挖掘工作的考古学家认为，古埃及人觉得大脑根本不重要。古埃及人小心翼翼地取出所有器官，并将它们储存在墓穴内或墓穴周围的罐子里。除了……大脑。大脑在被他们通过鼻孔取出后，就直接被扔掉了。毕竟，古埃及人并不认为它具有重要功能。

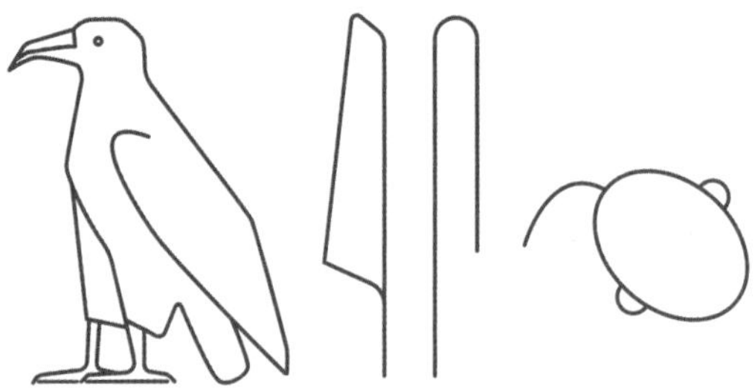

这些是埃及象形文字中的“大脑”和“头骨”，首次发现于公元前17世纪的艾德温·史密斯纸草文稿中。

如今，3700多年过去了，我们对大脑的组成部分及其构建方式有了更多的了解。但与其他器官相比，我们对大脑的工作原理仍知之甚少。虽然神经科学是一个新兴的领域，但其发展历程十分久远。那么，在过去3700年里，我们是如何发现大脑的呢？

心脏与大脑

古希腊人一直很关注思想与身体之间的关系。换句话说，即如何能够将可测量的身体特征（例如身体器官）与不可测量的心理过程（例如体验和思维）联系起来？古希腊罗顿的医生阿尔克迈恩（公元前5世纪）首次描述了感官，也就是我们的体验与大脑之间的联系：“我们通过鼻孔闻到气味，通过呼吸空气到达大脑。”与此相反，哲学家柏拉图（约公元前427—公元前347）将身体和灵魂视为两个独立的元素，永恒不变的灵魂被困在易逝的肉体中。但他没解决这两者之间如何联系的问题。哲学家希波克拉底（约公元前460—公元前370）首次认为所有的思想、感觉、情感和知识都存在于大脑中。这在当时是一个革命性的想法，因为他同时代的人，包括亚里士多德（约公元前384—公元前322）都认为心脏是最重要的器官。心脏包含了智慧、运动和体验。亚里士多德认为大脑并不那么重要，并认为大脑的功能仅仅是用来支持心脏的，为心脏降温。因此，大脑在很长一段时间里是被忽视的。

生命之液

公元2世纪，医生克劳迪亚斯·盖伦（约129—199）将人们的注意力重新拉回到大脑上。当时，人体解剖研究是被禁止的，所以他只能通过动物，尤其是灵长类动物进行研究。在盖伦的时代，体液被认为是身体最重要的元素，称为“生命之液”。因此，他认为存在于三个脑室中的脑脊液也是大脑中最重要的部分就不足为奇了。他认为，在脑室的空腔里包含有想象力、理性和记忆。他推断，身体是

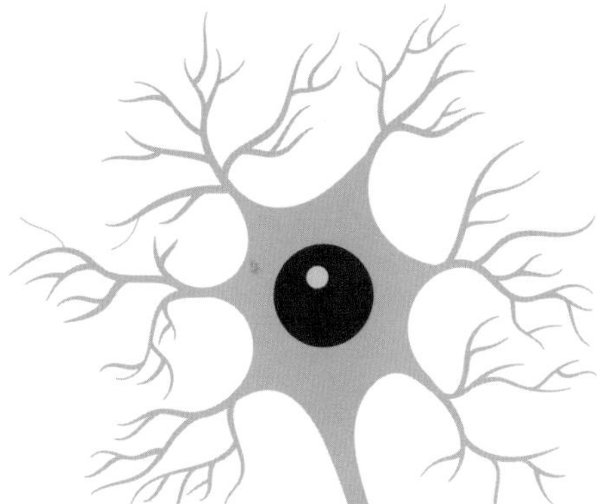

阿尔克迈恩

公元前5世纪

柏拉图

约公元前427—公元前347

希波克拉底

约公元前460—公元前370

柏拉图的思想在几个世纪后的“天主教早期教父”之中非常流行。柏拉图在《斐多》一书中描述的对身体的蔑视和对灵魂的颂扬几乎被基督教采纳了。这是十分惊人的，因为犹太教的传统并不区分物质和精神、身体和灵魂。

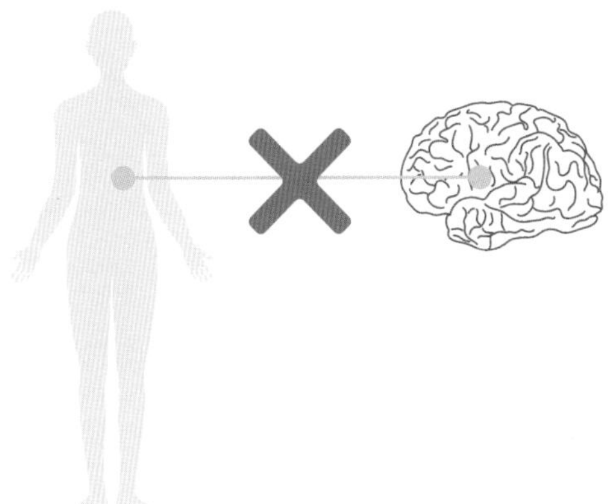

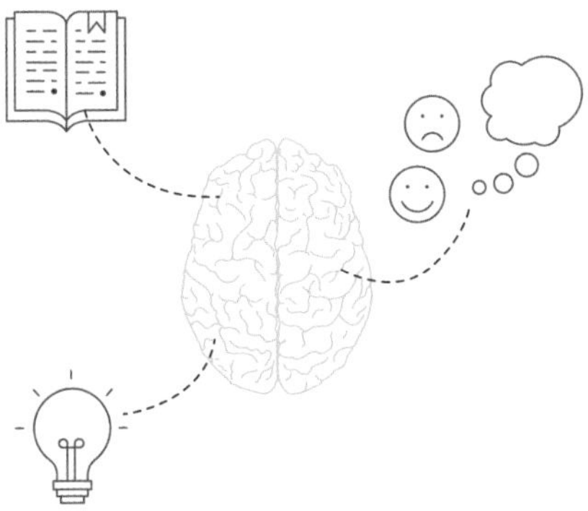

“人们应该知道，快乐、喜悦、欢笑、运动、悲伤、忧虑、绝望和哀叹是从大脑中，而不是从其他地方产生的。因这种特殊的方式，我们获得智慧和知识，看到和听到，知道什么是错误的和公正的，什么是坏的和好的，什么是美味的和难以下咽的……并且通过同一个器官，我们变得疯狂并神志不清，被恐惧所困扰……如果大脑不健康，我们就会遭受所有这些痛苦……我认为，大脑对人类施加着最强大的力量。”

——希波克拉底（约公元前460—公元前370）

亚里士多德

约公元前384—公元前322

尽管脑室已被广泛描述，但大脑一旦被打开，其形状就很难被描绘出来。对此，达·芬奇（1452—1519）想到了一个办法：他先把脑室里的液体全部抽干，然后注入蜡。一旦蜡变硬，他就可以去除脑组织，这使他成为第一个能够准确绘制脑室的人。

由脑脊液通过神经泵送到我们身体的肌肉和器官来控制的，就像城市的下水道系统一样。几个世纪以来，这一理论一直被认为是黄金标准，他对人体解剖学的描述被认为是完整且无可争议的。

艺术与科学

几个世纪以来，解剖人体一直是被禁止的。因此，直到17世纪，克劳迪亚斯·盖伦去世1500年后，荷兰南部的科学家安德烈·维萨里（1514—1564）才发现，盖伦的说法并非全部正确。毕竟，盖伦本人从未做过关于人体的研究。维萨里自幼便对解剖学感兴趣：8岁时，他已经开始解剖他在家附近发现的动物尸体。他讲课的场面非常壮观，通过现场演示解剖和验尸来教授学生人体解剖知识。他还邀请最优秀的绘图员和雕塑家来实验室绘制最详细、最精确的人体解剖图。维萨里制作的大脑横截面图第一次让人们看到了脑室周围的灰质和白质，以及大脑的深层神经核。他是第一个描述这些大脑结构的人。

这是安德烈·维萨里《人体结构》一书中的一幅画。头盖骨已被掀起或打开，你可以从上方观察大脑，脑室可以清楚地被看到。灰质和白质也被标示出来。

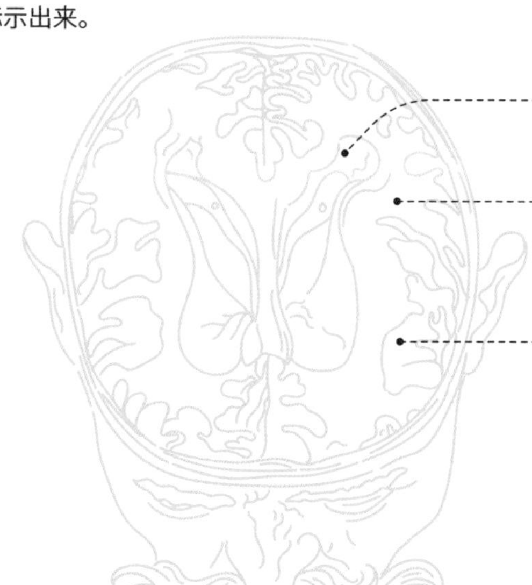

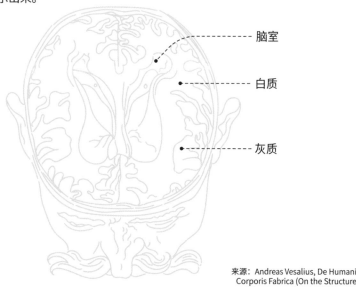

来源：Andreas Vesalius, De Humani Corporis Fabrica (On the Structure of the Human Body) (1543), p68.

近一个世纪后，英国医生托马斯·威利斯（1621—1675）全身心地致力于研究大脑。与维萨里不同的是，威利斯将大脑从头骨中取出并进行了详细的解剖。他让绘图员把他所看到的一切都画下来。很多大脑结构都是他首次描绘的，如纹状体、前连合和下丘——如果你的大脑对理解这些术语有障碍，也请先不要担心，你在后文会了解到它们（第26页）！他最重要的描述之一是血管系统在大脑下方形成一个环——威利斯环，以他的名字命名。他证明了这些血管对大脑中的血液流动非常重要。为此，他使用了一种新技术，将墨水注入血管中，这样一来，大脑皮层上就会出现小黑点。这个发现对于理解和治疗脑出血非常重要。

维萨里

1514—1564

体液说

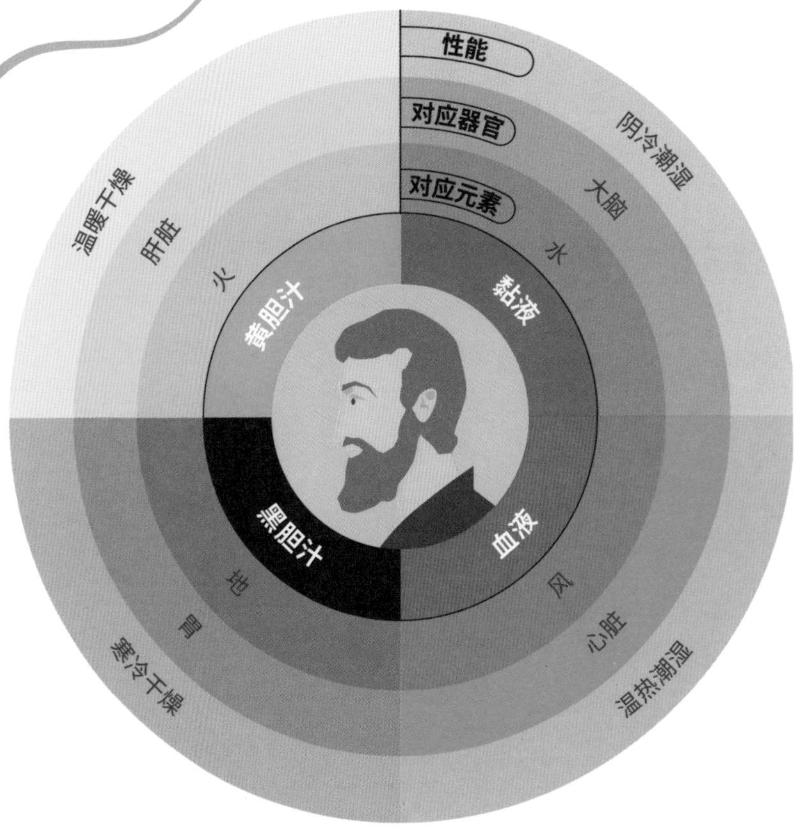

在盖伦的时代，体液被认为是身体最重要的元素[1]。

1　图为希波克拉底提出的体液说，他认为四种体液形成了人体的性质。该学说后被盖伦所发展。——编者注

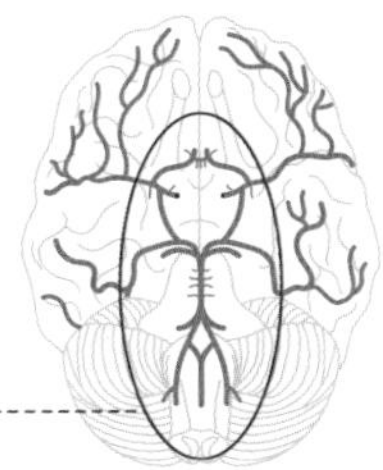

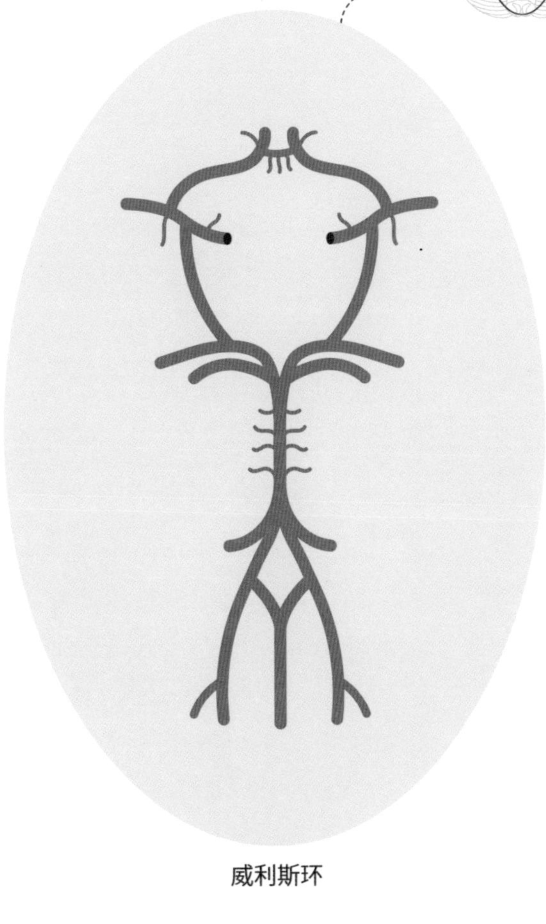

威利斯环

威利斯

1621—1675

同维萨里一样，威利斯组建了一个由绘图员、雕塑家和科学家组成的跨学科团队，将艺术和科学结合起来。由此可见，艺术和科学之间的这种密切联系由来已久。

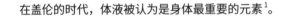

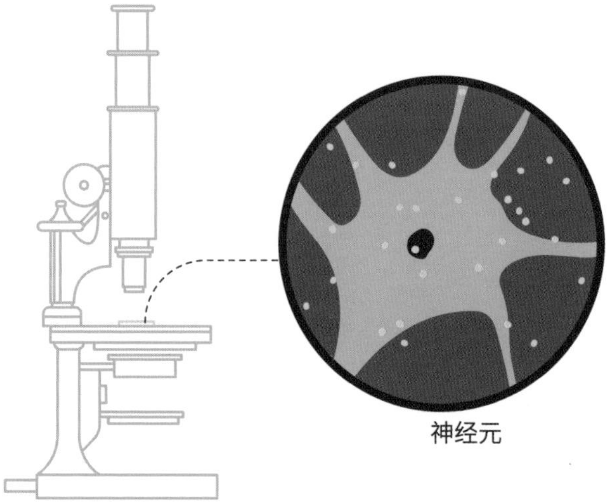

“大脑是一个由未被发现的大陆和大片未知领域组成的世界。”
——圣地亚哥·拉蒙·卡哈尔（1852—1934）

高尔基与卡哈尔

在威利斯时代之前，大脑研究仅限于对粗略解剖的描述。17世纪，安东尼·范·列文虎克（1632—1723）发明了显微镜，为解剖学家详细研究大脑提供了新的可能。直到一个多世纪后，研究人员才发现，大脑是由特殊细胞组成的，这些细胞与身体其他任何细胞都不同。之所以需要一个多世纪才有此发现，是因为显微镜还需要进一步改进，才能够看到人体细胞。直到那时，科学家才看到大脑中的体细胞，并将其称为神经元或神经细胞。

拉蒙·卡哈尔（1852—1934）是最早详细绘制这些神经元图谱的科学家之一。他使用了一种对神经元进行染色的技术，以便将单个神经元相互区分开来，即高尔基染色。这是一种革命性的方法，由他同时代的卡米洛·高尔基（1843—1926）发明。

尽管拉蒙·卡哈尔和卡米洛·高尔基在大脑构造问题上存在分歧，但他们同时获得了1906年的诺贝尔生理学或医学奖。当时，高尔基仍然不相信神经元是独立的细胞，他甚至在1906年的诺贝尔颁奖典礼上说：“到目前为止，我没有理由怀疑我一直认同的概念，即神经元不是单独存在。……而是通过形成整束纤维一起合作的。……尽管这有悖于它们是独立元素的流行观点，但我无法放弃神经系统作为一个整体运作的想法……”

拉蒙·卡哈尔的第一项研究工作是研究鸟类的小脑。他是第一个详细绘制神经元的研究人员。他的研究表明，神经元有许多不同的类型。他还发现，小脑的每个部分都有自己的神经组织。他的研究彻底改变了人类对大脑构造的认识。此前，像高尔基这样的解剖学家认为大脑是一个整体，其中所有东西像渔网一样紧密相连。但拉蒙·卡哈尔首次证明了神经元是分离的、独立的细胞。他还发现，神经元的分支总是以灰质结束。因此，他得出结论：神经元有接收端和传输端，并且信号是单向的。这便引发了新的问题，即信息如何在神经元之间传递。

卡哈尔最亲密的朋友之一查尔斯·谢灵顿（1857—1952）提出了神经元通过突触相互通信的理论。突触是两个神经元之间或神经元与效应器细胞之间相互接触、并借以传递信息的部位。一个多世纪后，突触的概念才得到证实。桑福德·路易斯·帕莱（1918—2002）发现，神经元通过化学和电信号在突触间隙传递信息。这使人们创新性地认识到，神经元是大脑结构和功能的主要组成部分。因此，卡哈尔也被称为现代神经科学之父。

根据卡哈尔原作绘制的三幅图画：

星形神经元。这种神经元具有朝各个方向延伸的树突或接收器，因此呈星形。这种类型的细胞在大脑中随处可见。在小脑中，星形神经元通常对周围的神经元起到抑制作用。

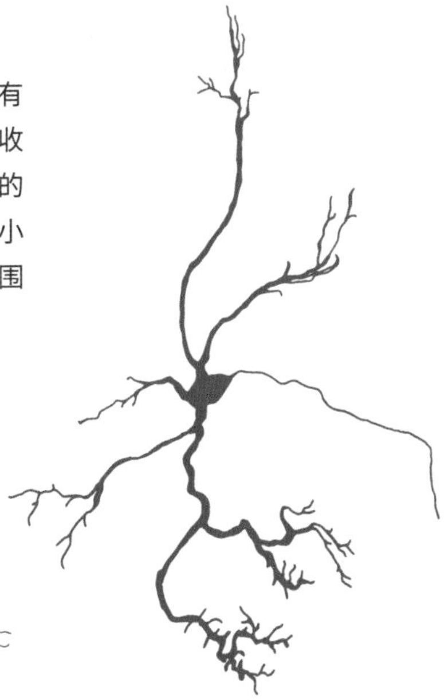

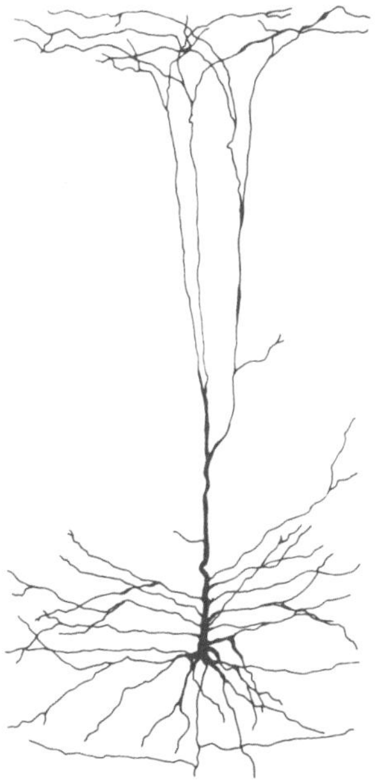

大脑皮层中的**锥体神经元**。锥体神经元是大脑中最大的神经元，比最小的神经元大25倍。它们的轴突或分支可以非常长，例如从大脑顶部（运动皮层）一直延伸到脊髓底部，以控制那里的腿部肌肉。

小脑的**浦肯野细胞**。小脑的浦肯野细胞有大量的树突，因此与许多其他神经元相连。它们呈扁平状，像多米诺骨牌一样并排出现。它们对其他神经元有抑制作用，这使它们能够很好地微调信号。因此，它们对精细运动技能非常重要。

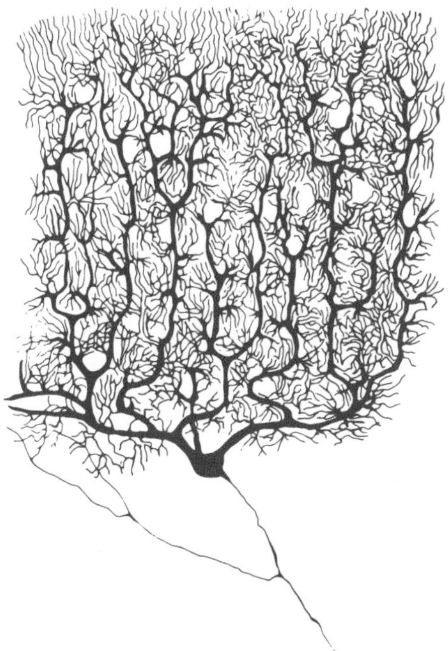

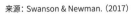

来源：Swanson & Newman.（2017）

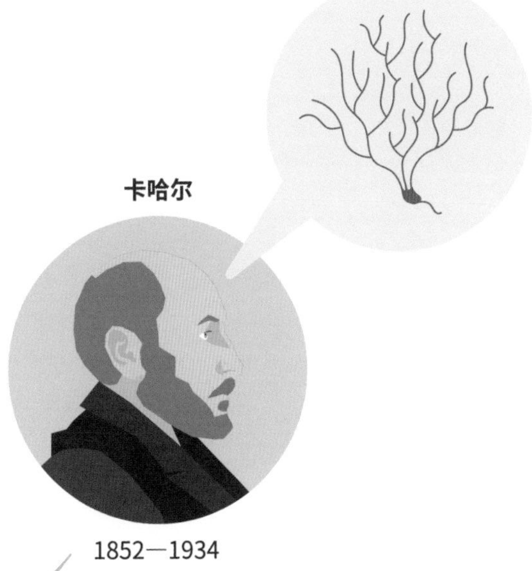

20世纪涌现出了大量的神经科学家，他们都发现了大脑如何运作的谜题。20世纪的两位诺贝尔奖得主是爱德华·莫泽（1962年生）和梅－布里特·莫泽（1963年生）。他们在大脑中发现了所谓的“网格细胞”，这种细胞可以像谷歌导航一样绘制出汽车周围环境的虚拟地图。此外，迈克尔·加扎尼加（1939年生）教授也是该领域的一个重要先驱。他20世纪70年代与同事共乘出租车时创造了认知神经科学一词。他对裂脑人（大脑的两个半球不再相互沟通）进行的研究为这一领域做出了重大贡献。

年轻的领域

自古埃及人时代以来，有关大脑的发现从未像最近几十年这样多。随着新技术的发展，我们得以以更先进的方式研究大脑。这引出了许多新的见解。尽管如此，直到最近，神经科学仍然分散在不同的科学领域中，医生、生物学家、心理学家、精神病学家和神经学家大多独立进行研究，知识交流很少。例如，从科学期刊中科学领域如何相互引用便可以看出这一点。直到2005年，这种交流才有所增加，神经科学成为一门独立的学科。因此，在本信息图中，我们主要关注这些最新的见解和发现。但是，脑科学领域仍处于起步阶段，我们的探索之旅还远未结束。

神经科学的兴起

最初，神经科学分布在医学、生物学和心理学等不同领域。这些研究领域之间几乎没有交流。下面展示了不同研究领域的出版物是如何相互引用的。在2000年之前，这种引用还很少见，但从2005年开始，神经科学建立了自己的优势，成为一个专门的研究领域。

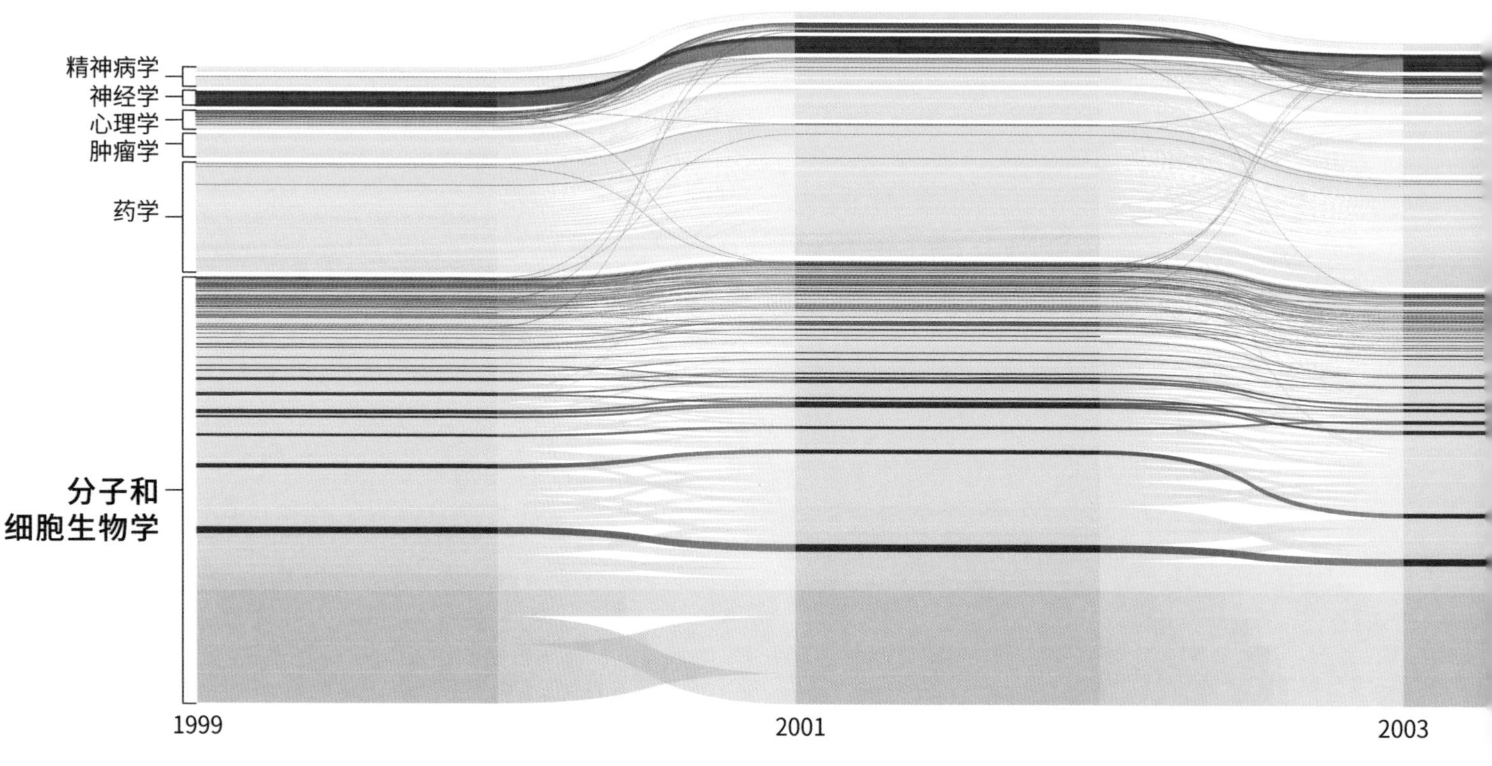

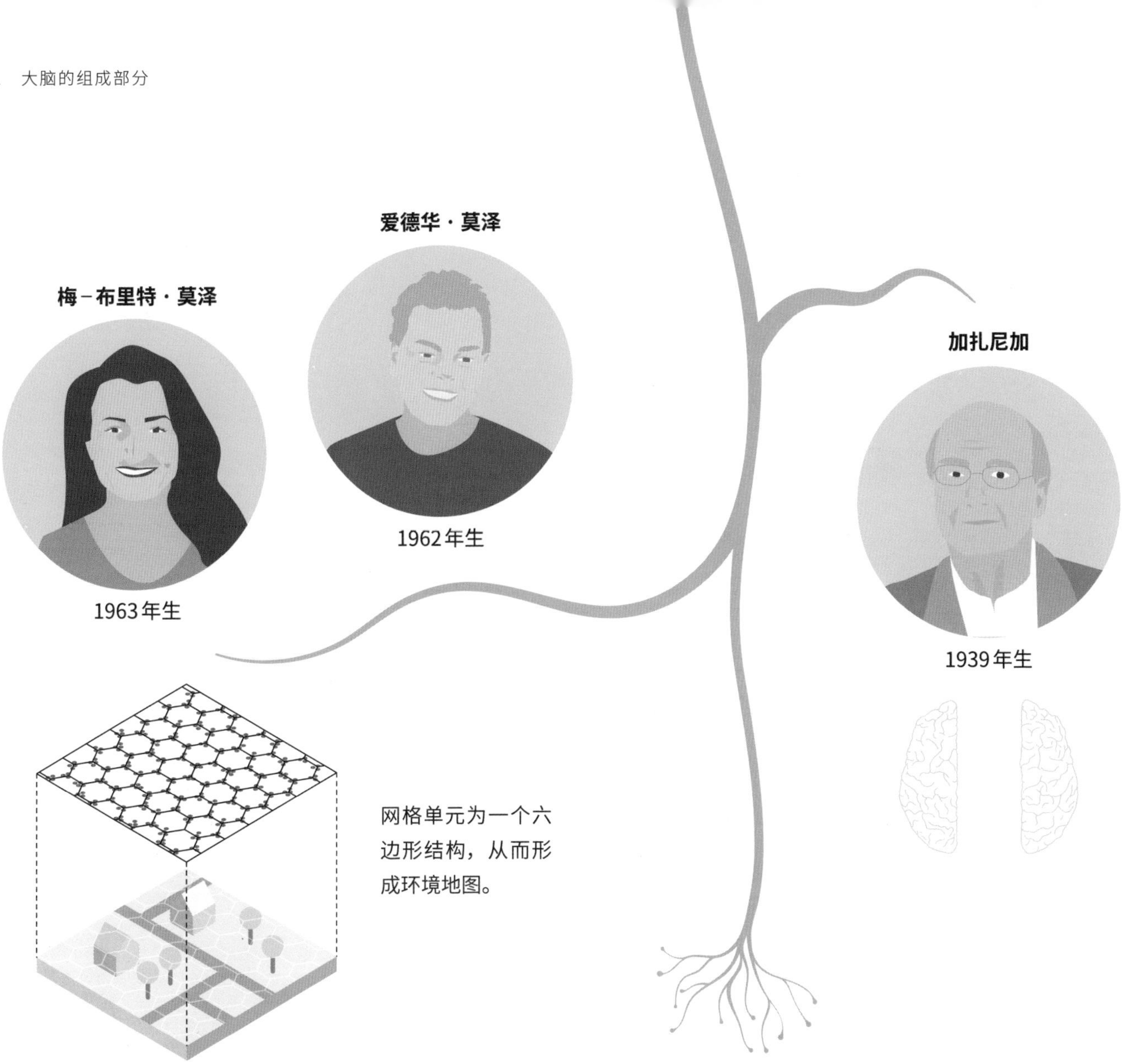

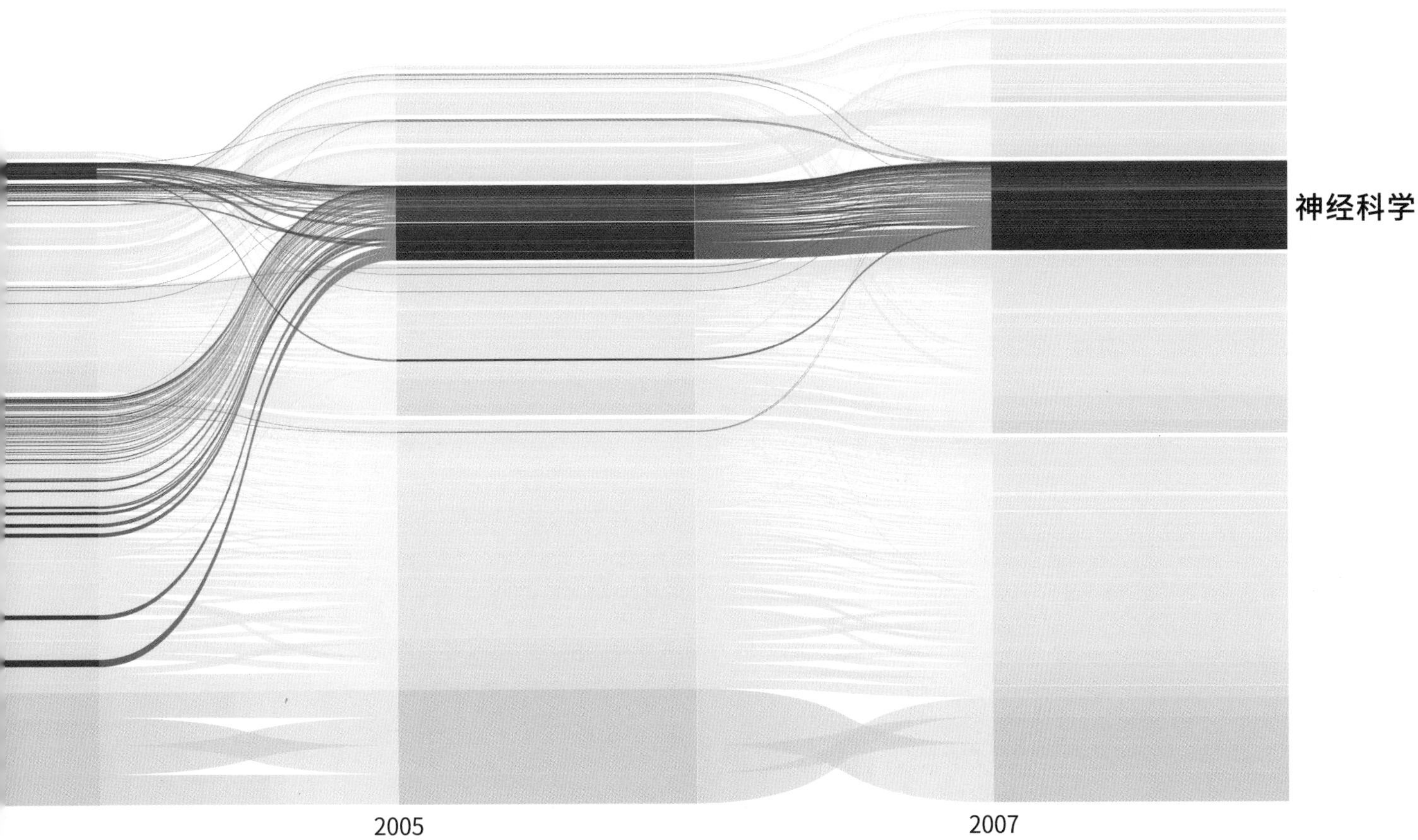

来源：莫里茨·施特凡纳为well-formed.eigenfactor.org设计的原始图形。

女性们在哪里？

神经科学史的阴暗面是它几乎没有任何女性科学家的身影。而目前的数据显示，选择这一研究领域的男女比例相当。因此，这并不是因为缺乏兴趣或智慧所致。然而，过去有许多障碍使女性难以从事科学研究。例如，在11世纪建立大学后，直到18世纪才有第一位女性担任教授。她就是意大利物理学家和数学家劳拉·巴斯（1711—1778）。

家里的科学

在意大利以外的其他国家，直到20世纪女性才被允许接受科学教育或加入科学协会。对女性来说，唯一能从事科学研究的方式就是与男性亲属合作，于是通常是在家里进行。只有富裕的家庭才负担得起在家里建立一个实验室，并将护理和家务工作外包出去。例如，天文学家**卡罗琳·赫歇尔**（1750—1848）与她的哥哥**威廉·赫歇尔**（1739—1822）一起工作，在自家花园里用望远镜做出了一些发现。她撰写了一篇关于彗星的重要论文——这也是英国皇家学会阅读的第一篇由女性作者撰写的论文。然而，当时她并未被接纳为该学会成员。尽管女性贡献显著，但往往不被认可。例如，物理学家**莉泽·迈特纳**（1878—1968）并没有因为她在核能方面的发现而获得诺贝尔奖，而她经验相对较少的同事奥托·哈恩却获得了诺贝尔奖。因此，那些确实存在过的女性神经科学家往往不太被其他科学家认可。有关她们的著作和资料也相对较少。是时候将她们真正纳入史册了！

卡罗琳·赫歇尔

1750—1848

莉泽·迈特纳

1878—1968

> “一直都有女性艺术家。但写历史书的是男人，不知为什么，他们就是忘了提到女人。”
>
> ——“智慧历史”网站（2016）

玛丽亚·米哈伊洛夫娜·马纳西娜

1843—1903

劳拉·伊丽莎白·福斯特

1858—1917

睡眠、神经损伤和神经病理学

玛丽亚·米哈伊洛夫娜·马纳西娜（1843—1903）是第一批从大学正式毕业的女医生之一。她对睡眠研究做出了重要贡献。她发现睡眠障碍源于大脑，并且睡眠质量对健康的影响比食物更重要。这使她成为睡眠研究的奠基人之一。英国医生**劳拉·伊丽莎白·福斯特**（1858—1917）是在马德里的卡哈尔实验室进行科学研究的女性之一，她为脊髓损伤后神经修复提供了重要知识。这项研究是她利用鸟类进行的。

有记载的第一位女医生是埃及女性梅里斯－普塔（约公元前2700年）。碑文记载她是一名医疗主管。

奥古斯丁·玛丽·塞西尔·穆尼耶·沃格特

1875—1962

“头脑，比天空辽阔——
因为，把它们放在一起——
一个能包含另一个
轻易，而且，还能容你——
头脑，比海洋更深——
因为，对比它们，蓝对蓝——
一个能吸收另一个
像水桶，也像，海绵——
头脑，和上帝相等——
因为，称一称，一磅对一磅——
它们，如果有区别——
就像音节，不同于音响——”

——艾米丽·狄金森（1830—1886）

奥古斯丁·玛丽·塞西尔·穆尼耶·沃格特是一名法国医生，也是第一位被巴黎医学院录取的女性。她获得了神经解剖学的博士学位，并在大脑连接领域取得了许多创新发现。作为先驱，她将不同学科的技术结合起来。由此，她发现大脑的运动皮层和感觉皮层（第26页）的功能是相互独立的。她存档了大量的脑组织样本。该档案现在是有史以来最多的收藏之一。至今她的工作仍然具有价值，因为她试图回答神经科学家仍然在思考的问题。她绘制了很多细节图，例如不同的细胞类型等。她的研究结论指出男女大脑构造没有差异。这与当时认为女性大脑小因而智力较低的观点相悖。她也是有史以来第一位被提名为诺贝尔奖候选人的女性，尽管她获得了13次提名，却从未获奖。

玛丽安·戴蒙德（1926—2017）永远地改变了我们对大脑的认识。因为她，我们知道脑细胞在整个生命中都可以改变形状。这种现象被称为可塑性。她是最早证明这一点的科学家之一。她还研究了爱因斯坦的大脑，并发现他的每个神经元的神经胶质细胞数量高于平均水平。另一位神经科学先驱是**帕特里夏·戈德曼－拉基奇**（1937—2003）。她是最早证明前额叶皮层在复杂思维过程中起作用的神经科学家之一。此前，大多数科学家认为这个领域过于复杂而难以研究。她最著名的成果是关于短期记忆方面的研究。她开创性地将不同的技术结合在一起。事实证明，她的研究对理解精神疾病中的认知思维问题非常重要，如注意力缺陷多动症（ADHD）、精神分裂症和痴呆症等。有趣的是，戈德曼-拉基奇是双胞胎中的一个！

玛丽安·戴蒙德

1926—2017

帕特里夏·戈德曼－拉基奇

1937—2003

3

你的大脑是如何构造的？

为什么假日的酒在家里没有那么好喝？

大脑的解剖学

在意大利美丽的海岸度假时，你在浪漫的晚餐中享受着服务员刚刚赞不绝口的美味葡萄酒。夏日的空气凉爽宜人，景色令人心旷神怡，地中海在晚霞中闪闪发光，餐厅里的香气与露台上无花果树散发出来的香味交织在一起，美妙的音乐响起。你决定带一瓶这种酒作为纪念，回家后重温美味。但是几个星期后，当你在忙碌的工作之余满怀期待地打开瓶子时，却发现味道远不如当初度假时那么好喝。怎么会这样呢？

不仅是葡萄酒本身的味道，来自其他感官——视觉、嗅觉、触觉和听觉——的信息都会影响你对葡萄酒的喜爱程度：你看到的是地中海，闻到的是无花果树的香气，皮肤上感受到的是傍晚的阳光，听到的是意大利的古典音乐……所有这些感官信息都汇集到大脑中，然后大脑并不是简单地把所有这些感知叠加在一起，而是把它们处理成一种真实的体验。那么，这些感觉信息究竟是如何在大脑中传播的呢？让我们来了解一下大脑解剖学！

老熟人

从进化角度来看，脑干、丘脑和下丘脑是大脑中相当古老的部分：在人类进化之前已经存在的许多原始动物也有这些大脑区域。因此，我们对这些大脑区域功能的了解相对较多。事实上，通过研究动物，我们可以很好地探索大脑。毕竟，与研究人类大脑相比，动物实验提供了更为详细的信息。这是因为你可以在动物身上做侵入性实验，如手术或基因操作等。因此，长期以来，动物研究一直是理解大脑功能的主要信息来源。现在，由于有了新技术，我们也可以对活人进行研究，并且不会造成任何伤害（第46页）。

守门人

脑干

在介绍中提到的意大利露台上，刺激进入所有的感官。然后这些刺激从周围神经系统被传送到大脑。它们通过特殊脑神经直接与脑干相连。触觉是一个例外。来自皮肤的刺激通过脊髓神经进入脑干，然后在脑干进行处理。脑干位于大脑的底部，是脊

ⓘ 酒会

一项实验测试了当人们坐在咖啡馆或餐馆的某个地方时，他们能从背景对话中获得多少信息。例如，他们被问到那些背景谈话的内容是什么。结果发现，人们只能辨别出谈话者是男还是女，谈话的内容往往没有被大脑吸收。这是因为你的大脑会过滤哪些声音需要（来自你的谈话伙伴），而哪些声音不需要（来自你旁边人的谈话），不需要的会在你大脑的其他部分被处理。这也被称为鸡尾酒会效应（当你试图在派对上跟进谈话时）。这样，你的大脑就不必不断处理来自你周围的所有信息。否则这对你那容量有限的可怜大脑来说太吃力了！

2017年欧盟用于科学研究的动物群体分布，百分比

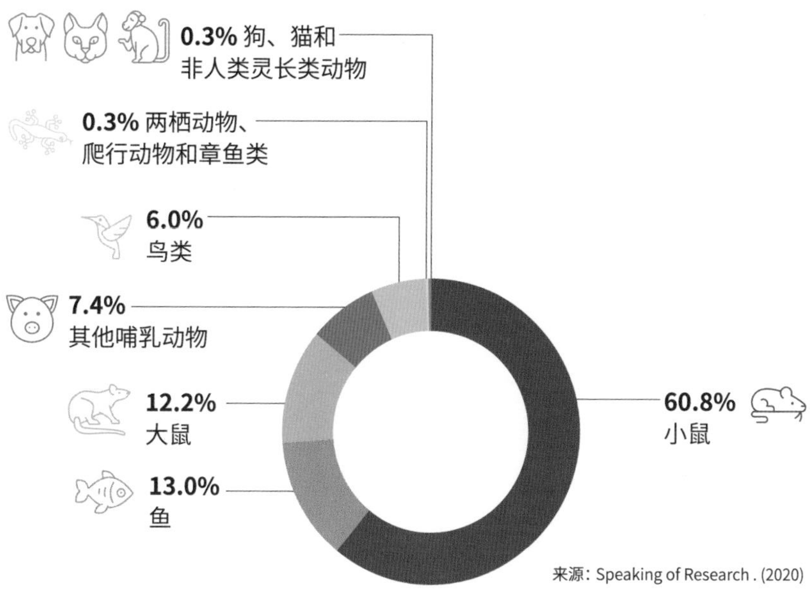

来源：Speaking of Research . (2020)

动物与人

动物研究使科学家能够找出哪些大脑区域与哪些特定功能相关。在过去，实验动物通常是猫或猴子；在现代脑科学中，更常见的是小鼠和大鼠。人类和老鼠大脑的很多区域都具有相似性，但研究人员也必须始终考虑到它们之间的差异。用动物的大脑研究直接解释人类大脑的工作方式并不总是可行的。例如，你不能给老鼠下指令或问它们对某件事的感受。但与研究人类不同的是，你可以测量动物神经元的更多细节。例如，你可以通过放置于动物大脑中的电极，在非常小的范围内精确地测量神经元在动物做任务时的工作方式。或者你可以在动物学习或执行某些任务时直接向大脑注射物质。为了进行测量，需要牺牲动物，以便详细观察它们大脑的结构和功能变化。有许多新技术可以精确地测量活体动物的大脑，一个例子便是光遗传学技术，通过电刺激特定的神经元。这是一项很有前景的技术，因为它可以精确测试每个神经元或者一组神经元的功能。当然，对这种动物实验也不能掉以轻心，是否有必要牺牲动物以及是否有替代方案始终是研究人员需要考虑的问题。任何研究都必须得到伦理委员会的批准，该委员会在决定是否批准时会权衡所有相关因素。

髓的延伸，是刺激处理的第一站，因为所有神经元或神经细胞进出都要经过这里：因此，脑干可以被认为是大脑的出入口。虽然脑干相对较小，但如果它出了问题，就会立即危及生命。毕竟包括肺和心在内的所有重要功能的神经元都要通过它。脑干对人的意识也很重要：例如，它可以调节睡眠—清醒的周期。

脑干从下到上分为三个区域：延髓、脑桥、中脑。延髓连接着脊髓和大脑。大量的神经元从体内进入这里。延髓也是运动神经元从初级运动皮层进入身体途中的一个主要十字路口，并在这里交叉。因此，左侧的初级运动皮层（第30页）控制着身体的右侧，反之亦然。

延髓上方是脑桥，可以说是大脑和小脑之间的桥梁（第28页）。位于头部的感官脑神经起源于脑干这个区域。这些脑神经对呼吸、睡眠调节、平衡、眼球运动、面部表情、唾液和泪液分泌等都非常重要。

在脑干的上部，即中脑，有一些小脑核（小脑髓质内灰质团块）可以产生激素，如多巴胺、去甲肾上腺素和血清素（第25页）。此外，中脑还是感觉信息在传递到大脑其他部分之前被过滤的第一站。例如，在那个意大利露台上，尽管露台很拥挤并且你旁边也有人在交谈，但你仍然可以很好地听懂与你共进晚餐的人告诉你的故事。其他的对话则只是作为背景噪声而存在。因此，大脑会选择让哪些信息有意义，并让其通过。这种过滤通过主动引导注意力等方式来实现。这是通过脑干上来自大脑其他部分的神经元反馈系统起作用的。因此，脑干确保你不必处理露台上所有的人的谈话，只需关注与你交谈的人即可。但并非所有信息都在脑干中被过滤了。例如，如果你旁边的女士在谈话中提到了你的名字，很有可能你还是会听到。因此重要信息还是会传递给大脑的其他部分，并且过滤也受到上层的控制。

大脑的组成部分

深核

侧视图

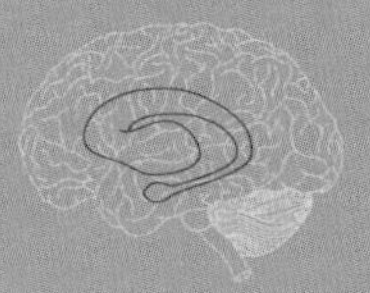

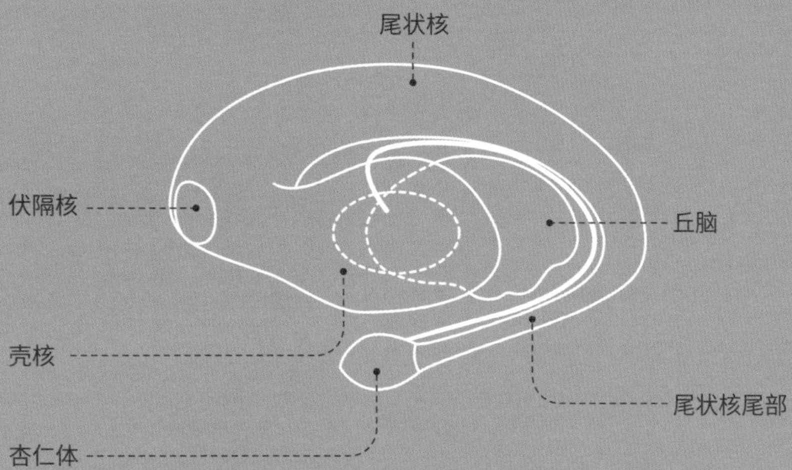

正视图

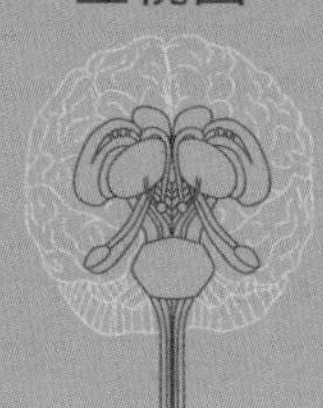

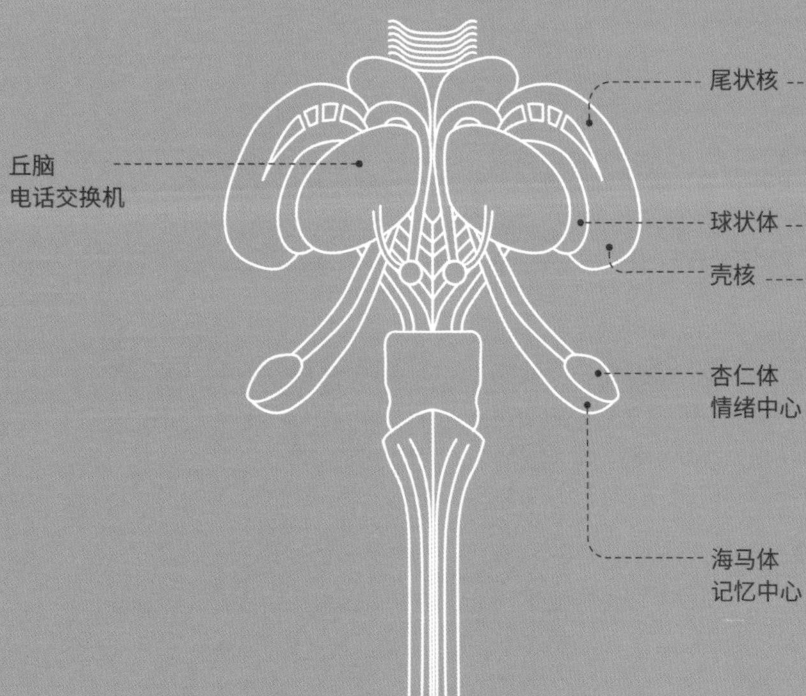

大脑皮层

侧视图

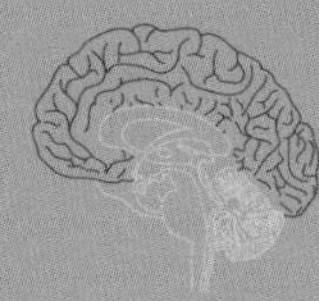

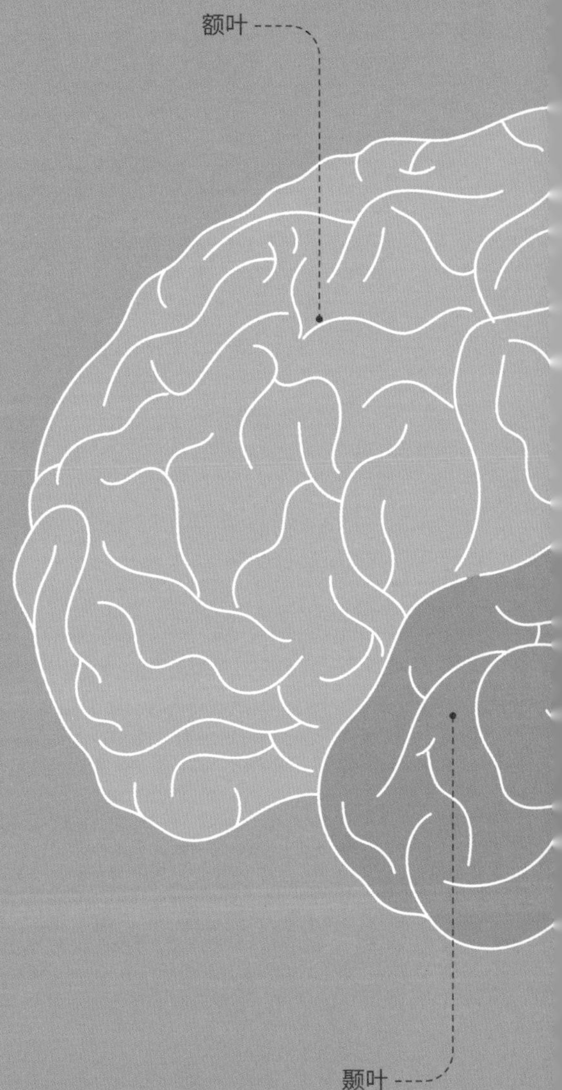

小脑和脑干

侧视图

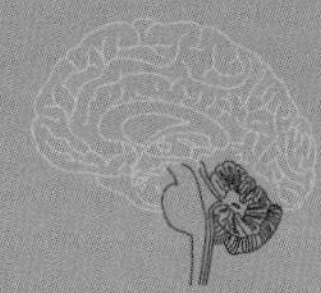

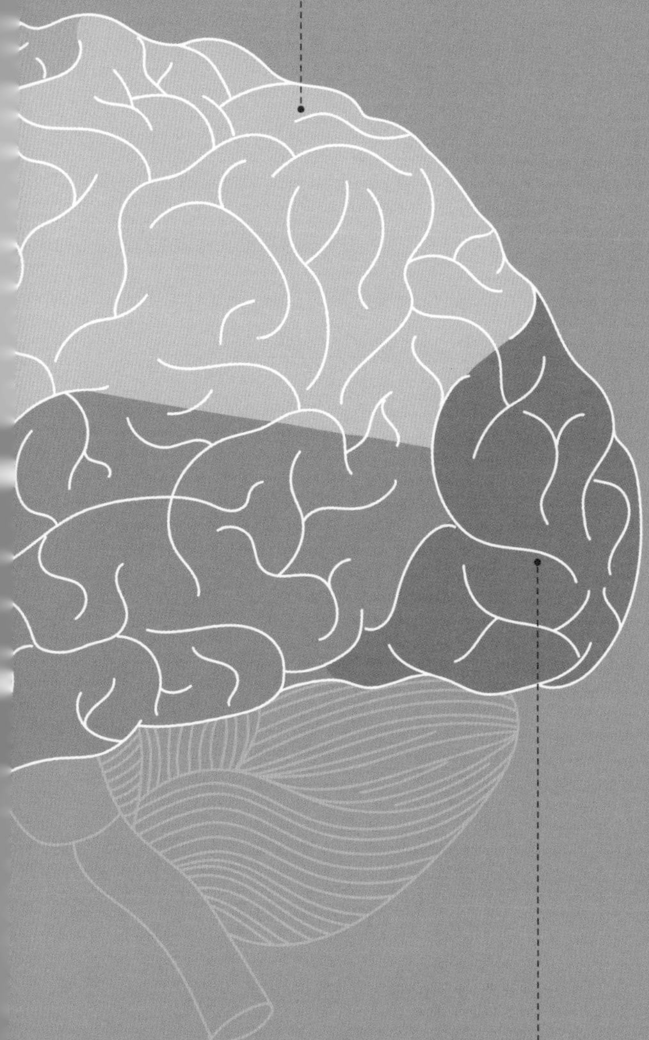

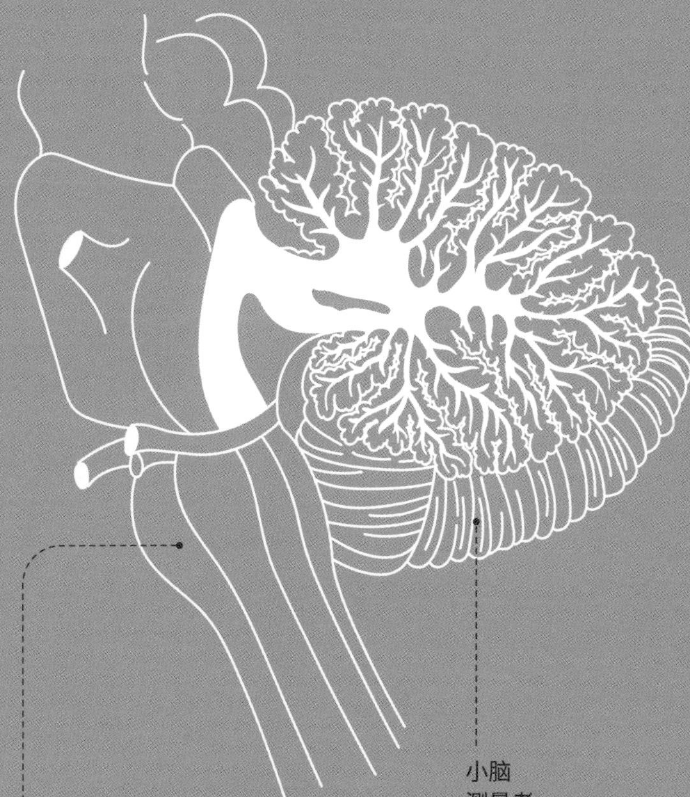

电话交换机

丘脑

从脑干出发，接下来便到了丘脑。丘脑就像在屋顶上充当脑干和大脑皮层之间的交换机，感觉信息在这里被第二次过滤。事实上，所有来自感官的信号都通过丘脑转达给大脑皮层。值得一提的是，丘脑的过滤并不是单向的，因为它受到来自大脑皮层的信号调控。丘脑接收来自“上层”的信息，了解哪些信号重要，哪些信号不重要，然后将信号传递给大脑的其他部分。例如，在一个实验中，两个咔嗒声相继响起，当这两个声音相隔500毫秒时，你会发现对第二次敲击声，丘脑活动明显减弱。这意味着这一信号被削弱了，并不会传递到大脑的其他部分。这种过滤机制不仅适用于听觉，还适用于所有感官。例如，如果你没有集中注意力，你就不会记得坐在你桌子旁边的人穿的是什么衣服。毕竟，这些信息从未完全到达你整个大脑。在一些精神疾病中，这种过滤系统不能很好地工作，如精神分裂症患者。在他们身上，来自第二个敲击声的信号比其他人的衰减要小，因为来自上层的反馈没有那么有效。因此，更多的刺激便进入大脑的其他部分。

从丘脑开始，每种类型的感觉信息都会传递到大脑皮层中各自的专门区域。由于这些区域是外部信息进入大脑皮层的第一个地方，所以这些区域被称为初级皮层。例如，初级视觉皮层处理来自眼睛的刺激，它位于大脑的最里面。初级听觉大脑皮层处理来自太阳穴下方耳朵的刺激。味觉刺激由位于大脑中央一侧的初级味觉皮层处理。最后，触觉刺激在初级体感皮层中得到处理——体感意为“身体”。初级体感皮层是初级区域中最大的部分，从头顶中心向耳朵方向呈条状向下延伸。它之所以这么大，是因为身体的每个部位都在初级体感皮层上有对应区域（第28页）。

来自鼻子的刺激是一个例外：嗅觉器官直接连接到大脑皮层的嗅觉区域，不需要经过丘脑这一“交换机”。因此，你在那个露台上体验到的刺激（酒的味道、背景嘈杂声、美丽的景色和夏日微风）已经传达到了大脑皮层。这是因为丘脑已经确保它们可以在正确的、专门的位置被处理。

记忆的味道

与其他感官不同，嗅觉系统绕过了丘脑：它通过嗅球与大脑皮层直接相连。那个细长的嗅球紧贴在大脑底部的鼻腔上方，将嗅觉信号传递给与情绪和记忆有关的边缘系统区域。因此，气味可以比其他感官更快、更强烈地唤起记忆。

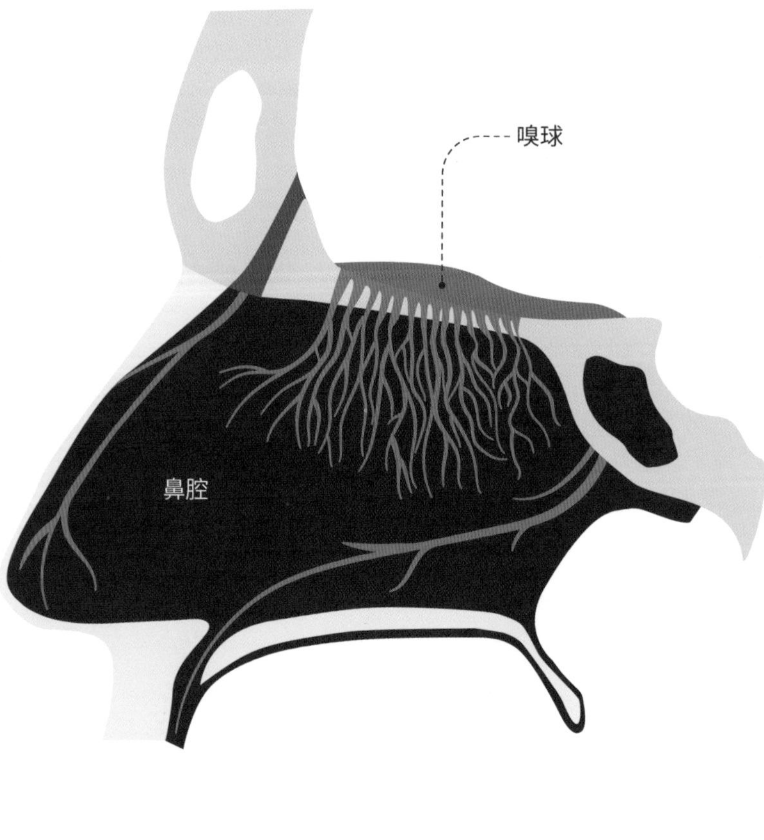

激素工厂

下丘脑（下腔室）

下丘脑也被称为下腔室，因为它位于丘脑下方。下丘脑是一个腺体，其作用是调节体内的稳态或平衡。它通过调整你的心率、血压或体温来做到这一点。它通过产生激素来执行其功能，是大脑中最大的激素工厂。此外，该腺体产生加压素（抗利尿激素），以确保体内的液体平衡。除此之外，下丘脑还调控其他激素工厂：垂体和肾上腺髓质。垂体是一个大约豌豆大小的小脑区，与下丘脑相连。这是产生激素的地方，如对建立亲密关系很重要的催产素（拥抱激素），和对交感神经系统的战斗或逃跑反应很重要的血管升压素（第7页）。肾上腺髓质在下丘脑的影响下释放与压力有关的激素——皮质醇。下丘脑接收来自大脑几乎所有区域的信息，因此是神经系统和内分泌系统之间最重要的联系。在意大利露台上的那个美妙夏日夜晚，便是这个大脑区域确保你体内的皮质醇水平很低，从而让你感到无比放松。

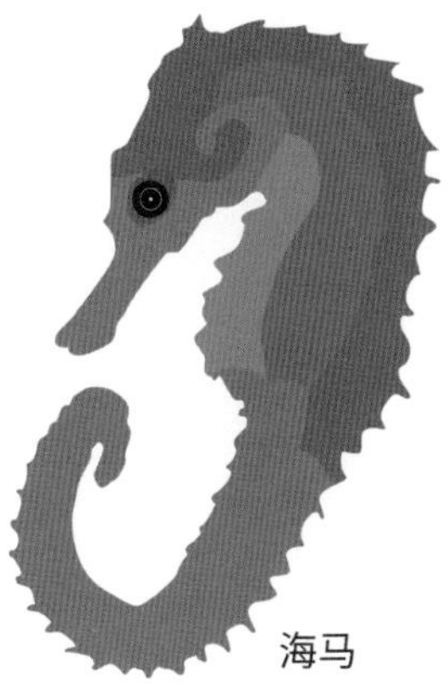

海马

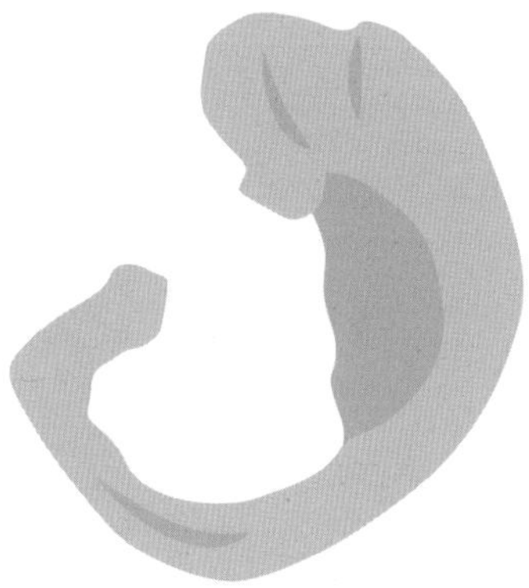

海马体

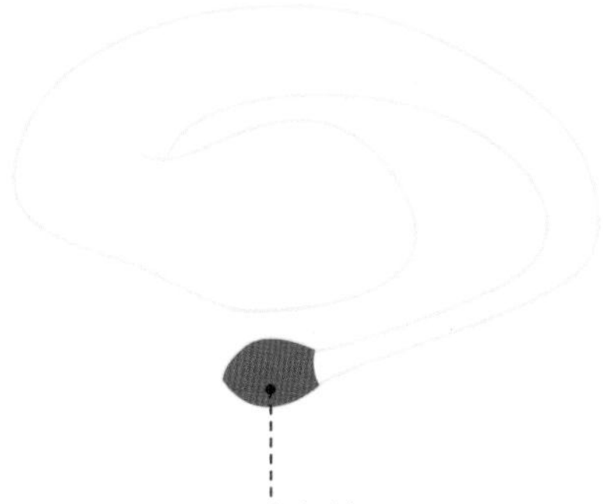

杏仁体

杏仁

新手

与此同时，我们已经来到了关于脑进化的最新进展：边缘系统、纹状体和大脑皮层。它们一起被称为大脑。这些是在人类脑中高度发达的部分，但在更原始的动物物种中却不那么发达。这就是为什么它们被称为进化上的“新”部分。

大脑的感性部分

边缘系统

美国脑科学家詹姆斯·帕佩兹（1883—1958）描述了处理情绪的大脑系统：边缘系统。由于边缘系统在大脑中非常分散，因此关于边缘系统的具体组成部分一直存在争议。但至少有两个重要结构与之相关，一个是海马体（记忆中枢），由于与海马长得相似而得名；另一个是杏仁体，因其呈杏仁状而得名。

杏仁体是大脑的情绪中心。边缘系统对检测危险很重要，因为杏仁体在危险情况下会迅速做出反应。杏仁体与大脑中的激素工厂有直接联系，能迅速激活身体。但杏仁体在积极情绪中也发挥着作用。因此，当你在家里打开那瓶意大利假日葡萄酒时，葡萄酒的香味会触发你对意大利露台上那一刻的回忆。这种情况直接通过海马体发生，因为气味的刺激可以直接到达大脑而不需要通过丘脑这个开关。杏仁体同时被激活并引发积极情绪，就像你在意大利露台上体验到的感觉。

未来的预言家

纹状体

在对环境做出反应之前，你首先需要做出正确的决定。你的纹状体位于大脑皮层之下，可以帮助你进行决策。纹状体有助于选择、把握时机并准备做出适当的反应。因此，它与感官的初级大脑皮层和控制肌肉的运动大脑皮层都有联系（第80页），有助于对未来做出预测。

特别方便的是：当你做对或做错一件事情时，纹状体会有强烈的反应。这有助于你下次做出更恰当的反应。因此，纹状体在学习新技能方面发挥着重要作用。其中一个重要信号物质是多巴胺。如果你在做对一件事后得到了奖励，如食物或金钱，大量的多巴胺将被释放出来。这会产生一种愉悦、积极的感觉。研究人员发现，随着时间的推移，即使在得到奖励之前也会产生这种愉快的感觉，例如当你闻到你最喜欢的食物的香味时。在期待奖励的过程中，多巴胺就已经开始释放，从而激活纹状体并“预测未来”，即你将享用美味佳肴。但如果奖励最终令人失望，多巴胺就会减少。当你回家后打开意大利葡萄酒时就是这种情况：你对味道的期望很高。在你喝第一口之前，纹状体就开始活跃了。但喝完第一口你发现，味道和预期的不一样。多巴胺的释放就会下降，因此纹状体便不会被激活。

指挥家

大脑皮层

在大脑的外部可以看到褶皱，这些都是大脑皮层的一部分。褶皱的外侧部分被称为回，而向内折叠的部分则被称为沟或裂。这样的设计非常节省空间：因为大脑皮层布满褶皱，所以能容纳在相对较小的头骨中。如果我们的大脑皮层像小鼠的一样光滑，我们的大脑就得有足球那么大……那么你就需要一个更大的头骨来容纳它。褶皱是一种有效的进化适应，使你能够在一个相对较小的头骨中容纳更多的脑组织。褶皱不是随机存在的：大多数人的褶皱都在大致相同的地方。因此，大脑皮层被分为左右两半，也称为左半球和右半球。通过观察回和沟槽，经验丰富者还可以识别出四个主要脑叶。后方是枕叶，顶端是顶叶，侧面是颞叶，前方是额叶。你还可以把脑叶划分为不同的部分。每个部分都参与了大脑中的一个或多个任务和功能，例如大脑中用于语言理解的部分。

如果把大脑皮层放在显微镜下观察，就会发现它是由堆叠在一起的细胞层组成的。这些不同的细胞层有各自的功能：一些细胞层接收信息，其他细胞层发送信息。细胞的特定堆叠被称为细胞结构。根据大脑功能的不同，不同部位的细胞结构也不尽相同。第一个根据大脑不同部位的细胞结构绘制图像的研究者是科比尼安 · 布罗德曼（1868—1918）。他在1909年绘制的脑图是现代脑科学迈出的重要一步，至今仍在使用。大脑皮层本身也是一个绘图员（第28页）。用于触觉的大脑皮层（体感皮层）包含了整个身体的地图，或称为人形地图。具有许多神经的身体部位，如嘴唇和手，在该皮层上占据的空间比例更大。运动大脑皮层也有类似的地图，由更多神经元控制的身体部位占据了更多的空间。因此，相比于臀部等区域，你可以更精确地控制手和嘴唇等器官活动。

ℹ 布罗德曼分区脑图

布罗德曼分区脑图距今已有100多年的历史。难道现在没有更新的大脑地图吗？当然有，实际上有许多不同的新型大脑地图。科学家们只是对如何最好地描述一个确定的脑区仍然存在争议：一些研究者根据一个脑区与其他区域之间的连接制作地图，其他研究者则关注该区域中存在哪些物质（如蛋白质和酶）或哪些基因被转录，还有一些研究者通过观察在进行某项活动或思考时大脑扫描仪中活跃的区域来绘制大脑地图。此外，还有一些研究者将所有这些方法结合起来制作地图。因此，可以找到许多不同类型的大脑地图。并非某些地图是错误的而另一些是正确的，它们从不同维度描述了大脑，这使我们认识到大脑是多么复杂。

人脑的大小和重量

一个普通成年人的大脑有多大？

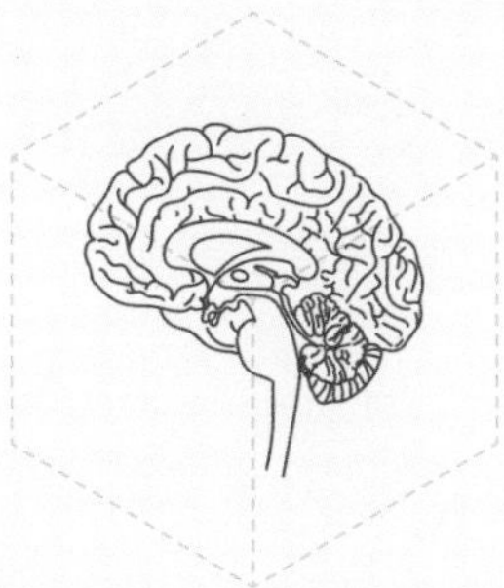

1～1.5 升

其中75%以上是水！

和8杯水的容量一样多。

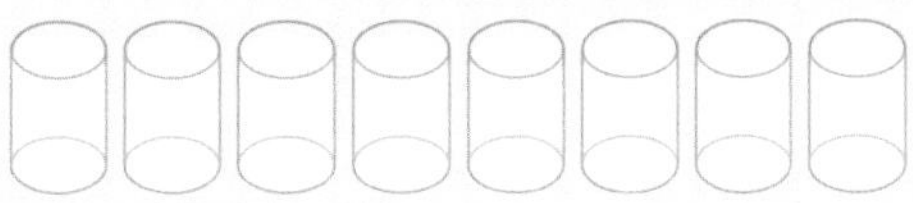

“巨大的”小脑

“小脑”这个词容易让人产生误解：事实上，它包含大脑中神经元总数的80%。

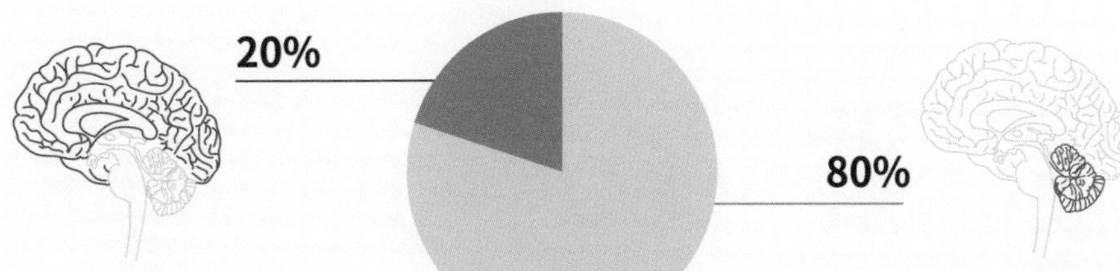

重量与能量消耗

重量

脑重占总体重的占比，百分比

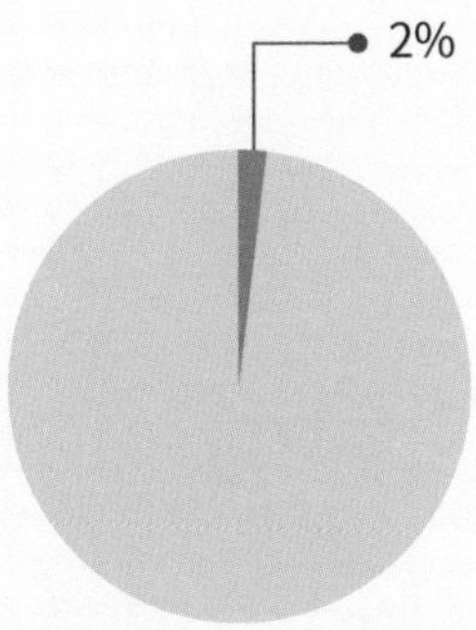

能量消耗

脑部在全身能量消耗中的占比，百分比

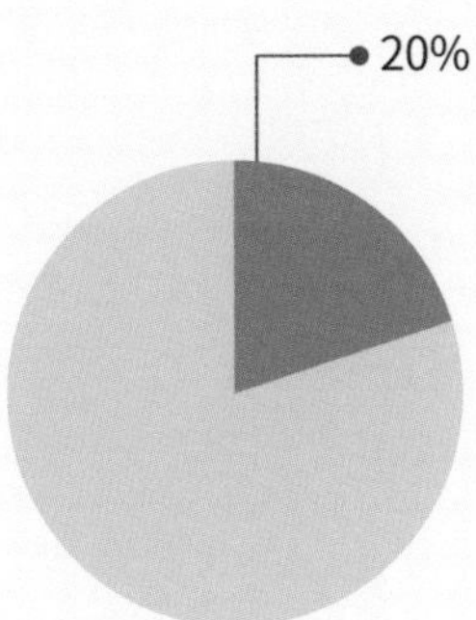

报纸和褶皱

大脑的外部，即大脑皮层，看起来满是褶皱。但实际上，大脑皮层是在头骨内折叠起来的一个平面。你可以把它比作一张纸，然后把它揉成一个团。如果你将一个成年人的大脑皮层完全展开，它将有一张展开的报纸那么大。

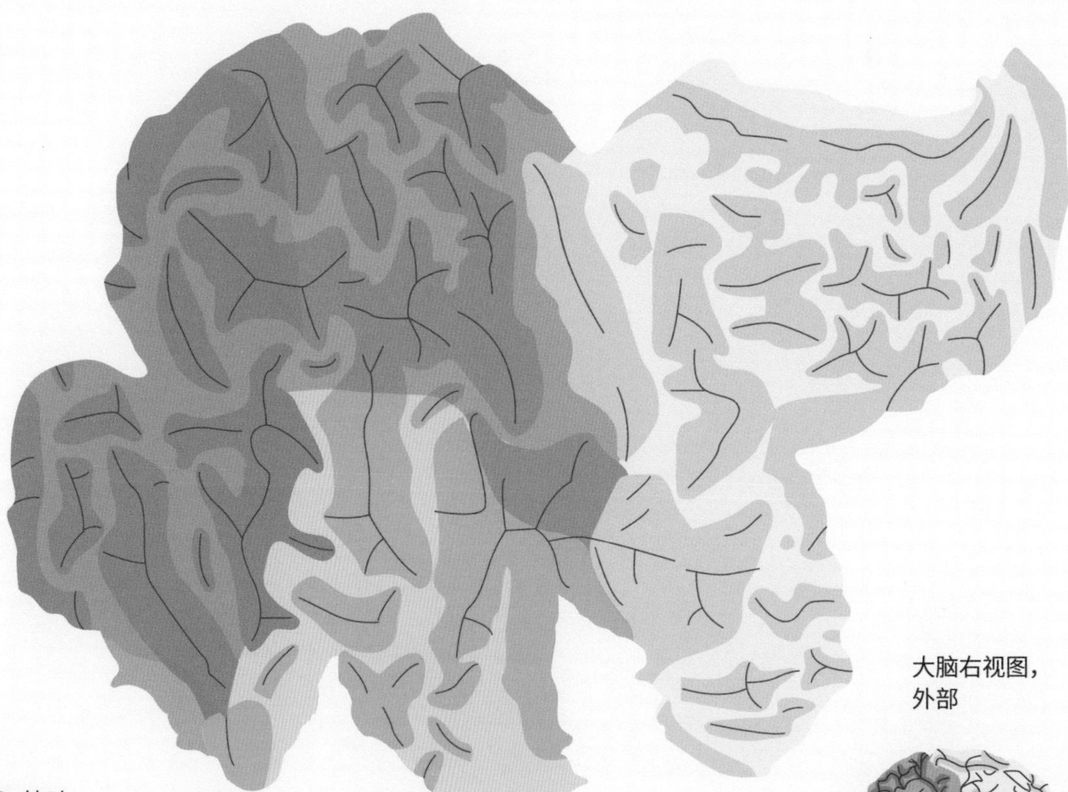

- 枕叶
- 顶叶
- 额叶
- 颞叶

大脑右视图，外部

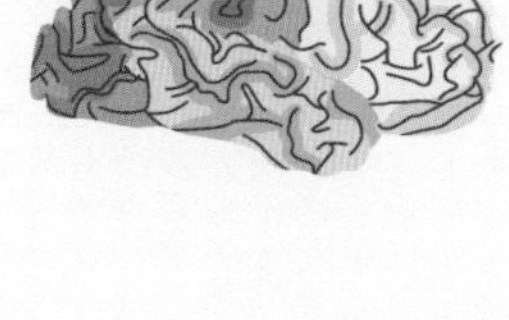

来源：Van Essen et al.（1998）

人形地图，一张你身体的地图

左侧感官大脑皮层

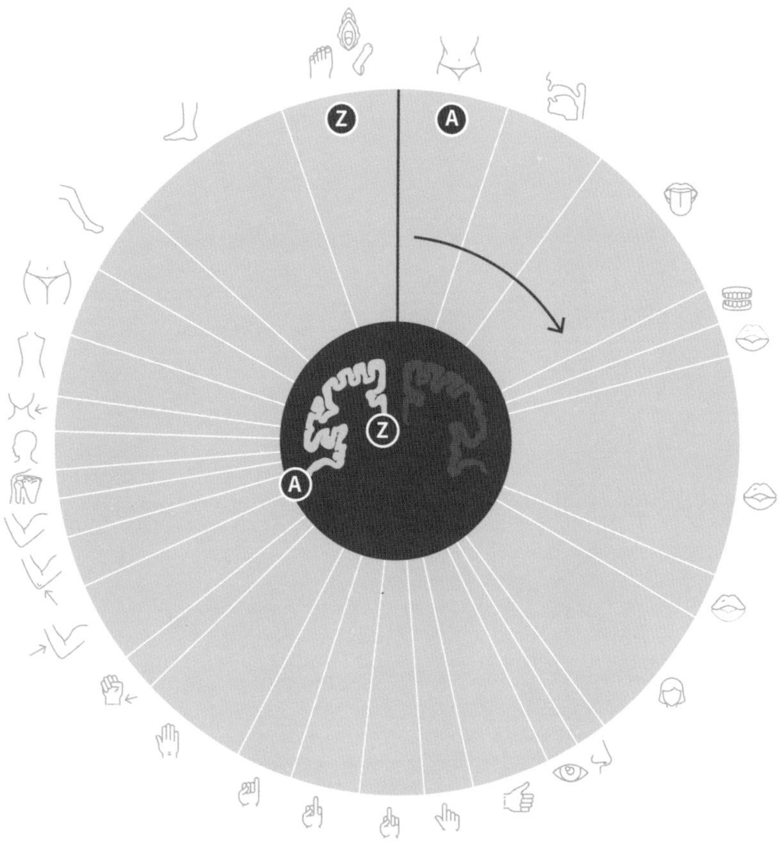

身体部位和它们在左侧感官大脑皮层中所占据的相对空间

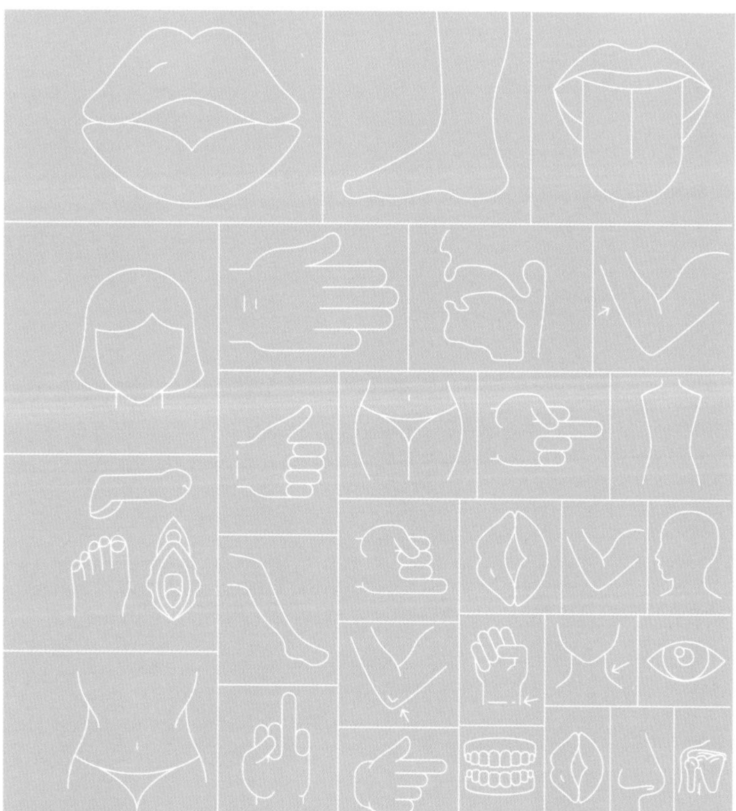

测量者

小脑

小脑位于大脑皮层的底部，在大脑的后面。人们一度认为小脑并不那么重要。最初，科学家们认为它们只是用于平衡和精细运动技能的需要，没有它们也能正常工作。但许多迹象表明，它们对于复杂的过程也是不可缺少的，如计划复杂的动作，例如演奏乐器。小脑在处理情绪、体验时间方面也很重要。如果没有这种脑结构，人就很难跟上音乐的节拍。

道路网络

白质（白色物质）

白质由神经纤维束组成。这些纤维是神经元的分支，也被称为轴突（第39页）。过去人们认为，白质没有任何功能，只是在大脑中起填充作用。人们甚至认为切断最大的纤维束，即胼胝体或脑束——该神经束连接着大脑皮层的左右两半，对身体不会造成太大的伤害。在20世纪初，这种手术方法被广泛用于严重癫痫患者身上，并取得了一定的效果。因为大多数脑裂患者的癫痫发作次数变少，而且最初似乎也没有出现明显的副作用。直到后来，人们才发现白质对人脑不同部分之间的合作非常重要。例如，当你的左半球不能与右半球沟通时，你就很难用清楚的语言表达你所看到的内容（第30页）。

右侧运动大脑皮层

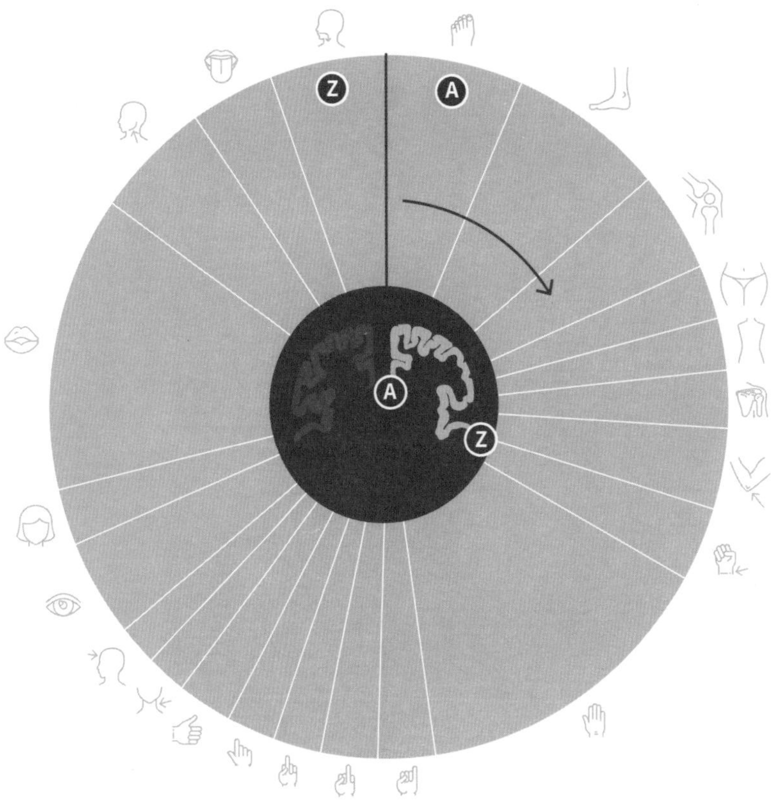

右边的创意与左边的逻辑

对脑裂患者的研究有时被当作左脑控制逻辑，右脑控制创造力的标志。但事实并不是那么简单。与另一个半球相比，有些思维过程可能确实在人的某半球中更占主导地位。然而，大多数思维过程，实际上需要大脑两个半球之间的合作。

身体部位和它们在右侧运动大脑皮层中所占据的相对空间

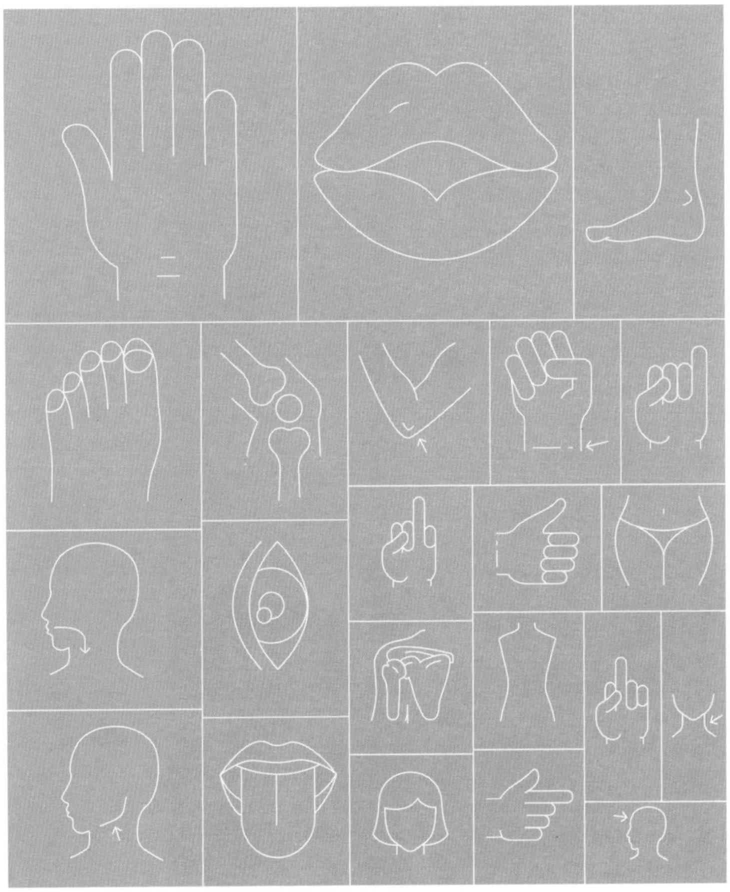

胼胝体的神经纤维属于横向纤维：它们连接着左右两个半球。此外，大脑中还有两类神经纤维：投射纤维和联络纤维。投射纤维将大脑皮层与纹状体、丘脑、小脑、脑干和脊髓相连。它们是上行的（从感官）或下行的（到肌肉）。最大的投射纤维束从运动大脑皮层一直到脊髓（皮质脊髓束或锥体束），在大脑中形成了一个美丽的扇形结构。在脑干中，投射纤维被捆绑在一起，其中98%的运动神经纤维穿过脑干到达另一侧。除了面部神经之外，它们都会进入脊髓。

相反，联络纤维连接同一半球内的大脑皮层各个部分。有些纤维很短，呈U形，连接彼此相邻的大脑部位。有些则非常长，从大脑的后部一直延伸到前方。最长的是上纵束，它将顶叶、颞叶和枕叶的一部分与额叶相连。

脑裂

癫痫患者W. J. 迫切希望接受手术治疗，将他的胼胝体部分切开，即所谓的胼胝体切开术或胼胝体横切术。事实上，为了治愈癫痫发作，他愿意做任何事情。手术后，W. J. 的癫痫发作次数明显减少，起初他似乎能够正常工作……直到一项实验揭示了情况并非如此。

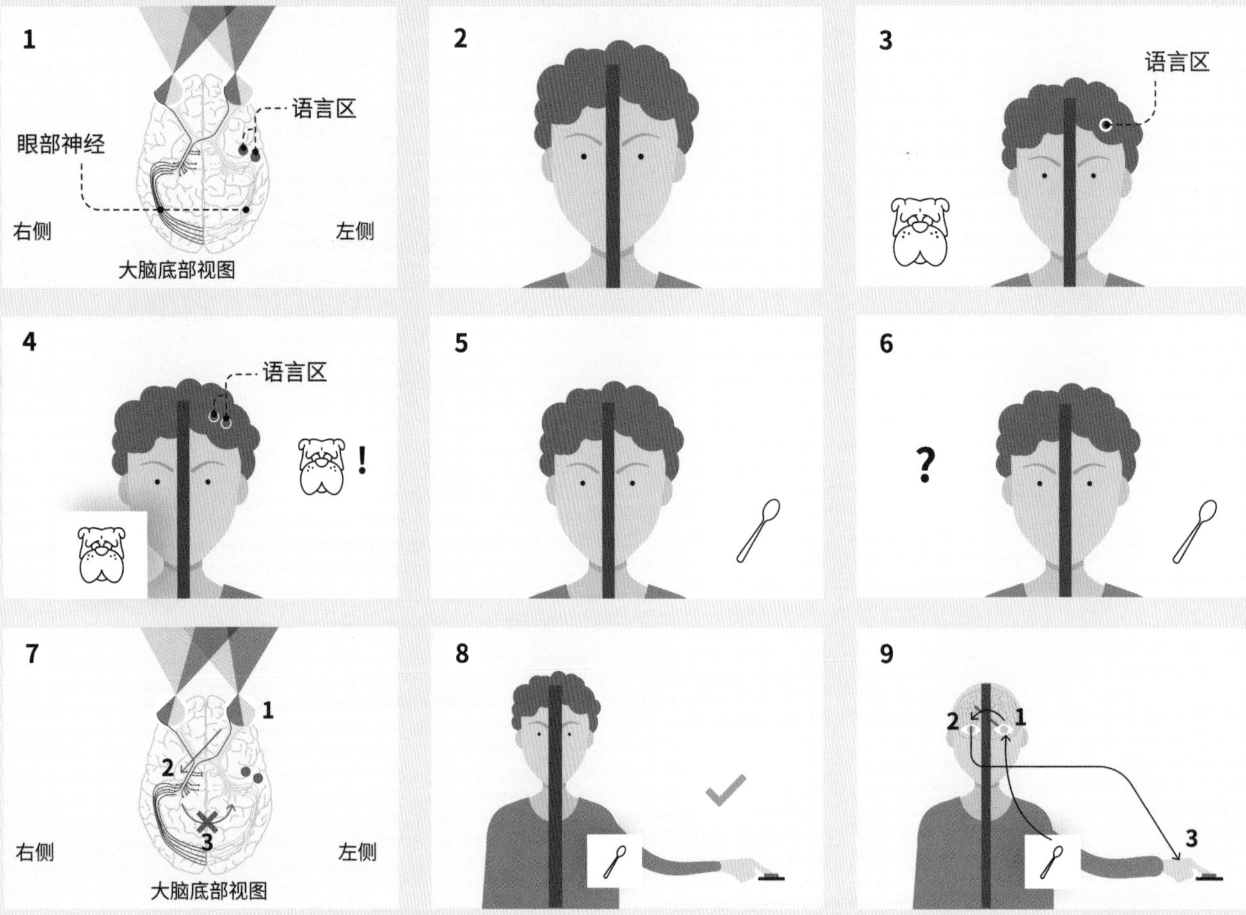

1 由于对语言很重要的两个区域——布洛卡区（运动语言中心，对产生正确的语言很重要）和韦尼克区（感觉语言中心，对语言理解很重要）都位于左半球，研究人员想测试W. J. 能否说出一个他只能在右半球“看到”的物体。

2 研究人员放置了一块木板，将W. J. 的视野一分为二。部分视觉神经穿越到大脑的另一侧。

3 右侧视野中的所有感官知觉都会传达到左侧大脑皮层，反之亦然。研究人员首先在W. J. 的右侧视野中展示了一张狗的图片。

4 该图片由他的左侧大脑皮层处理，那里有布洛卡区和韦尼克区。W. J. 大声地说他看到了一只狗。

5 研究人员随后在他的左侧视野中展示了一张勺子的图片，但W.J.没有反应。

6 他甚至说他根本没有看到任何东西，尽管他没有瞎，他的眼睛功能也正常。

7 他左眼视野中的勺子图片到达他的右半球以获得视觉，但信号无法到达两个语言中心所在的左半球。因此，他既不能理解勺子图片的意思，也无法正确说出“勺子”这个词。

8 但是当研究人员问他是否愿意用左手按下按钮来表示他已经观察到了图片时，他却成功地做到了。尽管他说自己什么都没看见，但是他的手部动作表明他确实看到了一些东西。

9 因此，他的右半球确实观察到了这幅画，并且该信号可以被传送到右半球控制左手的运动皮层。

简而言之：胼胝体对大脑左右半球之间的良好合作至关重要，而白质绝对不仅仅是大脑中的填充物。

其中一部分是弓形筋膜（弓形束），它连接着布洛卡区和韦尼克区。这两个领域都与语言有关。韦尼克区在理解语言方面起着重要作用，而布洛卡区则负责产生语言。因此，布洛卡区也被称为运动语言中心。该纤维束的损坏会导致语言问题。

在大脑的底部，还有一个纤维束从后向前延伸，它连接视觉大脑皮层和颞叶的前部，即下纵束。这一纤维束的损伤可能会导致幻视。

钩束也是一种特殊的联络纤维束，是颞叶前部通往额叶下部的一条捷径。因此，人们认为这些联络纤维在进化上是相对年轻的。值得注意的是，这种纤维束比大脑中其他纤维束的成熟期要晚得多。长期以来，人们对其功能知之甚少，但研究表明，当这种联络纤维受损时会导致记忆问题，因为它与海马体有联系。

白质纤维网

大脑横截面

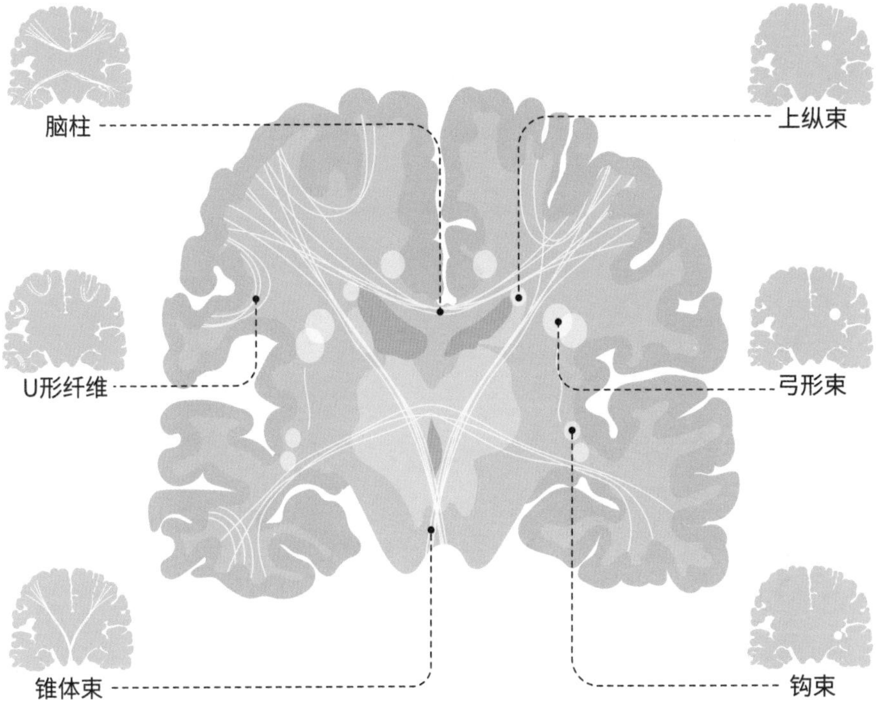

大脑侧切面

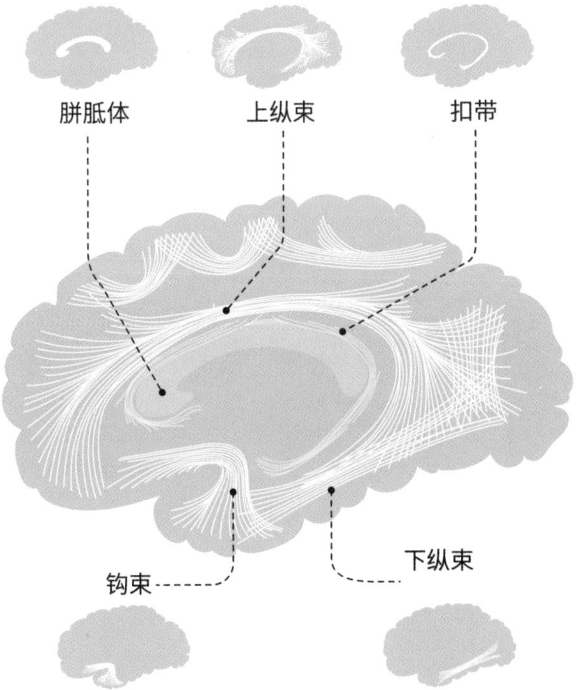

因此，在意大利露台上的所有感官形成体验之前，要先通过大脑网络这个漫长的旅程。首先，刺激通过上升的投射纤维进入，通过守门员和电话交换机，刺激到达初级大脑皮层，在各自专门化区域产生不同的感觉。这些不同的感觉通过联络纤维和横向纤维汇集到大脑皮层的特殊部位。然后，大脑各部分可以产生积极的感觉，标记情绪，存储记忆，并做出适当的反应（例如再点一瓶酒）。随后，这种反应通过下降的投射纤维发送到肌肉。简而言之：所有的纤维通路结合在一起对大脑不同部分之间的信息传递起重要作用。它们确保将单独的感知整合为一个完整体验。

毕竟这是一个小世界

4

当把大脑放大和缩小时，你会看到什么？

小规模和大规模的大脑

假设你想探索“飞行”的真义，但对此一无所知。那么你应该如何开始呢？你可以选择从研究一架飞机开始。第一步：自下而上，了解飞机的各个零部件——螺丝钉、螺母和螺栓，座椅和机身的材料等。第二步：弄清这些零部件的相互关系和位置，以及它们在哪些系统中运行，如空气循环系统和发动机系统。然后你逐一关闭这些系统，并观察其对飞行有何影响。例如，如果你关闭空气循环系统，飞机不会立即坠落。尽管机组人员将因缺氧而死亡，但飞机仍能在自动驾驶模式下继续飞行一段时间。那么，这是否意味着空气循环对“飞行”并不重要？另一个实验：如果你拆掉机翼上的几个螺丝钉，则可能导致飞机的机翼断裂。那么这是否意味着“飞行”的本质就在这些螺丝钉中呢？

绑定问题是神经科学的最大挑战

神经科学必须如何将多个维度结合起来

想要揭开大脑之谜的神经科学家与那些试图从零探索“飞行”概念的人面临着相同的挑战。就像飞机依赖于从微观到宏观层面上的运行系统一样，大脑也是如此。你可以从螺丝钉这种小规模的层面接触飞机，同样，你也可以研究大脑中神经元的单个分子。正如你可以在系统层面上分析飞机一样（如空气循环和发动机系统），你也可以研究大脑是如何在更大范围内运作的。然后，你将重点研究作为协作网络的大脑区域。神经科学家现在正试图探索大脑中所有这些大大小小的组成部分是如何共同进行复杂行为的，并确保我们作为一个整体来体验周围的世界，例如当我们听音乐的时候。尽管鼓手们用他们所有的肢体做着不同的事情，但他们仍然能产生连贯的节奏。科学家们称之为特征的绑定问题。

假设你想通过一个计算机模型绘制出“享受音乐”的工作原理。例如，鼓手如何保持节拍，创造出一种音乐刺激，使你耳朵里的毛细胞振动，并使大脑发挥作用，让你在听音乐时体验到那种典型的愉悦感。只不过，如果你想绘制各个大脑区域的所有神经元图，就会产生太多的数据，从而无法准确确定“享受音乐”的工作原理。作为替代方案，你可以研究音乐对存在较多神经元的大脑区域的激活情况，以及这些区域之间如何协作使你能享受音乐。但这种方法没有考虑单个神经元如何传输复杂信号并将它们组合成大规模激活模式。因此，同时从小规模和大规模这两个角度出发进行研究才可以提供最好的见解。

“用显微镜看报纸是没有意义的。”

——瓦伦蒂诺·布瑞滕堡（1926—2011）

人类大脑连接组

连接组是大脑中所有神经连接的地图。遗憾的是，对人类来说，目前（还）无法测量所有数十亿的连接，但在小动物身上可以实现这一点。

秀丽隐杆线虫的连接组

有一种动物具有完整的连接组，也就是一张包含所有神经元连接的地图。这就是秀丽隐杆线虫，一种小型的、蠕虫样的物种。它的连接组大约有7000个连接。一个耐心的研究小组在电子显微镜的帮助下完成了这一发现。该团队首先将蠕虫分成几片，每片都比头发丝还细。随后，他们用显微镜对这些切片进行了三维重建，与此同时，研究小组付出极大的耐心，手动标记了每个切片的所有神经元和连接。然后，先进的计算机模型能够对整个虫子的所有神经元，包括连接进行三维重建。

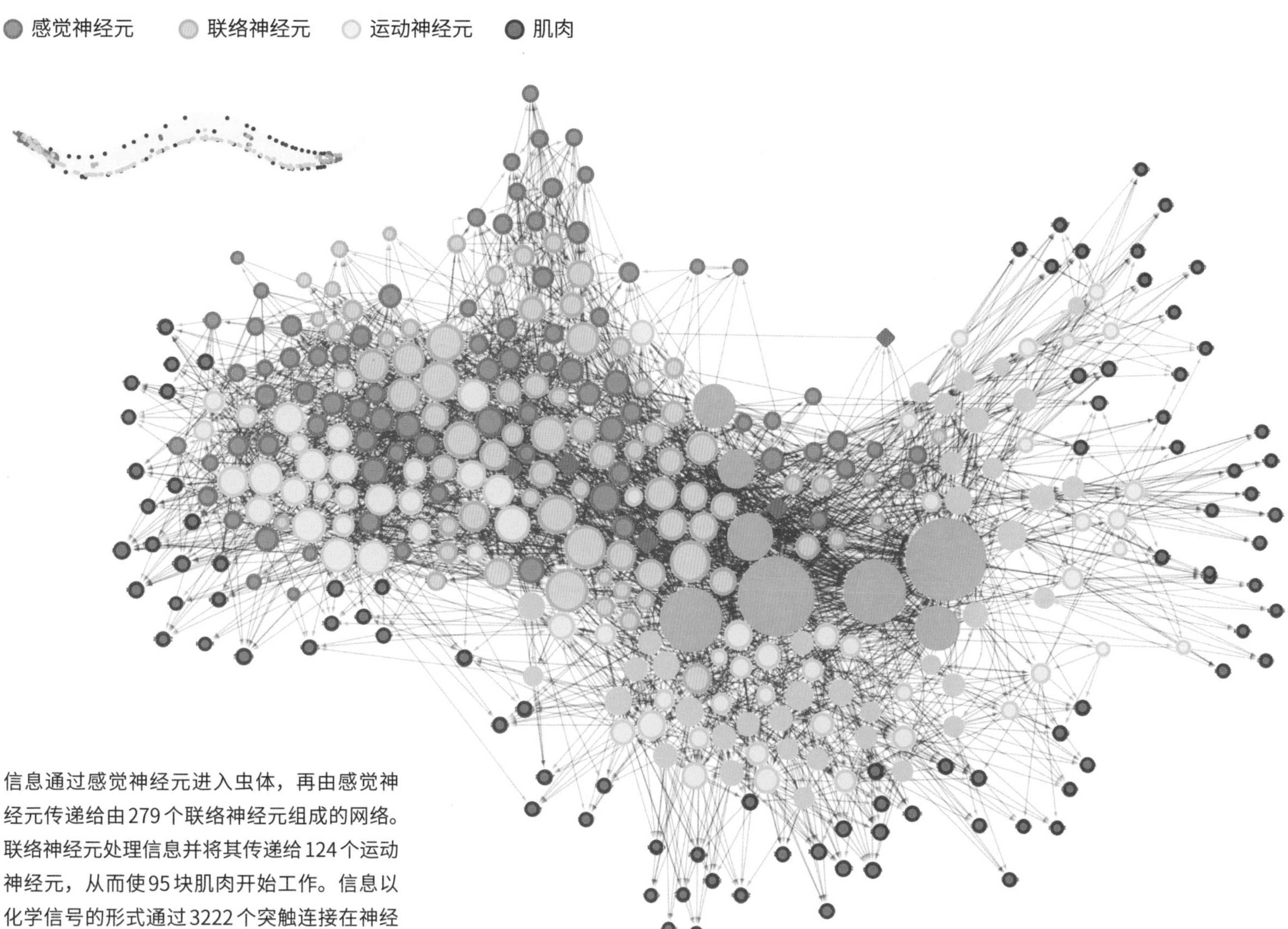

信息通过感觉神经元进入虫体，再由感觉神经元传递给由279个联络神经元组成的网络。联络神经元处理信息并将其传递给124个运动神经元，从而使95块肌肉开始工作。信息以化学信号的形式通过3222个突触连接在神经元之间跳跃传递。

来源:Yan. (2017)

大脑的组织

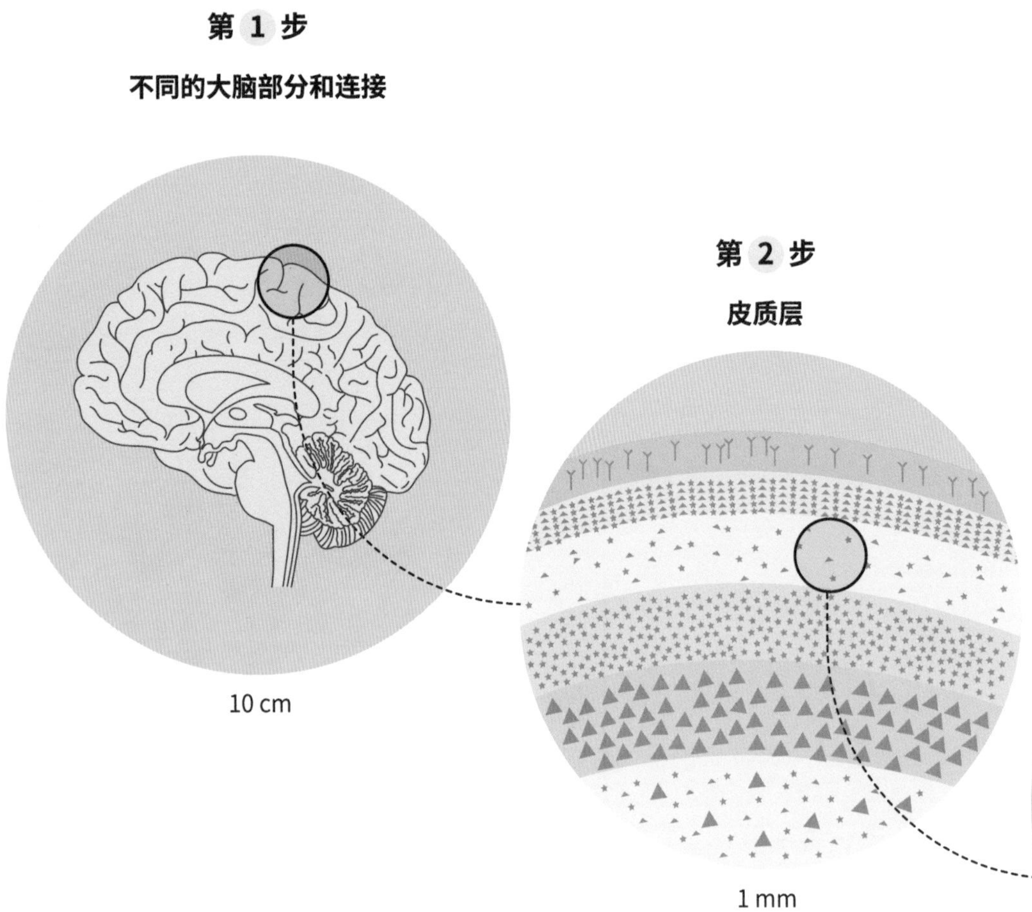

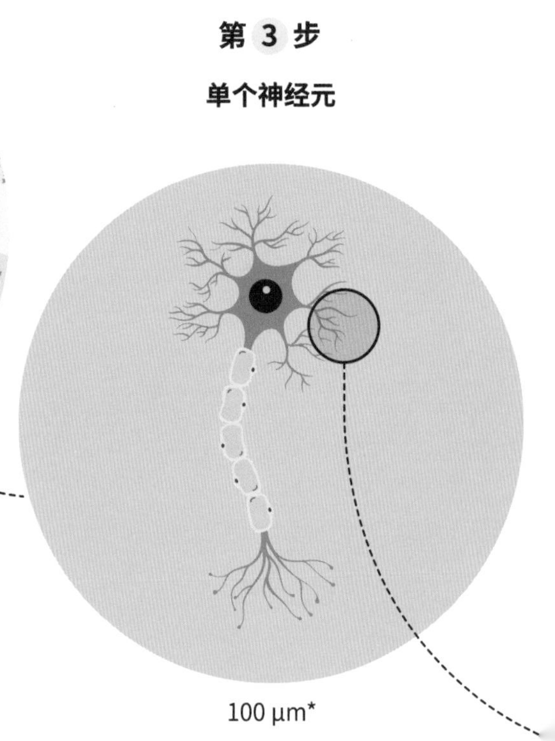

组织问题

神经科学如何在六个不同尺度的层次上放大

大脑的组织结构尺度超过六个数量级，因此，神经科学也侧重于这六个层次。

第 1 步 —— 可以用肉眼看的几厘米到 5 毫米

在最高层次上，神经科学家研究不同的大脑区域以及它们之间的连接。脑区的直径从几毫米到甚至几厘米不等。这些大脑区域之间的连接，即轴突，可以长达几厘米。对活人的大脑研究主要是在第一层，也就是最高层进行的。这一层类似于飞机的发动机或空气循环系统。

第 2 步 —— 放大到 1 毫米

当神经科学家进一步放大大脑时，他们发现神经元之间的连接并不是杂乱无章的。神经元或神经细胞似乎将自己组织成不同的细胞层，这些细胞层在水平和垂直方向上相互连接。通过这种方式，神经元之间形成小型电路，与飞机驾驶舱中的仪表盘相当。

第 3 步 —— 放大到 100 微米

在更低的层次上，神经科学家可以直观地看到每个神经元如何通过树突（神经元的“接收器”，信号输入）和轴突（神经元的“发射器”，信号输出）与其他神经元建立联系（第 39 页）。一些神经元的轴突非常长，这使它们能连接到远处的大脑区域，例如，从处理“视觉”信号的大脑后部区域到允许你做出复杂决定的大脑最前端区域。这又可以比作飞机上的控制杆，以及它如何与机翼的方向舵相连接。

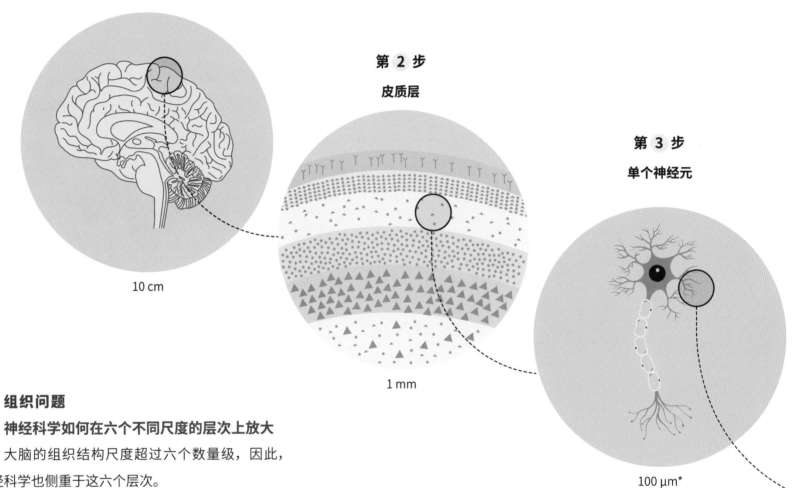

第 4 步 ——放大到 10 微米

进一步放大后，单个轴突和树突变得可见。神经科学家们发现，在这个层面上，每个树突还会进一步分支。这些分支被称为树突棘，并与其他神经元连接。与大脑中其他神经元接触的树突棘的总数巨大，就像飞机驾驶舱中的仪表板线路一样。

第 5 步 ——放大到 1 微米

在倒数第二个层次，神经科学家们甚至可以观察到从一个神经元到另一个神经元的过渡细节。一个神经元的轴突和另一个神经元的树突分支之间存在突触间隙。通过这个间隙，信息从一个神经元传递到另一个神经元。这部分是通过神经递质来完成的，它们是一种跨区域发送的化学信号包（第 42 页）。这类似于连接仪表板接线上两根电线的接线夹。

第 6 步 ——放大到 0.01 微米

最后，在最小的尺度上，神经科学家们能够观察到神经元的所有分子。例如，他们发现了神经元的外层，即细胞膜，是如何由双层蛋白质层组成的。他们还能分辨出神经递质、线粒体（细胞的能量工厂）、细胞骨架（使神经元具有形状）和离子通道（细胞外层的孔隙，只允许某些物质通过）。对这个非常小的数量级的研究大多是在动物身上进行的。由于这些研究不能直接在人类身上进行，这意味着你不能总是将它们与人类相关联：这也是理解大脑的另一个挑战。这个层次的神经科学研究堪比对飞机上最小的螺丝钉和螺栓进行研究。

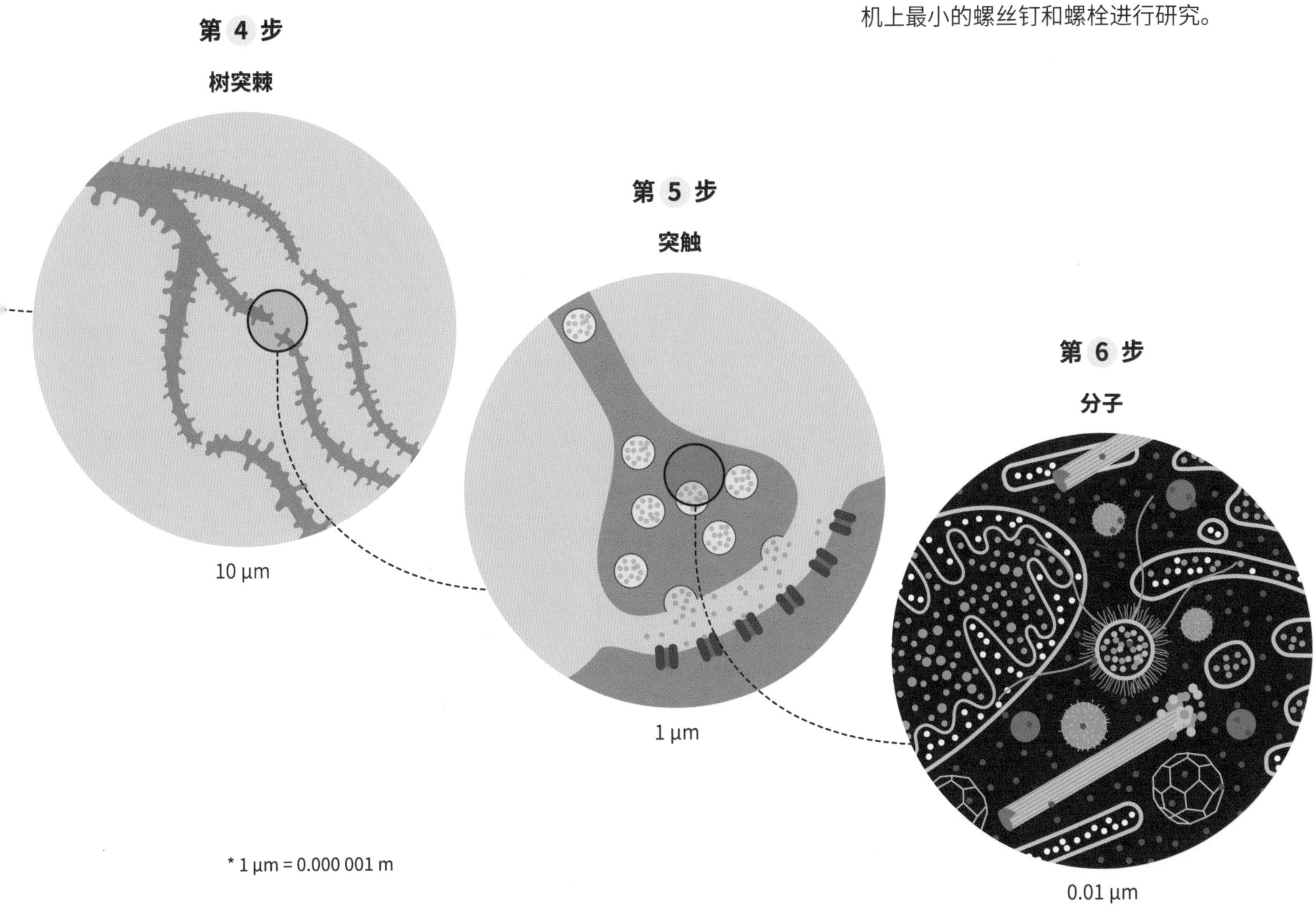

* 1 μm = 0.000 001 m

大脑中的小世界网络

你的大脑如同一个社交网络

神经科学如何研究整个大脑

在各种不同的尺度上，将关于大脑运作的知识统一起来是很困难的。在不同的层次中也存在着一些“绑定问题”。毕竟，感官信息被输送到你大脑中完全不同的区域，而当你观察一个鼓手时，你却能够将他或她的手部动作和伴随的鼓声作为整体来体验，这怎么可能呢？这个问题与飞机上的不同系统（如空气循环和发动机系统）如何协同工作才能实现飞行类似。

直到最近，大脑研究仍主要集中在对不同大脑区域的研究。这并不奇怪：理解各个单独区域的功能当然是必要的。例如，很多研究表明，海马体对记忆至关重要，就像飞机发动机对飞行至关重要一样。与此同时，神经科学家们现在认为了解所有的大脑部分是如何整合成一个整体也很有必要。最新的技术发展使之成为可能，科学家不再是只能检查死者的大脑，而且还可以以无害的方式对活人进行研究。利用新的数学模型，科学家可以描述相距较远的大脑区域如何相互交换信息。这种研究的结果

测量功能连接的三种方法

1 你要检查哪两个不相邻的大脑部位按照相同的模式同时活跃，或者只是一个接一个地活跃。

2 你计算一个区域与大脑中的哪些其他区域有这样的同步活跃。

3 你同时计算大脑的所有区域，哪些是一起活跃的，那么这些就属于同一个大脑网络。

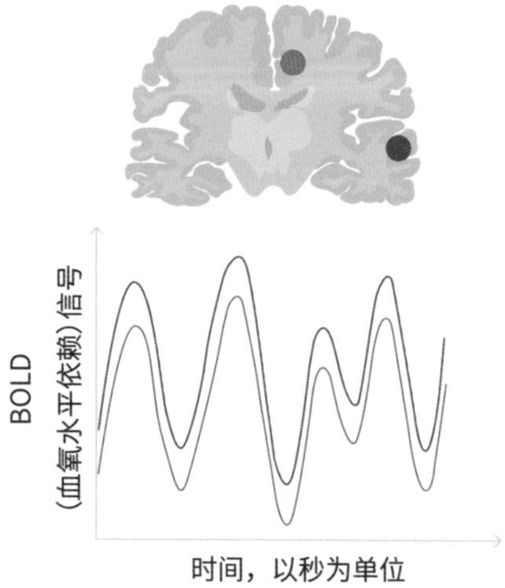

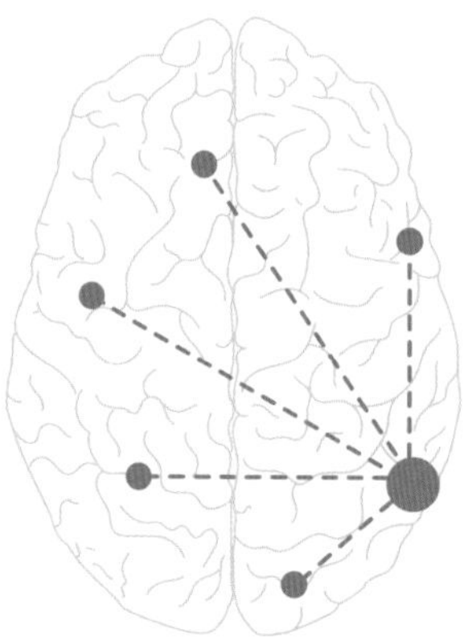

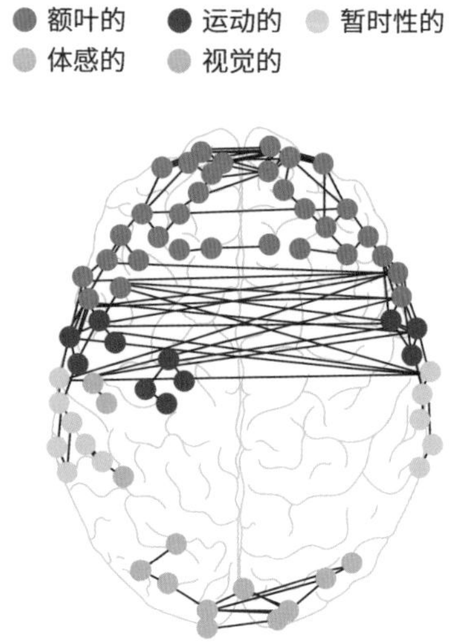

来源：Chee & Zhou.（2019）

社交媒体中的小世界原则

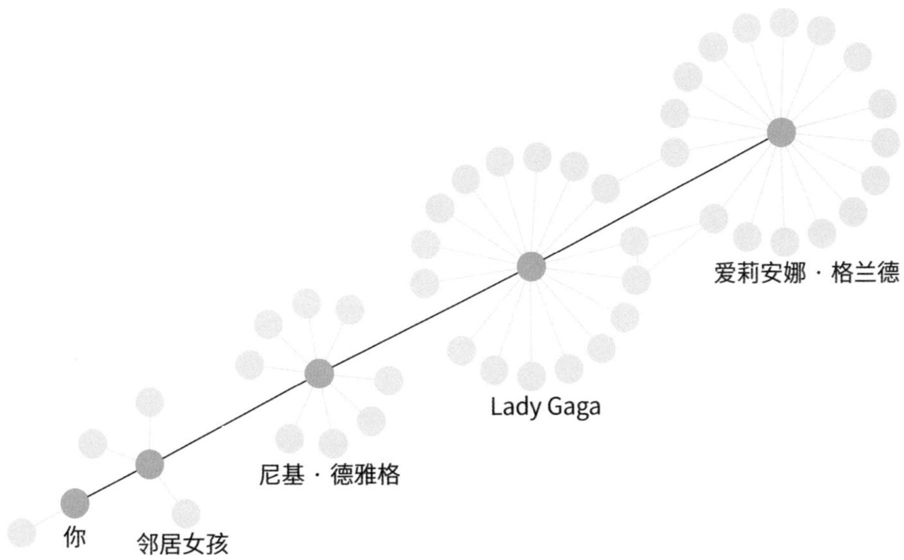

“动物的所有器官形成一个单一的系统，各部分相互联系，相互合作，相互影响；一个部分发生变化，必然会使其余部分产生相应的变化。”

——乔治·居维叶（1769—1832）

也被称为连接组，即大脑中所有神经连接的地图。在人类身上，测量所有数十亿的连接是不可能的。然而，研究人员可以同时绘制神经纤维束的地图。在大脑激活的基础上也可以这样做：研究人员测量哪些大脑区域同时活跃，或在间隔不久之后活跃。这意味着它们正在相互交换信息，并协调工作。这项关于大脑各部分如何连接和活动的研究引发了对大脑组织结构的新认识。

大脑实际上是按照小世界原则组织起来的，类似于社交网络在社交媒体上的运作方式。有些人有很多粉丝，同时他们自己也关注很多人。以荷兰化妆师尼基·德雅格为例。她在社交媒体上拥有大量的粉丝，甚至连Lady Gaga也关注她。因此，即使你自己的粉丝很少，你离歌手Lady Gaga和爱莉安娜·格兰德也只有几步之遥。事情是这样的！假设Lady Gaga关注尼基·德雅格，而你关注你的邻居女孩，后者也关注尼基·德雅格。那么，你跟Lady Gaga只相隔三个连接，离爱莉安娜·格兰德只有四个连接——因为她又在Lady Gaga的社交网络中。这样的小世界网络非常有效。毕竟：不用自己花很多精力去发漂亮的帖子或积累大量的粉丝，就能通过网络中的枢纽或拥有众多连接的交叉点，迅速与世界各地的其他人建立联系。

大脑的组织方式与此类似：无数的局部连接，如U形纤维，将紧密间隔的大脑区域连接起来。同时，还有数量有限的长距离连接，如上纵束纤维，将远离彼此的脑区连接在一起。所以你从大脑的一侧到另一侧的连接只需几个神经元。如果只能通过相邻的脑区，一步一步地将信息从大脑的一个角落发送到另一个角落，那么，从大脑后部大脑皮层发出的视觉信息需要更长的时间才能到达额叶大脑。此外，这种阶梯式的连接会消耗大脑大量的能量。现在，只有大脑的几个部分做出了这样的努力，其余的连接则不需要这样做，就像你（也许）在社交媒体网络中投入的时间较少，但仍然可以通过几个步骤与很多人建立联系——这就是前面提到的小世界原则。大脑网络也是根据这种有效的成本效益权衡而建立的，用较小的维护成本，达到信息传输的速度最大化。

大脑中的波浪运动

5

神经元是如何工作的？

神经元和胶质细胞

52岁的亚当躺在手术台上。他身边有一个由10名医生和护士组成的团队。他的大脑已经准备好接受手术……他的多巴胺工厂，即中脑的一个脑区，已经10年没有正常工作了。亚当不再产生多巴胺。而这恰恰是负责运动的纹状体赖以运行的燃料。后果是：亚当失去平衡的速度越来越快，他的手开始颤抖，身体逐渐变得僵硬。简而言之：他变成了（一个年轻的）帕金森症患者。当药物治疗不再可行时，亚当选择了一种冒险的替代方案：深层脑刺激疗法。

医生现在要在他的大脑深处放置一个电极，这将向缺乏多巴胺的纹状体发送电脉冲，从而使其能够再次发挥作用。如果手术成功，亚当的许多症状，即震颤和僵硬，将消失。如果不了解神经元是如何通过电信号进行交流的，这种深层脑刺激（DBS）疗法就不会存在。是时候进一步了解神经元了！

特殊的结构

大多数神经元由四个不同部分组成。神经元的细胞体与我们身体中其他细胞的细胞体相似。细胞体包含一层包膜，一个带有DNA的细胞核，以及各种蛋白质。细胞体是控制室和工厂，神经元需要的所有部件都在这里生产和回收。但与其他体细胞相比，神经元构造的特殊之处在于，它们有树突和轴突。树突是神经元的“接收器”，接收来自其他神经

神经元的解剖结构

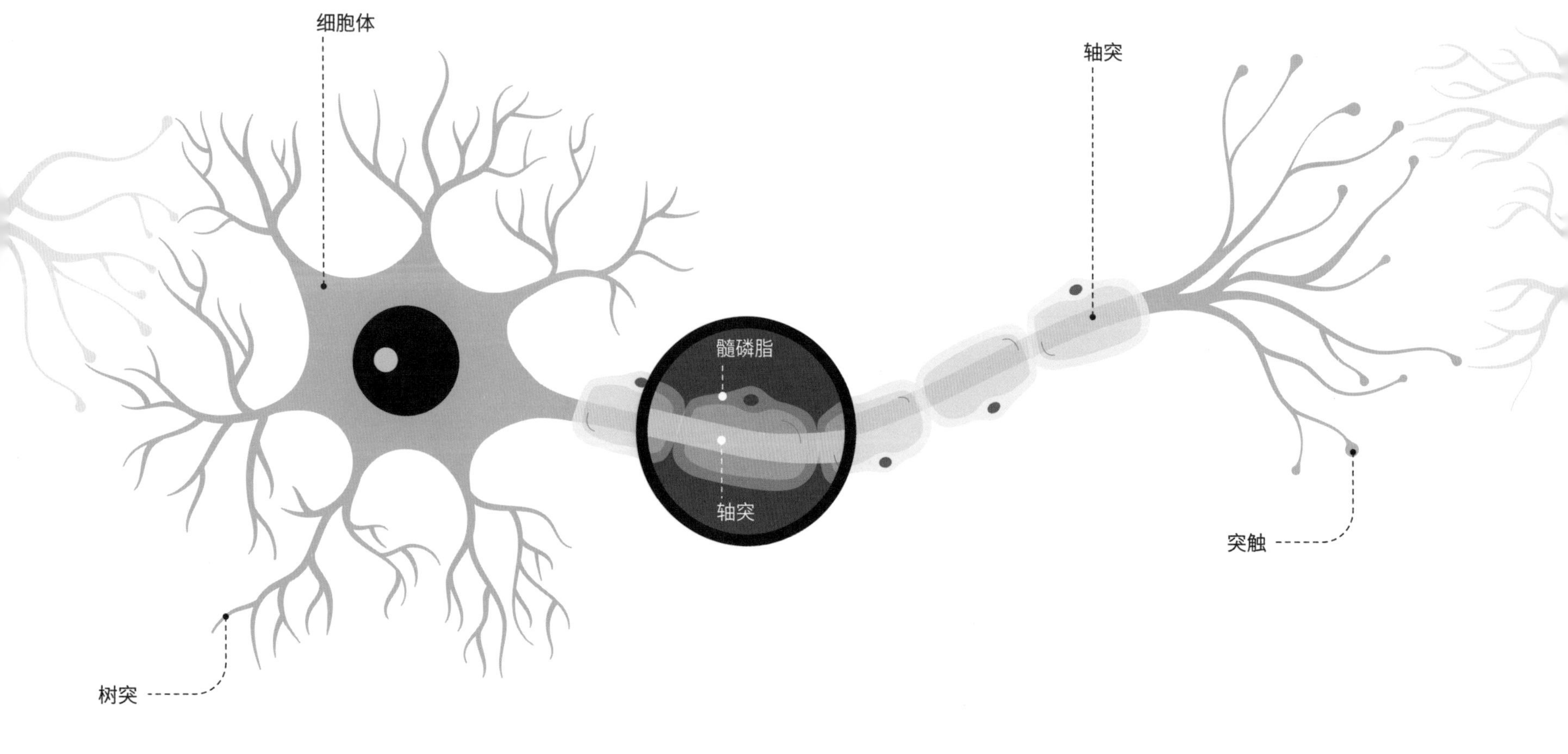

神经元中的髓磷脂

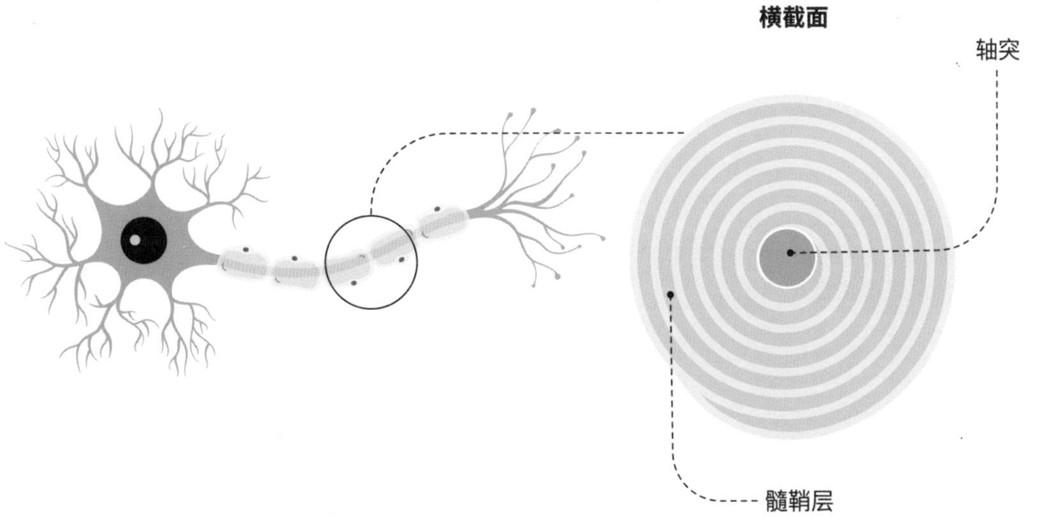

为什么白质是白色的？

白色来自围绕着神经周围的脂肪层，即髓磷脂。这种髓磷脂是由神经胶质细胞产生的。髓鞘层越厚，神经元传输信号的速度就越快，有时可达每小时400千米。由于髓磷脂的绝缘作用，电信号传输得更快。髓磷脂像香肠一样缠绕在轴突上，并总会形成缺口。电信号在髓磷脂附近传播得非常快，而在缺口附近则较慢。髓鞘层在发育过程中变得越来越厚，电信号传播得也越来越快。因此，髓磷脂能让你的思维越来越快！

元的信号。这些树突看起来像大树枝，其形状取决于其功能。树突上还有更小的分支，即树突棘，来自其他神经元的信号就是从这里进入的。一个神经元可以拥有多达15 000个这样的树突棘，相当于三包一千克大米中的米粒数量。每个神经元还有一个轴突，即发送器。该轴突将信号从树突棘传递到其他神经元。然后这些信号最终到达第四个组成部分，即轴突末端或轴突终端。该轴突末端又是突触交界处的一部分，是与另一个神经元的接触点。一些神经元有多个这样的轴突末端。

一个神经元有多大？

一个神经元的真实大小是0.004毫米～0.1毫米。

分阶段运作

神经元负责信号传输这一功能使其成为一种特殊的细胞。最初，人们认为大脑中的电信号是神经元“真实”信号传输过程中的无用副产品。然而在19世纪，德国医生和物理学家赫尔曼·冯·亥姆霍兹（1821—1894）发现，这些电信号实际上对神经元之间的交流非常重要。后来，组织学家（朋友们称之为“组织研究员”）拉蒙·卡哈尔和他的同事们发现了神经元如何读取、处理并向其他神经元传递信息。神经元甚至会根据一套简单的规则，对如何处理信号做出小小的“决定”，例如是否增强或减弱该信号。

神经元读取、处理和传输信号的方式分为几个阶段。首先，信号从另一个神经元的树突进入轴突终端。接下来，信号会通过细胞体一路传输到神经元的另一端，直至轴突。这种信号传递是通过神经元内的电过程进行的，并且主要是在轴突末端借助信号蛋白的化学过程进行的。

第 1 步

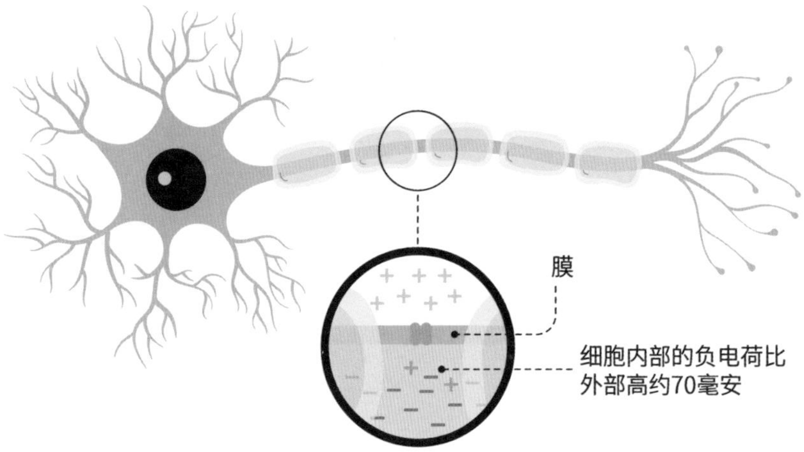

第 2 步

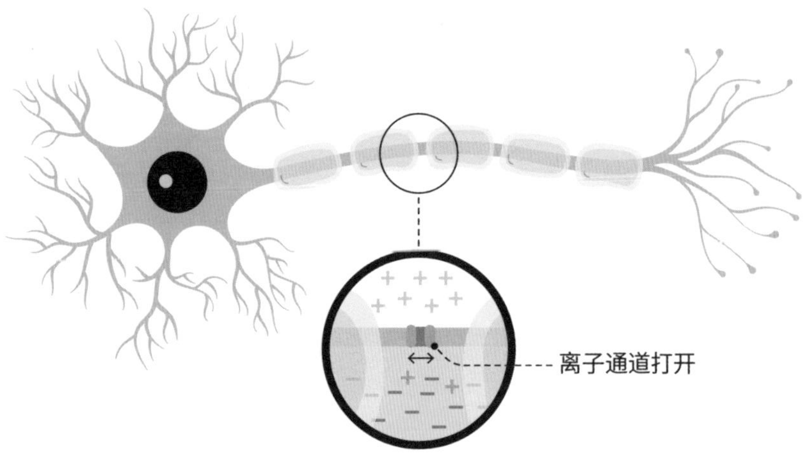

第 3 步

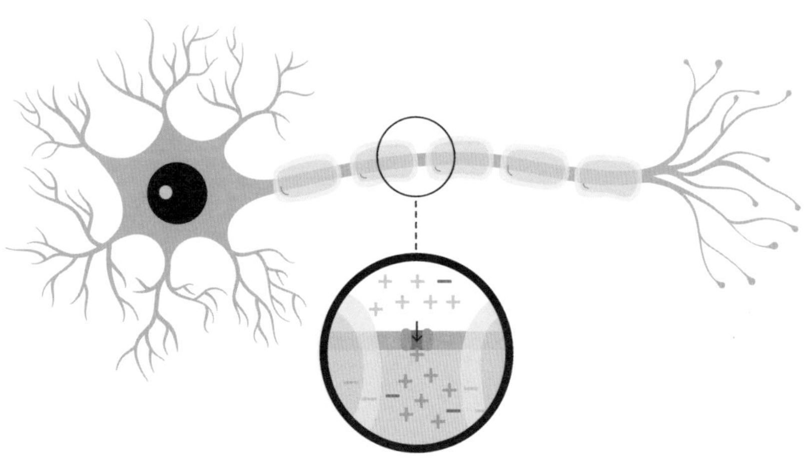

电波

要了解神经元是如何相互传输信号的，你需要学习一门真正的电学课程——或者至少是基础课程。事情是这样的，电信号在神经元中的传输是通过动作电位完成的。这是一种放电波。这个动作电位在神经元的外层传输。这个外层是由两个蛋白质层组成的膜，它确保分子不会随意进出。然而，膜上有一些特殊的孔或通道可以打开和关闭，即离子通道。它们就像一个三维拼图，只有非常特殊的拼图碎片——原子才能通过。那么，信号究竟是如何从接收端传递到发送端的呢？

第 1 步 —— **电压为负**

神经元膜上总是存在着微弱的电压。准确来说，神经元的内部比外部多出70毫安的负值。产生电压的原因是膜内带正电荷的原子（如钾）比膜外的少。

第 2 步 —— **离子通道打开**

当神经元收到信号时，细胞膜上的离子通道就会打开。这些通道可以选择性地让带电原子进入，从而改变膜上的电压。

第 3 步 —— **电压趋于0**

当膜上的离子通道打开时，正原子（如钠）流入神经元。神经元的内部之前比外部电压更负，但现在变得更正一点，内部和外部的电荷之差变小，电压趋向于0。

第 4 步 —— **电压为正**

膜上的这种电压差发生在不到一毫秒的时间内，非常迅速。很快，膜内的正原子就比外部的多。因此，与外部相比，膜内的电压变成非常轻微的正值。然后离子通道关闭，其他离子通道打开，确保细胞膜电压再次变成负值。

第 5 步 —— **波浪运动**

通道首先在局部打开，但这种“打开”会像波浪一样在膜上传播。最终，信号就是这样到达了神经元的发送端，即突触间隙。就像能量转换为水移动的波浪一样，电信号沿着神经元膜的整个长度传播。这种波被称为动作电位。

第 6 步 —— **恢复时间**

离子通道打开后，膜中的特殊离子泵确保恢复70毫伏的负电压。神经元膜在每次动作电位后都需要一段时间来恢复，就像短跑运动员在跑完200米后一样。在恢复期间，神经元膜上的泵不工作，也不会传输信号。因此，每秒最多有200个动作电位被传输。

每个动作电位的电强度总是大致相同，存在一个全有或全无原则。如果信号太少，就不会产生动作电位；如果有足够或大量的信号，就会产生具有相同最大电强度的动作电位。因此，信号越多并不意味着信号更强；相反，信号的强度取决于动作电位的频率，这个频率介于每秒0到200个动作电位之间。举一个例子，由听觉器官传递给听觉神经的感觉信息对轻柔的声音可以具有低动作电位频率，而对于响亮的声音可以具有高动作电位频率。

第 4 步

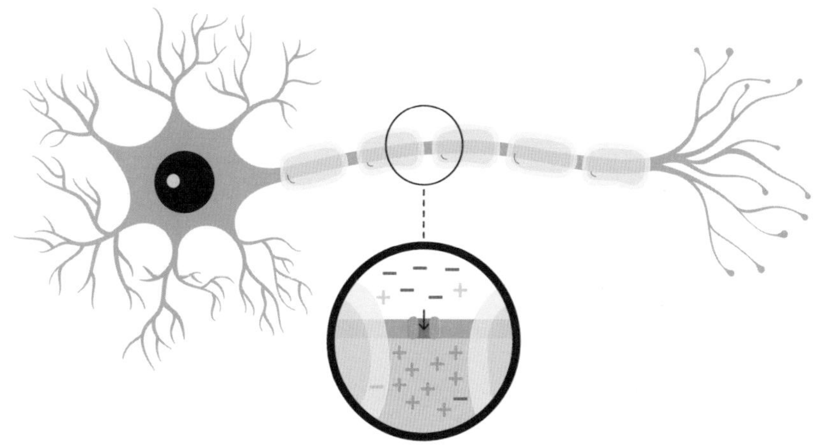

第 5 步

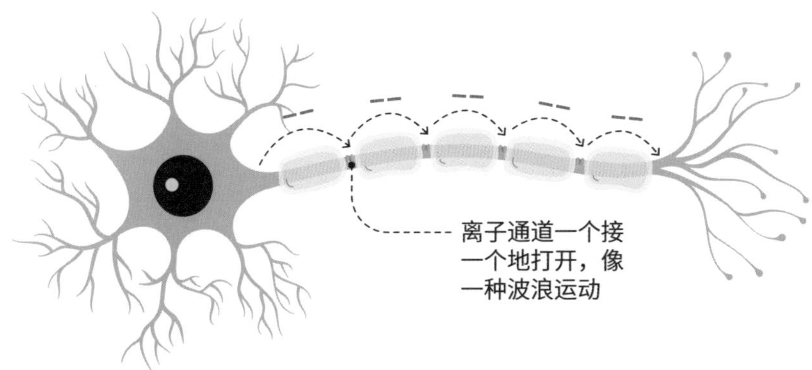
离子通道一个接一个地打开，像一种波浪运动

第 6 步

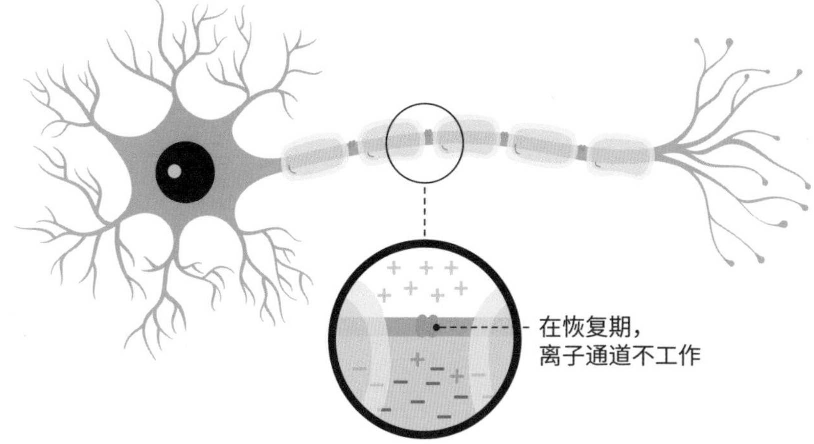
在恢复期，离子通道不工作

化学和雷电

信号在突触处从一个神经元传递到另一个神经元。当动作电位到达轴突终端时，它就会被传递到下一个神经元的树突上。这个传递过程可以通过两种不同的方式进行：化学或电学。

这不是一个紧急订单？

那么化学传递就足够了，具体如下。来自发送神经元的动作电位到达轴突终端，在这个过程中，信号通过突触传递到下一个神经元的接收树突上。轴突末端将神经递质——含有信号物质的小气球——释放到突触间隙。这些信号物质随后到达接收神经元的树突，在那里它们与膜上的特殊蛋白质即受体结合。然后，这导致接收神经元一侧膜上的离子通道打开。这样一来这些受体就有了选择权。它们要么让正离子进入，从而产生动作电位；或者让更少的正神经递质进入，从而不产生动作电位。简而言之：它们可以加速，也可以刹车。

事实上，发送神经元的动作电位可以通过释放大量神经递质等方式被极大增强。就像音频放大器可以放大声音一样，动作电位随后被转化为更大的信号。此外，通过多种神经递质的协同作用，还可以传递各种复杂的信号。因此，这样的突触不仅仅是一个简单的开关，它更类似于一个打碟机，其按钮可以设置到不同的位置。

是否涉及匆忙和紧急的情况，例如在面对危险时必须战斗或逃跑？

那么你需要使用电信号。大脑中的一小部分突触不是以化学方式工作，而是以电的方式。电突触缺乏一个真正成熟的突触间隙。相反，接收和发送神经元的两层膜通过特殊孔隙直接相连。然后，动作电位使带正电的原子通过这些孔洞直接进入接收神经元。这比通过突触间隙的化学信号传输快得多，

一个神经元有多重？

一个普通神经元的质量约为1纳克。相比之下，一根睫毛的质量约为50 000纳克。如果你把一根眼睫毛切成50 000块，你就会得出一个神经元的质量。

大脑中的信号传输

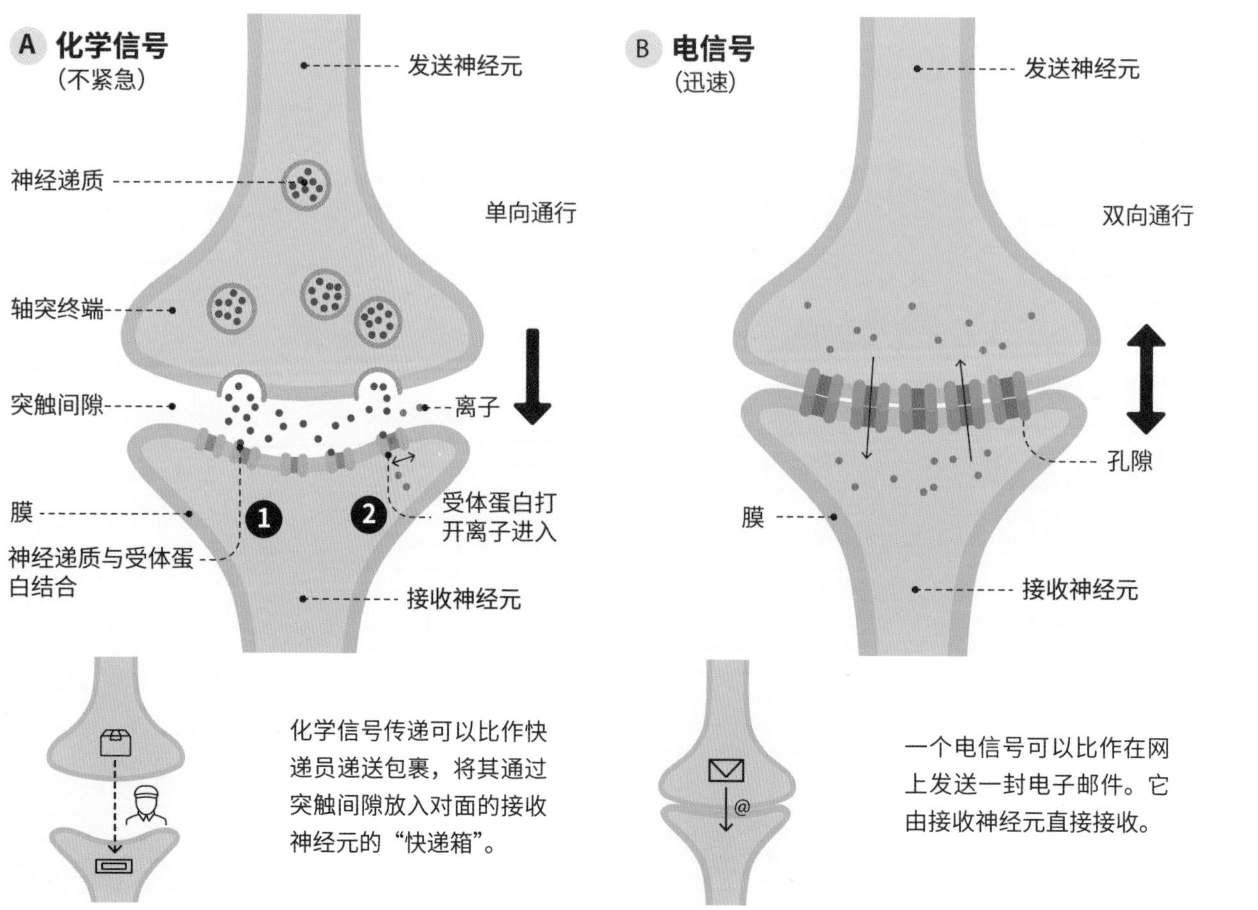

不同类型的神经元

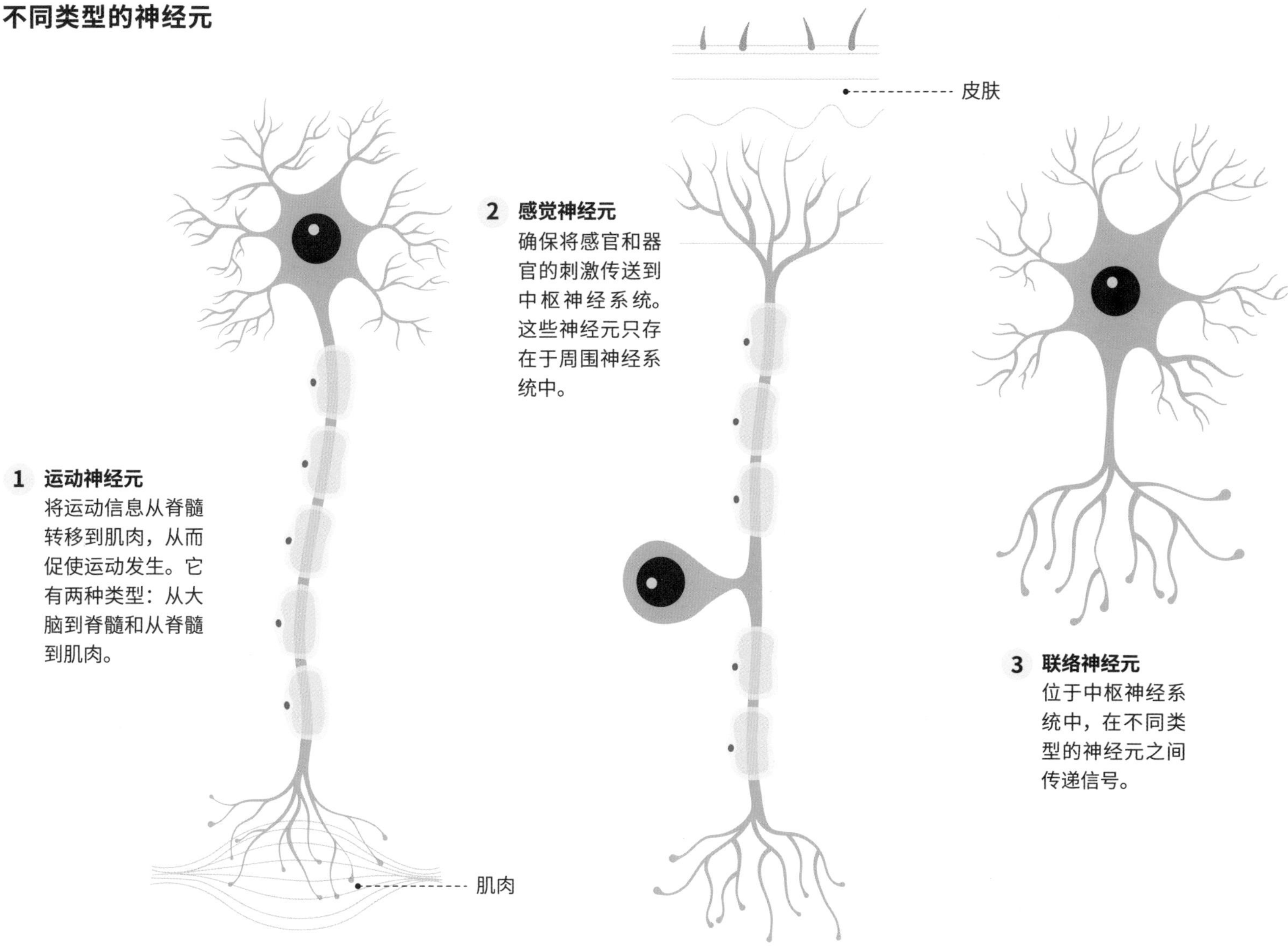

皮肤
2 感觉神经元
确保将感官和器官的刺激传送到中枢神经系统。这些神经元只存在于周围神经系统中。
1 运动神经元
将运动信息从脊髓转移到肌肉，从而促使运动发生。它有两种类型：从大脑到脊髓和从脊髓到肌肉。
3 联络神经元
位于中枢神经系统中，在不同类型的神经元之间传递信号。
肌肉

而且传输也可以双向进行。而化学传输是一条单行道。电突触的缺点是信号强度会受到影响，而且信号比较简单。这就是为什么它主要用于基本过程。因此，没有突触间隙的突触主要存在于大脑中对超快速反应（战斗或逃跑）很重要的部位。

神经元的类型

不同类型的神经元有数百种，一些科学家甚至认为有数千种。它们的形状与其功能有关。例如，它们释放的神经递质、树突或轴突的数量、表达的基因以及细胞体的位置（上方、下方或中间）都各不相同。科学家们还没有弄清楚如何对所有不同的神经元进行分类，而新的神经元仍在不断地被发现。

神经系统中大致有三种类型的神经元：运动神经元、感觉神经元和联络神经元。运动神经元将信息从中枢神经系统传递给肌肉，它们通常是多极的，意味着它们有一个轴突和多个树突。感觉神经元将信息从感官传到中枢神经系统，这些细胞往往有一条来自细胞体的轴突，轴突分为两个分支，分别通往树突和轴突终端。最后，联络神经元在不同神经元类型之间精确切换，它们也是多极神经元，有多个树突和一个短轴突。它们在中枢神经系统中很常见。

三种主要的神经胶质细胞

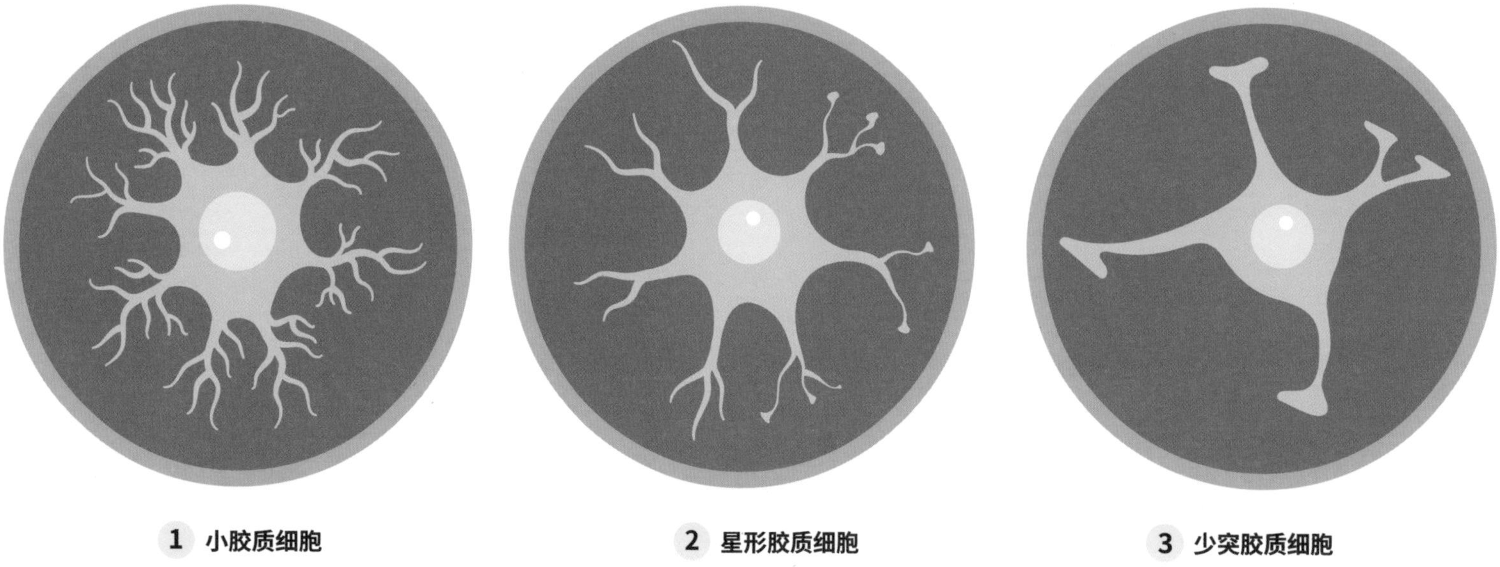

神经元的设施管理人

不同类型的神经胶质细胞

除了神经元，大脑中还有神经胶质细胞。神经胶质细胞负责神经元的维护、保养、构造和清洁工作，可以说是大脑的设施管理者。它们分为三种类型。小胶质细胞构成了大脑的免疫系统。受损或不再活跃的神经元会被小胶质细胞修复或清除——整理得干净又利索。星形胶质细胞是一种大型星形细胞，能保护神经元免受入侵者的伤害。它们通过在血管和大脑之间建立一个屏障来实现这一点，即血脑屏障。这样一来，并非所有来自身体的物质都能进入大脑。此外，星形胶质细胞在神经元活动后进行清理工作：它们清理残留在突触间隙中的神经递质。因此，它们也间接影响大脑活动，因为它们会影响突触的化学信号传输。最后，还有少突胶质细胞，它们有长长的章鱼状触角。这些触角包裹着轴突，并在那里形成髓磷脂，也就是脂肪层。这些脂肪层对神经元非常重要，因为脂肪可以确保信号传输得更快。

自身免疫系统

你知道大脑有自己的免疫系统吗？这是因为身体其他部位的免疫细胞不能进入大脑。毕竟，来自身体的免疫细胞不能通过血脑屏障：它就像一个严格的守门员。这一屏障确保大脑受到额外保护，免受外界不速之客的侵扰。

血脑屏障

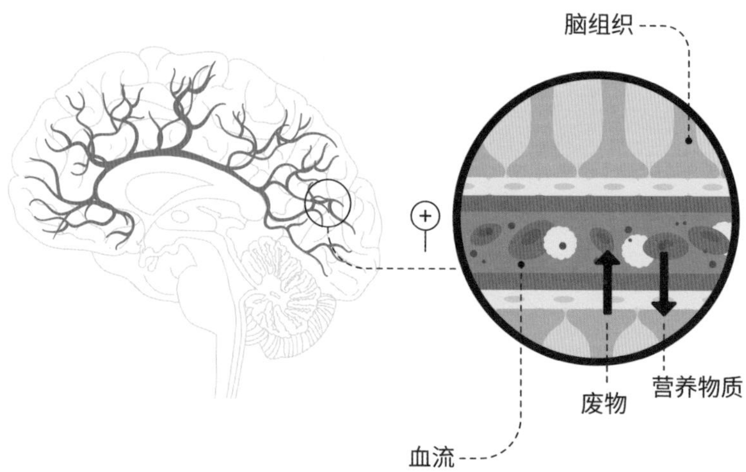

神经元宇宙

一个大脑里有多少个神经元？

据估计，大脑中的神经元总数在673亿～860亿之间，几乎与我们银河系中的恒星数量相当。但是，对神经元数量的准确估计，科学家之间仍有很多争论。

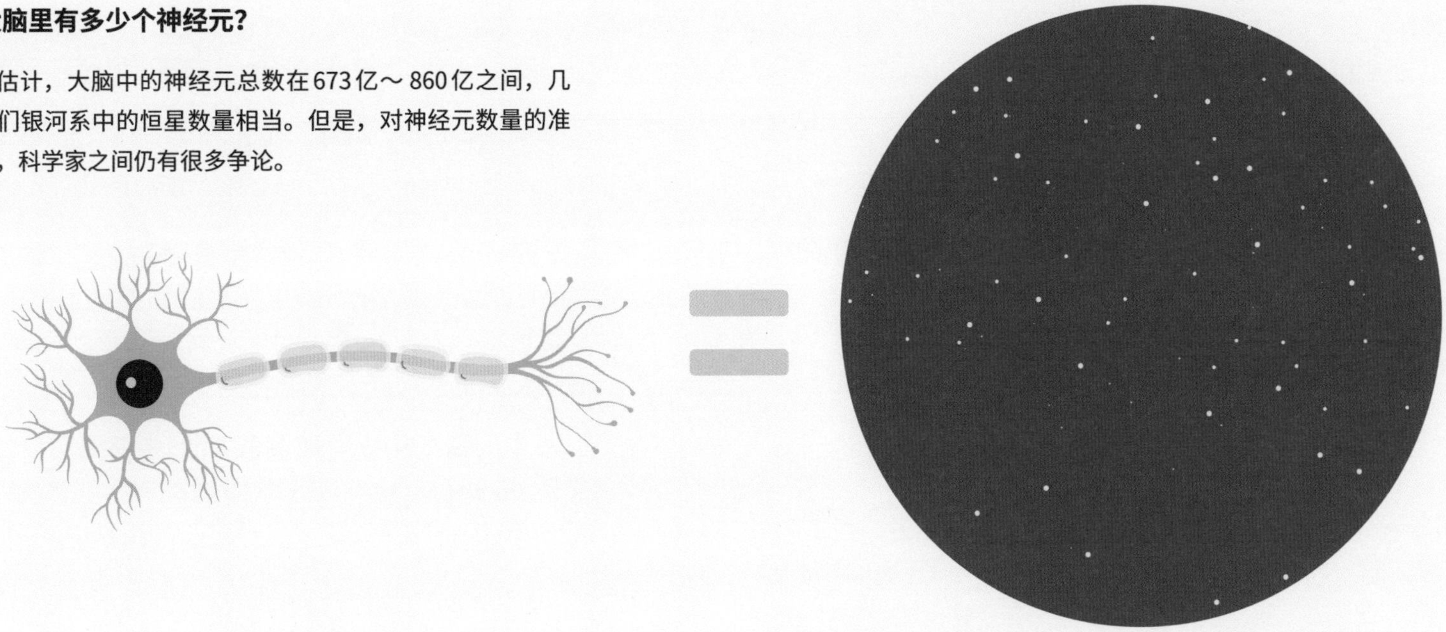

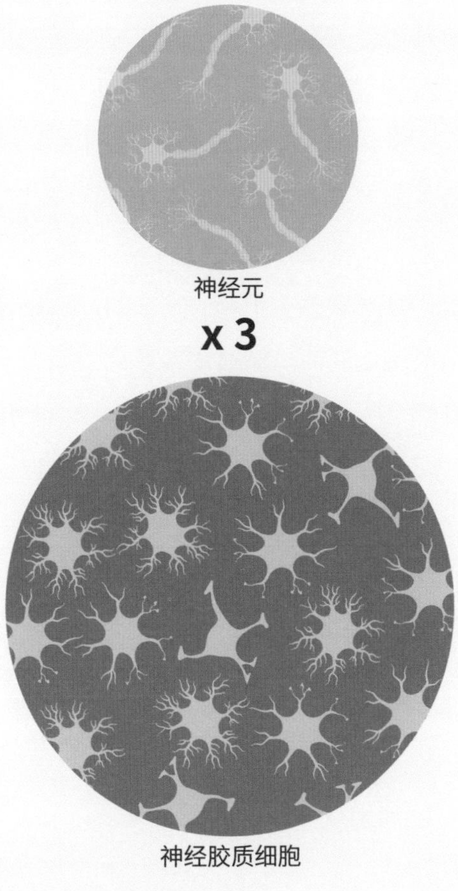

一个大脑中有多少个神经胶质细胞？

科学家们对大脑中有多少神经胶质细胞意见不一。有些人认为与神经元的数量相当，还有人估计是神经元数量的三倍，甚至有人认为神经胶质细胞是神经元的十倍。

大脑的道路网

如果将一个成年男性的所有髓磷脂轴突，即神经元的分支，排成一条长线，那么它们的总长度可以达到176 000千米，相当于绕地球4圈。成年女性的长度略短，为149 000千米。毕竟，女性的大脑略小。

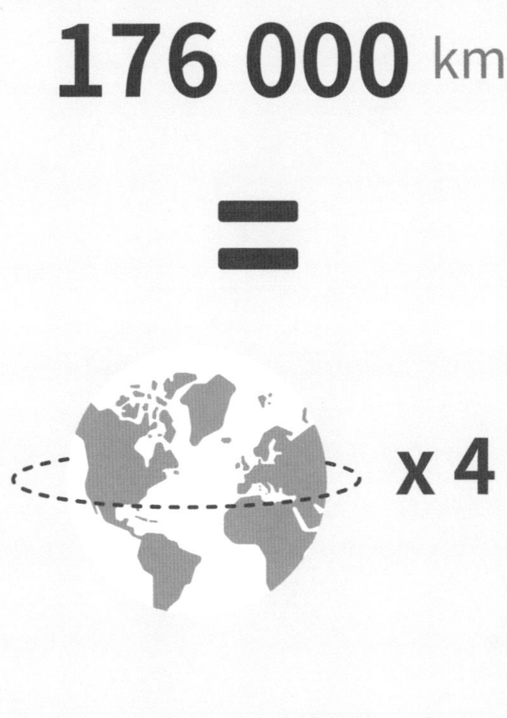

测量即了解

6

大脑研究人员如何测量活人的大脑？

测量大脑的仪器

黑洞离地球如此之远，对黑洞进行成像就像在5 000千米外拿着一本书读一样。要对黑洞成像，天体物理学需要一场革命，全世界的望远镜必须一起工作，形成一个巨型超级望远镜，几乎和地球本身一样大。凯蒂·博曼博士（1989年生）于2019年与她的团队在加州理工学院拍摄了第一张黑洞照片，当时她欣喜若狂。黑洞在理论上确实存在，但现在——终于！——可以亲眼一睹了。

在神经科学领域，我们也是直到最近才能够对活人的大脑进行成像。几个世纪以来，研究人员一直在人死之后研究人脑的构造。大脑被回收并储存在锱水中，之后在显微镜下进行检查。尸检研究产生了许多关于大脑构造的知识：拉蒙·卡哈尔通过这种方式认识了大脑中不同的神经元，并促成了布罗德曼分区脑图的产生。同时，在测量大脑活动方面也取得了巨大进展。你可以使用多种技术来进行测量。本章将讨论可以用来检查人类大脑的最新技术。

你愿意捐献自己的大脑吗？

你可以在大脑银行进行捐赠。大脑银行对阿尔茨海默病、帕金森症和亨廷顿舞蹈症等脑部疾病有突破性的发现。但是没有脑部疾病的人的大脑也很重要。这使研究人员能够将病变组织与健康组织进行比较。在比利时，你可以通过各种大学将你的身体捐献给科学界。你可以通过填写他们网站上提供的表格或通过修改最后的遗嘱来实现这一目标。

1 第一个成像技术：CT扫描仪

计算机断层扫描

长期以来，对人脑功能的研究依赖于脑损伤患者。然后将脑损伤的位置与人们行为的局限性联系起来。例如，海马体的损害会导致记忆问题。科学结论：海马体对记忆很重要！对活人大脑进行成像和测量的新技术也创造了了解大脑工作原理的新方法。

第一张大脑图像是由美国神经学家威廉·亨利·奥尔登多夫（1925—1992）使用CT扫描仪拍摄的。他于1961年就此发表了演讲。CT扫描仪的工作原理是辐射，与X光机的工作原理相同，它将辐射送入人体，然后用传感器重新捕获辐射。由于体内不同类型的组织对辐射的吸收程度不一致，捕获的信号便会有所不同。密度高的组织，如骨骼，吸收了大量的辐射，因此在扫描中显示为深色；密度低的组织，如血液和空气（例如在肺部），吸收的辐射很少，因此在CT扫描中显示为浅色。

CT扫描仪是如何工作的？

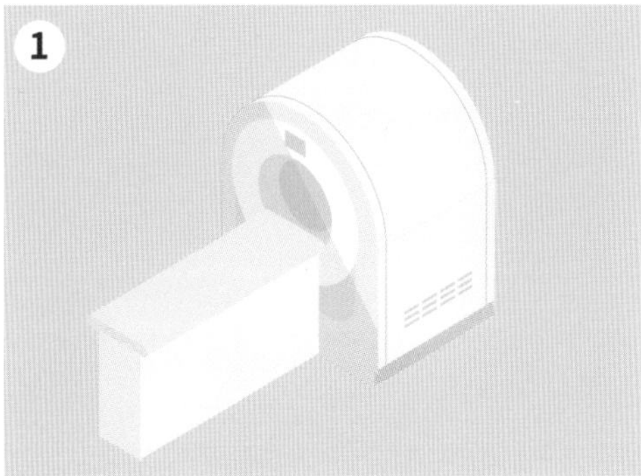

这是一台 CT 扫描仪。

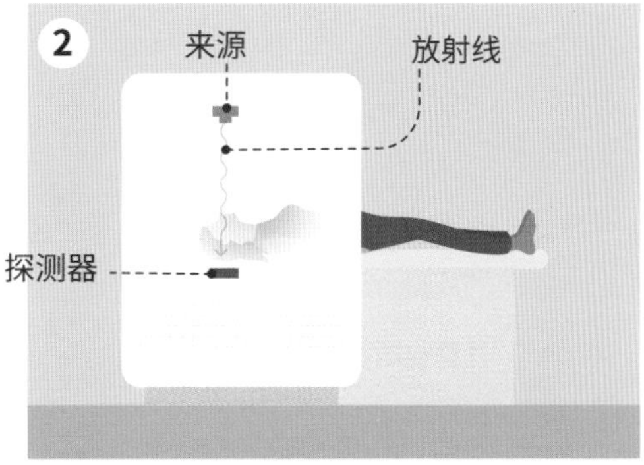

CT 扫描仪将 X 射线从头部的一侧发送到另一侧，这样一来可以测量组织密度。

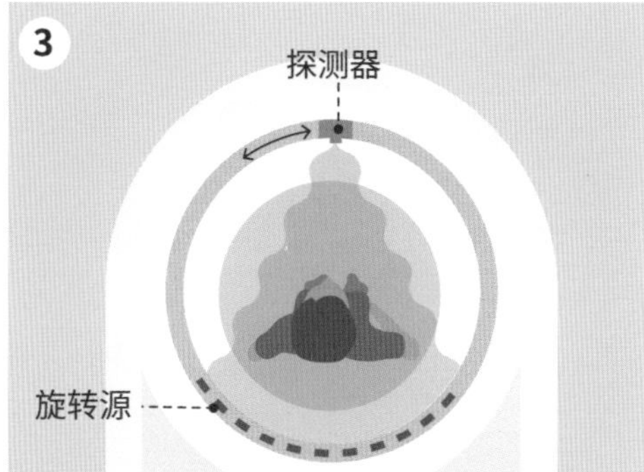

为了从各个角度测量组织，CT 扫描仪使用一个旋转的 X 射线源，X 射线由射线源对面的探测器接收。

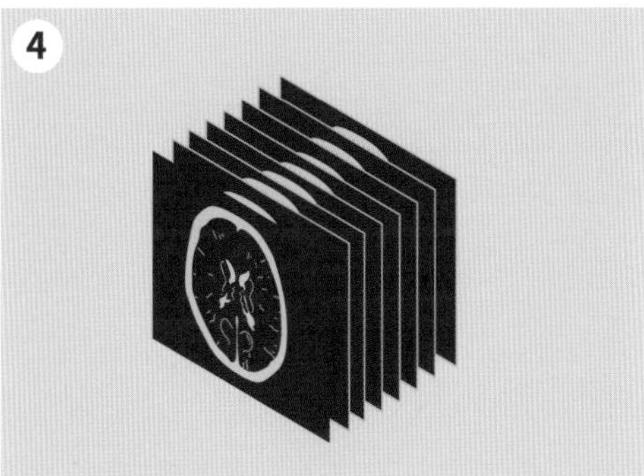

然后使用复杂的计算机软件将以这种方式重建的大脑“黏合”在一起。

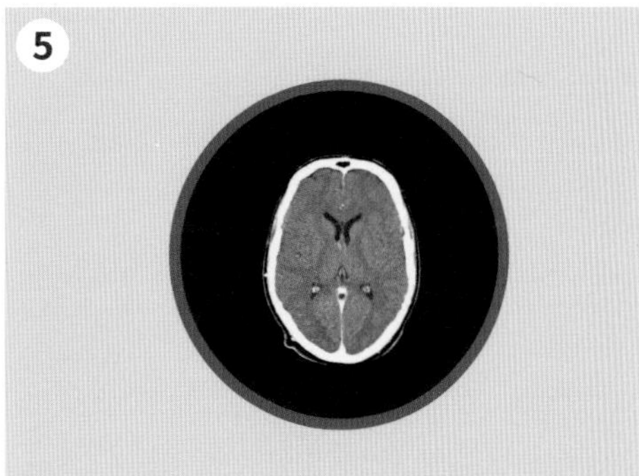

这里你可以看到重建后的 CT 扫描的样子。但对比度是相反的，所以头骨的颜色是白色的，而脑室（脑脊液）显示为深色。

CT扫描仪在身体周围的多个方向重复扫描过程，因此可以利用复杂的计算机软件对组织进行三维重建。该软件反转了对比度，使骨骼变成白色，而其他组织变成深色。大多数CT扫描的分辨率为0.5～1厘米。相比之下，在你电脑屏幕上，这将意味着每个像素的大小约为1厘米——例如，普通显示器的像素大小为0.1毫米，是前者的1%。所以CT扫描的图像清晰度不是很高：相距小于半厘米的大脑部位在CT扫描中很难相互区分。另外，来自大脑皮层的灰质和来自神经纤维束的白质也不容易区分。不过，你能清楚地看到头骨和脑室中的脑脊液。CT扫描可以有效检测与脑出血或肿瘤等相关的重大异常情况。但想要得到有关大脑结构的详细信息，它就不太适合了。

谢谢你，披头士！

第一台CT扫描仪的问世部分归功于披头士乐队。1961年，奥尔登多夫发表了关于第一台CT扫描仪的文章后，便开始寻找一家愿意实施他想法的公司。最终，他说服了利物浦的一家公司：百代唱片公司（EMI），同时也是造就披头士乐队的阿比路录音室的所有者。EMI公司利用这个成功乐队的经济收益研制开发了CT扫描仪。

大脑的测量仪器

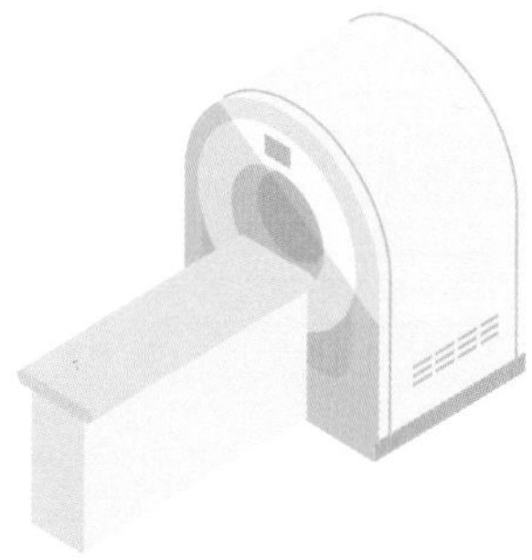

计算机断层扫描仪（CT）

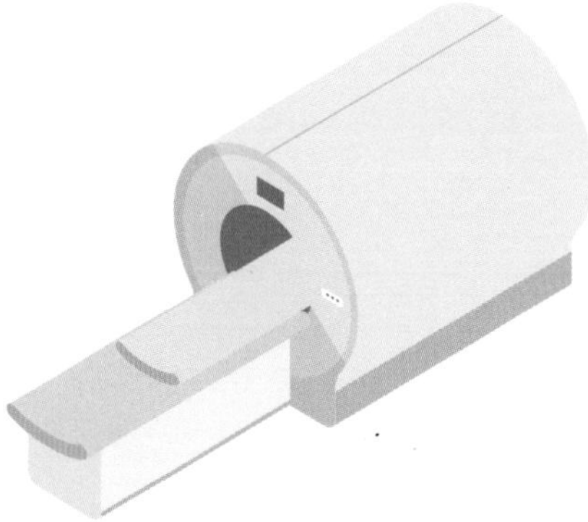

核磁共振扫描仪（MRI）

测量仪器	CT 扫描仪	MRI 扫描仪
工作原理	放射线	氢气在人体组织中的磁性能
上市时间	1961	1973
仪器测量精度	0.5cm	1mm
测量速度	1秒	1秒
加分项	+ 快速 + 对大型肿瘤或脑出血有良好的检测效果	+ 空间分辨率高 + 进行不同类型的扫描，例如结构、功能或纤维路径的扫描 + 非侵入性 + 研究人员和医生都会使用，因此具有成本效益
减分项	— 空间分辨率低，不适合测量详细的大脑构造 — 辐射可能对孕妇有害	— 维护、采购成本高，而且扫描仪必须始终保持开启状态 — 测量大脑功能时精度有限，是一种延迟显示
发明者	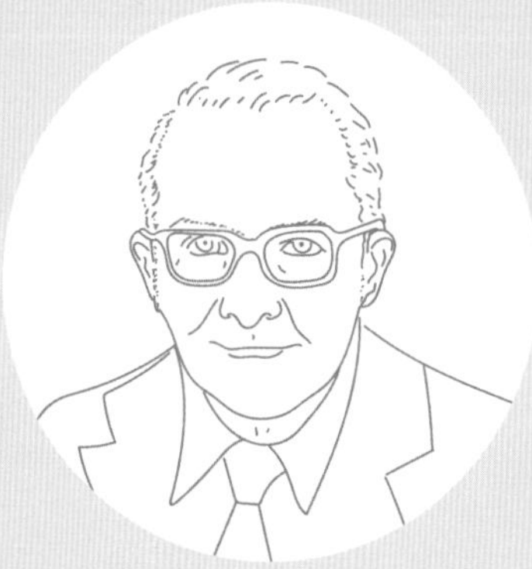 威廉 · 亨利 · 奥尔登多夫	 保罗 · 劳特布尔

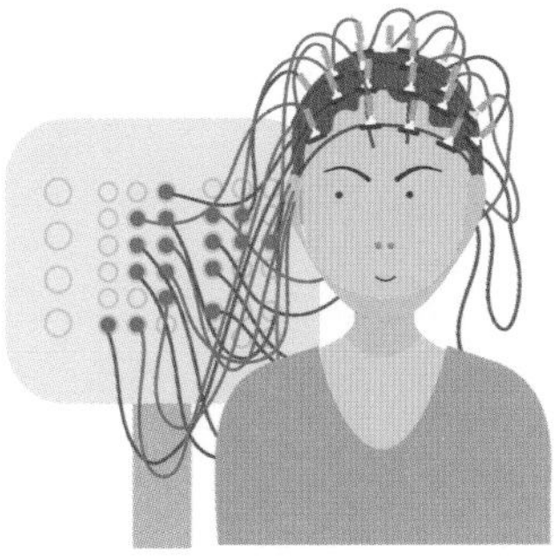

脑电图（EEG）

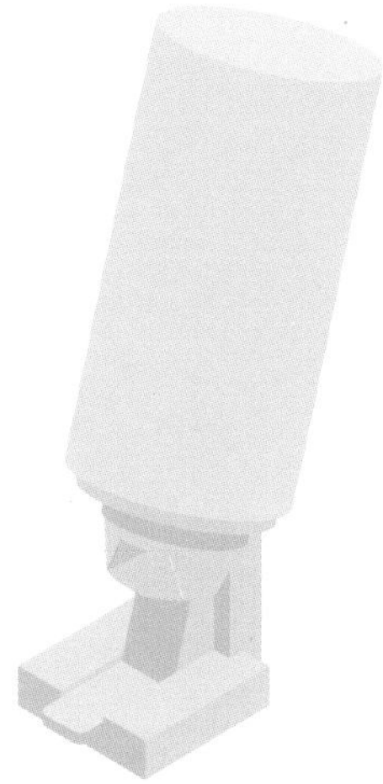

脑磁图（MEG）

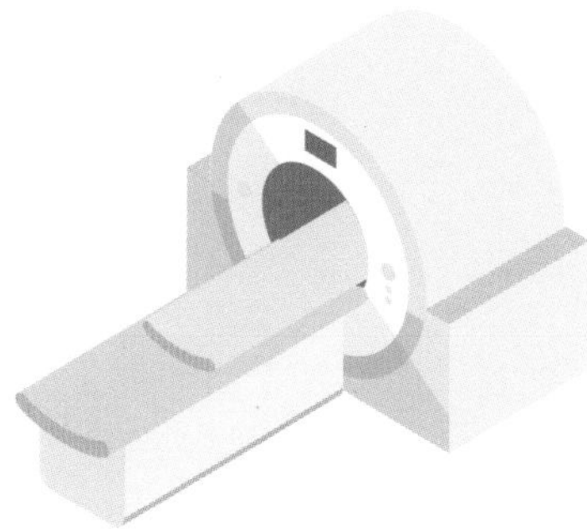

正电子发射断层扫描（PET）

EEG扫描仪	MEG扫描仪	PET扫描仪
来自神经元的电信号	来自神经元的电信号的磁场	放射性标志
1895	1970	1950
≈1cm	＜1cm	4mm
1毫秒	1毫秒	5～10秒
＋精确计时 ＋非侵入性	＋大脑信号精确计时 ＋比脑电图有更好的空间分辨率（但不像磁共振那样精确） ＋非侵入性	＋可以绘制出特殊蛋白质和氧气图谱，例如，没有其他扫描可以对阿尔茨海默病进行成像
－空间分辨率低，难以追踪信号的来源	－设备非常庞大 －维护和购置成本高 －与核磁共振扫描仪相比，较少用于医疗扫描，主要由研究人员使用。	－侵入性，即有东西被注射进人体 －有放射性，所以这个测试不适合于儿童
 威廉·埃因托芬	 大卫·科恩	 戈登·布劳内尔 威廉·斯威特

MRI扫描仪是如何工作的？

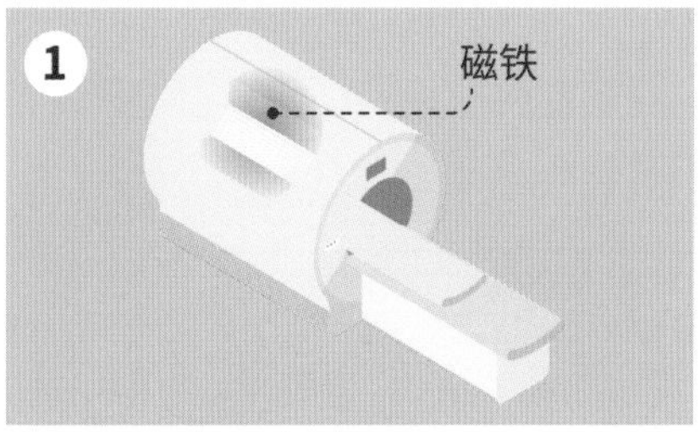

这是一台核磁共振扫描仪。它有一个大的管状磁铁。

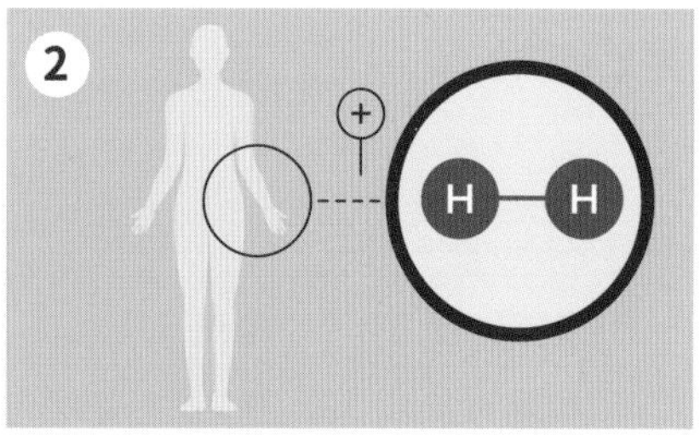

人体中含有氢气。

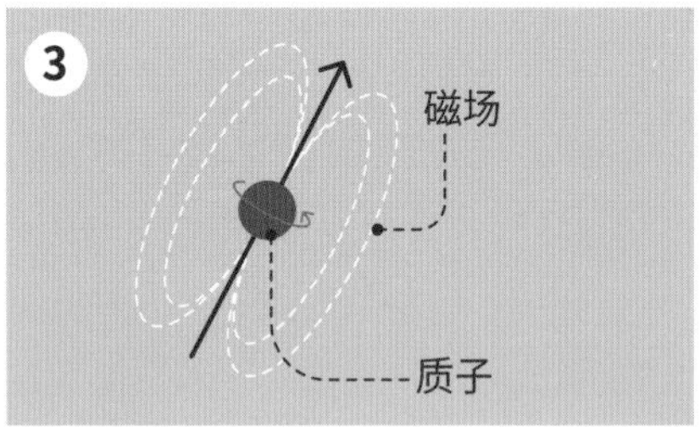

氢原子的原子核，即质子，旋转得非常快，形成一个小磁场。

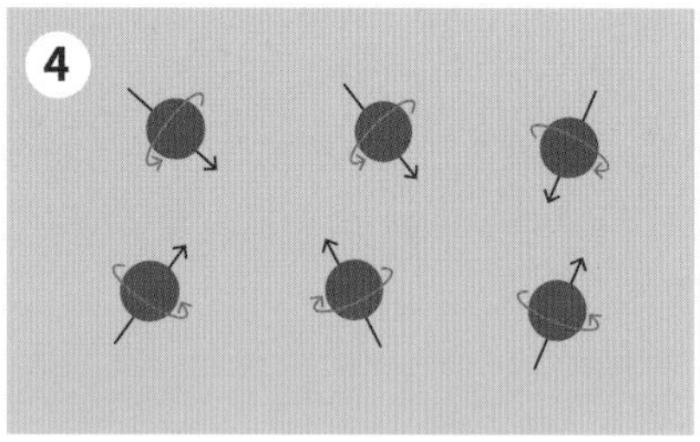

正常情况下，质子的方向是随机分布的。

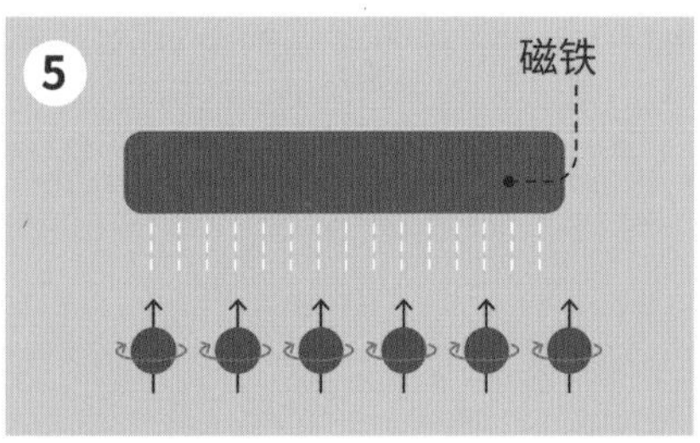

核磁共振扫描仪中大磁铁的磁场会使大部分质子与之平行。

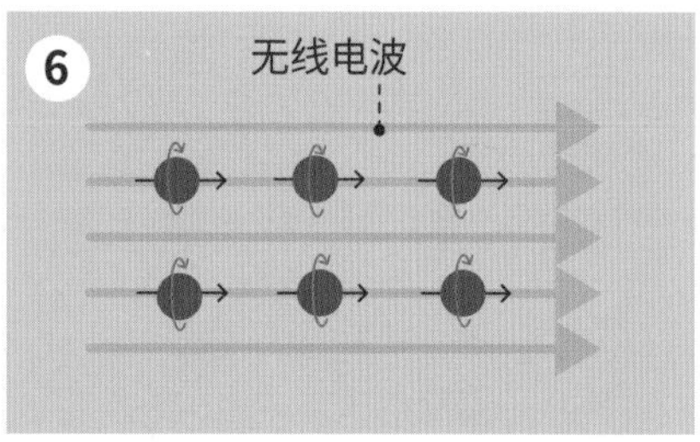

然后向核磁共振扫描仪发射无线电波。质子吸收部分射频能量后，自旋发生变化。

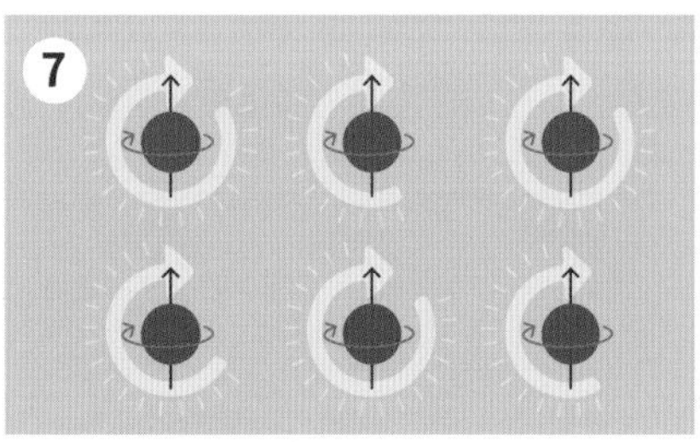

当无线电波被关闭时，质子慢慢地落回它们原来的位置，同时释放能量。

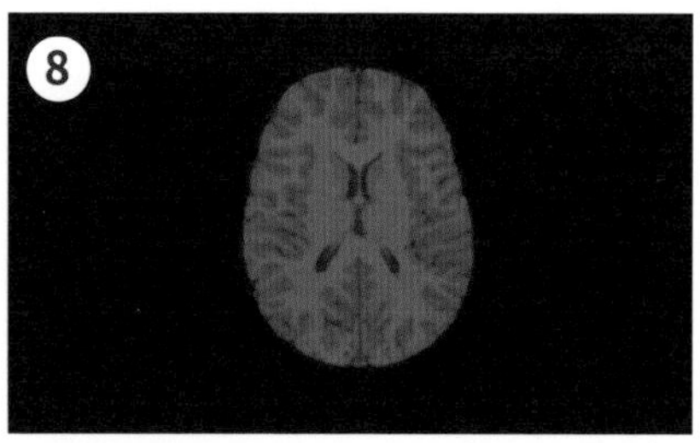

释放的能量被核磁共振仪检测到。氢原子回落的速度因组织类型而异，例如，你可以很容易地区分白质和灰质，并据此绘制大脑解剖图。

2 MRI扫描仪

磁共振成像或核自旋断层成像

核磁共振仪的出现使人们可以对大脑进行更详细的扫描。该技术基于氢原子核（质子）具有磁性的原理。氢原子中的质子高速旋转，从而产生一个小型磁场。1946年，两位物理学家在各自独立的情况下同时发现了氢的磁场：哈佛大学的费利克斯 · 布洛赫（1905—1983）和斯坦福大学的爱德华 · 珀塞尔（1912—1997）。

由于质子具有磁性，这意味着如果把它们放在磁场中，它们就会对磁场产生反应，它们会整齐地朝同一方向排列，就像小磁棒一样。直到1971年，化学家保罗 · 劳特布尔（1929—2007）才提出通过质子的磁场测量身体组织的想法。据他描述，他是在休假期间吃汉堡包时突然灵感迸发，并迅速在餐巾纸上写下了他的想法。1973年，他基于这个想法建造了第一台核磁共振机器。2003年，保罗 · 劳特布尔因此被授予诺贝尔生理学或医学奖。

水和氢气

人体的每个组织都含有氢，因此具有磁性，核磁共振扫描仪就是利用了这一点。这是因为人体一半以上由水组成。一些组织比其他组织含有更多的水分子（心脏：37%，肺：83%，皮肤：64%）。而不同组织中水分子含量的差异恰恰可以通过核磁共振扫描仪测量。这样一来，你就可以对体内的器官进行重现。

为了使氢的质子朝着同一方向移动，你需要一个超强的磁铁。核磁共振仪便配备了这样一块磁铁，其磁场强度为0.2～11.7T（特斯拉，磁感应强度的单位）。相比之下，1T是地球磁场的20 000倍。在动物研究中，甚至使用高达17T以上的强度。在医院里，经常使用1.5～3T的强度，而这足以举起一辆汽车。如果你站在核磁共振仪旁边，并且口袋里还有钥匙，它们会直接飞进核磁共振仪。所以要小心谨慎。

巨型磁铁

设想一下，医生不确定你是患有脑梗死还是脑出血。脑梗死是血管变狭窄，导致血液无法流通。而脑出血则是指血管破裂，导致泄漏的血液压迫大脑。因此，尽管脑梗死和脑出血的原因不同，但其症状可能相似。因此医生决定只能通过核磁共振扫描来确定原因。于是，你会被推进核磁共振仪的管子里，在那里你听到隆隆声。你周围究竟发生了什么？而你又该如何解释核磁共振扫描的图像呢？

核磁共振仪有三个主要部件来进行大脑扫描：一个大型直流线圈、一个射频线圈和一个接收器。大型直流线圈产生一个强大的磁场，该线圈必须是超导的，以使磁性强度最大化。这种超导性是通过使用1 700升液氦将直流线圈冷却至零下269°C来实现的。液氦不断地被泵送到磁铁周围。即使不使用扫描仪，该泵也必须始终开启，否则磁铁会过热。

当进入核磁共振仪的管子时，体内氢分子中的大部分质子会立即与这个线圈的大磁场平行。然后第二个线圈，即射频线圈，产生一个垂直于大磁场方向的无线电波的磁脉冲。质子将改变方向，与它们原来的方向垂直。当关闭无线电波时，质子慢慢返回到它们的原始位置，同时释放辐射。该辐射通过接收器进行测量。

质子复位在水含量较少的组织中更快，如在骨骼中。这时大量的辐射会迅速被释放出来：因此脑部扫描显示白色。在含有更多水分子的组织中，质子复位则需要更长的时间，例如在充满脑脊液的脑室中。因此扫描结果看起来比较暗。然后复杂的计算机模型将测量结果转换成大脑的三维图像。借助这些图像，我们可以对大脑解剖结构有一个清晰的了解。这样一来研究人员就可以比较不同被试者的大脑扫描。例如，他们可以检查音乐家的听觉皮层是否比非音乐家的皮层更厚。

氦气短缺

地球上用于冷却核磁共振仪和脑磁图扫描仪磁铁的液态氦正在耗尽。它被用于实验室、航空、航天和热气球等领域。在很长一段时间内，液态氦非常便宜，尽管它是地球上最稀有的元素之一。现在甚至有了液态氦危机这一说法。

精神分裂症

第一次大脑扫描的最大发现之一是，精神分裂症患者的脑室比其他人的大。这意味着他们的大脑中心有更多的脑脊液。这一发现对精神病学来说是革命性的。大脑扫描提供了第一个直观的证据，证明精神分裂症是一种大脑疾病。然而，遗憾的是：尽管确实检测到了较大的脑室，但这并不能用于诊断或治疗。事实上，较大的脑室并不是精神分裂症患者特有的。此外，脑室本身没有直接的功能，而且脑室的大小也不能说明大脑的哪些部位受到了影响。

测量大脑网络：弥散张量成像（传统核磁共振扫描的变体）

1994年，美国工程师及研究员彼得·巴塞尔（1950年生）发布了一种绘制大脑神经纤维束的新方法（第33页）。这是通过传统核磁共振扫描的一个变体完成的，这次也是测量水分子的运动方向。

为了做到这一点，扫描仪会发射两个脉冲。第一个信号测量水分子当时的位置，而第二个脉冲测量它们的去向。水分子的运动因组织类型而异。你可以想象，在充满脑脊液的脑室中，水分子可以向各个方向快速移动，类似于大湖中的水。在灰质中，水分子也向各个方向移动，但由于与脑细胞碰撞而无法像在脑脊液中那样远距离传播，有点类似于水在沼泽中的移动方式。

这种扫描的特别之处在于，能够测量大脑中的大纤维通路。毕竟，纤维通道内和周围的水是沿着纤维通道平行移动的，就像一条河流被堤坝阻挡住一样。因此，你可以用这种扫描方法，对大脑中的网络进行精美的重现。

大脑活动

20世纪70年代，人们发明了核磁共振扫描仪，并发现可以用它拍摄大脑的静态三维图像，但直到1990年，研究人员才发现这种仪器还可以对大脑活动进行动态扫描。测量大脑活动是基于19世纪意大利生理学家安吉洛·莫索（1846—1910）的一项早期发现，他研究了大脑的血液流动。他发现，当人们进行复杂的数学计算时，更多的血液流向大脑的某些部位。在此过程中，他首先建立了大脑活动和血液流动之间的联系：大脑的某个部分越活跃，它消耗的氧气就越多。

1990年，贝尔实验室的一组科学家在小川诚二的带领下发现，可以通过红细胞中的氧化血红蛋白和脱氧血红蛋白的比例来测量耗氧量。

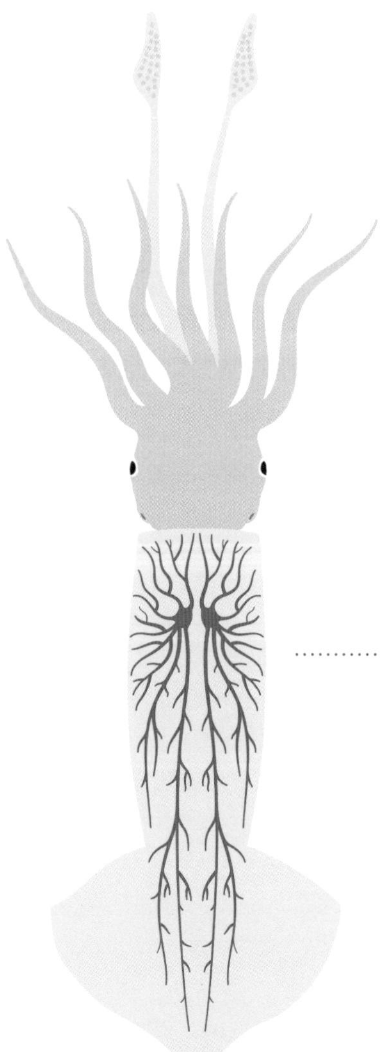

谢谢你，大鱿鱼！

巨型鱿鱼为弥散张量成像技术提供了模型。在获得大脑中所有纤维通路方向的三维图像之前，必须有一个计算机模型来解释和转换弥散张量成像扫描结果。要建立这个计算机模型，必须先测量一些已知的纤维通路方向。毕竟，在大脑中，纤维通路向不同的方向延伸。巨型鱿鱼为此提供了帮助：在那里纤维通路只有一个方向。它被用作计算大脑中纤维通路的复杂解剖结构的模型。

初级视觉皮层中BOLD信号示例，
信号变化百分比

在这个实验中，被试者交替看图像或不看图像

被试者看到图像

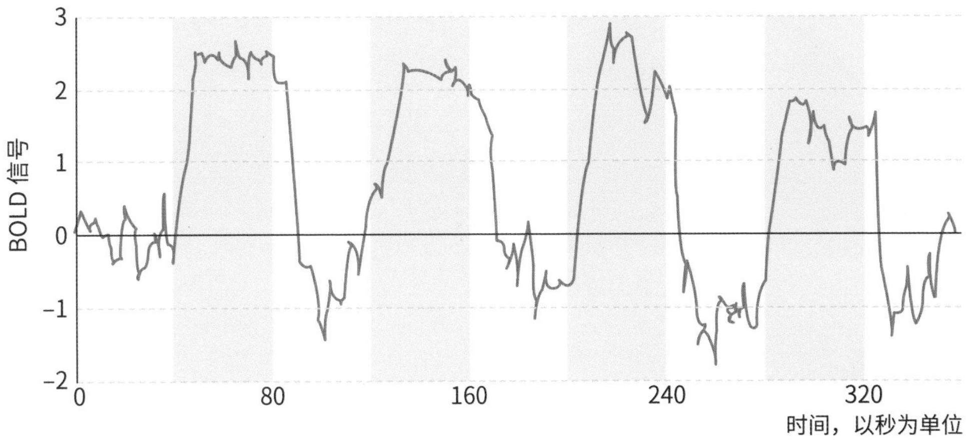

来源：Cognitive Neuroscience，*the biology of the mind*.

血红蛋白就像是一辆运载氧气的马车。充满氧气的血红蛋白被称为氧合血红蛋白。当血液流经器官时，血红蛋白释放氧气，清空其负载，那辆马车就变成了脱氧血红蛋白。在大脑中也是如此。当血红蛋白通过活跃的大脑区域时，车厢里的氧气被清空了，氧气被神经元用来超高效地释放传递信号所需的能量。这些空车厢有轻微的磁性，可以被核磁共振仪测量到。你可能会认为在大脑激活过程中，空车会比满车多，但事实上，随着血液供应的增加，反而有越来越多的满车带着氧气到达。因此存在太多无法被利用的过剩氧气。满车与空车的比例会发生变化，这就是核磁共振仪可以从BOLD信号中测量到的。如果你通过让某人看扫描仪中一张图片，从而激活大脑皮层的“视觉”，那么那里的BOLD信号便会增强。

因此，测量某人在看图片时的BOLD信号与看黑屏时的BOLD信号之间的差异就是测量大脑激活的方式。因此，要测量BOLD信号的这种差异，总是需要两次。问题是，神经激活比血流变化快得多，所以BOLD信号是大脑真正激活的延迟反应，有点像沙滩上的波浪印记。第一批使用这种功能性磁共振成像技术的研究发表于1990年。从那时起，它就成为测量人们在思考、体验或行动中大脑活动最广泛使用的技术之一。

大脑中的氧气消耗

● 动脉（供应氧合血红蛋白）
● 静脉（排出脱氧血红蛋白）

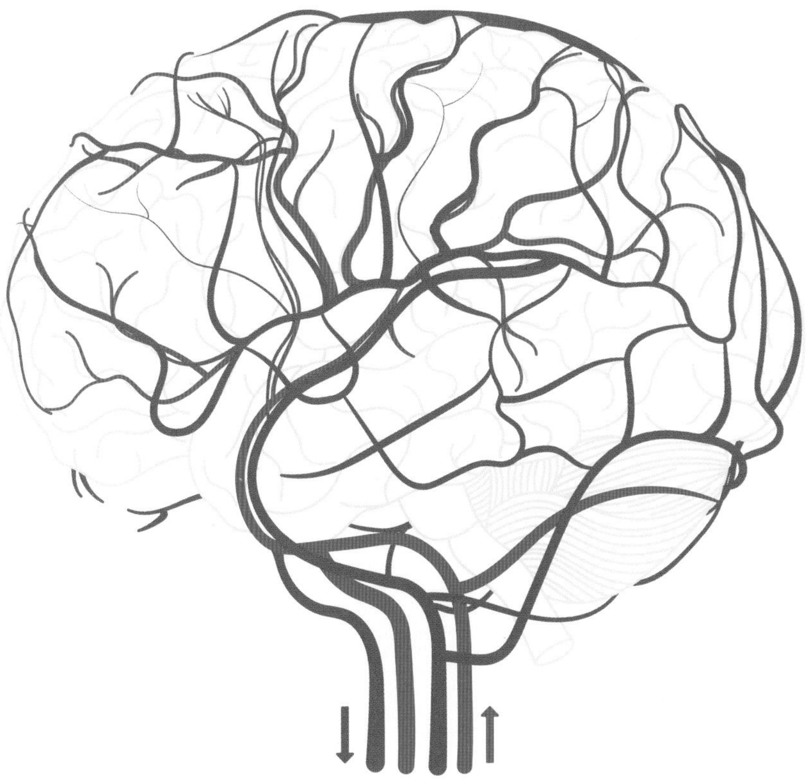

脑电图技术是如何工作的？

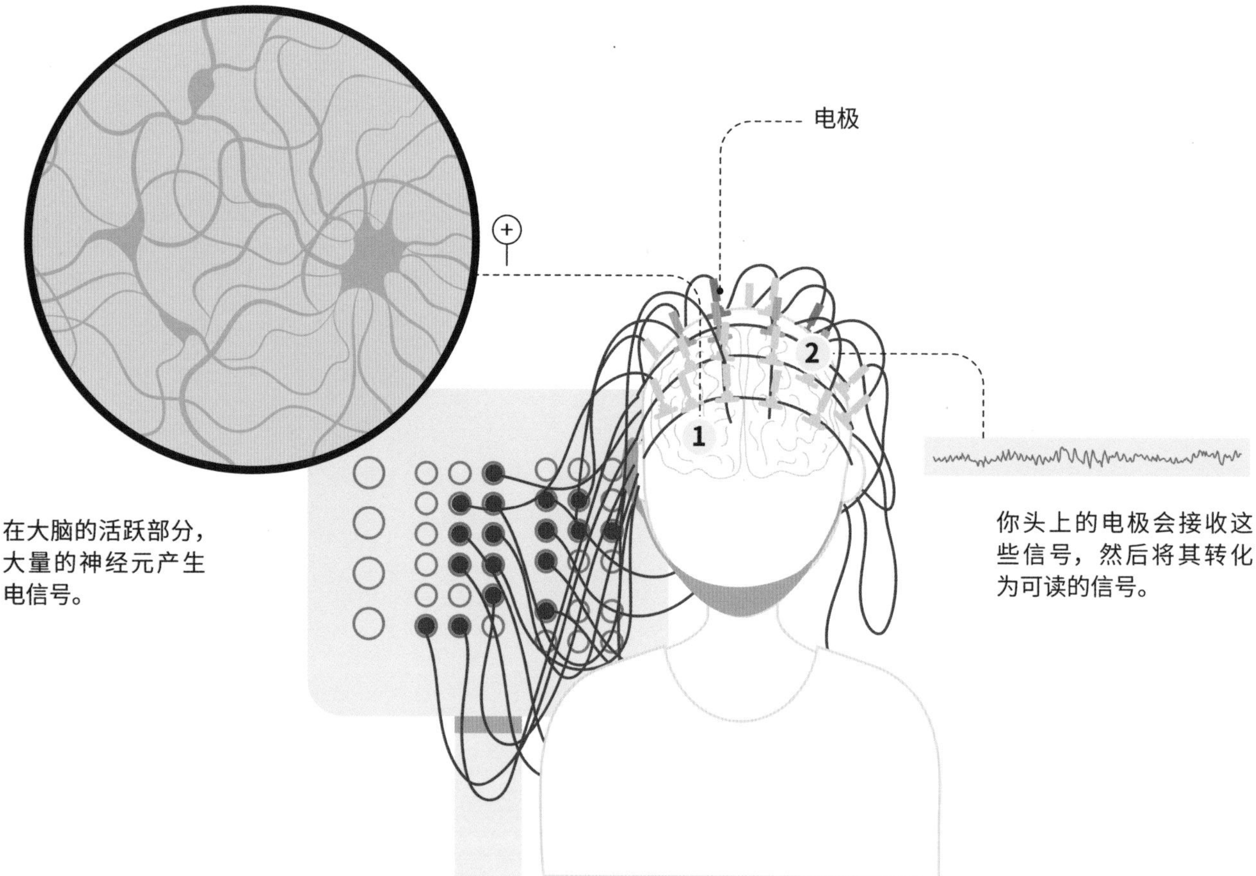
电极
1
2
在大脑的活跃部分，
大量的神经元产生
电信号。
你头上的电极会接收这
些信号，然后将其转化
为可读的信号。

不同状态下脑电图信号是什么样子的？

信号，单位为μV（微伏）

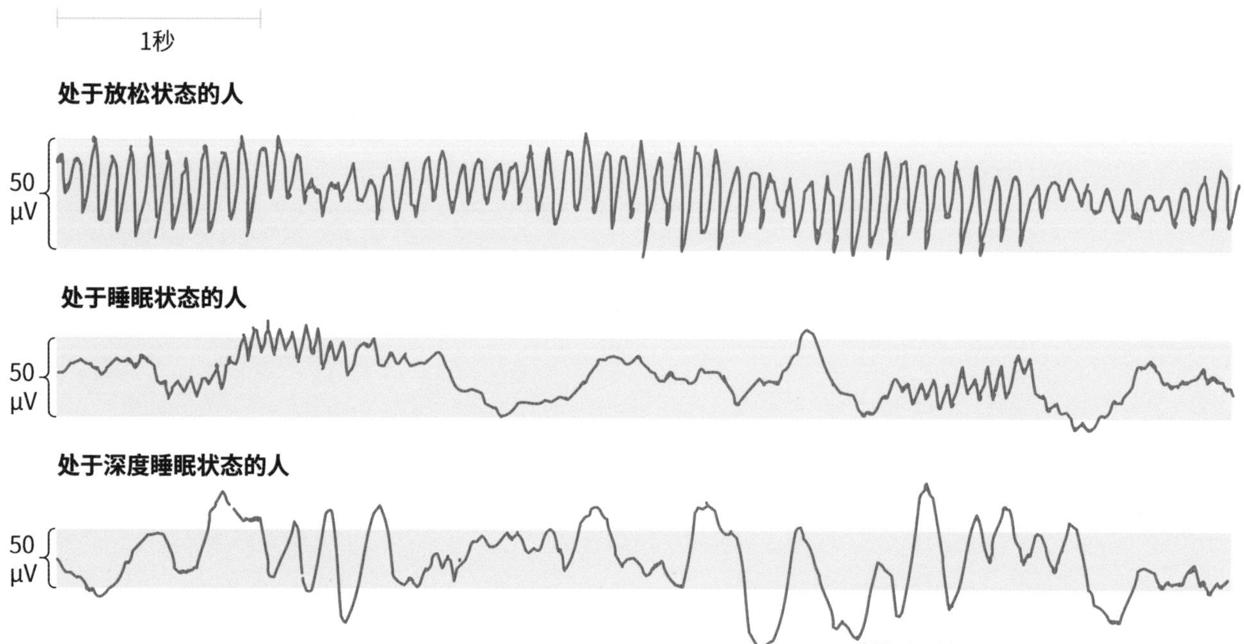
1秒
处于放松状态的人
50 μV
处于睡眠状态的人
50 μV
处于深度睡眠状态的人
50 μV

来源：Cognitive Neuroscience, *the biology of the mind*.

3 脑电图

电信号

1875年，德国研究员赫尔曼·冯·亥姆霍兹（1821—1894）发现大脑中的神经细胞会传递电信号。随后，在1929年，德国研究人员汉斯·伯杰（1873—1941）首次撰文介绍了利用脑电图测量大脑的方法。该技术通过在头部粘贴20～256个电极，以测量来自大脑的电信号。其背后的原理是什么？在活跃的大脑区域，大量的神经元同时发出电信号。这些信号的强度足以穿过头骨和皮肤并被电极捕捉到。例如，你可以用它来确定测试对象的不同警觉状态。

当一个受试者清醒时，电脉冲在高频率下快速地相互跟随。而在睡眠中，电脉冲会以较低的频率缓慢相随。如果让受试者看图片或执行任务，就可以具体测量脑电信号是否发生变化。然而，因为信号会受到头骨的干扰，找出这些捕获的信号究竟来自大脑的哪个部分并不容易。因此，你可以用它来回答当人们执行某项任务时大脑反应速度有多快的问题，但对是大脑的哪些部分参与其中却不得而知了。

4 脑磁图

磁信号

大脑中的电信号会产生一个小磁场。你可以用脑磁图仪器来测量。脑磁图测量与脑电图测量类似，但由于磁信号不受头骨干扰，你可以用脑磁图测量更精确地找出信号来自大脑的哪个部位。因此，对脑外科医生来说非常有参考价值，可以尽可能多地保留脑肿瘤患者重要的大脑功能。脑磁图技术能够测量的磁信号非常微弱——比磁场信号小得多。因此，脑磁图仪器所在的房间必须完全屏蔽所有磁场，包括地球磁场。此外，用于测量信号的磁铁非常巨大，为了使它成为超导，它必须在液氦中被冷却，就像核磁共振的磁铁一样。

脑磁图仪器是如何工作的？

1 大脑中的电信号会产生微弱的磁场，可以被脑磁图仪器捕捉到。

2 你会戴上一种带有传感器的头盔，它们可以检测到磁场的位置和强度。

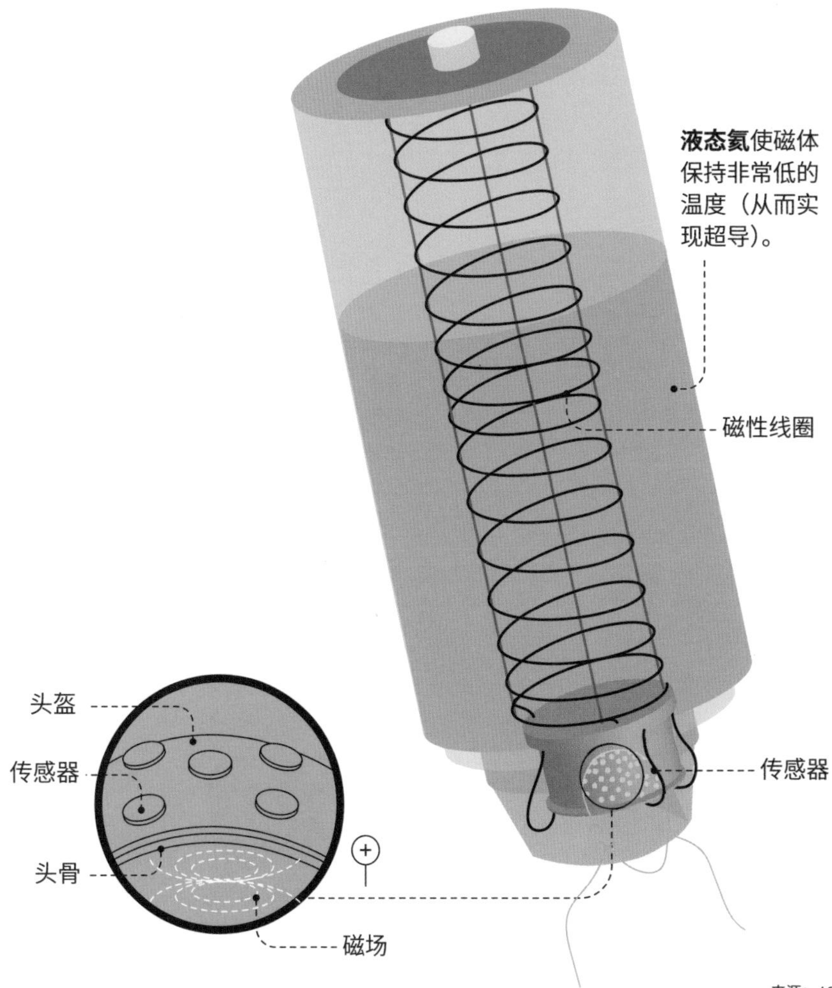

来源：*ASET.*

菲尼斯·盖奇的额叶

人们最初是在脑损伤患者身上研究活人的大脑是如何工作的。菲尼斯·盖奇是首位被描述为患有脑损伤的患者之一。1848年9月13日，25岁的盖奇在一条铁路上工作时，一根长1米、直径3厘米的铁棍从他左颊穿过，贯穿了他的大脑，并从头颅顶部穿出。然而，他几乎没有失去意识，他甚至开玩笑地和医生说："这一定要花很多工夫。"盖奇当时并不知道，他将成为有史以来最著名的神经病患者。据他的朋友和家人所说，他不仅患有癫痫，性格也完全改变了：他不再遵守规则，经常说粗话，对朋友和上司很不尊重。因此，他很快就被解雇了。他在北美和南美又做了几份工作，然后回到旧金山的家中，在那里他因癫痫发作而死亡，年仅36岁。他是第一个将大脑额叶功能和人格联系起来的病例，这对脑科学来说是重要的一步。

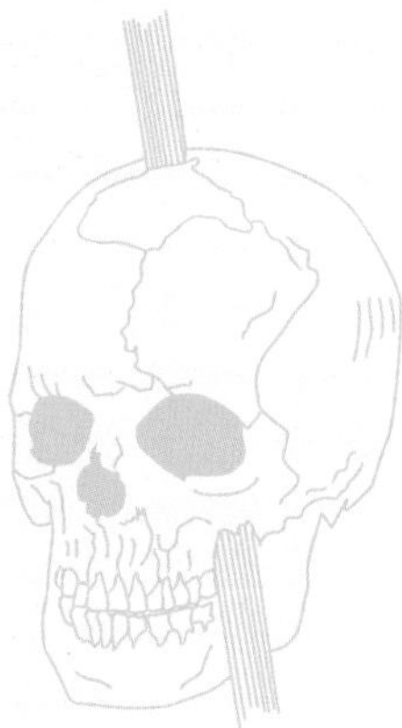

5 正电子发射断层扫描仪

正电子发射断层扫描

放射性的氧

正电子发射断层扫描利用的原理是，当你在思考问题时，有更多的血液流向大脑中活跃的部分。为了进行测量，需要向血液中注入含有放射性标记氧原子的液体。这是一种非常激进的技术，因为被注入体内的放射性物质会发出辐射。被标记的氧原子将发射出带电粒子，并转化为伽马射线。它是一种电磁辐射，像X射线一样，但更强。正电子发射断层扫描仪测量可以测量伽马辐射，因此，在氧气较多的地方会有更多的伽马辐射。所以通过这种方式，可以测量哪里的大脑活动更活跃。正电子发射断层扫描也被广泛用于检查某人是否患有阿尔茨海默病。这是一种严重的老化疾病，患者会丧失大部分脑功能。为此，研究人员寻找了一种放射性标签，该标签能够标记阿尔茨海默病患者受影响大脑部分有毒蛋白质的积累。那些有毒的蛋白质沉积物，即β-淀粉样蛋白，只在阿尔茨海默病患者中才会出现。据认为，β-淀粉样蛋白会导致大脑某些部分停止正常运作。由于仅根据行为很难诊断该疾病，因此，该蛋白的发现是诊断学上革命性的一步。事实上，甚至在人们出现健忘等疾病症状之前，正电子发射断层扫描就已经能够显示是否存在β-淀粉样蛋白的积累。

正电子发射断层扫描仪是如何工作的?

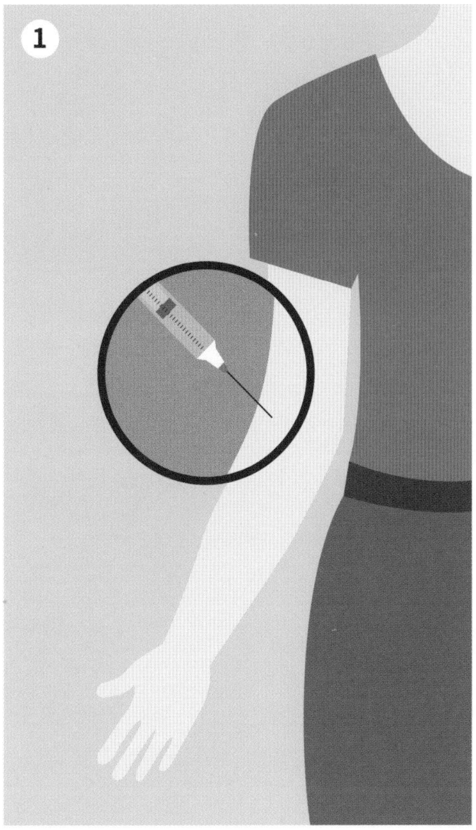

将带有放射性标记的氧原子液体注入病人的血液中。

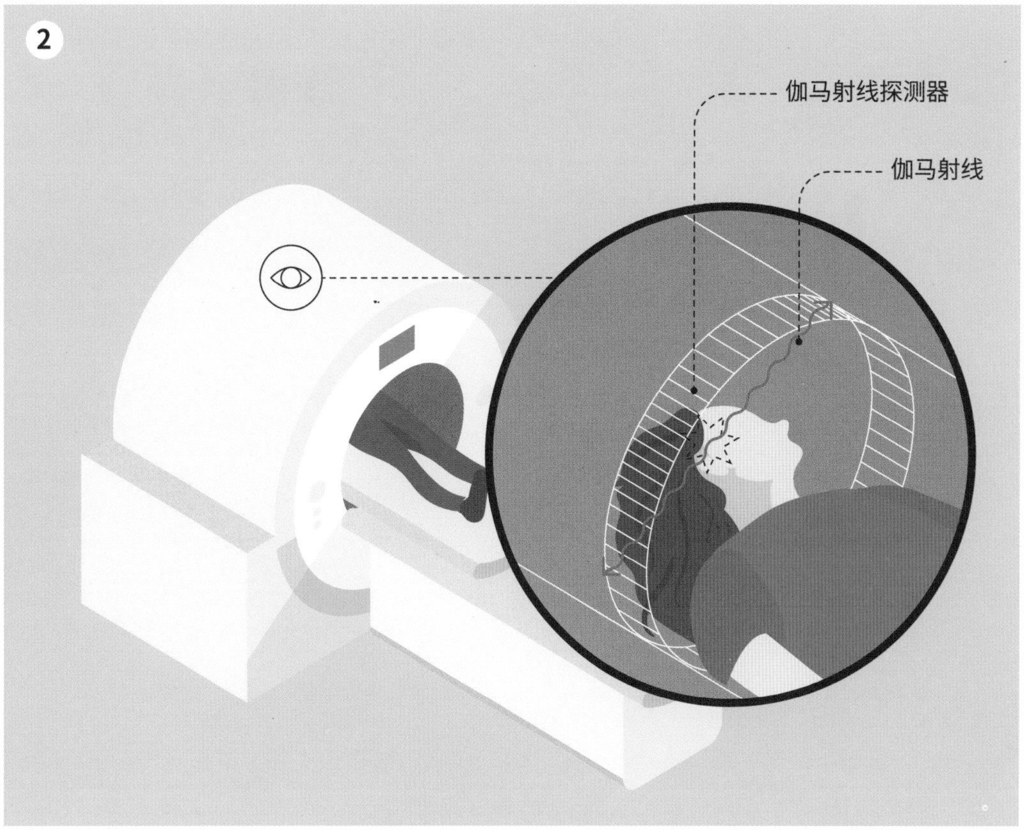

被标记的氧原子释放带电粒子，该粒子被转化为伽马射线。正电子发射断层扫描仪测量这种辐射。因此，在氧气较多的地方（＝活跃部分）会有更多的辐射。

当前有关大脑的知识是通过其他领域的进步所推动的，这些学科领域发明了上述技术，如物理学。此外，神经科学家还依赖于统计学的发展，因为生成的数据量很大。毕竟，必须得从这些大数据中提取有意义的模式。同样重要的是计算机技术的发展，例如量子力学：进行大型计算变得越来越容易。因此，神经科学仍然是最跨学科的领域之一。

正电子发射断层扫描

正电子发射断层扫描上的红色区域显示高葡萄糖代谢。
葡萄糖或其他糖类是大脑最主要的能量来源。

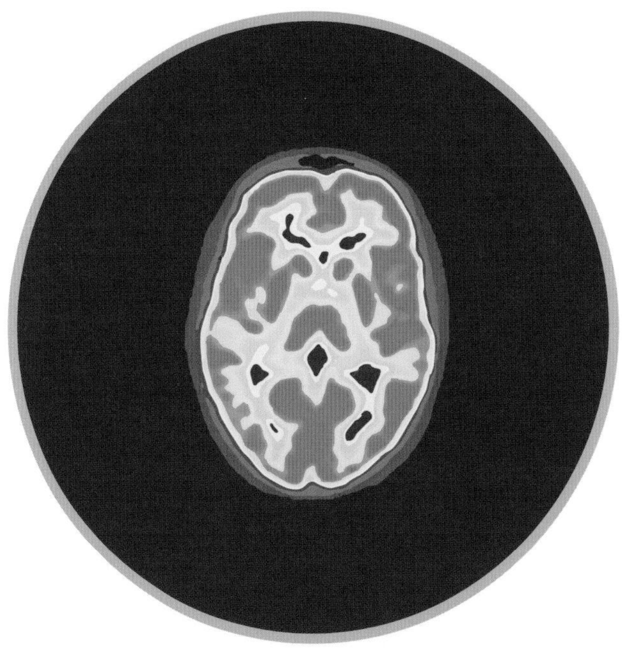

在这一章

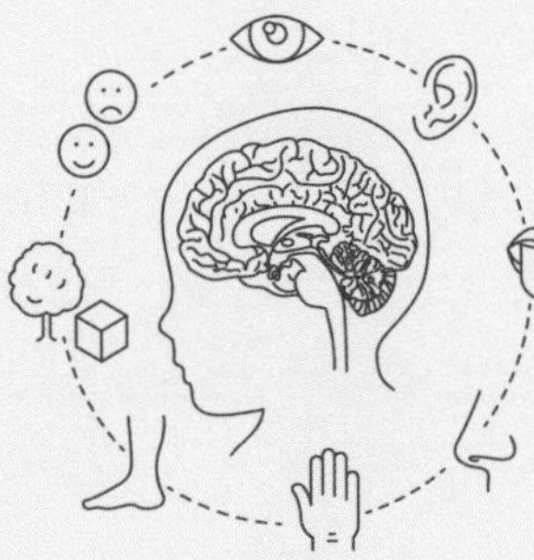

1

你将了解儿童
大脑发育的里程碑。

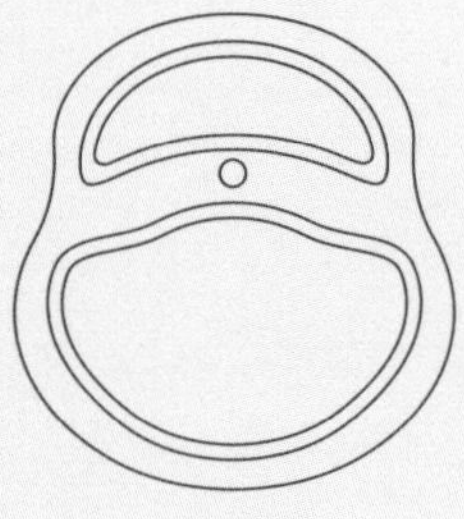

2

你会探索胎儿
的大脑是如何在
子宫内形成的。

3

你将看到大脑在
童年时的爆发。

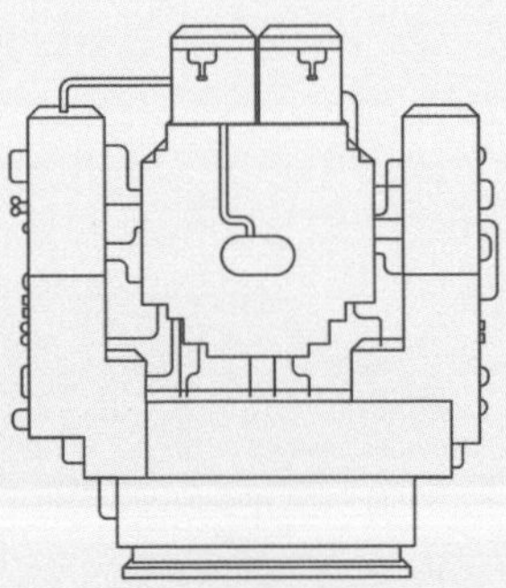

4

你将了解
青少年的大脑。

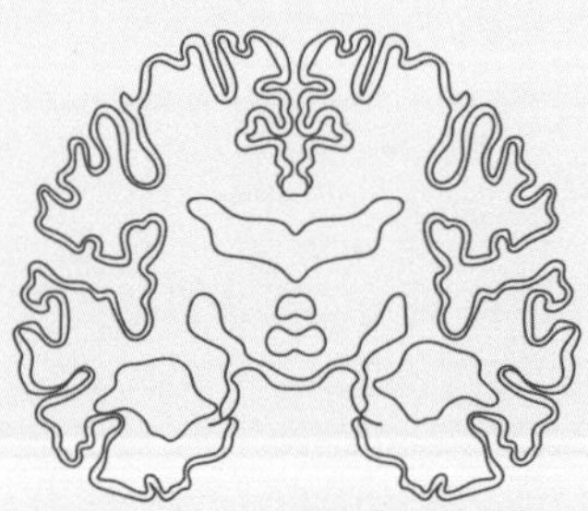

5

你将深入了解
衰老的大脑。

2

从未成熟的大脑到成熟的大脑

在本章中，你将深入了解人类从胎儿到老年的不同生命阶段。我们首先探讨幼儿在成长过程中必须克服的障碍：学习感知、学习移动、学习与他人互动、学习理解世界。你会发现这种“幕前”的发育是如何与大脑“幕后”的成熟相辅相成的。事实上，大脑的成熟是在子宫内精心准备好的，出生后会出现爆发性增长。然后，未成熟的大脑“爆发”成一个成熟的婴儿大脑，使幼儿在感觉（感知）、运动（移动）、社会（互动）和认知（理解）层面以惊人的速度突破自己的极限。而就在事情似乎得到控制的时候，大脑却失去了平衡，进入了青春期。幸运的话，你将学会更好地理解鲁莽的青春期大脑，并最终对迟钝的老年大脑更有耐心。

“他们长得真快！”

1

你小时候有过哪些发育障碍?

婴儿时期的大脑发育里程碑

法国历史学家菲利普·阿里埃斯在其代表作《旧制度下的儿童与家庭》（1960）中说道，直到17世纪，儿童一直被视为弱小而不完美的成年人。他们通常被认为是父母的“财产”，在家里轮流操持家务，或者尽快外出工作，有时甚至早在7岁时就开始工作。当儿子或女儿性成熟时，他或她就“成熟”了，成为一个成年人。在此之前，教育者不得不通过惩罚来约束儿童，即使是像从附近的果园偷苹果这样微小的过错也要受罚。事实上，儿童被看作是一张白纸，教育者必须用行为准则来“书写”他们，以过上正派的生活。

壁炉前的女人

在中世纪，5至7岁的儿童已经开始参与成人的活动。从很小的时候开始，他们就扮演着自己的性别角色：男孩跟随父亲工作，女孩则跟随母亲。从有关儿童意外事故的信息中可以明显看出这一点。对女孩来说，事故多发生在家里，如壁炉旁；对男孩来说，事故多发生在父亲的工作场所。

毫不奇怪，在那个时代潮流中，童年并没有被视为人类发育的一个独立阶段。儿童的定义，或者儿童在什么年龄段做什么……都没有得到特别关注。从婴儿到成人只有一条直线：你的“童年”，更不用说“青春期”了，根本不存在。典型例证是当时不存在童装，孩子们只是穿上了成人服装的缩小版。

这种情况从18世纪法国哲学家让-雅克·卢梭（1712—1778）开始发生了改变。卢梭认为，童年是人生的一个独立阶段，要经历不同的发展过程，就像一列疾驰的火车。卢梭认为所有的行为都编码在基因中，并会在预先设定的时间内自然展开。他认为，虽然孩子们具有感知和思维能力，但只有到了12岁才能开始学到东西。在此之前最好不要管他们，让他们不用担心受到惩罚，从而可以安心“成熟”。17世纪的学者将所有的发育等同于“经验的总和”，并将其归结为“教育”；而18世纪的学者则认为，发育遵循着固定而直接的“DNA脚本”：“文化”与“自然”。换句话说，就是“养育”与“天性”！瑞士发展心理学家让·皮亚杰（1896—1980）提供了一个折中方案：儿童的发育是预先设定好的，但环境在学习过程中起着至关重要的作用。举一个简单的例子，每个孩子都有学习一门语言的能力，但具体学习哪种语言取决于你成长的文化。

本条目首先带你了解儿童发育的“台前”情况；随后的主题将带你了解“幕后”情况，特别是成熟的儿童大脑，正是它使所有发育的里程碑成为可能。

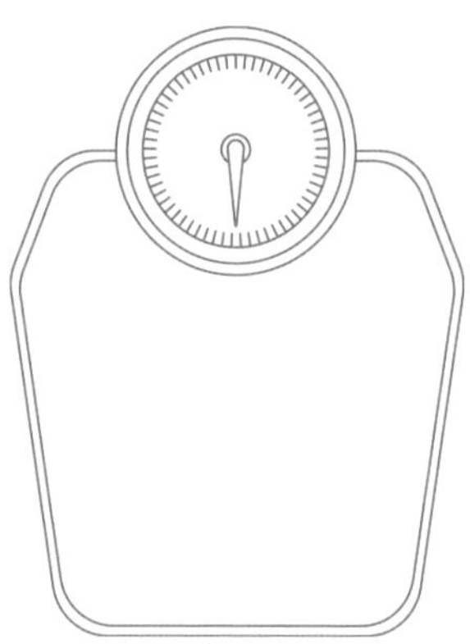

青春期开始得越来越早了吗?

与50年前相比，美国女孩青春期的开始时间平均提早了6个月。而在男孩中则没有什么区别。你怎么解释这种现象呢？只有超重的女孩青春期才会提前开始，而且在过去的50年里，肥胖率一直在上升。摄入过多食物确实可能导致青春期提前，另一个原因是超重女孩的乳房何时开始发育更难测量。事实上，乳房发育是青春期开始的一个重要标志。因此，6个月的差异可能被高估了。

一个孩子的四个阶段

瑞士心理学家让·皮亚杰是儿童发育研究的奠基人之一。他指出，婴儿、儿童、青少年的思维方式与成年人截然不同。因此，他的理论终结了“儿童是微型成人”的观点。皮亚杰的核心思想是，儿童就像小科学家一样，通过实验来探索周围世界。他们通过观察世界，并在每次进行新的观察时更新自己对世界的看法。他将儿童的知识视为思维模式。

他区分了四个不同的阶段，在这四个阶段中，儿童以不同的方式获得思维。2岁之前，他们主要通过感觉和运动经验来获得思维。在下一个阶段，孩子们会更多地使用他们的思维能力。他们知道，物体即使看不见，也会继续存在。他们还发展了对非物质事物的思考能力，并能进行幻想。但在7岁之前，他们的思维能力仍处于非结构化状态。直到后来，即在第三阶段，思维才会变得更有条理，孩子才会理解因果关系等。第四阶段，也是最后一个阶段，从12岁开始，此时孩子也可以进行抽象思考了。

皮亚杰的理论仍然非常流行，但也有其不足之处。最新的观点认为，儿童的发展更多是渐进式的，而不是从一个阶段突然过渡到另一个阶段。此外，皮亚杰低估了幼儿理解周围世界的能力。不可否认的是，皮亚杰对我们理解儿童发育的方式产生了前所未有的影响。由于他的存在，科学家们才认为儿童的认知能力不一定比成人差。

让·皮亚杰认为，思维分为四个阶段

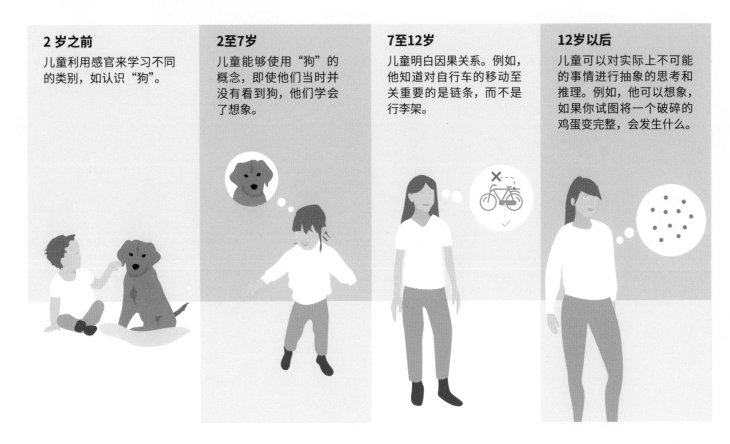

2岁之前
儿童利用感官来学习不同的类别，如认识“狗”。

2至7岁
儿童能够使用“狗”的概念，即使他们当时并没有看到狗，他们学会了想象。

7至12岁
儿童明白因果关系。例如，他知道对自行车的移动至关重要的是链条，而不是行李架。

12岁以后
儿童可以对实际上不可能的事情进行抽象的思考和推理。例如，他可以想象，如果你试图将一个破碎的鸡蛋变完整，会发生什么。

欢迎，小艾玛！

艾玛出生于9月25日，这是一年中出生人数最多的一天。她的母亲当时怀孕41周零1天，是妊娠期长度的中位数。这意味着：50%的妇女在这一天之前分娩，另一半在这一天之后分娩。对她的父母来说，艾玛是独一无二的；对科学家来说，她是“艾玛模式”。她似乎是一个理想的普通儿童，以平均速度通过了四大发育领域的障碍：感官（学习感知）、运动（学习移动）、认知（学习理解世界）和社会情感（学习参与社会互动）发展。

大多数人的生日是什么时候？

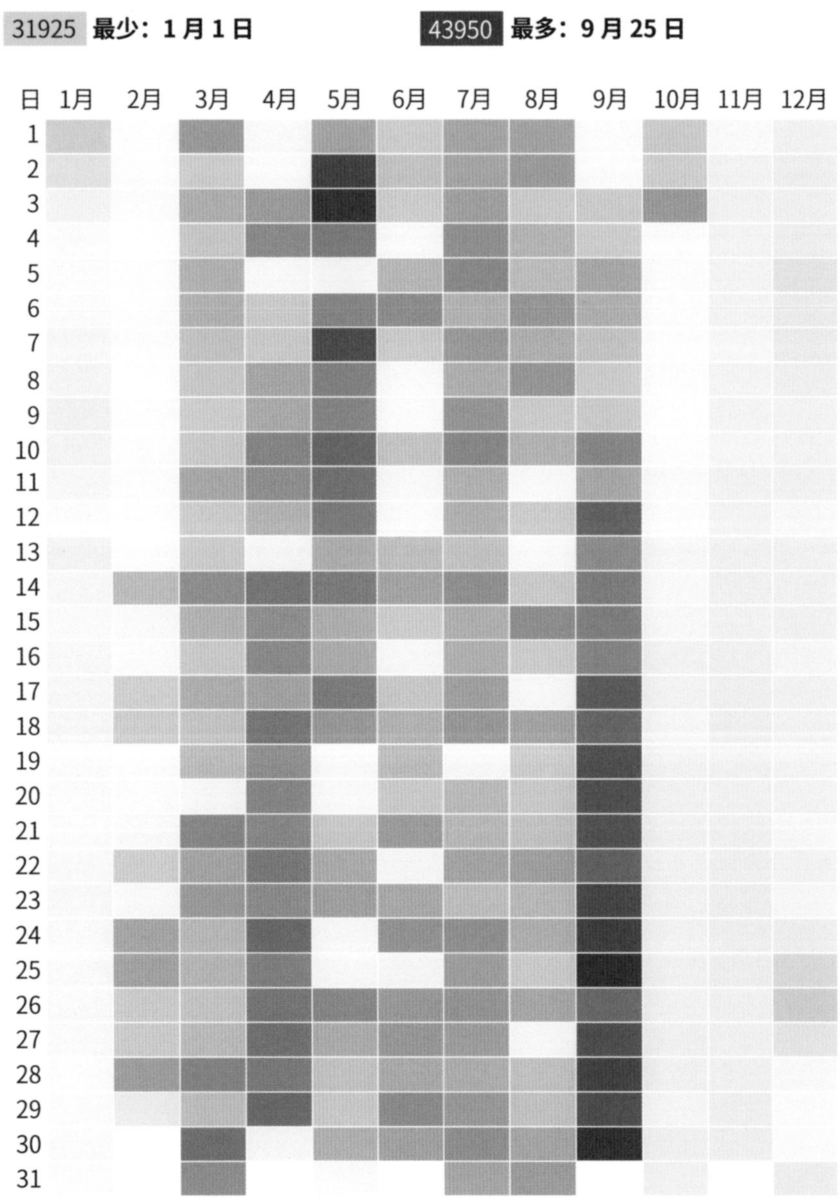

来源：Datagraver（2022），
根据2022年荷兰人口的出生日期计算。

艾玛如何学会观察

感官发育

每当艾玛看到、听到、尝到、闻到或感觉到什么，她就会了解到周围世界的一部分。这被称为感官发育。在生命的第一个阶段，这种发育以闪电般的速度进行。通过感官进入艾玛宝宝头部的刺激量是无法计数的。

艾玛（斜视），看到（红色）

艾玛在子宫里就能感知到明暗对比。出生后，她会把头转向光源——至少在光线不太亮的情况下。你还可以看到，她会用眼睛追随物体的轮廓，那里物体与背景的反差最大。一周后，她才能看得清楚一点，特别是20厘米距离以内的东西。但仍有一些细节会让艾玛摸不着头脑，因为准确的感知与眼睛适应观察距离的能力有关。只有在出生后4周左右，她才能成功地做到这一点。在那之前，艾玛和所有婴儿一样，有时会有严重的斜视。

艾玛2个月大时，她第一次能看到红色。颜色感知与视网膜中视杆细胞和视锥细胞的发育有关。视杆细胞用于感知明暗，视锥细胞用于感知颜色和清晰的细节。多亏了这些视锥细胞，你才能分辨出不同波长的可见光。这个成熟过程发生在出生后。随后，大脑必须能够将这些来自视锥细胞的刺激转化成不同的颜色。第一个成功实现这种转换的颜色是红色。

色觉测试

你可以很容易地测试你的宝宝是否已经能识别“红色”。例如，如果你让一个2个月大的婴儿看红色背景下的蓝色方块，他就会开始踢腿。如果你给他展示一个绿色背景下的蓝色方块，他就不会踢腿。他可以区分红色和蓝色，但还不能区分绿色和蓝色。

怀孕时间
从最后一次月经的最后一天开始
女性分布，百分比

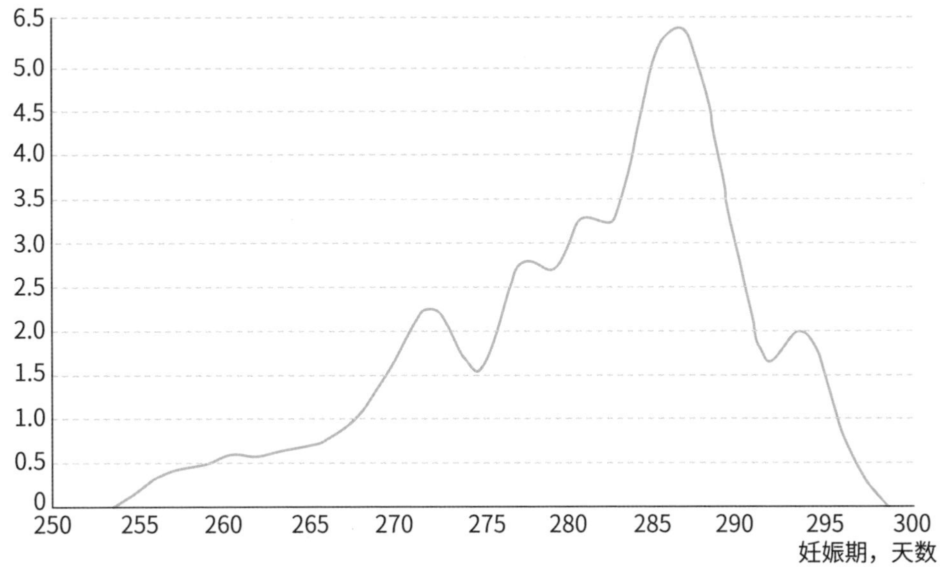

来源：Jukic et al.（2013）

眼睛像弹珠一样大

刚出生时，你的眼球直径为16.5毫米，比经典的玻璃弹珠略大。在你出生后的前两年里，它们会迅速成长，在青春期也会出现生长高峰。直到20岁，它们才完全长成为直径约为24毫米的大弹珠。之后它们不会再变大，但它们仍然可以改变形状。当你出现近视或远视时，就会发生这种情况。这样一来分别聚焦远处和近处的物体就变得困难了。

3个月大的时候，艾玛可以分辨出大多数颜色，如蓝色、黄色和绿色。此外，从那时起，她更喜欢看三维物体，而不是平面物体。所以从现在开始，她也能看到深度了。同时，她更喜欢看移动的物体而不是静止的物体。尽管艾玛在发育初期就能看到一切，但并非所有的相关信息都能进入她的意识中。为此，她需要能够集中注意力，而这种技能需要她的大脑再成熟一些才能获得。

艾玛听到（子宫内的噪声）

子宫内非常嘈杂。艾玛母亲的心跳声和肠鸣音清晰可闻。来自外界的声音也能穿透，尽管它们听起来被她母亲的身体和羊水压低了，这有点像在深海潜水。她能很好地听到母亲的声音，但有点失真。因此，艾玛在出生时就已经经常接触声音了。因此，听觉是新生儿的一种敏锐感觉。他们善于听到高音调的声音，而区分低音调的能力却较差。艾玛已经能在其他女人的声音中辨认出她母亲的声音：例如，她会把头转向她母亲声音的方向，即使她看不到她母亲。听觉已经与视觉紧密协作。因此，她不仅通过转头将耳朵指向母亲声音的方向，她的眼球运动也朝着这个方向。

然而，她还不能区分前景音和背景噪声，背景中播放的收音机声会使婴儿更难听到母亲的声音，他们还不能主动引导自己的注意力。艾玛的注意力主要被环境中的独特声音所吸引。有趣的是，视觉信息在很长一段时间内仍然“胜过”听觉信息。例如，在看电视时，幼儿会更关注他们看到而不是他们听到的东西。只有到了6岁，声音才变得同样有趣。在此之前，来自视觉的信息比来自声音的信息更占优势。

艾玛尝到（甜味）

艾玛在子宫里就能尝到东西的味道。她偏爱甜味。例如她的母亲吃了一个苹果派，羊水是甜的，那么她就会喝更多羊水。新生婴儿也偏爱甜食，婴儿喝糖水时吸吮更慢，可能是为了更好地品尝味道。此外，他们的心跳还会加快。他们对咸的液体则不然。因此，婴儿能够区分咸和甜，意味着他们的味觉已经开始发挥作用了。

新生儿对茴香气味的反应

婴儿 a 对茴香气味的反应是伸出舌头并睁开眼睛。其他婴儿皱起鼻子，眯起眼睛，张大嘴巴或把头转向一边。只有婴儿 a 的母亲在怀孕期间吃过茴香。

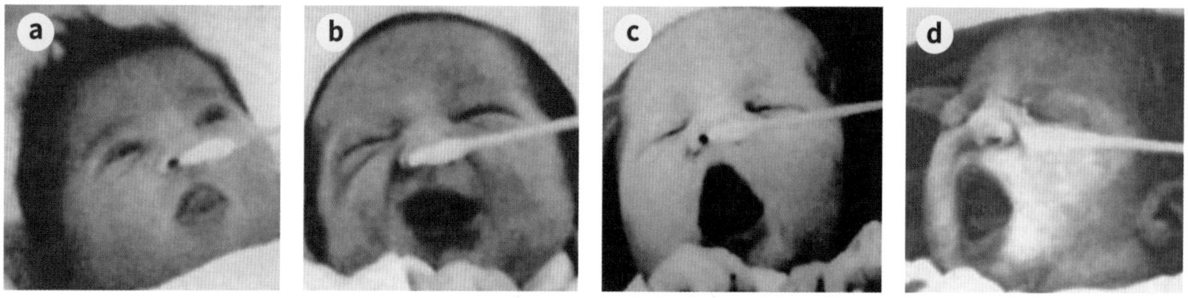

来源：Schaal et al.（2000）

艾玛闻到（香草味）

因为气味是通过空气传播的，所以很难测试胎儿是否已经能闻到气味。然而，有证据表明，嗅觉感知确实在子宫内已经发挥作用。研究人员发现，妊娠32周之前出生的婴儿对气味还没有反应。但32周后，他们就有反应了。研究人员让早产儿闻有甜味的香草和丁酸，丁酸的酸臭气味堪比臭脚丫奶酪。相比臭脚丫奶酪的味道，香草使32周大的婴儿的呼吸更快，活动更多。对非早产婴儿也重复了类似的实验，同样，香蕉和香草比虾和臭鸡蛋更受欢迎。

与口味一样，“甜”是新生儿的首选，这种偏好不会消失。在7至15个月大的儿童中，嗅觉在做选择方面也起着重要作用。例如，与带有紫罗兰香味的毛绒玩具相比，他们更喜欢无香味的。他们更经常抱着“中性”气味的抱枕，并把它放到嘴里。有趣的是，在这个实验中，他们在前两分钟内与毛绒玩具的游戏时间没有差异。这可能表明视觉和触觉比嗅觉更有优势。

此外，研究表明，婴儿在子宫内就能“识别”气味。一个3小时大的婴儿，如果母亲在怀孕期间吃了很多茴香，那么当他闻到茴香的气味时，就会显得很兴奋。其他几个小时大的婴儿对同样的茴香气味则有负面反应：他们皱起眉毛和鼻子，张大嘴巴或把头转向一边。因此，嗅觉器官在子宫内已经通过羊水受到刺激。

一项研究表明，新生儿对母亲的气味反应强烈，说明他们已经具备了很好的气味分辨能力。科学家们通过将他们母亲胸前佩戴过的一块布放在婴儿头部的一侧，并将另一位母亲戴过的一块布放在另一侧来进行研究。5天大的婴儿会更频繁地把头移向自己母亲气味的方向。

艾玛感觉到（触摸）

你的皮肤上布满了对触觉敏感的神经末梢：它们可以分辨冷热、疼痛和压力。婴儿刚出生就对触觉非常敏感，他们会对触觉做出各种反射反应。他们喜欢被拥抱。触觉的特殊之处在于，它是你唯一必须近距离才能感知的器官。所有其他感官都可以远距离感知事物。嘴对触觉尤其敏感。作为一个婴儿，艾玛会把各种东西都放入嘴里，以探索物体的形状、结构和材料特性。随着艾玛的成长，她学会了戒掉这个习惯，并越来越多地用手探索世界。

艾玛如何学习移动

运动发育

感观发育与运动发育密切相关。如果说新生儿所能做出的动作还只是条件反射的话，那么在出生后的头两年里，身体在运动发育方面的控制能力不断增强，这是其他领域都无法比拟的。运动发育可分为精细运动技能和粗大运动技能。粗大运动技能包括四肢的大幅度运动，如爬行、行走和奔跑。精细运动技能包括抓握、书写和切割等动作。这两种类型的运动技能是如何发育的？

艾玛的吸吮、抓握、踏步和眼球反射

反射性运动

艾玛出生后做的第一个动作是反射动作。换句话说，这些都是不受意识控制的不自主运动。例如，艾玛出生后就有了吸吮反射：只要有东西接触到她的嘴唇，她就开始用力吸吮。这是能够喝奶的必要条件。此外，艾玛一出生就有手脚抓握反射：当她的母亲用手指触摸艾玛的手掌或脚掌时，艾玛就会用手指或脚趾紧紧抓住她母亲的手指。这种抓握反射在出生后2个月左右就会消失。之后，艾玛发育出一种直接接触伸手抓取的方式。5个月大时，艾玛在这方面已经相当出色。

脚趾弯曲

你知道成年人也有轻微的抓握反射吗？例如，当你在不平坦的路面上行走的时候，你的脚趾就会弯曲。

新生儿也有踏步反射。如果你扶住他们的腋下，并将他们放在坚硬表面之上，他们就会伸展和弯曲双腿。如果你让他们趴在地上，轻轻地压住他们的脚底，他们就会向前移动，即爬行反射。踏步反射和爬行反射也会在出生后8周内消失。终生保留下来的是眼球反射。当遇到突如其来的强光、阵风或迅速接近的物体时，人们会“自动”闭上眼睛。

艾玛爬行、行走和奔跑

运动技能

早在受孕6周后，胚胎就会做出类似蠕虫的运动。而到了胎儿期的第21周，艾玛就可以独立地移动她的手、脚和头。出生后，艾玛的粗大运动技能再次快速发育：首先她可以完全躺下，然后学会抬头、翻身，然后从出生后6个月左右开始可以坐着。从那时开始，她学会爬行、站立，并最终学会了走路。由于运动能力的发展，宝宝在这个世界上的活动能力越来越强，他们将获得更多由自己探寻得来的感官体验。通过这种方式，运动和感官的发育彼此相互影响。

青春期男孩对汗臭味的嗅觉较差

闻到气味所需的雄性激素含量，以 mm* 为单位

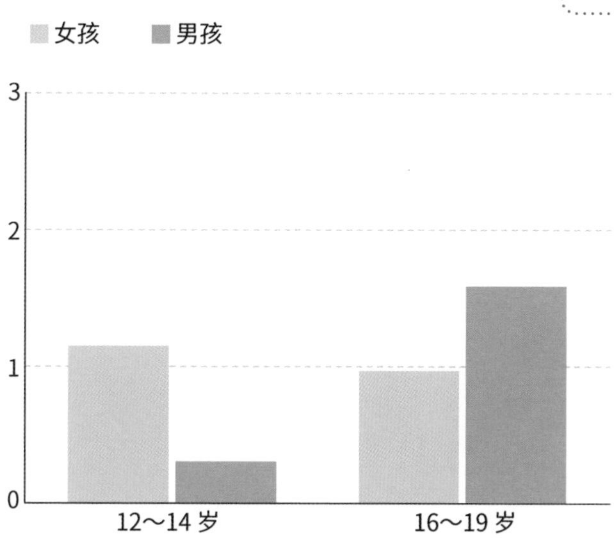

* 值越高，他们的汗臭味就越重。

来源：Hummel et al.（2005）

我闻起来有汗臭味吗？

教师们无疑比任何人都更能唤起这种感觉：一个满是青春期学生的教室里弥漫着的气味。青少年自己似乎受此影响较小。在青春期，嗅觉会发生变化，或者至少在青春期的男孩中是这样的。实际上，青春期的男孩感知雄性激素的能力会下降，而雄性激素是一种在汗腺中产生的信息素。尚未进入青春期的男孩对这种信息素的感知能力更强。显然，这种感知能力的下降与感知强烈气味的能力下降有关。目前科学家还不能确定为什么会出现这种情况。一种解释是，这是由于青春期的激素导致他们嗅觉减退，从而使他们不太能闻到信息素。但也有可能是因为男孩在青春期出汗较多，所以对这种气味已经适应了。

艾玛的第一步

艾玛的运动技能由靠近躯干的大肌肉群控制，这些肌肉确保她能够坐下、站立和行走。为此屈肌和伸肌之间需要协调合作。刚出生时，屈肌的张力比伸肌大。出生后第2个月，你可以观察到伸肌的第一次控制。

有趣的是，所有婴儿的肌肉群发育都有一个固定的顺序。靠近大脑的肌肉首先成熟。例如，艾玛可以通过控制颈部肌肉来保持头的直立。肩部肌肉紧随其后，这让艾玛在俯卧时能够更好地抬起头来，也就是她趴在地上时，学会了将头抬离地面。腿部肌肉在最后，艾玛要到4岁才能用前脚掌站立。粗大运动技能的发育也有明显的敏感期：即使你让一个2个月大的婴儿无休止地练习走路也没用，他第一次独立行走要等到神经系统和相应的肌肉成熟之后才能实现。爬行和行走也需要复杂而精准的左右协调控制，通过交替移动双腿有节奏地移动。在此基础上，还需要适当发展身体的平衡能力。在艾玛会爬之前，她已经可以用手和膝盖来回晃动了。这是一个对称的运动。直到后来，她才能够交替使用左右半身进行爬行运动。

艾玛抓握与书写

精细运动技能

精细运动技能，指用手和手指做的小动作，其发育略微落后于粗大运动技能。蹒跚学步的艾玛可以很好地握住勺子（粗大运动技能），但还不能在吃东西时不弄得一团糟（精细运动技能）。艾玛还可以穿上裤子，但不能扣上裤扣。虽然她能画画了，但还不会写小写字母。

更快学会走路的孩子更聪明吗？

宝宝迈出第一步对孩子和父母来说都是一个重要的里程碑，“学走路更快”是否也意味着宝宝在智力或情感等其他不太明显的方面发育得更快？这个答案会让学走路更慢的孩子父母感到欣慰：运动发育的速度与日后的（情绪）智力之间没有联系。主要是有智力障碍儿童的运动发展会严重滞后。他们大脑在所有领域的发育都比较缓慢。

儿童的运动发展

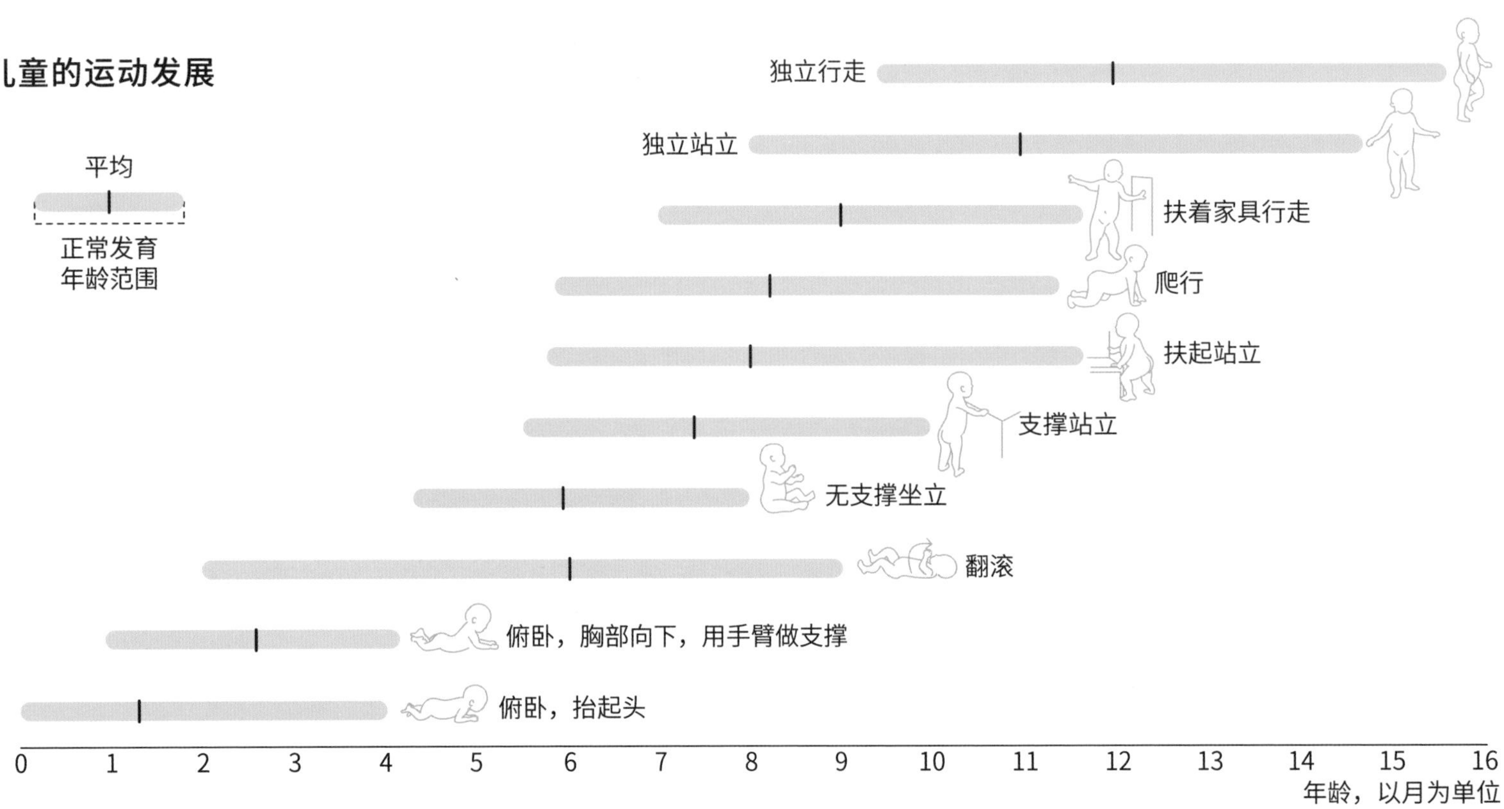

来源：Chang（2019），基于《剑桥婴儿发展手册》中的数据。

精细运动技能需要运动系统和感观系统之间的良好合作。例如，为了确定抓玩具的手需要伸出多远，处理大量的信息，然后采取正确的行动。虽然5个月大的婴儿已具备正确抓握的运动能力，但并不是总能成功。这是因为他们同时感知多种事物的能力还不够发达，因此很难同时关注自己的手和玩具。到了6到7岁，大多数孩子已经掌握了粗大运动和精细运动的基本技能。之后就是通过更多的经验使儿童能够越来越熟练地完成某些特定的动作，如学习写字或踢足球。

艾玛如何学会理解世界

认知发育

你是否曾经想过，当你无法看到一个物体，比如说它在另一个房间里，那么它是否还存在？或者为什么有些东西是往下掉而不是往上掉？对日常生活中的信息进行处理和思考的能力也被称为“认知”。这是一个复杂的综合概念，涉及不同的心理过程，如记忆能力、学习能力和集中注意力的能力。研究婴儿的认知显然是一项巨大的挑战，但认知在早期就开始发育。例如，10个月大的艾玛已经能够找到隐藏的物品。所以，即使她没有看到它们，她也知道物品还在那里。

神奇的“隧道”，
从婴儿们的角度来看

第一阶段

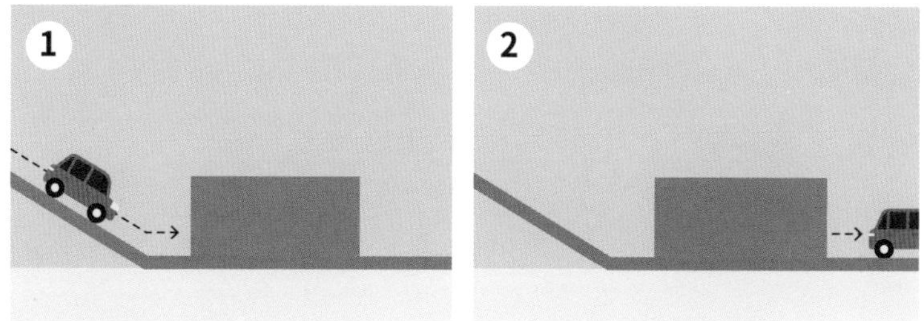

婴儿们看到一辆汽车消失在隧道里……

……然后从另一边出来。

第二阶段

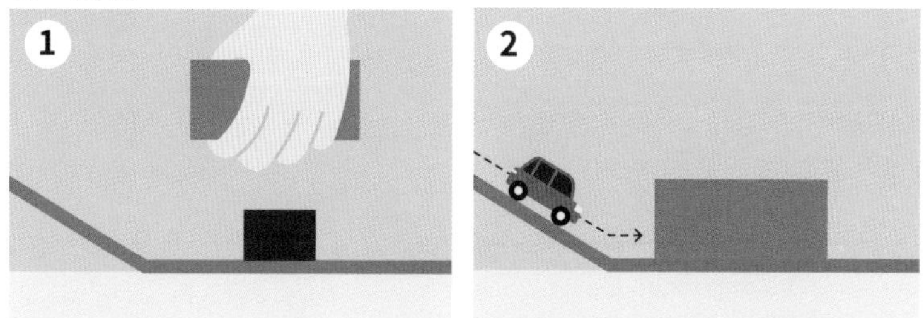

研究人员抬起隧道，在其中放置一个障碍物。

婴儿们再次看到一辆车消失在隧道里……

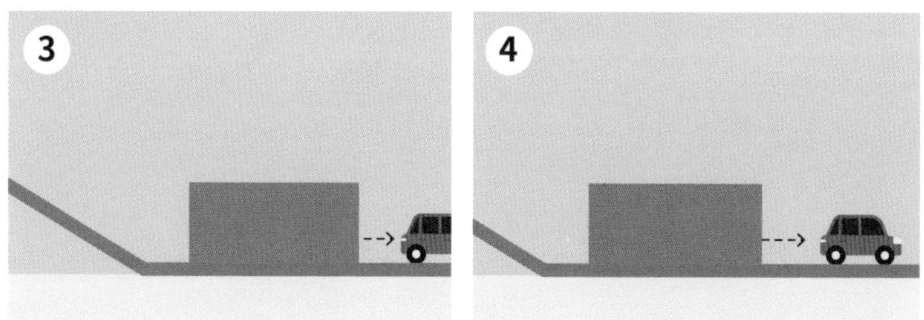

车再次从另一侧出来。事实上，调查员已经在看不见的情况下清除了障碍物。

婴儿们对这个不太可能发生的事件观察了很长时间。所以婴儿们可以感知到有些情况是不可能的。

来源：Baillargeon.（2002）

艾玛＝爱因斯坦宝宝

物体恒定性

知道物体存在，即使它们不在视线之内，这就是“物体恒定”现象的一部分。例如，一项实验表明，3.5个月大的婴儿已经具备了这种能力。在该实验中，婴儿们看着一辆汽车从斜坡上驶下来，消失在一个隧道里。然后正如预期的那样，车子又从另一侧驶出来。在下一阶段，研究人员抬起隧道，在其中放置了一个障碍物。当汽车再次驶下山坡，又从另一侧驶出隧道时——因为研究人员偷偷撤掉了障碍——婴儿们对此情景看了特别长的时间，似乎对这个不可思议的事件感到惊讶。所以婴儿可以感知到我们世界上的一些情况是不可能发生的。就像真正的爱因斯坦宝宝一样，他们已经理解了自然法则！

艾玛的硬件和软件

通过思考来处理感知

为了能够处理来自环境的信息，艾玛需要运用她的认知能力：这是一整套技能工具箱，如集中注意力、记忆事物、推理和提前计划。过程是这样的！艾玛通过感知（通过感官）接收信息，然后将

如何知道婴儿在想什么？

对婴儿进行研究并不容易，毕竟，你无法询问他们的想法或对事物的体验。这就是为什么许多研究儿童和成人的方法对婴儿来说是行不通的。研究人员可以在婴儿身上测量的指标包括：他们看东西的位置和时间，他们吸吮奶嘴的力度，他们的运动量，他们的心律或呼吸的快慢。如果研究人员给婴儿展示了一些意想不到的情况，例如一辆汽车在空中飞行，而不是在路上行驶，那么你可能会从这些参数中的一个或多个变化中读出相关信息，用来判断婴儿是否知道汽车能不能飞。

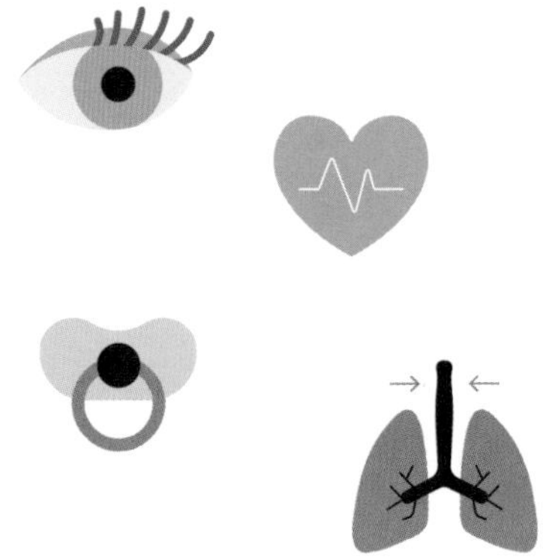

注意力集中在这些信息上，并且还要保持住。例如，她看到她的父母在早上出门上班时挥手。然后，通过逻辑推理，她从这个重复的事件中推断出一个场景：当有人离开时（开门，出门，再关门），你必须挥手。

然后，她的大脑“决定”她是可以忘记这些信息，还是将其保存起来，以解决未来类似的问题。在告别的场景中，这些信息很有用：当她晚上盖好被子上床睡觉时，她会在父亲离开她的小房间时向他挥手。毕竟：他向她告别，打开门，走出去，又关上了门。

就像通过更新计算机的硬件和软件来更新你的电脑一样，你可以通过你的大脑和感官（硬件更新）以及你通过生活经验获得的规则和策略（软件更新）来保持你的认知是最新的。研究人员对儿童的信息处理如何受制于他们的硬件系统，以及他们如何随着每次认知的更新而进一步发育特别感兴趣。

“艾玛，到这里来，现在！”

集中注意力

“艾玛，过来吃饭。艾玛？艾玛，过来，现在！”只有在喊了几次之后，3岁的艾玛才终于从她的游戏中抬起头来。儿童的感知不仅取决于他们实际看到的、听到的、感觉到的、闻到的或尝到的东西，而且还取决于他们的注意力集中在什么地方。因此，你可以看到，在3到9个月之间，婴儿能够越来越有控制地集中注意力。例如，9个月大的艾玛已经能找到她父亲刚刚藏在布下面的玩具。所以她可以把注意力集中在她当时没有看到的东西上。随着年龄的增长，婴儿可以做得越来越好。他们可以越来越久地在不分心的情况下集中精力。

除了能够完全保持注意力之外，将注意力集中在正确的信息上也很重要。年幼的孩子比年长的孩子更难做到这一点，他们要再过18年才能真正做好。一项测试就显示了这一点，儿童被要求记住哪些门里有一个可爱的玩具。研究人员一个接一个地打开门，但里面有两样东西。除了毛绒玩具外，每扇门后面还有一个家庭用品。研究人员告诉孩子们，他们不需要记住家庭用品。当研究人员事后询问孩子们看到了哪些毛绒玩具时，年长的孩子在这方面表现更好。当研究人员问孩子们是否记住了其他物品时，年幼的孩子在这方面做得更好！因此，年幼的孩子更难记住相关的信息。实际上他们记住的东西太多了，以至于无法有效完成任务，因为他们无法始终将注意力集中在相关的事情上。

艾玛（越来越长）的购物清单

短期和长期记忆

要对收到的信息进行有意义的处理，你需要（暂时）记住它。为此，你要使用你的记忆力，它由短期记忆和长期记忆组成（第208页）。所有需要“永远记住”的东西都是长期记忆的一部分。例如，事实性知识（煮鸡蛋需要煮多久才能让它完全达到你想要的软硬度）就属于这个范畴。随着年龄的增长，你的长期记忆能力会越来越好。另一方面，短期记忆则需要能够简要记住信息并立即进行处理。你没有必要永远记住这些信息——你只需要在购物之前牢牢掌握食谱中所需材料即可。可以说，你需要将购物清单保存在云端，直到你来到商店。而且，如果发现意大利面卖完了，你必须“更新”你的购

我们大脑里的硬件和软件

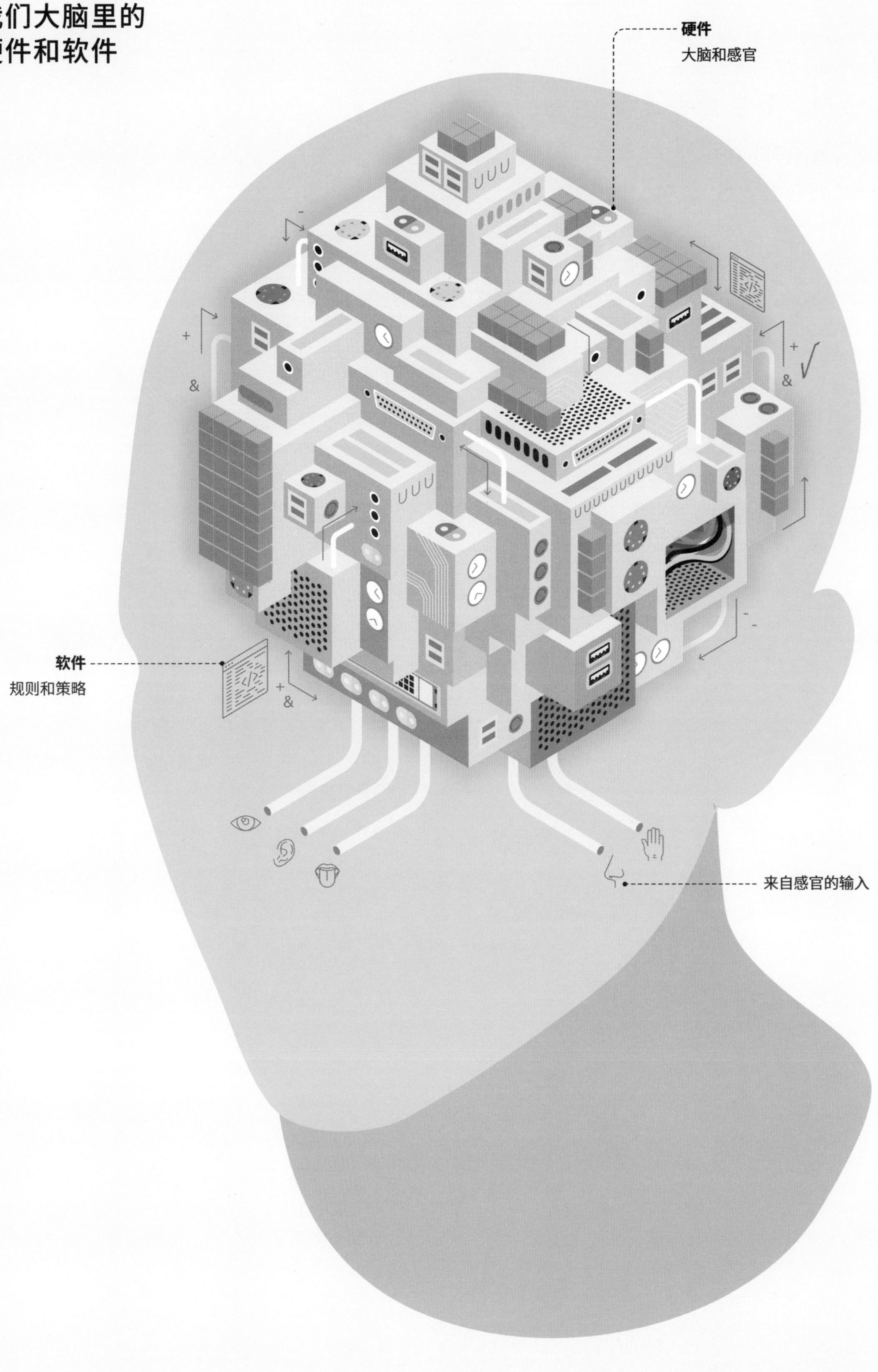

“不要告诉孩子们如何做某事。一言不发地教他们怎么做。如果你告诉他们，他们会看着你的嘴唇如何移动。如果你做给他们看，他们就会想自己做。”

——玛丽亚·蒙台梭利（1870—1952）

物清单，添加意式馄饨并从中删除意大利面。成年人一次平均能记住7个项目，5岁的孩子平均4个项目，12岁的孩子平均已经能记住6个项目，18岁孩子的记忆力大致与成人相当。

科学家想知道，孩子们的记忆力越来越好是怎么回事。难道真的是因为内存容量在增加，也就是说硬件在提升，还是因为成人能够使用儿童还不能使用的策略，比如说对物品进行分组？你可以把所有的“蔬菜”分为一组，就像对所有的“乳制品”一样。这会增强你的记忆能力。这一策略是你软件的一部分。你可以很好地训练短期记忆。经过大量的练习，孩子们的记忆力会越来越好。但这种高强度的训练（软件更新）并不一定意味着大脑结构也发生了变化（硬件更新）。

短期记忆发育

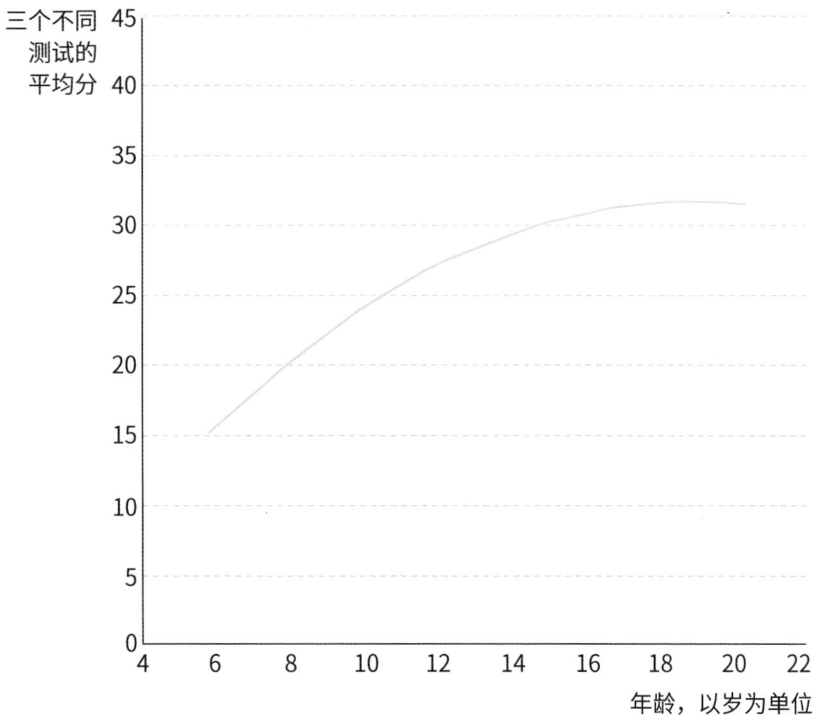

来源：Ullman et al.（2014）

艾玛如何学习互动

社会情感发育

妈妈很高兴

认识情绪

人类天生就是社会性动物。研究表明，婴儿更喜欢看人脸而不是物体，对人声的反应比对其他声音的反应更强烈。例如，他们会更用力地踢腿。

作为一个社会动物，你不仅需要具备“社交能力”，即社交行为的能力，还需要“社会认知”或人际交往能力。在社会认知中，情感发挥着重要作用。在出生后的头6个月里，婴儿已经看过32 000次面部表情。早在出生2个月后，艾玛就能区分出快乐的面部表情和其他面部表情。例如，她对笑脸的反应是咿呀或大笑，而且看一张笑脸的时间明显长于看一张害怕或愤怒的脸。婴儿这么早就展示出社交能力并不令人惊讶。为了生存，他们依赖于他们的照顾者，并通过社交互动确保这些照顾者对他们产生依恋。孩子们变得越来越擅长社交。到3岁时，艾玛就可以分辨出比快乐更多的基本情绪，例如愤怒、悲伤和惊讶等。毕竟，这类情绪都有明显的面部表情。艾玛要到7岁时才能理解更复杂的情绪，这些情绪并不总是伴随着特定的面部表情，如骄傲、嫉妒或内疚。

爸爸站在我这边

判断偏颇

能够识别复杂的情绪是社会认知的一个重要方面。但还有更多方面，例如，能够判断某人是否有偏见。为了了解儿童从几岁开始能够评估偏见，研究人员让他们听一个关于比赛的故事。一个是主观评估的比赛，如谁唱得最好；另一个是客观评估的比赛，如游泳比赛。评估员有时是一个陌生人，有

儿童赠送给同学的平均贴纸数量，
一共10张贴纸

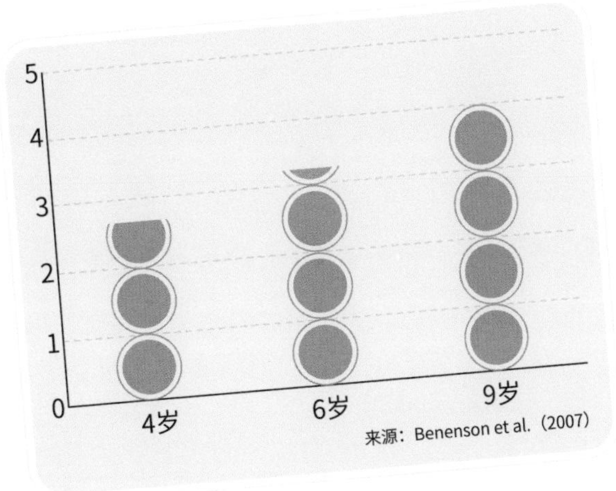

时是他们认识的人，如他们的父亲。之后，孩子们必须说出哪场比赛的评判更公平。7岁的孩子在这一点上没有区分能力。到了9岁，孩子们意识到主观评估更有偏向性。13岁，他们才能意识到，一个熟人很难给出相对公正的主观判断。因此，这类社会技能的培养要持续很长时间。

我认为你认为我认为……

换位思考

社会认知的另一个重要条件是能够设身处地为他人着想，也称为“换位思考”。这项技能你无法一下就获得。一位研究人员通过给孩子讲一个由七幅图组成的故事来证明这一点。故事是这样的：一个男孩走在街上，被一只狗追赶，然后他爬上一棵树，偷吃了挂在那里的苹果。然后研究人员拿走了前三幅图画，这三幅图画描绘了男孩躲避狗追赶的情景。随后一名新的研究人员进入房间，第一个研究人员要求孩子给她讲新的故事。8岁以下的受试者讲述了原来的故事，包括逃离狗那段；8岁以上的受试者讲述了新的版本，即偷吃苹果的部分。因此，8岁以上的孩子们能够站在新研究者的角度进行思考和理解，他们对原始版本不再关心。

培养这种技能与你帮助他人的意愿有关：你越是善于换位思考，你就越乐于助人。研究乐于助人的一个方法是看人们有多愿意与他人分享。与他人分享的动机取决于一个人对自身利益和对他人利益的考虑。平衡这两者有助于你公平地分配东西。研究人员通过让孩子们将10张贴纸分给自己和其他人来了解孩子们是如何处理的。他们可以自由选择是否赠送以及赠送多少张贴纸给别人。大约60%的4岁儿童赠送了至少一张贴纸。而9岁儿童中“施舍者”的比例增加到92%。研究人员对青少年进行了类似的实验，但这次他们可以把硬币捐给一个匿名者。结果显示，青少年平均将35%的硬币赠送给了其他人。相比之下，成年人只会将20%的硬币送给陌生人。大多数年幼的孩子已经有了利他主义的意识，在不给自己带来好处的情况下把东西送出去。青少年似乎比成年人更具无私奉献精神。

艾玛的婴儿大脑

大脑成熟＝自己发育

关于发育的驱动力，心理学上有不同的观点。但它们有一个共同点：大脑成熟是核心。在下面的内容中，我们将揭示大脑成熟与你的知识和能力之间的联系。

未成熟的大脑

2

大脑在出生前是如何发育的？

子宫内的大脑

艾薇已怀孕20周。当她走在大街上时，突然感到肚子里痒痒的。起初，她以为肠子里有气，但不对，这种感觉更强烈。这是她第一次感受到宝宝在踢她。一个月后，她的伴侣将手放在艾薇的腹部时也感觉到了胎动。有时，胎儿甚至会对触摸做出有针对性的踢腿反应。与未出生孩子的第一次接触是非常特别的。这种体验是相互的，因为对胎儿来说，这也是他们与外界的第一次接触。通过母亲时而快乐、时而热情、时而悲伤、时而愤怒的声音，胎儿对子宫外发生的事情有了“概念”。但是，胎儿究竟能从周围的世界中得到什么呢？胎儿何时才能（有目的地）活动、体验和思考？

从一个受精卵细胞最终发育成一个拥有数十亿个细胞的复杂大脑，这是非常奇妙的事情。受精后仅两周，第一批神经元的前体就出现了：大脑的构建从此开始。在它最终拥有成人大脑的形状之前，大脑的构建过程会经历许多不同的阶段，而且每次都会完全改变准大脑的形状。起初，它看起来像一个圆形的细胞盘，后来转变为管状结构。该管中会产生各种各样的增稠物。最终，这个过程会产生成熟的大脑。让我们深入了解一下吧！

胚胎中的大脑是如何形成的？

大脑的胚胎发育

从球体到平板

受精后，卵细胞高速繁殖。它通过反复分裂来实现：从1个细胞分裂成2个，从2个细胞分裂成4个，从4个细胞分裂成8个，从8个细胞分裂成16个，以此类推。到受精后的第5天，已经发生了7次分裂，形成128个细胞，这被称为“囊胚”。这时的

胚胎神经管的形成

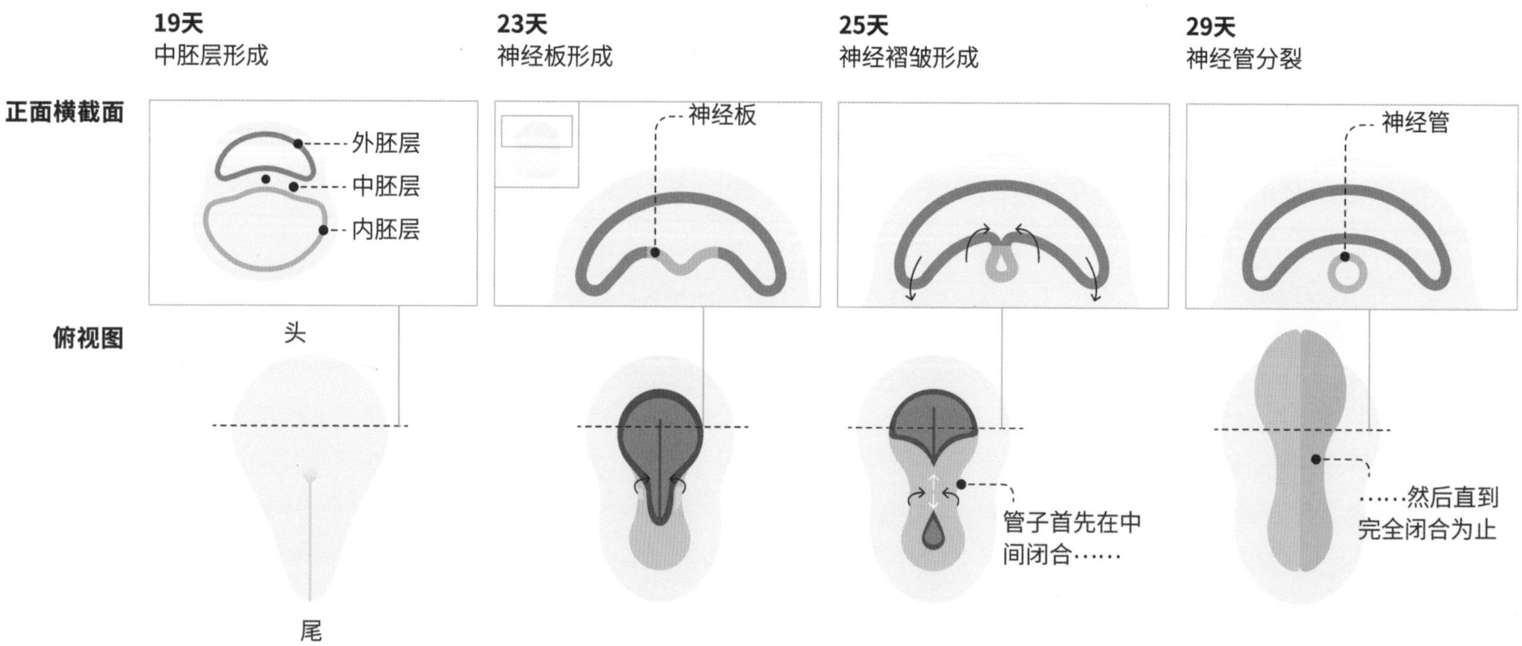

胚胎期脑泡的发育

胚胎，4 周 **胚胎，5 周** **胚胎，6 周**

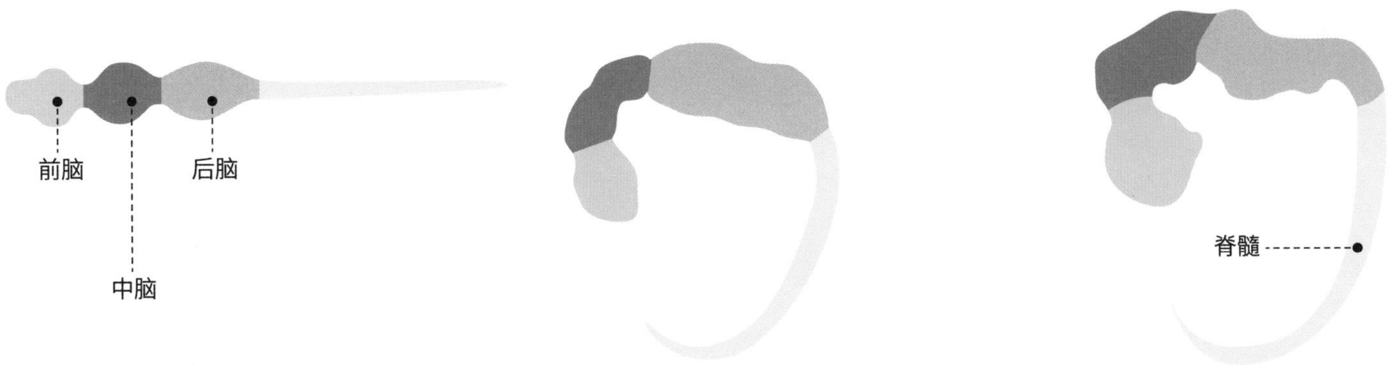

细胞不再完全相同，事实上，现在已经存在三种不同类型的细胞了。在接下来的两周里，球细胞开始凹陷和折叠。这样，在球状体中形成了两个腔，中间有一种板，即所谓的“原肠胚”。该板由三种不同类型的细胞组成，随后身体的不同部位将由这些细胞发育而成。“中胚层”最后会形成骨架、肌肉、器官和血管。“内胚层”成为消化系统，而“外胚层”则转化为所有外层，如皮肤、指甲、眼睛、头发和神经系统。

从神经板到神经管

受精后第19天，外胚层发育成一种圆盘结构，即“神经板”。现在，神经板面临着一个挑战，因为它位于三个细胞层的外部，而神经系统位于体内。方便的解决方案是什么呢？在神经板上，产生了两个边缘，它们越长越高。就这样它们在两侧形成褶皱。到了第25天，这些褶皱相遇，它们融合在一起，之后再分裂开来。这就形成了两个独立的部分：被分裂出来的细胞形成了贯穿整个胚胎长度的“神经管”。到第29天左右，该管完全关闭，随后从中发育出大脑和脊髓。神经板的剩余细胞依次折叠覆盖在整个胚胎上，并最终形成皮肤等组织。这整个过程被称为“神经形成”。

如果神经管没有闭合……

神经管在胚胎的中间开始闭合，也就是背部的中央。然后管子进一步向上和向下闭合。但有时神经管并没有完全闭合。当这种情况发生在尾部时，我们称之为脊柱裂，也被称为“开放性脊柱裂”。如果管的顶部没有闭合，也就是头部所在的位置，这可能会导致大脑发育出现严重异常。这种现象被称为无脑畸形。

从神经管到大脑

接下来是一个新的挑战，这根神经管是如何变成大脑的呢？受孕后第7周左右，神经管内出现了增厚物：脑泡。管子开始折叠，你可以把这比作儿童派对上，小丑用长长的气球做出一只狗。管子的前半部分最终形成大脑皮层，并覆盖在所有其他部分之上。下面的部分仍然很薄并形成脊髓。而介于两者之间的部分形成所有其他的大脑结构，如脑干、小脑和尾状核。到了第9周左右，大脑皮层已经基本覆盖了大脑所有的基础部分。然而在那个时候，大脑皮层仍然非常光滑。典型的褶皱直到怀孕第6个月才会出现。多亏了这些褶皱，大脑皮层的总量仍然可以大大增加，而不会占用更多的颅骨空间。这类似于一张长方形纸的表面在桌子上所占的空间比同一张纸揉成一团所占据的空间更大。

每秒新突触连接数

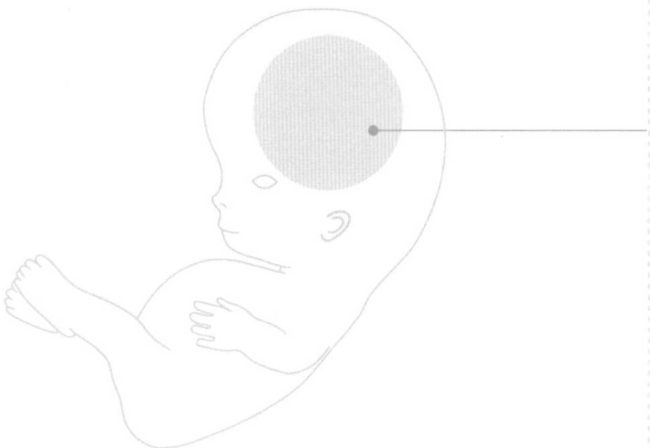

充分连接

在胚胎发育过程中，每秒会产生多达40 000个突触连接。这样，出生时就有500万亿个突触连接，数量之多令人难以置信。出生后便不会再如此大量产生了。做一个对比，到2050年，有史以来出生的人数估计为1130亿。如果每个人一生中平均使用3.2亿个单词，那么到2050年，全人类的单词总数将接近42万亿。因此，大脑的连接数是地球上有史以来词汇量的10倍以上。

你何时成为你？
产前大脑的发育

神经元的生命周期

产前大脑的进一步发育是一个复杂的过程，并按照一个结构化的计划进行，这就要求在正确的时间和地点进行正确的过程。如果偏离了该计划和时机，就会对最终产物产生重大影响。最重要的过程包括“神经元增殖”“神经元迁移”（“神经发生”的组成部分）、“突触发生和细胞凋亡”。我们将进一步解释！

神经元工厂
神经元增殖

新神经元的产生被称为“神经元增殖”。这种生产极其迅速：在怀孕期间，平均每分钟就有25万个新的神经元产生。它需要在出生时达到1 000亿以上，比保留在成人身上的神经元总数多40%。这一切都发生在神经管内部的神经元工厂。该神经元工厂后来成为“脑室下区”。

移动中的神经元
神经元迁移

神经元必须从脑室下区移动到它们在大脑中的最终位置。这种“神经元迁移”是通过胶质细胞形成一种通往大脑皮层的绳梯来完成的。神经元通过绳梯爬到它们的最终位置。在出生时，几乎所有的神经元都已就位。

新的神经元邻居
突触发生和细胞凋亡

一旦神经元到达大脑皮层的最终位置，它们就会通过形成突触连接与其他神经元进行联系。这个过程被称为“突触发生”。通过这种方式形成了大脑网络。这个过程始自大量过剩的神经元，细胞出生前，许多神经元会被再次分解。这个过程被称为“细胞凋亡”或“有计划的细胞死亡”。

“神经元增殖”“神经元迁移”“突触发生和细胞凋亡”的过程是动态的，并且在发育的不同时期发生在不同的大脑区域。

移动中的神经元

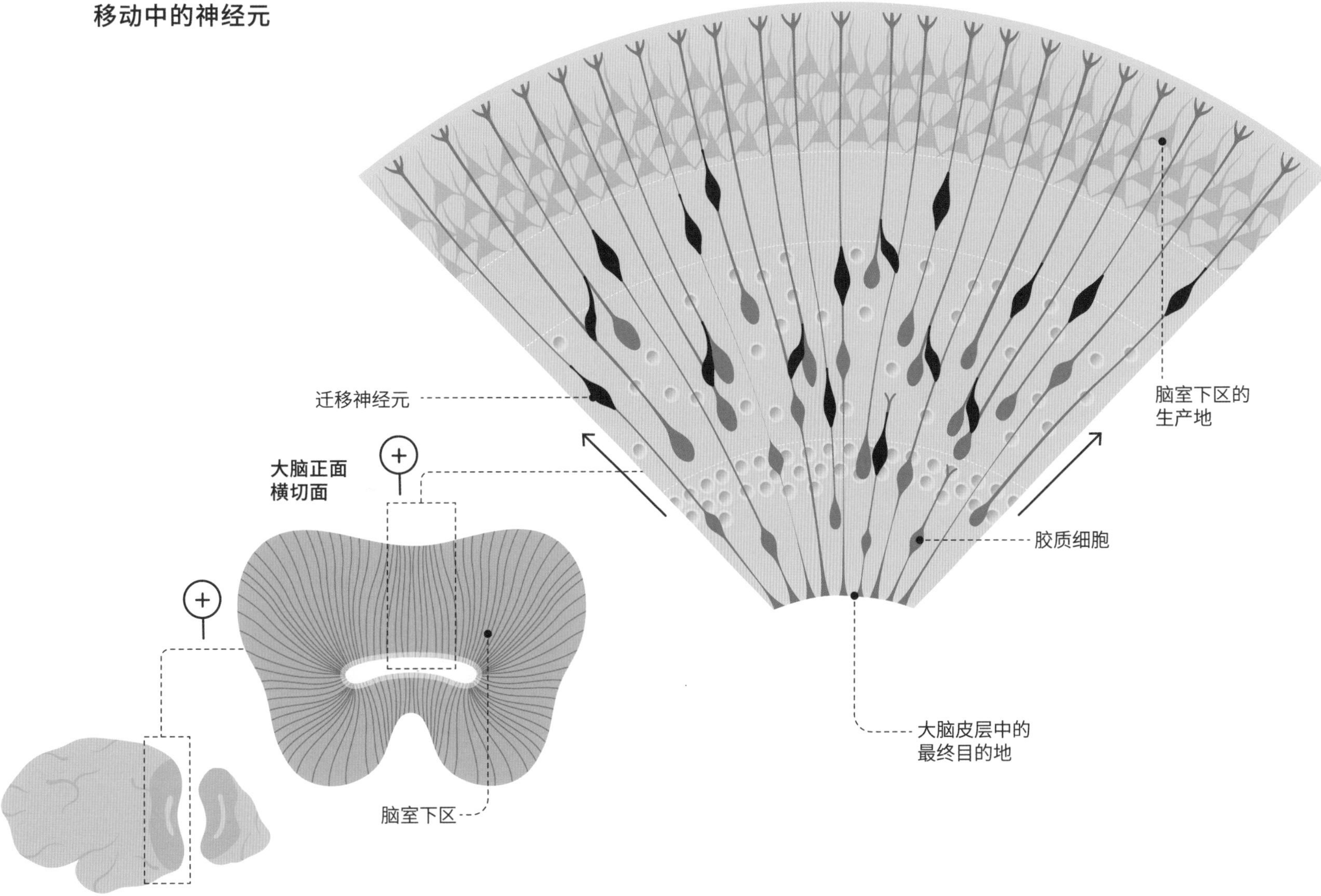

突触发生

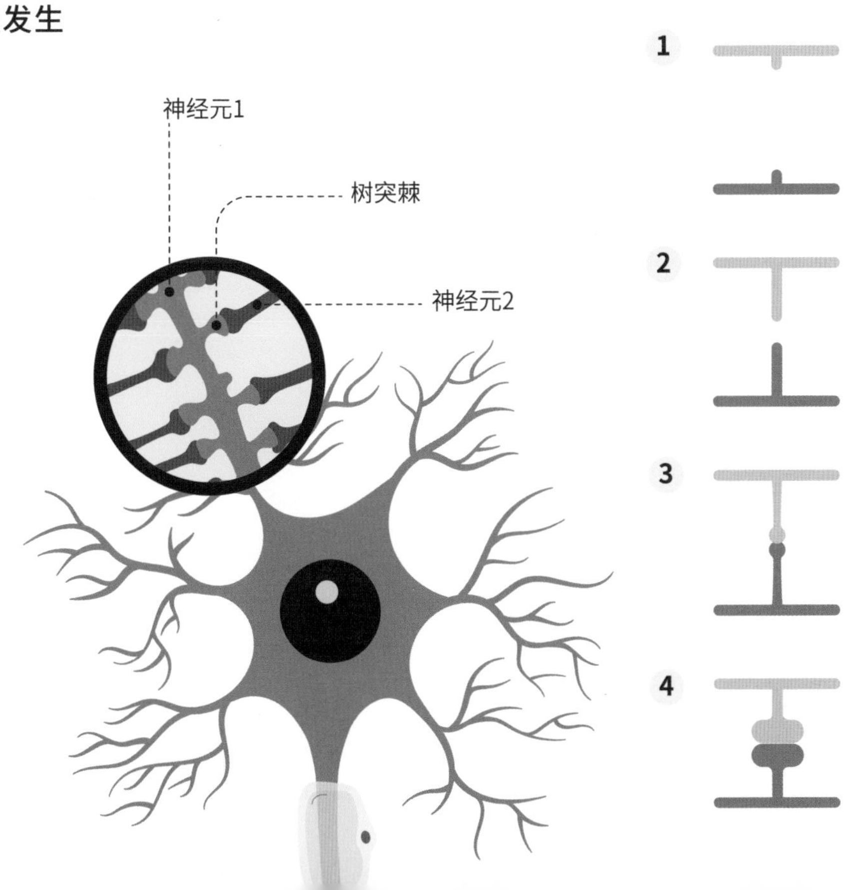

生长

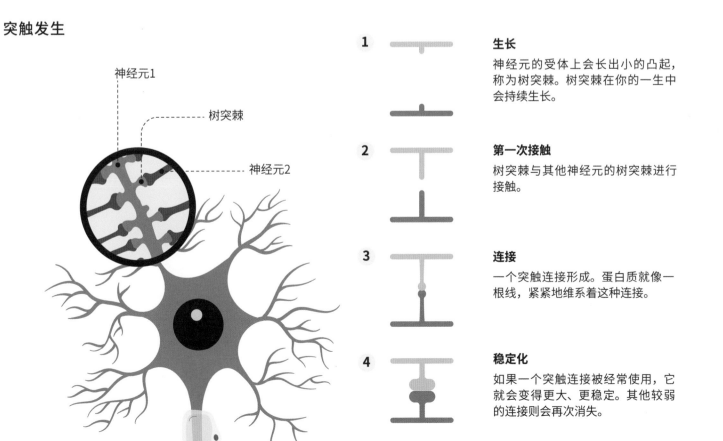

神经元的受体上会长出小的凸起，称为树突棘。树突棘在你的一生中会持续生长。

第一次接触

树突棘与其他神经元的树突棘进行接触。

连接

一个突触连接形成。蛋白质就像一根线，紧紧地维系着这种连接。

稳定化

如果一个突触连接被经常使用，它就会变得更大、更稳定。其他较弱的连接则会再次消失。

胎儿是如何感知的？

感官的发育

受孕后早期，感官已经开始发育：首先是嗅觉和味觉，然后是触觉，接着是听觉，最后是视觉。直到第24周，所有感官的神经元才与大脑皮层相连——这是一个发展的里程碑，因为胎儿不再（主要）以反射方式做出反应，而是能够真正体验环境并从中学习。

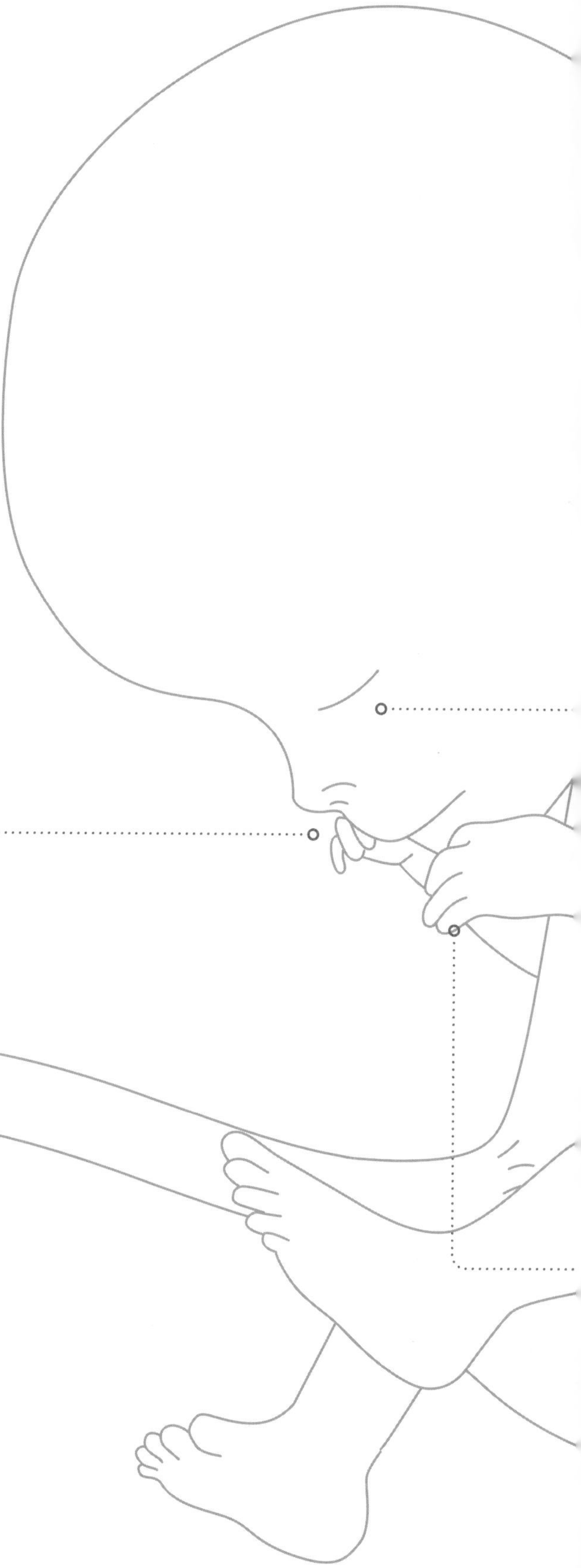

身体地图是如何在大脑中形成的？

体感皮层，即负责触觉的大脑皮层，包含了整个身体的“地图”，相邻的身体部位也会被并列地“描绘”在一起，这就是人形地图。科学家认为，这种地图是由胎儿的自发运动绘制的。例如，胎儿上一次用上臂和下臂与子宫壁碰撞，下一次用前臂和手。每次碰撞都会向大脑传递信号。而彼此相邻的身体部位更有可能在同一时间传输信号。由此形成了一张显示相邻身体部位的地图（第28页）。

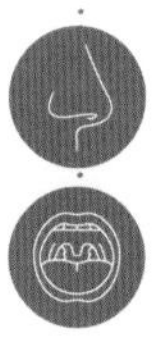

我闻到和尝到了什么？

嗅觉和味觉的发育

第8周后，胎儿的鼻子中就已经拥有了嗅觉所需的所有细胞，不过它们要到第13周后才与大脑连接。研究人员认为，胎儿嗅觉发育较早的原因是鼻子和大脑皮层直接连接，不需要通过丘脑进行“绕道”。正常情况下，气味通过空气传播，但胎儿的鼻子会受到羊水的刺激。

负责嗅觉的大脑区域也会对味觉做出反应。所以鼻子和味蕾之间有着紧密联系。由于嗅觉和味觉发展得很早，它们在情感依恋过程中发挥着重要作用。胎儿通过嗅觉对母亲的识别最为强烈。

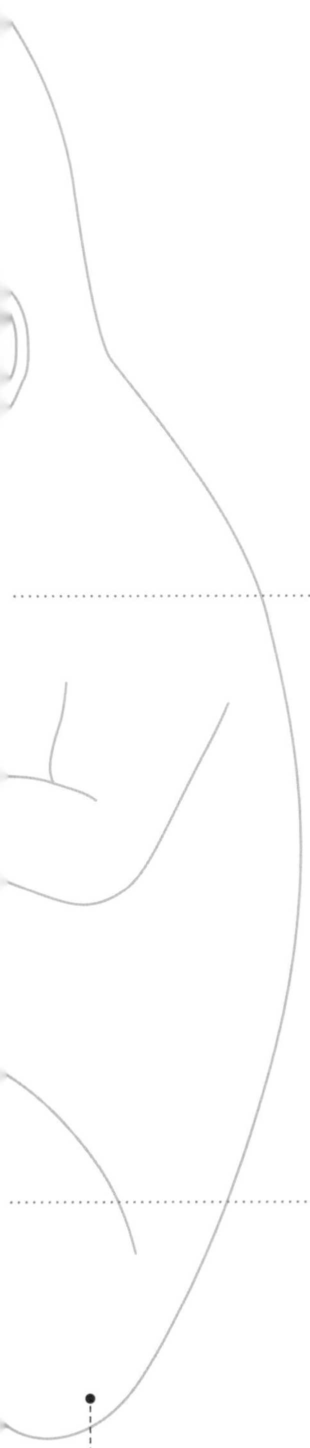

12周大的胎儿

我听到了什么？

听力的发展

第3周后，听觉器官形成。然而，由于胎儿耳朵里充满了水，母亲的心跳声和肠道运动声听起来很沉闷。从第24周开始，当耳朵与丘脑和大脑皮层之间的联系建立起来后，胎儿实际上可以对声音做出反应。例如，研究人员观察到，当听到巨大的声音时，胎儿会做出惊恐的动作，并且心率加快。通过母亲的声音（新生儿可以识别出来），胎儿与外界进行互动。当母亲对外界事件做出反应时，胎儿也会“倾听”。一项对33周胎儿的研究表明，母亲的声音确实到达了他们的大脑皮层。因为研究人员能够测量子宫内的大脑活动情况：正是那些在成年人身上对声音有反应的大脑部分处于活跃状态。

我感觉到什么？

触觉的发展

胎儿可以通过皮肤感知周围的环境。第14周后，大部分神经末梢已经形成，但尚未与大脑皮层相连。然后，胎儿会反射性地移动，这主要发生在他接触到障碍物时。例如，脐带有时会碍手碍脚。这些信号通过脊髓或脑干传递给肌肉。从第24周开始，当与大脑皮层的联系建立起来后，胎儿可以通过运动对环境做出“真正”的反应，就像艾薇的准宝宝一样，积极地翻身和踢腿。

子宫内听觉大脑皮层的激活

胎儿听到声音时，你可以在大脑扫描成像中看到听觉大脑皮层变得活跃。

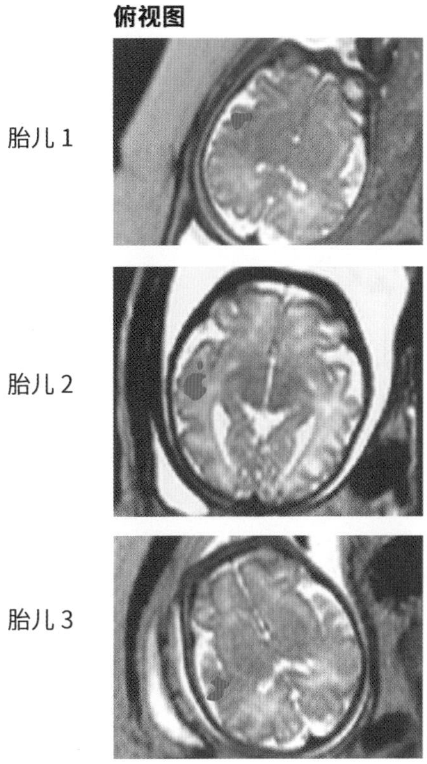

来源：Jardri et al.（2008）

我看到了什么？

视力的发展

研究人员尚不清楚胎儿能看到多少东西。视觉的发育比其他感官晚。直到第20～22周，胎儿的眼睛都是闭着的，在子宫里很少能感觉到亮度对比。另外，负责视觉大脑皮层部分在出生时仍然相对较小，但在出生后的第一个月里迅速增长。这证明了这部分大脑只有在真正看到东西时，才会发育。有趣的是：在出生前，其他大脑区域也可能会执行视觉的功能。例如，在28周大的胎儿中测得，当闪光射向母亲的腹部时，额叶大脑皮层变得活跃。

敏感部位存在更多神经末梢

这些点反映了胎儿身体上的触摸神经末梢。越靠近这些点，该身体部位能感受到的细节就越多。

来源：Yamada et al.（2016）

胎儿如何运动？运动发育

从偶然……

受孕7周后可以看到胚胎的第一次自发运动。运动的复杂性以极快的速度变化。开始时是杂乱无章的、抽搐性的动作，这是由向胚胎四肢传递信号的神经元自发激活产生的。10周后，呼吸肌发育，例如，胚胎可能已经出现打嗝现象，这是由周围神经系统的神经元自发激活而产生的。大约在第11周时，面部肌肉发育，你可以看到胎儿吞咽和打哈欠。这已经涉及周围和中枢神经系统之间的神经元连接。在这个阶段，面部肌肉是由脑干控制的：是反射性的，还不是有意识地进行。从第12周开始，脊髓和脑干之间的联系就建立起来了。这时你可以观察到四肢的不定向运动。从第16周开始，胎儿可以做眼球运动——这时面部肌肉的张力也在增加。

……正中目标

随着脑干的调节功能取代了自发的神经元激活功能，不定向的运动变得越来越少。脑干也能控制越来越复杂的运动。从第22周开始，胎儿会交替地

胎儿是如何运动的，28周以前

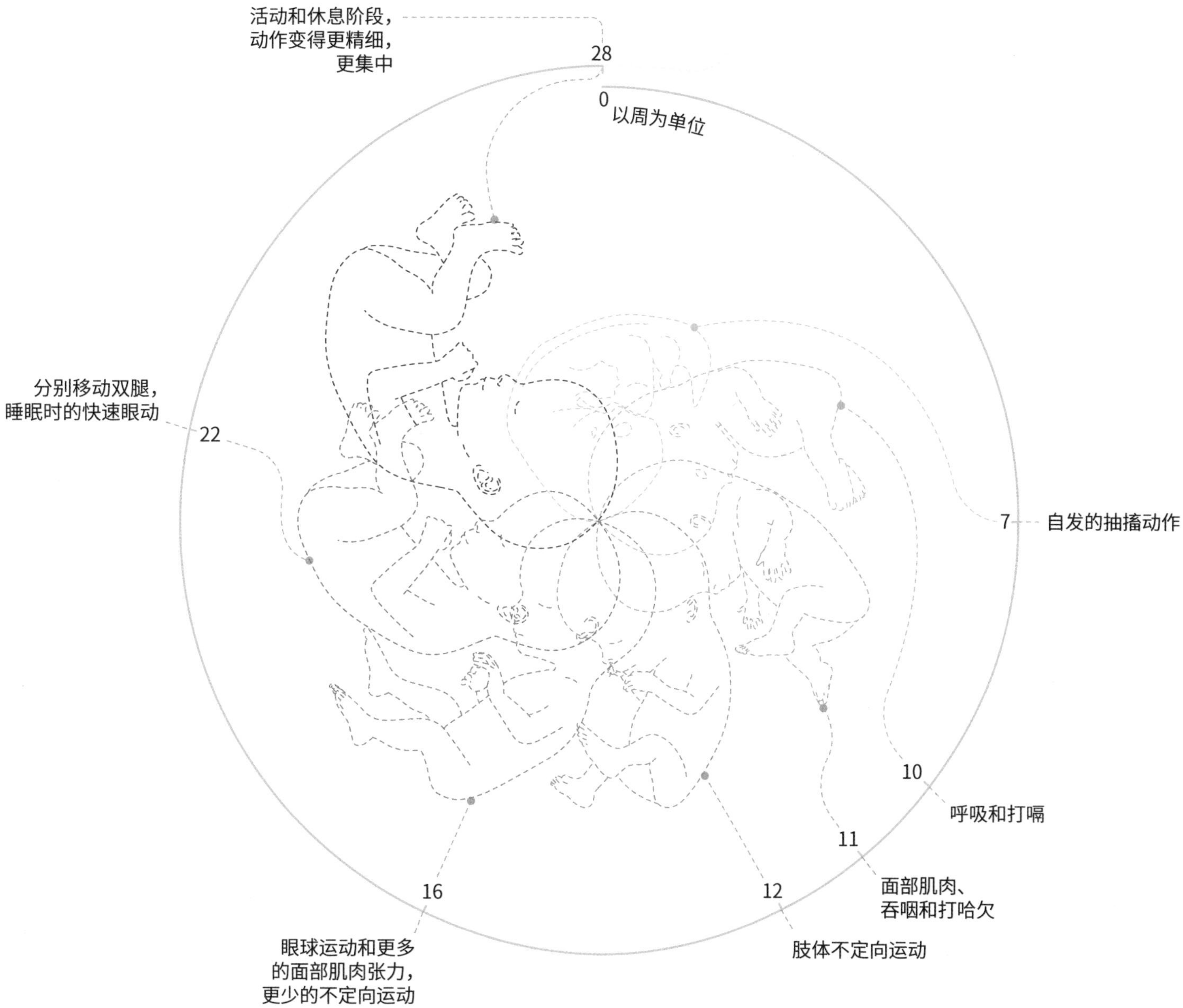

肌肉控制

运动技能的重要大脑部分概览

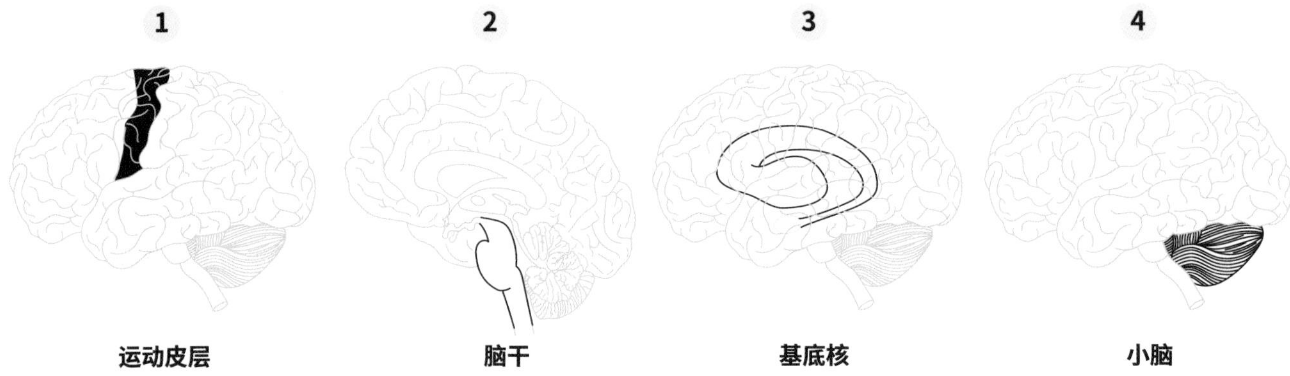

移动双腿。这是因为脑干中的神经元回路一直在成熟，因此能更好地向脊髓传递信号。这使得有节奏的运动成为可能。

在这个年龄段的胎儿中，科学家还观察到了所谓的快速眼动（REM），即眼睛快速来回移动，这表明眼睛的神经元正在与大脑皮层建立连接。这种快速眼动是在你睡觉时发生并可测量到的，在“快速眼动阶段”，即你进入深度睡眠之后的阶段，你的大脑正在做梦并全速运转。

第28周肌肉张力的增加表明，大脑皮层和小脑从那时起开始参与肌肉控制。你可以清楚地区分活跃期和静止期，在这两个阶段中，胎儿的动作分别增加和减少。这些周期性阶段也表明了大脑皮层对于控制肌肉的作用：随着大脑皮层的成熟，动作抽搐性变少同时变得更精细。但直到出生后6个月之后，运动大脑皮层的活跃模式才与成年人相似，例如对不同手指的控制。

胎儿如何记忆？
认知的发展

从第24周开始，胎儿不仅能感知声音，还能记住声音。这一点在一项实验中得到了证明，该实验通过测量心律的变化来观察胎儿对声音的反应。结果发现，一段时间后，胎儿对实验开始的声音不再有反应，但对新的声音却有反应，说明胎儿已经“习惯”了第一个声音，并能识别它。

新生儿的哭泣旋律
音调以赫兹为单位

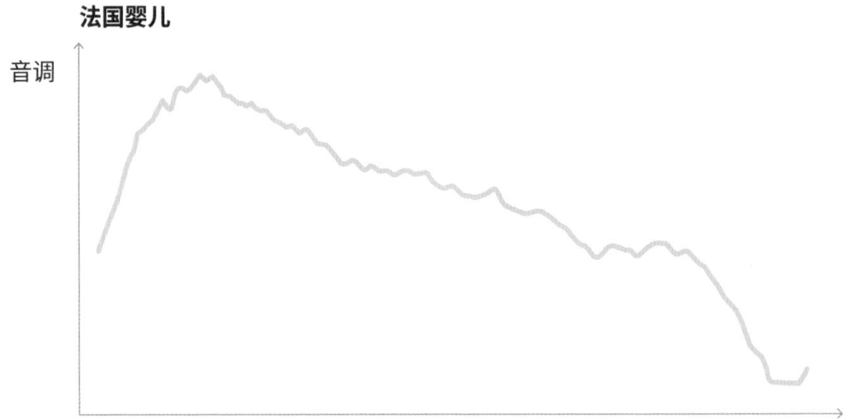

婴儿的哭声

新生儿不仅能识别母亲的声音，还能根据母亲的语调来调整自己的哭声。研究已经清楚地表明，德国、法国、中国、喀麦隆和瑞典婴儿的哭声旋律是不同的。这幅图展示了法国婴儿和德国婴儿“尖叫”的区别。法国新生儿的哭声是向上的音调，德国新生儿的哭声是向下的音调。复杂的声调语言也显示出不同的模式，这可以从一个喀麦隆母亲拉姆索的婴儿哭声中看出。

神经元工厂的附属机构

除海马体外，小脑是大脑中在出生后仍会产生新神经元的部分。这些神经元是在一个大型神经元工厂的附属“建筑”中制造出来的。这座“建筑”在出生后仅1年就关闭了。在此之前，新的神经元仍在小脑中产生。

不过，胎儿也能够分辨出更复杂的声音。他们在出生后仍然记得这些声音。有相关证据吗？出生前听过《一闪一闪亮晶晶》的胎儿在出生后对这首歌的反应比对任何其他摇篮曲的反应都更强烈。事实上，婴儿在怀孕期间听这首歌的次数越多，大脑信号就越强。这表明海马体，即记忆中心，在子宫里已经活跃起来了。这一点非常重要：这样一来，新生儿就已经习惯了他即将进入的环境。例如，怀孕期间住在机场附近的母亲所生下的婴儿，在飞机噪声的背景下能睡得很好。因此，婴儿已经在提前适应他们未来的环境了！德国和法国婴儿的哭声是不同的，因为他们有自己语言的特定音调。因此，胎儿在子宫里就已经能够进行复杂的思维过程了。

新生儿在听《一闪一闪亮晶晶》时的大脑激活情况
平均脑电信号，以 ERP* 为单位

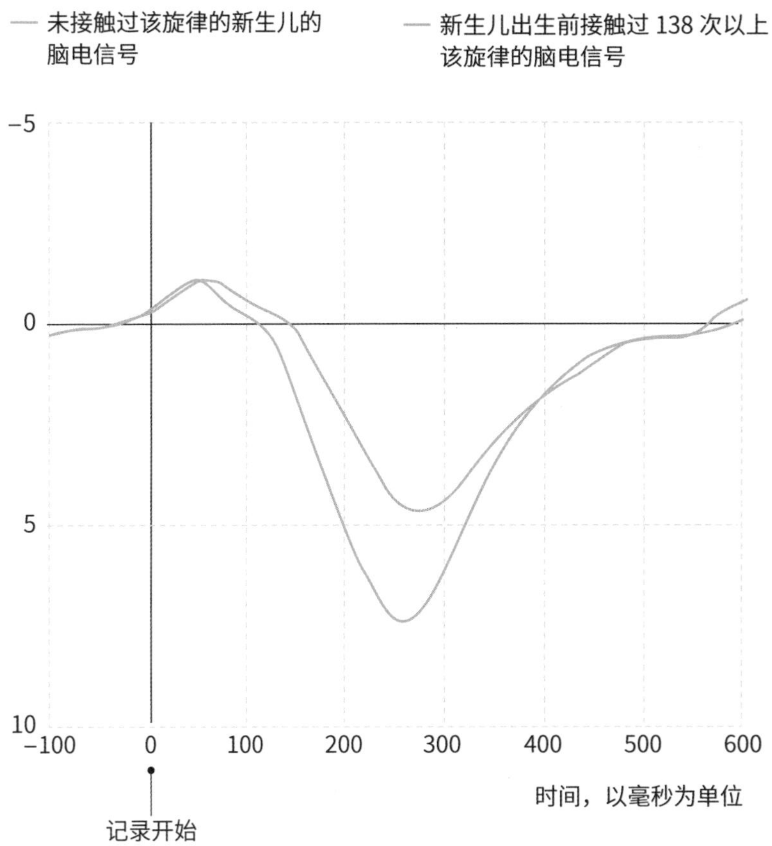

* 事件相关电位：处理刺激后大脑的电生理反应

来源：Partanen et al.（2013）

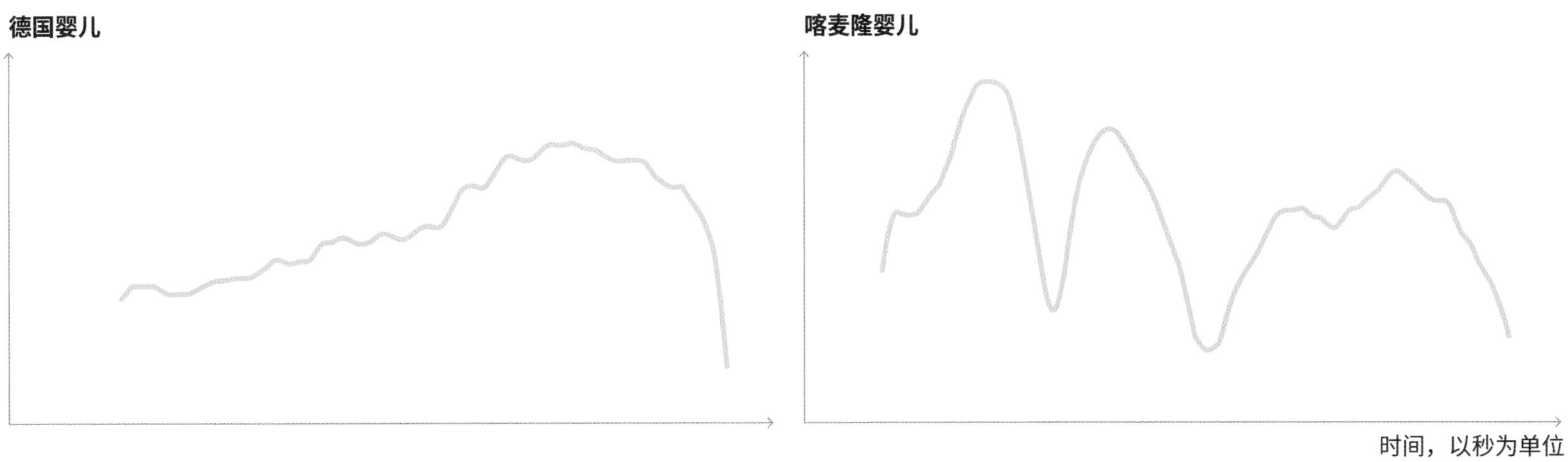

来源：Mampe et al. (2009), Wermke et al. (2016), Wermke et al. (2017), Prochnow(2017).

大脑大爆炸

3

大脑在出生后是如何发育的？

婴儿大脑的里程碑

刚刚出生的萨尔，正躺在她母亲的肚子上休息。她很警觉，四处张望。突然，她蹬着脚，向她母亲的乳房爬去。她的小嘴张开，试图去咬。她的小手也在抓，甚至还捏住了母亲的乳头。她不停地把自己往上推，直到她能咬住母亲的乳头，然后开始吸吮。对这种爬行运动，即独立地爬到乳房上，萨尔动用了她所有的感官。她感觉到乳晕比身体其他部位更温暖，乳晕和乳头一起散发着迷人的香味。皮肤颜色和深色乳晕的颜色形成对比，加上母亲清晰可辨认的声音，为她指引了正确的方向。当她终于尝到母乳时，那种味道很熟悉。难道她没有辨认出子宫里羊水的味道吗？

神经元的生长和修剪，6岁前

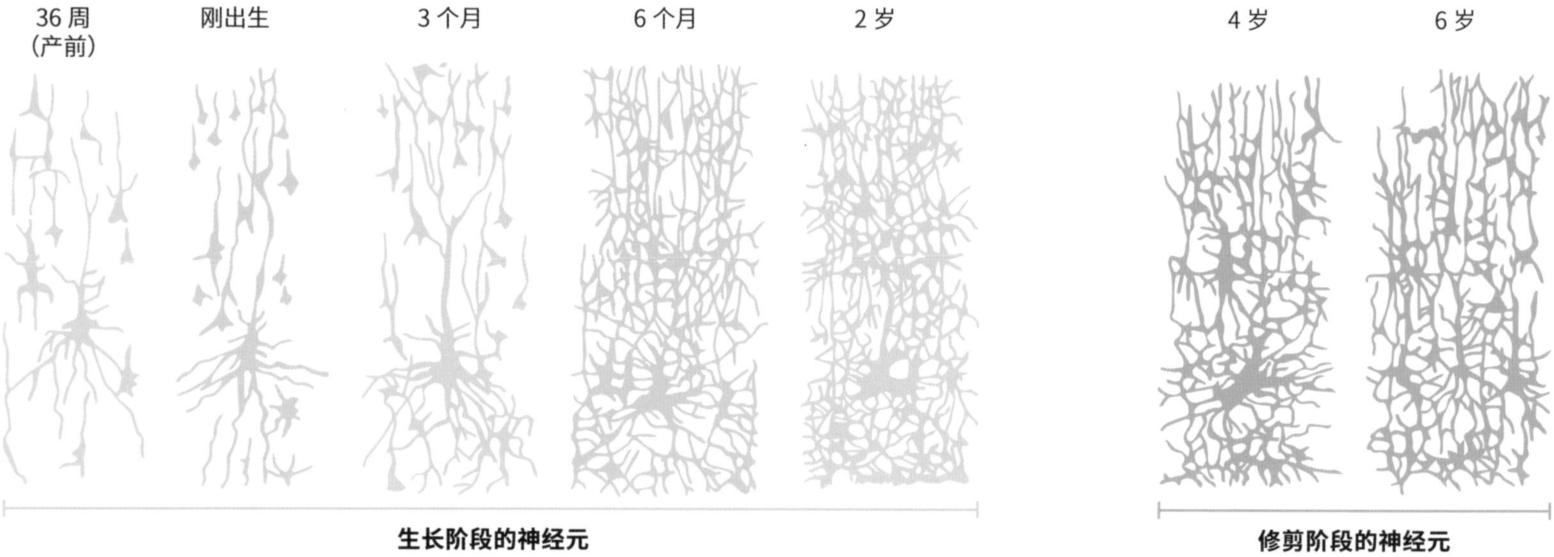

来源：Gilmore et al.（2018）

婴儿甚至在出生时就已经能够根据来自感官的信息做出复杂的动作。进行乳房爬行后，婴儿的运动细胞发育得非常快：12周后，萨尔的颈部肌肉已经足够强壮，可以在趴着的时候正常抬头。6个月后，她可以翻身，8个月时她开始爬行，并在1岁生日一周后开始走路。尽管这些运动发育是最明显的，但婴儿在其他方面也有同样大的进步。他们可以不断处理更复杂的感官刺激，发展出更复杂的思想和感觉。小家伙们为什么能在短时间内学会所有这些新技能呢？

修剪开花

突触发生和“修剪”

出生后的第一个月，大脑每天增长1%。这比他们每天增加的体重还要多30%！这并不是由于“神经发生”的过程或新神经元的产生。除了少数例外情况，这些神经元在出生时就已经存在并位于正确的位置了（第73页）。婴儿之所以能够以极快的速度发展新技能是由于神经元的“可塑性”——能够变换形状并相互连接。出生后，神经元之间的新突触连接真正爆发，即我们之前谈到的“突触发生”。

这些连接最初是随机形成的，而且形成的数量比实际需要的多。到你两岁时，突触的总数将达到历史最高水平。它们起初很弱，但它们传输的电或化学信号越多，它们就会变得越强（因此，“动动脑筋”即使对婴儿来说也是有用的建议）。

未使用的连接会退化直至完全消失。这被称为修剪或“剪枝”。一个成年人保留的连接数只有2岁儿童的一半。哪些连接得以保留，部分取决于来自环境的刺激，即经验。虽然“修剪”这个词听起来很戏剧化，但它有一个很大的优势。维持和加强突触连接需要大量的能量。因此，好的修剪意味着有更多的能量用于你所使用的连接，这有点像去除枯萎的花朵，从而让年轻的花蕾有更多的机会绽放。

既然它们消耗了那么多能量，为什么还要产生出那些无用的连接呢？这是因为生产过剩也有一个重要的好处：你的大脑有足够的空间来灵活地适应你所处的环境。例如，你周围的语言自然而然取决于你成长的文化，这种灵活性使你能够学习你父母的语言。如果没有灵活性，你将无法识别，例如，非洲语言中的“咔嗒”声。成人的大脑不再有这种能力，因为他们的大脑不再灵活。

你的第一堂音乐课上得越晚，获得绝对音感的机会就越少

有绝对音感和没有绝对音感的人数

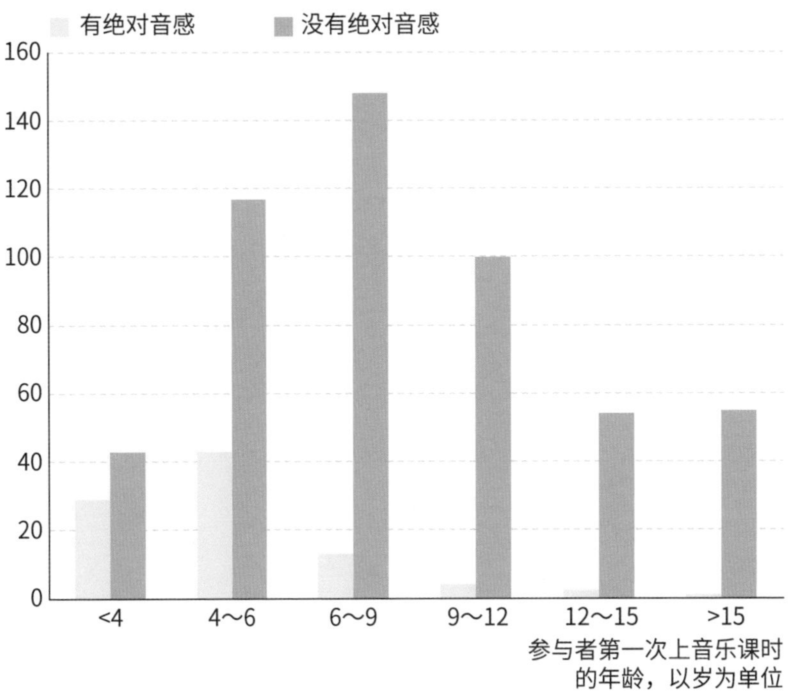

来源：Baharloo et al.（1998）

未走的路

敏感期和关键期

神经元的可塑性在童年时期是最大的，但它不会完全消失。幸运的是，即使是成年后，你仍然可以学习新的东西。但在成长和修剪的爆发期，大脑确实会对自身的经历变得格外敏感。过了这个时期，学习一些东西就变难了，有时甚至完全学不会。后一种情况说的不是敏感期，而是“关键期”。如果你没有在那个特定时期获得掌握某种技能所需的经验，就会产生不可逆转的后果。就像煮鸡蛋一样，一旦煮过10分钟，你就无法再将煮熟的鸡蛋变成半熟鸡蛋或生鸡蛋了。

绝对音感

这方面的一个例子是对绝对音感的开发，它能让你在没有先听到参考声音（例如音叉）的情况下命名音高。只有万分之一的人能够做到这一点。至关重要的是，要在“发育的关键时期”从一开始就接触音乐。一项研究比较了有绝对音感和没有绝对音感的音乐家。在有绝对音感的音乐家中，在6岁之前就开始上音乐课的有80%；在9岁之前开始学习的有90%。而9岁以后才开始上音乐课的音乐家，几乎从未表现出绝对音感。

懒惰的眼睛

另一个例子发生在有一只眼睛因为斜视功能较差的儿童身上。其大脑通过不使用一只眼睛来解决这个问题。这就是所谓的“懒惰眼”的形成过程。

压力！

一只无忧无虑的老鼠比一只压力大的老鼠拥有更复杂的神经元分支。

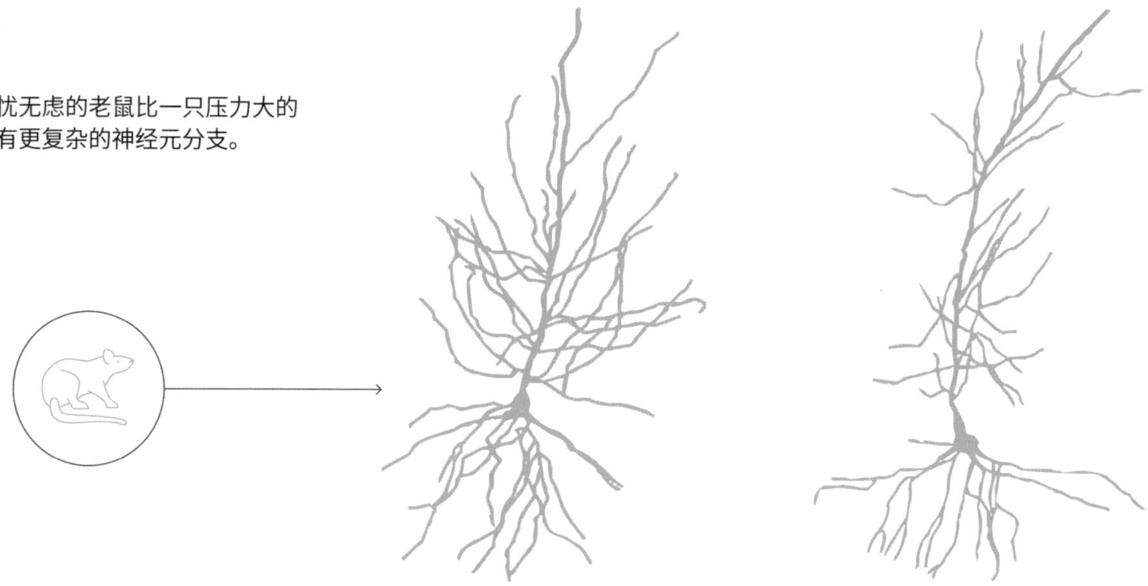

来源：Ivy et al.（2010）

在0至10岁的关键时期，你可以把孩子功能良好的左眼或右眼用胶带遮住，以防止其形成所谓的“懒惰眼”：这样就迫使大脑使用功能较差的眼睛。在孩子10岁后，你可以随意贴胶带，但你再也无法让懒惰眼正常工作了。毕竟，那时大脑已经错过了这个机会之窗。这个例子也证明，大脑的变化并不独立于环境。你需要看到东西，来“喂养”视觉大脑皮层。例如，懒惰眼需要足够的远近刺激来练习远近视觉。例如，只面对屏幕就不会像在户外玩耍那样有效。

学习第二语言

与懒惰眼不同，0至10岁并不是学习第二语言的关键期，而是一个“敏感期”。这意味着要想说一口流利的第二语言，最好是在10岁之前学习。如果10岁之后再学，那么要学会说完全没有口音的相关语言是非常困难的，但并非完全不可能。

药物和压力

在这样一个敏感期或关键期，像毒品、药物和压力这样的有害影响会对幼小的大脑造成更大的、有时甚至是永久性的改变——比在敏感期或关键期之外经历这些相同的影响时更严重。例如，幼年时受到压力似乎会导致海马体（大脑中的记忆中心）变小。科学家认为，海马体变小与学习和记忆问题有关。因为海马体在怀孕的最后3个月和出生后的前9个月迅速生长，因此与生命后期相比，这个区域在生命早期可能特别容易受到压力的影响。

提醒

对记忆很重要的海马体在早期就已经充分发育了。甚至在出生前，就可以在往返于大脑这一部分的纤维路径中看到髓磷脂。到2岁时，你的海马体已经长到了成人大小的90%，而到了成年后，你仍然可以测量到其他区域髓磷脂的增加。

先看到再理解

不均衡的突触绽放和修剪

大脑中突触连接的构建和修剪速度并不一致。例如，大脑皮层中处理感观信息的区域比做出决定的区域发育得早。你之前已经读到，负责触觉的大脑皮层最先发育，负责视觉的大脑皮层最后发育。然而，出生后，视觉皮层的生长速度最快，达到其

“产前大小”的3倍，从而弥补了这一不足。这一方面是因为来自眼睛的刺激促进了视觉大脑皮层的发育，另一方面是因为视觉大脑皮层在天生失明的婴儿中也会生长。婴儿确实需要一些时间才能集中视力看人或物体。最初，眼睛的运动仍受环境的控制。因此，婴儿的眼睛总是集中在对比度高的图案上。

运动皮层在出生后也迅速增长，以支持日益复杂的运动技能。随后是所谓的“联合区域”，即大脑中汇集不同感官信息的部位。第3个月，轮到大脑中汇集感官和运动信息的部分。然后，婴儿发育出眼手协调能力：他们可以真正抓住看到的可爱玩具。大脑中“成熟”需要时间最长的部分之一是额叶大脑皮层。在童年晚期，甚至在青少年和年轻成人中，大脑的开花和修剪的过程仍在进行。额叶大脑皮层对复杂的思维过程，如计划和控制自己的行为非常重要（第91页）。

形成髓磷脂

除了突触连接的爆炸式增长外，神经元的分支也越来越擅长传递动作电位（第41页），动作电位是一个神经元向下一个神经元传递信号的电脉冲。在新生儿中，许多动作电位仍然会被漏掉。这是因为轴突还没有被很好地绝缘。因此，信号传输非常缓慢，需要相对较长的时间才能将信号从大脑的一侧发送到另一侧。

因此，轴突上有一层薄薄的脂肪，称为“髓磷脂”。该脂肪层是由“少突胶质细胞”（神经胶质细胞类型之一）的长章鱼状触角构成的（第44页）。脂肪层越厚，动作电位的传递就越快。髓磷脂的颜色是白色的，因此纤维束（神经纤维束）也被称为“白质”。在对新生儿的大脑进行扫描时，你几乎看不到这种“绝缘的”髓磷脂。因此，请给婴儿一些时间来处理刺激，让他们做出反应。

肥胖的大脑

大脑发育的时间里程碑

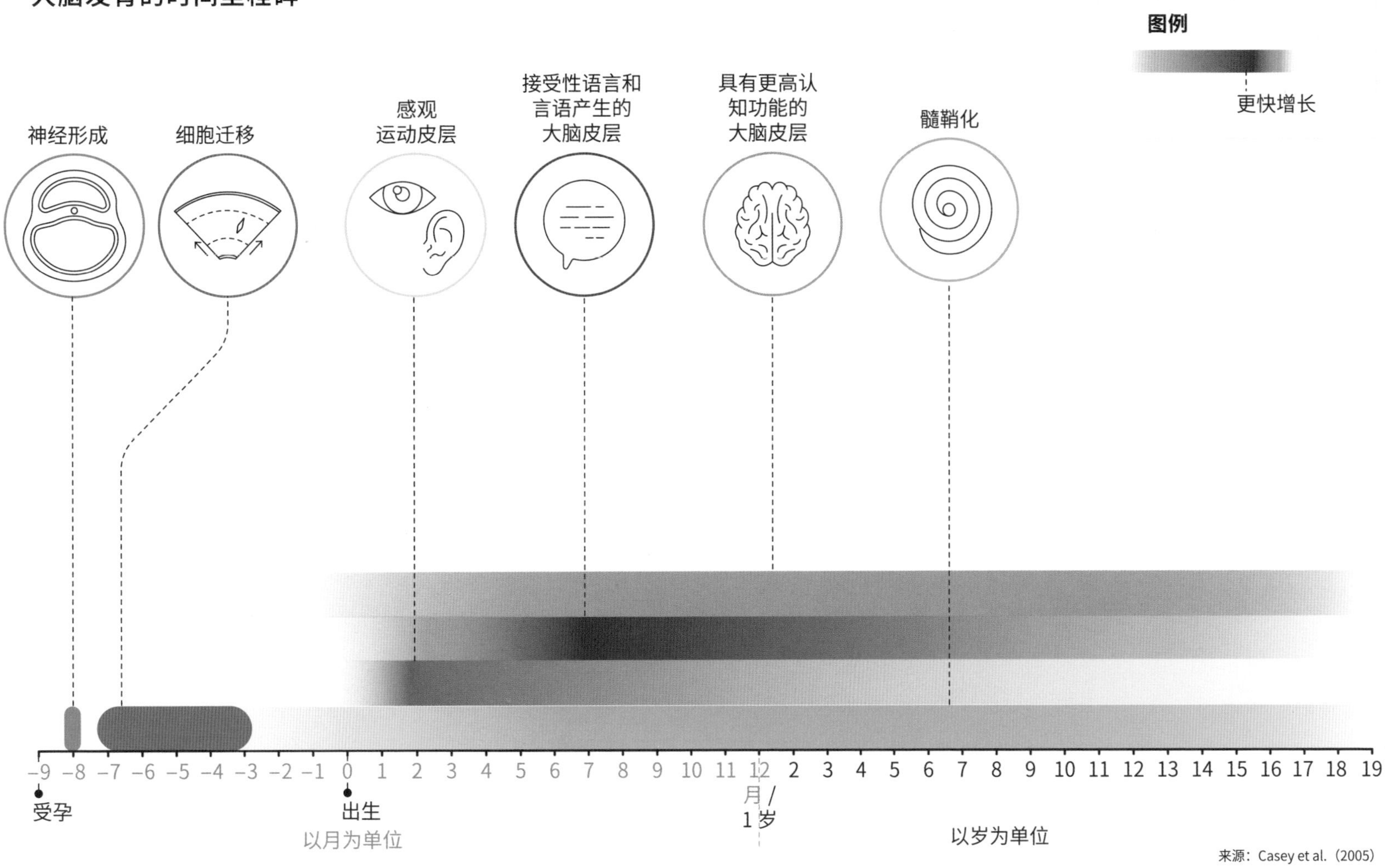

来源：Casey et al.（2005）

大脑的发育

儿童时期灰、白质的发育，以立方厘米为单位

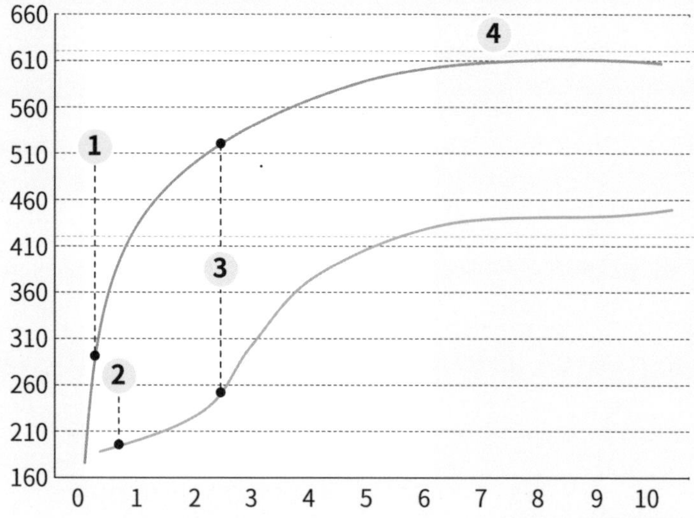

青春期和成年早期灰、白质的发育，以立方厘米为单位

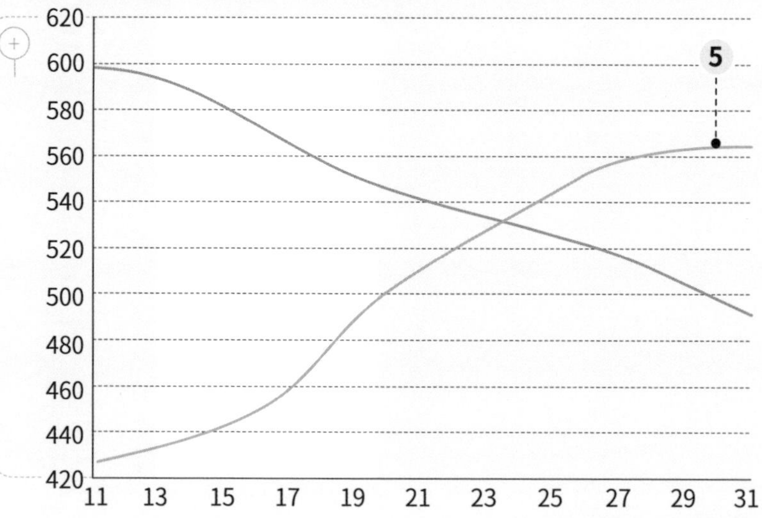

出生后，灰质的增长速度比白质快得多。大脑的不同部分还不能有效地相互沟通。

5 白质（化合物）的总量在很长一段时间内持续增加，直到 30 岁才达到顶峰。

1 灰质在第一年会增加 110% ～ 150%，而在前 3 个月增加得最快。

2 白质增加约 10%。

3 2 岁以后，白质比灰质增长得更快。

4 灰质的总体体积变化较慢，每个大脑区域存在相对差异。

图例

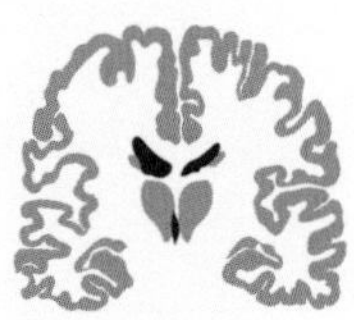

大脑中的灰质

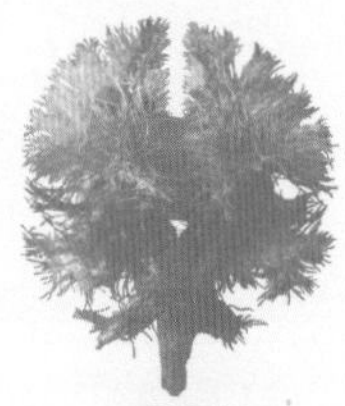

白质化合物

敏感期

大脑尺寸

出生时的大脑是其成人大小的

35%

出生时的大脑尺寸

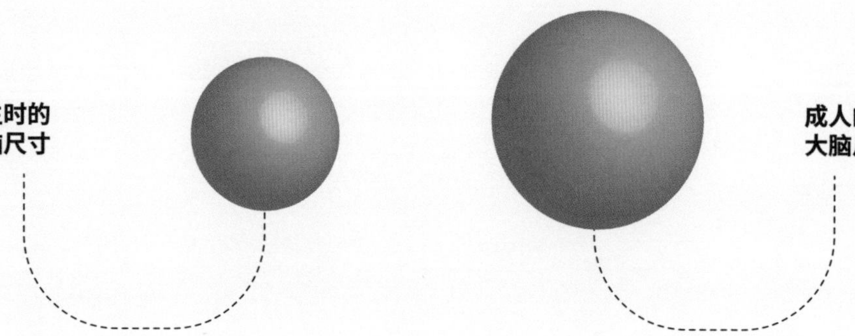

成人的大脑尺寸

来源：Brouwer et al (2012), De Bellis et al (2001), Giedd et al (2015), Schnack et al (2011), Holland et al(2014), Jahanshad & Thompson (2016), Knickmeyer et al (2008), Lebel & Beaulieu (2011), Mills et al (2016), Taki et al (2011), Westlye et al (2009).

令人惊讶的是，在生命的第一年，白质增长的速度低于灰质——神经元细胞体所在的大脑区域。事实上，灰质的体积会增加150%，白质只增加10%。这意味着，出生后1年，灰质的大小是出生时的2.5倍。在出生后的第2年，白质开始冲刺。这时它的增长速度比灰质快。此外，白质持续增长的时间比灰质要长。成年人的白质体积在30岁之前都会增加。这使得大脑处理信息的速度越来越快，能处理的信息也越来越复杂，因为相距较远的大脑部分彼此能够更好地沟通。“髓鞘化”过程并不是同时发生在大脑的所有连接处。首先，紧邻区域之间的连接得到加强，即所谓的U形连接纤维。而且，连接左右半球对称脑区的横向纤维也优先发育。接下来，从感官区汇聚到联想区的纤维通路开始发展。这样，来自不同感官的信息就能得到越来越有效的处理，从而进行有针对性的行动。长期持续发育的纤维通路是那些往返于额叶大脑皮层的纤维束。

新神经元

产后大脑的神经元发育

出生后大脑有三个地方仍然存在神经发生——新的神经元在那里产生。神经发生在小脑中持续到出生后一年。嗅球中也会产生新的神经元。在记忆中心海马体中也是如此。一些研究人员认为，即使是成年人也会产生新的神经元，但这一点遭到了其他研究人员的质疑。事实上，大多数关于海马体神经发生的研究都是基于动物实验。在啮齿类动物身上，你确实可以看到，即使是成年后，这种神经发生的过程也会在海马体中进行。但在人类身上还没有观察到这一点，或者只有在例外情况下才有。总之，正是由于对啮齿类动物海马体的产后神经发生进行了大量的研究，我们知道了关于这一循序渐进过程如何运作的很多细节。

新神经元的产生

出生后，海马体中产生的新神经元越来越少（此处为横截面）。

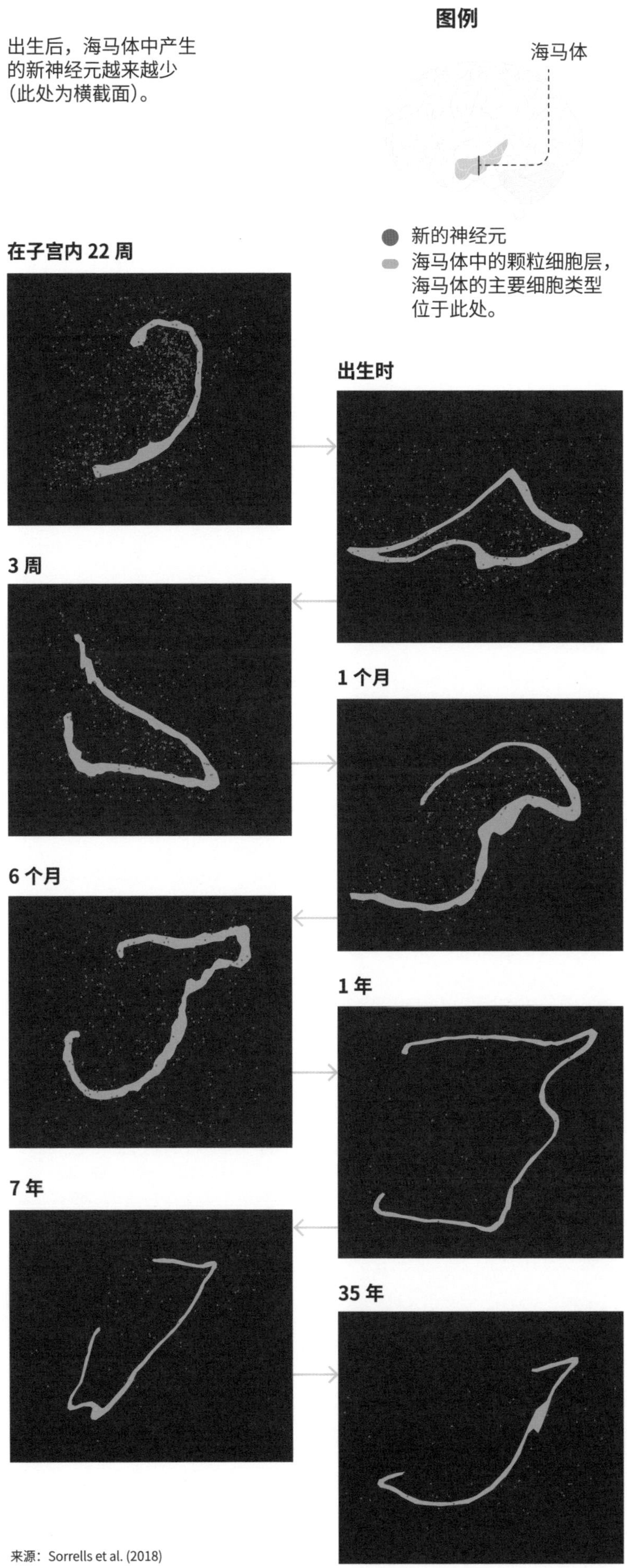

来源：Sorrells et al. (2018)

第 1 步 —— 分化

一个新的神经元从齿状回（海马体的一部分）中的干细胞分裂出来。干细胞是尚未有特定功能或任务的细胞：它们可以自我更新并生长为不同的特定细胞。它们存在于身体的各个部位，但通常都处于“休眠”状态。只有当某个细胞受损时，它们才会开始行动，形成新的细胞。例如当你的膝盖被刮伤时，骨髓中的干细胞会产生红细胞和白细胞。

第 2 步 —— 迁移

新的神经元移动到它在海马体的目标部位，在那里它与相似的神经元接触。

第 3 步 —— 突触发生

神经元产生分支到大脑中新的目的地。海马体的某些部分与额叶大脑皮层建立联系，另一些则与丘脑建立联系。有趣的是，动物实验表明，新神经元的产生量取决于你的经历。具有刺激性的环境，如一个有大量社交接触和身体挑战的“丰富”环境，会引起更多的神经元产生。相比之下，非刺激性环境下海马体中产生的新神经元则较少。

第 4 步 —— 长时程增强

这种新神经元不仅形状会发生变化，其功能也会发生变化。因此，新的神经元会完全适应自它产生前已经存在的“邻近细胞”。这种功能变化的基础是“长时程增强”（LTP）过程。这一过程反过来又是“突触可塑性”的基础，即突触之间的连接变得更强或更弱的过程。LTP 发生在传递化学信号的突触中。想学点什么东西吗？那么你需要更强的突触连接。在 LTP 或“细胞学习”（一种细胞学习事件）过程中，这种加强是通过对突触的高频电刺激产生的。换句话说，由于 LTP 的存在，接收神经元在再次受到刺激时会产生更大的反应，从而增强了信号。这就是“学习”和“记忆”的基础。

新神经元的产生

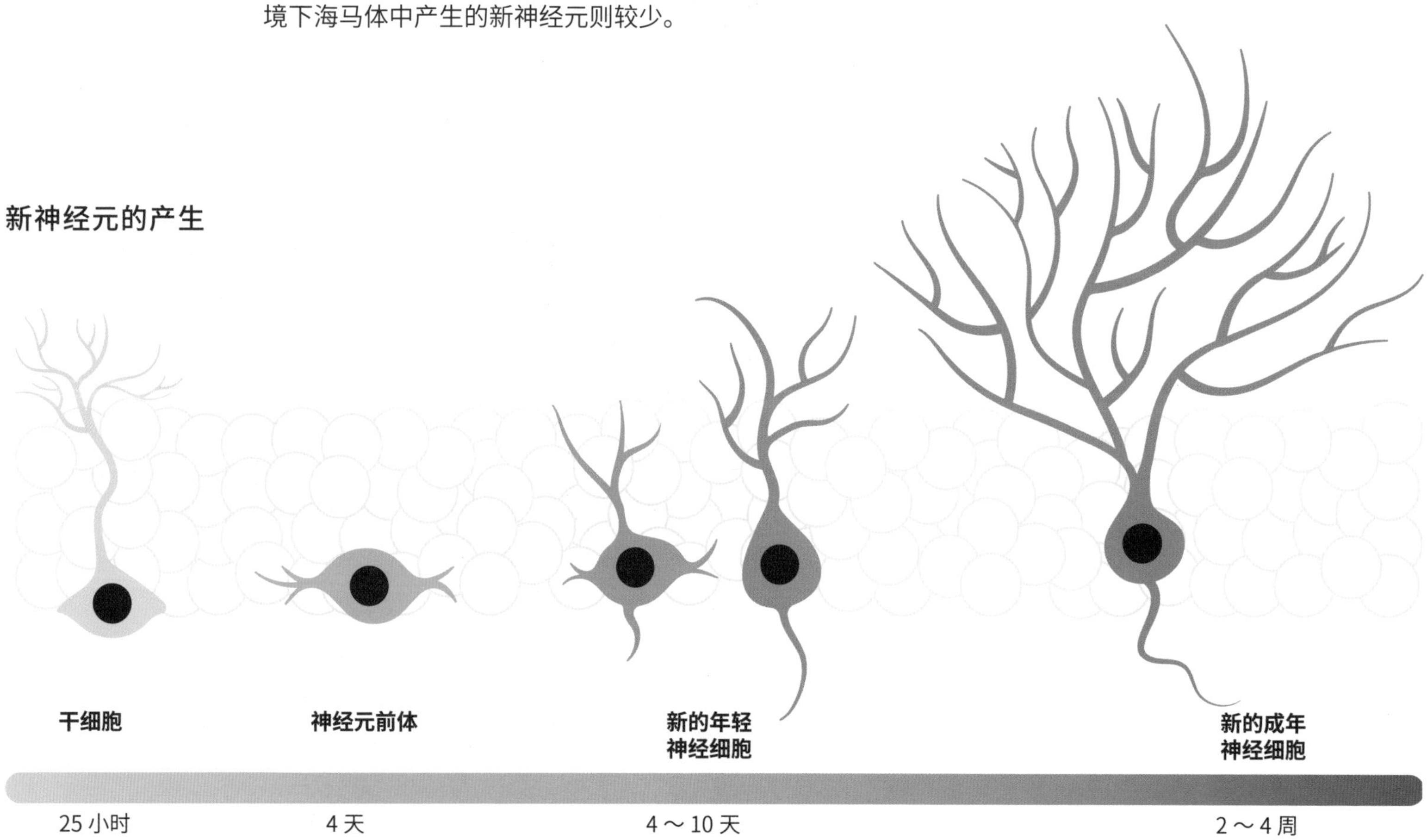

LTP

LTP通常通过测量脑组织切片中一组细胞的电活动来研究。该图显示了这种电信号记录。首先给出一个电脉冲，最初，它会导致接收神经元中一个小的信号增强。接下来，再传递一个高频刺激，之后LTP发生。如果再次给予同样的电脉冲，你会看到接收神经元的反应更加强烈，突触连接变得更强，而且这种更强的连接可能会维持很长一段时间。因此，这一过程是学习和记忆的最重要基础之一。

长时程增强

大脑中神经元的电活动，以毫伏为单位

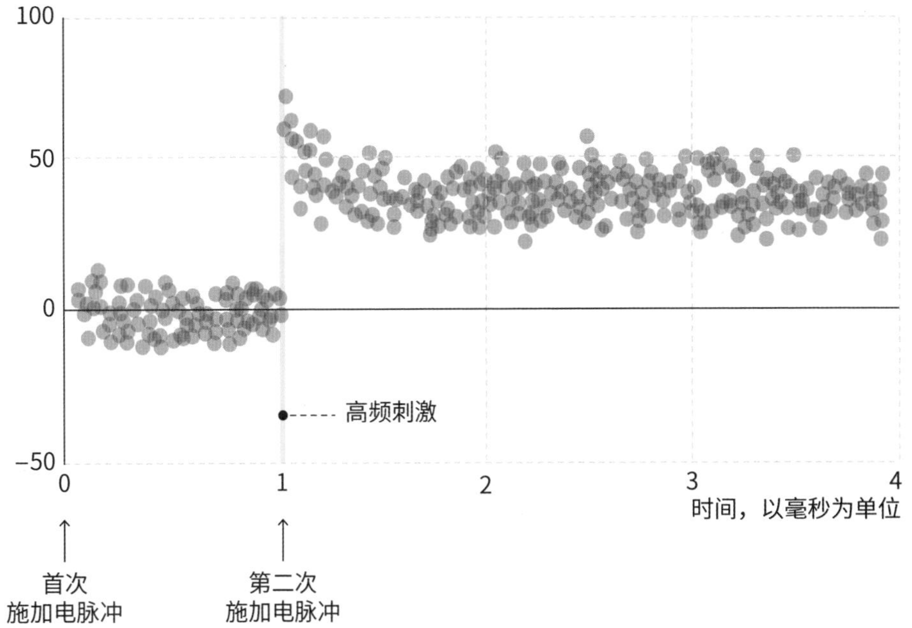

来源：Leff et al.(2002)

为什么我们没有婴儿时期的记忆？

显然，婴儿可以记住他们的父母是谁或他们最喜欢的玩具在哪里（=语义记忆）。然而，成年人却没有两岁之前的个人记忆（=情景记忆）。这怎么可能呢？科学家们发现“遗忘”与神经发生有关，即海马体在出生后产生新的神经元，这种情况在你2岁之前经常发生。这些新的神经元渗入现有的网络，打破现有的突触连接，也打破了记忆。所以你不能记住所有的事情。为了成长，你的大脑必须能够遗忘。

科学家们通过将新生小鼠和成年小鼠置于危险中证明了这一点。虽然新生小鼠忘记了危险的情况，但成年小鼠在几周后还记得它们。当研究人员阻断了新生小鼠海马体的神经发生时，它们确实记住了危险。

反之亦然：当研究人员通过体育锻炼（将小鼠放在跑轮上）或注射药物来刺激成年小鼠的神经发生时，它们就会忘记危险。

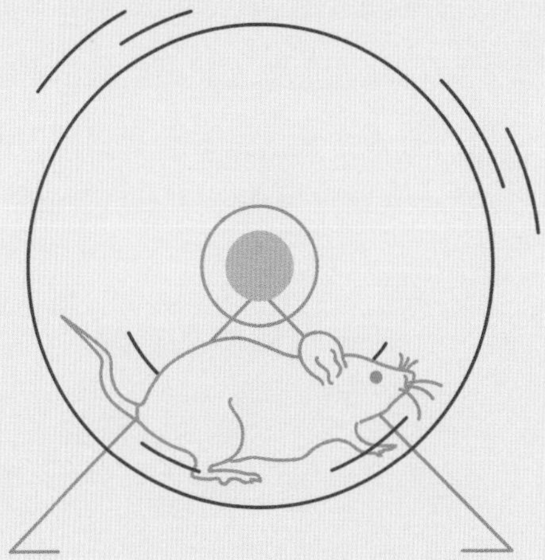

失去平衡的大脑

4

为什么青少年会逆反和冲动？

青少年的大脑

诺亚和他的母亲吵架了，从他15岁开始就一直这样。他决定到外面冷静一下。过了一会儿，他开始感到饿了。他不想回家，因为他首先还得解决与母亲的争吵问题。但他口袋里只有2.5欧元，也走不了多远。于是他决定去一个小吃店，因为他几乎买不起炸肉丸子或炸薯条。但当老虎机吸引了他的目光时，他不假思索地投入了最后几分钱，并按下了按钮。赢了！机器丁零作响，硬币不断涌来。他完全无视那些训练有素的赌徒气急败坏的表情。他赢了50欧元，没有人能把这笔意外之财从他身上抢走。现在，他想点什么就点什么。他要了一个双层汉堡包，大份炸薯条和肉丸子！

非故意的、非致命的自伤，人数

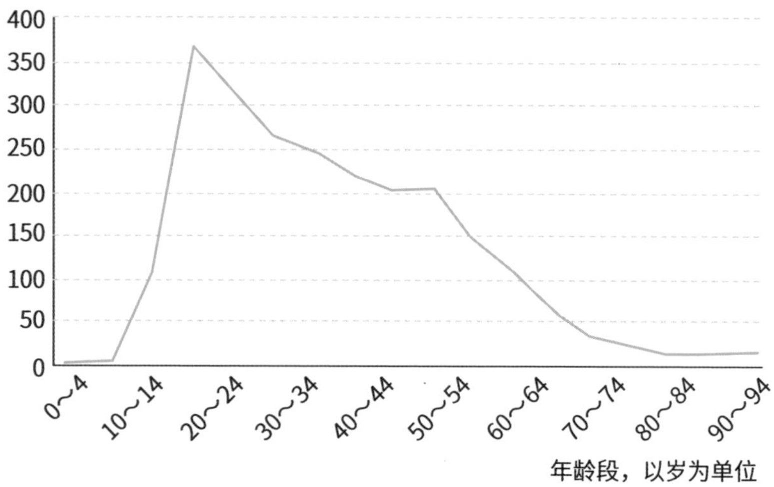

来源：Steinberg.（2013）

青少年和他们所承担的积极风险，百分比

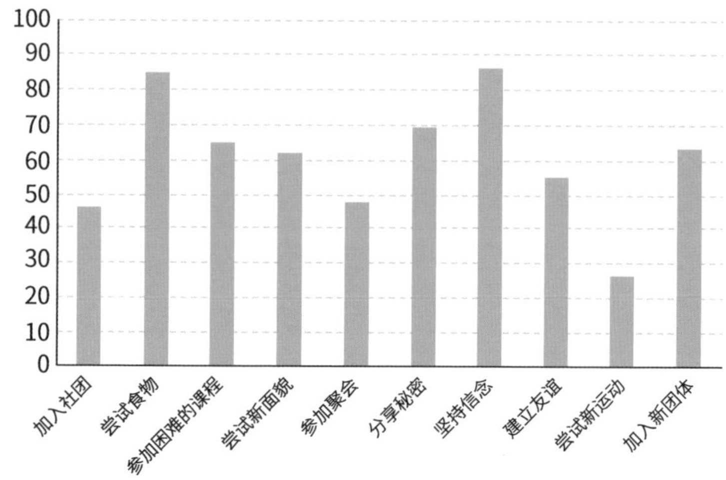

来源：Duell & Steinberg.（2020）

叛逆、不守规矩、情绪化和冲动：这就是青少年的名声。但这是否公正？无论如何，我们知道青少年比成年人愿意冒险，造成更多的交通事故，并且更多地尝试毒品和酒精。对青春期开始时的大脑的研究如何能帮助解释这种名声呢？

青春期生长高峰

过去两年里，诺亚每年几乎长高7厘米。因此，他撞到东西的频率有点高，这并不奇怪，因为他必须适应自己新的、瘦长的身体形态。平均而言，儿童在10至16岁之间的增长速度比前几年更快，与1.5岁左右儿童的增长速度相似。这种生长高峰与青春期的到来有关，在性激素的影响下，儿童变得性成熟，生长激素也被释放出来，这导致青少年每隔一段时间就得购买更大号码的鞋子和衣服。

大脑也会发生变化。虽然在儿童时期我们看到大脑许多结构的大小都有所增加，但从青春期开始，我们看到这些大脑部分的增加有所减少。研究人员认为这是因为创造和修剪连接的比例发生了巨大的变化。儿童时期，连接的产生占主导地位，而在青少年时期，修剪的速度实际上加快了。另一方面，青少年大脑中的白质又在逐步增加。这两个过程使青少年能够更有效地处理信息。然而，并非所有的大脑部分和白质化合物都以同样的速度增长。这种动态变化会导致大脑暂时性失衡，而这就反映在典型的青春期行为中。那么这种发育是什么样子的呢？

青春期大脑的运动

在儿童时期，大脑总体积迅速增加；而到了青春期则迅速减少。这种生长和减少的过程越晚，大脑区域持续生长的时间就越长。额叶大脑皮层是最后经历这种生长模式的区域之一，甚至延续到青春期。

图例

增长缓慢 增长迅速

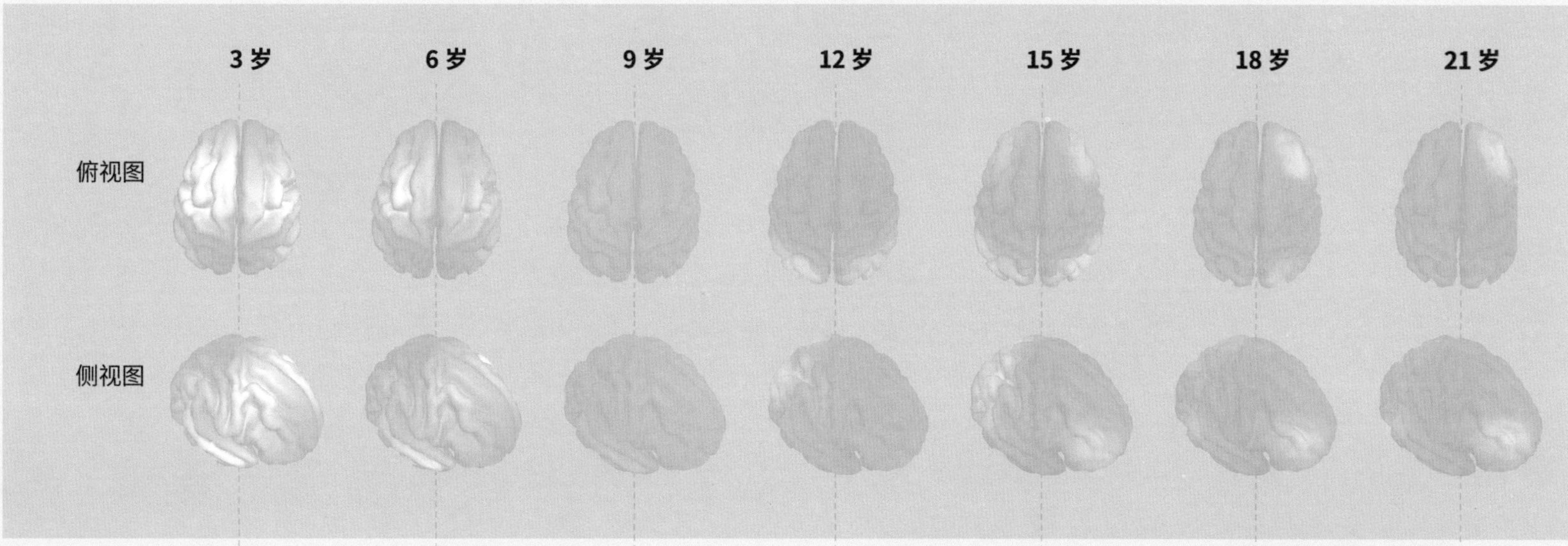

大脑体积的发展

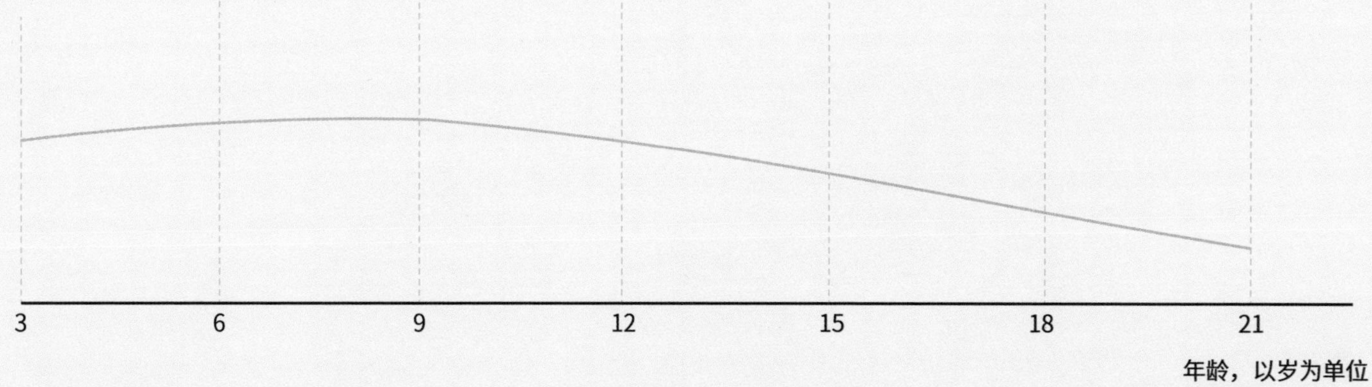

来源：Jernigan et al. (2016) & op basis van PING-studie: pingstudy.ucsd.edu

大脑是一个奖励机器

想要彻底了解青少年——但谁能真正做到呢？——这就必须了解大脑是如何奖励的。

“愚蠢”的选择

当诺亚听到老虎机里的硬币叮当作响时，他的大脑会做出相应的反应。他体验到一种愉快的感觉，部分原因是他大脑中的奖励中心在多巴胺的影响下活跃起来。值得注意的是，青少年大脑处理奖励的部分特别活跃。与儿童期和成年期相比，青少年时期的“被奖励”或“期待奖励”所引起的大脑反应要更强烈。

这就是为什么青少年有时会做出“愚蠢”的选择——一个可能产生巨大回报的选择（通过赌博赢得更多的钱）——而不是一个更“明智的选择”（用2.5欧元充饥）。诺亚完全忽视了没有食物可吃这个风险。特别是在紧张的情况下，青少年比成年人更爱冒险。因此，也许正是诺亚和他母亲之间的争吵使他更强烈地被老虎机所吸引。（看，这都是她的错！）

正面还是反面

诺亚大脑中发生了什么，以至于他不顾空腹的风险，选择了赌博？无论是青少年还是成年人，当他们收到（或期待）奖励时，大脑的相同部位都会活跃起来。但在青少年身上，奖励区被更强烈地激活，即使奖励很小。例如，在一项研究中，参与者玩了一个可能赢钱也可能输钱的游戏。这是一个机会游戏，没有游戏策略，只能选择正面或反面。因此，他们无法通过学习来提高自己在游戏中的表现。所有参与者在获得奖励时，伏隔核都很活跃，在17岁的青少年中更加明显。另一项研究表明，这种情况也会影响到日常生活：在那些将奖励作为强大动力的青少年身上，伏隔核显示出更多的激活。这个奖励区的激活在很大程度上取决于与该核相连的大脑其他部分（例如额叶大脑皮层）如何对其进行调节。

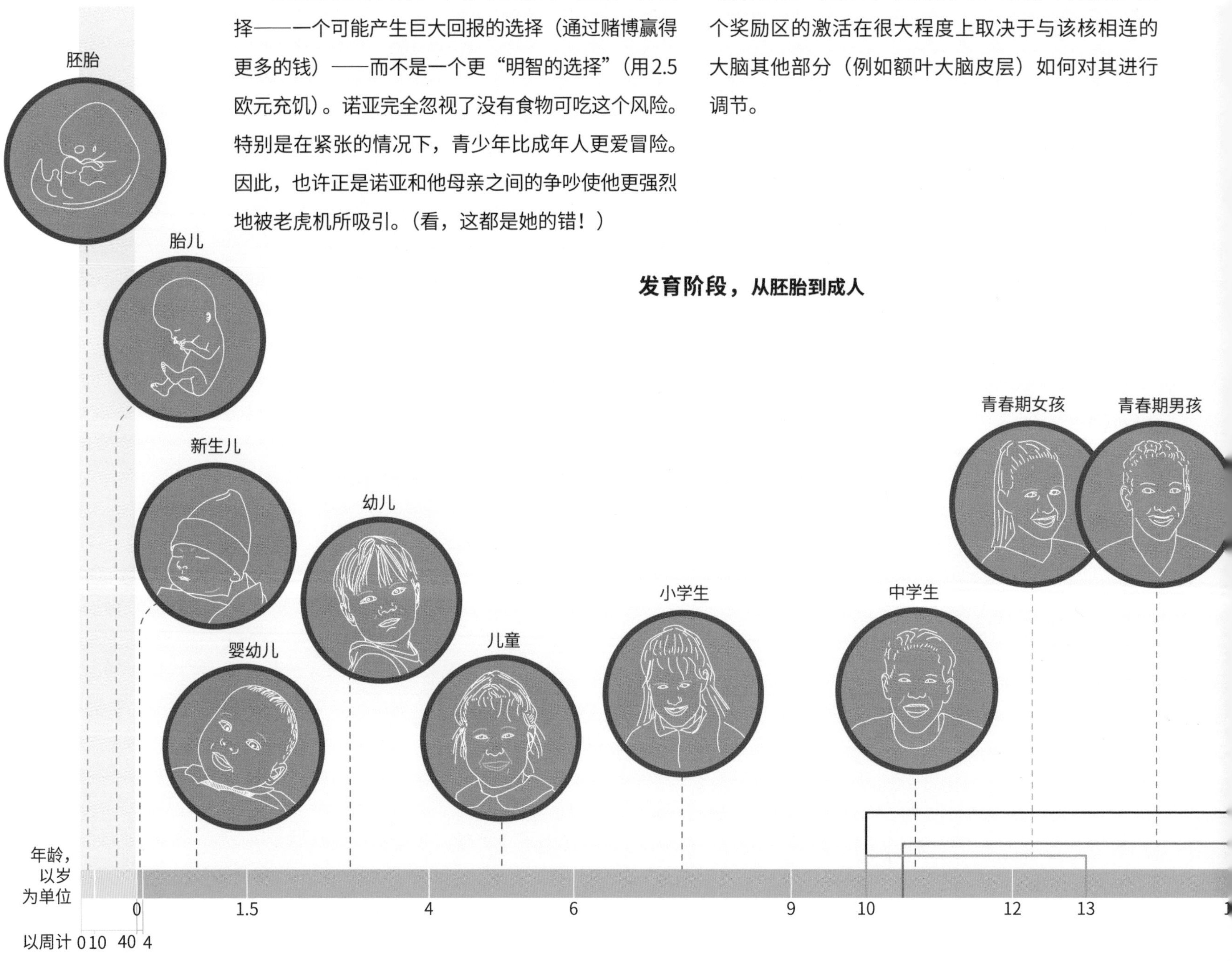

不同的奖励，不同的大脑区域

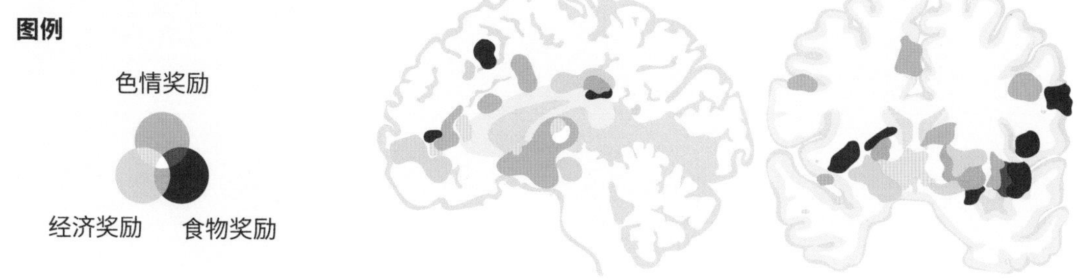

来源：Sescousse et al.（2013）

不同类型的奖励会激活大脑的不同区域。食物和性等基本生活需求会激活大脑更深处的部分——色情刺激也会激活情绪中枢。更抽象的奖励，比如金钱，会激活大脑额叶皮层的前部，这是大脑进化中最晚的部分。在动物身上，大脑的那部分不太发达。金钱对它们来说并没有太多意义，但食物和性却有……

失去平衡的大脑

大脑额叶部分的发育与青春期行为究竟有什么关系？下面我们就来了解一下。腹侧被盖区（多巴胺核）位于中脑，紧邻黑质（也是多巴胺核）。这两个多巴胺工厂将多巴胺送到额叶大脑的关键决策区域，以期获得奖励。大脑额叶部分反过来对伏隔核的奖励处理有抑制作用。通过这种方式，它们负责行为调节：控制冲动的能力。因此，如果额叶大脑部分和相邻的神经核不能很好地一起工作（研究表明，青少年就是这种情况）就更有可能做出冒险的决定。更不利的是，额叶大脑部分在所有大脑部分中发育最慢。这些部分到了青年时期仍在生长（第91页）。因此，与成年人相比，青少年在需要他们规范自己行为的任务中，会更容易犯错误。值得注意的是，青少年调节行为的能力与相关的奖励息息相关。具体来说，当有重大奖励时，青少年和成年人一样善于调整自己的行为。一项任务证明了这一点，在这项任务中参与者需要观察屏幕，每当屏幕上出现一个点，他们就必须看向完全相反的方向。如果点出现在左边，他们就必须看向右边，反之亦然。因此，在这里你必须放慢最初的反应（看着圆点），并做出相反的动作。这相当困难。你需要额叶大脑皮层来完成这个任务。在此类任务中，青少年无论如何都倾向于看那个点，他们比成年人的出错次数更多。此外，如果有金钱奖励，青少年会做得更好，而成年人并不在意。

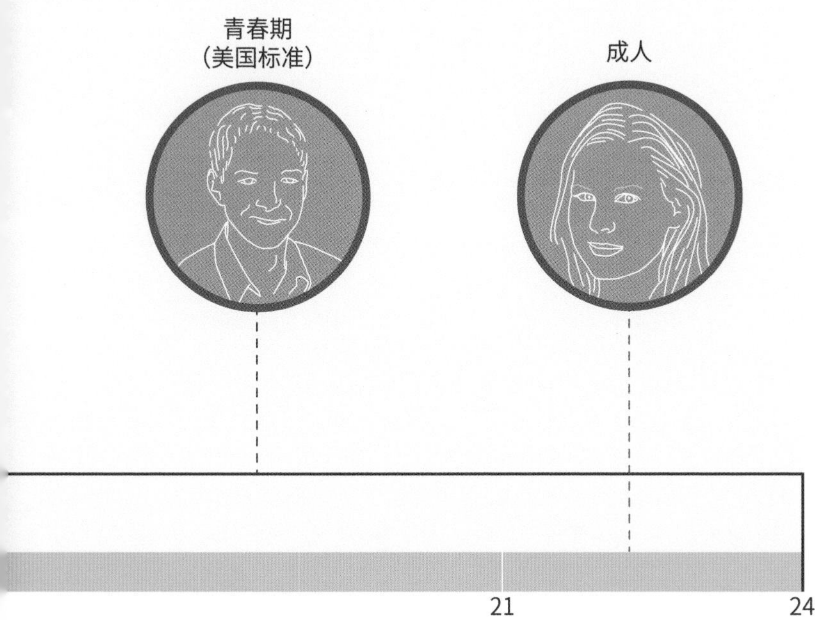

青少年期/青春期/青年早期

你可能已经注意到，我们在论述中经常使用“青少年期”“青春期”和“青年早期”这些词。这些词的定义在一定程度上是由文化决定的。青少年期是身体在性激素的影响下达到性成熟的生理里程碑。我们所说的青春期，是指从童年到成年的过渡。当一个人的性成熟时，青少年期就结束了。青春期结束和成年开始的时间与生理上的里程碑无关。它是一个由文化和社会决定的现象。例如，迪克·范·戴尔将青春期描述为15至20岁之间的时期，而根据世界卫生组织的说法，青春期的时间要早5年，即10岁。在大脑研究中，我们参考美国使用的定义：青春期从青少年期开始，并持续到24岁左右。

多巴胺机器

你可以把你大脑中的奖励网络想象成一台复杂的机器。不同的小雷达一起工作，给你一种愉悦的感觉。

获得奖励的 4 个步骤

1. 外部刺激进入，例如赌场中头奖的铃声。
2. 这些工厂将多巴胺这种能给人带来愉悦感的物质运送到邻近的神经核和前额叶皮层。
3. 前额叶皮层做出正确的决定并抑制过度热情的奖励处理。
4. 相邻的神经核将信号送回前额叶皮层，不断更新奖励信号。这就是所谓的循环机制。

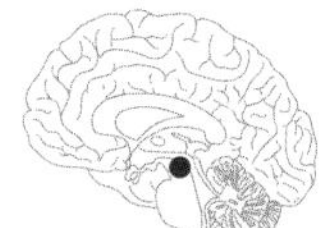

多巴胺工厂

腹侧被盖区产生多巴胺。从该工厂向相邻的神经核和额叶皮层输出。

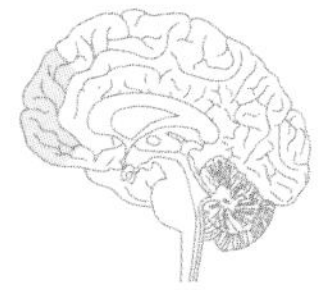

内侧前额叶皮层

计划目标导向的行动，以及情感和社会决策。

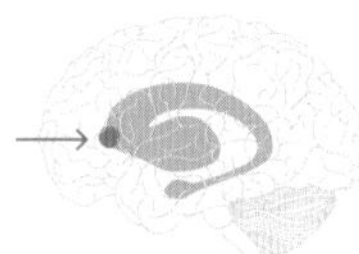

相邻核心
伏隔核

处理奖励。如果你获得的奖励大于预期，机器的这个核心部分就会运行得更快。

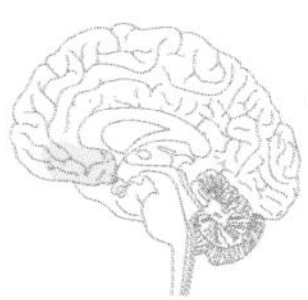

腹内侧前额叶皮层

激活相邻的核心。除其他外，它会计算奖励的大小以及是否能在预期的时间内得到它。

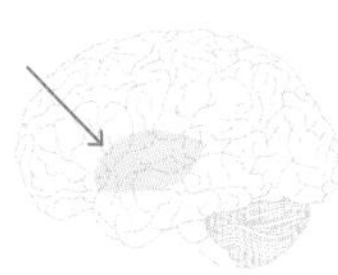

雷尔岛（岛叶）

虽然多巴胺不直接刺激这个“岛”，但当你期待奖励或输钱时，它仍然活跃。

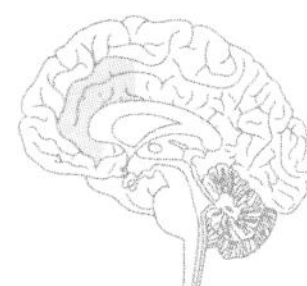

前扣带皮层

估算奖励会有多高。当你必须做出选择时，例如在高概率的小钱或低概率的大钱之间做出选择，警钟就会响起。

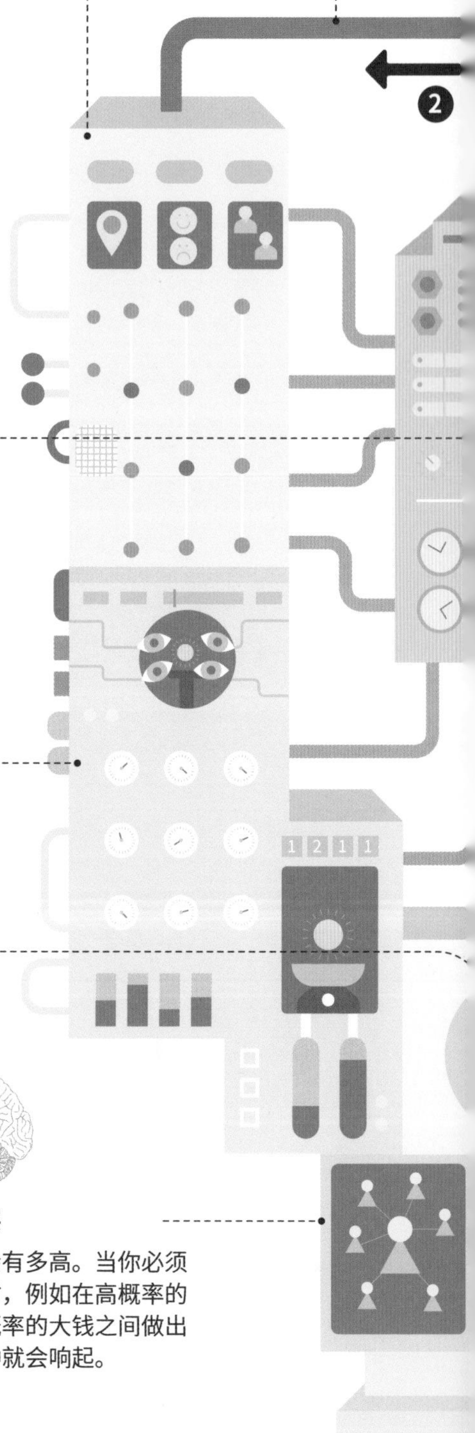

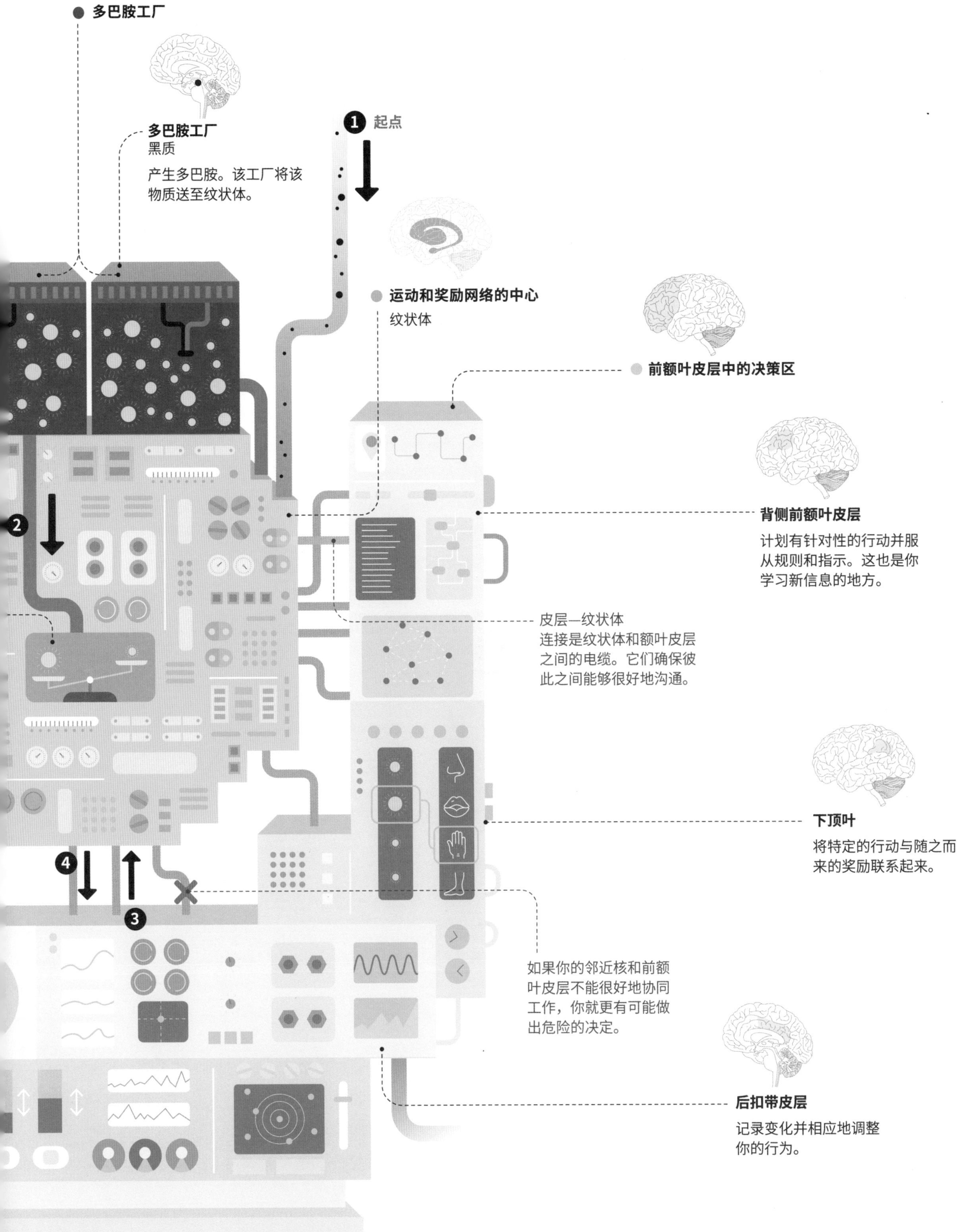
多巴胺工厂
起点
多巴胺工厂
黑质
产生多巴胺。该工厂将该物质送至纹状体。
运动和奖励网络的中心
纹状体
前额叶皮层中的决策区
背侧前额叶皮层
计划有针对性的行动并服从规则和指示。这也是你学习新信息的地方。
皮层—纹状体
连接是纹状体和额叶皮层之间的电缆。它们确保彼此之间能够很好地沟通。
下顶叶
将特定的行动与随之而来的奖励联系起来。
如果你的邻近核和前额叶皮层不能很好地协同工作，你就更有可能做出危险的决定。
后扣带皮层
记录变化并相应地调整你的行为。

在另一项研究中，科学家发现，青少年可以通过花更长时间抑制反应来减少错误，但前提是他们期待获得更大的奖励。在奖励较少的情况下，他们并不会放慢行为，因此会犯更多的错误。此外，研究人员还发现，在面对较大奖励的情况下，他们的额叶大脑皮层比成年人更活跃。因此，青少年似乎就更有动力以较少的错误来完成任务。因此，与成年人相比，青少年要花费更多的精力来规范自己的行为，因为他们大脑前额部分必须为此变得更加活跃，但他们确实可以做到这一点。

跟同龄人一起表现更好

因此，青少年是否愿意调整自己的行为取决于（奖励）环境：是否有（丰厚的）奖励可得？金钱作为奖励会激活大脑中的奖励区域，使额叶皮层变得格外活跃。这就抑制了立即寻求可能奖励的冲动倾向，更容易做出“明智”的选择。但是社会奖励，比如父母称赞你把外套挂在衣帽架上（而不是把它扔在椅子上），也能起到激励作用。在从儿童向青少年过渡的过程中，同伴也扮演着越来越重要的角色。青少年比童年时更经常地与彼此交往，他们对同龄人的影响特别敏感。这些同龄人也是成长为独立成年人所必需的。一般来说，和同伴在一起会有更好的表现：如果有朋友在一旁观看，青少年更有可能在简单的游戏中取得成功。然而这种社会奖励有一个缺点：当涉及更复杂的游戏时，朋友实际上会对青少年的表现产生负面影响。这种负面效应也适用于日常生活：有同伴在身边，青少年在交通方面会更加鲁莽，并且可能会尝试吸毒。这是为什么呢？

研究人员让青少年玩了一个模拟开车的电脑游戏。游戏的任务是什么？尽快到达最终目的地。每

红绿灯任务

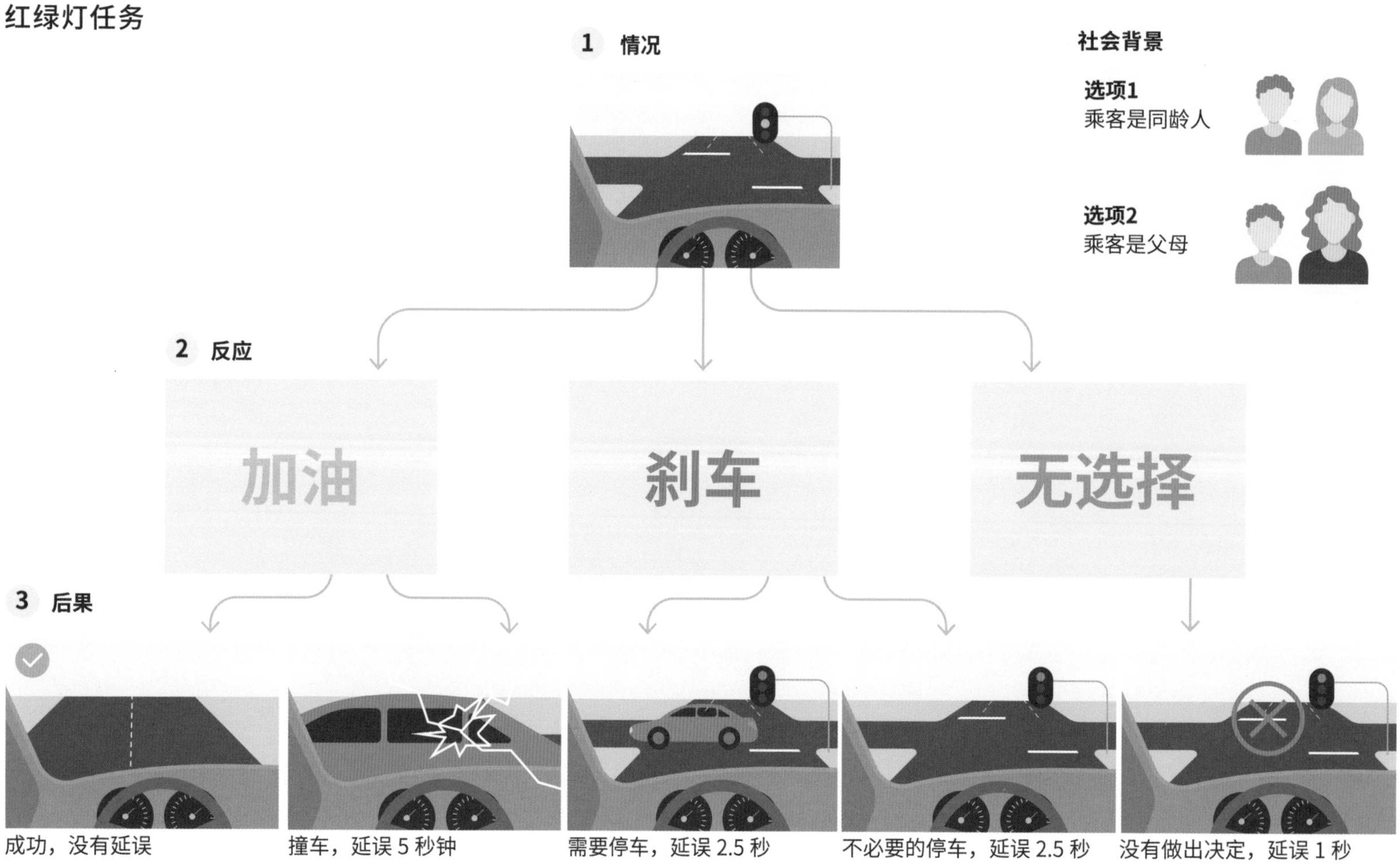

来源：van Hoorn et al. (2018)

个十字路口都有一个交通灯，当他们到达时，交通灯刚好会变成黄色。他们可以选择快速行驶（有发生碰撞的风险）或停车等待绿灯（有晚点到达最终目的地的“风险”）。研究发现，父母或同龄人分别作为乘客存在会以不同的方式激活大脑。当父母在他们旁边时，青少年所冒的风险比他们独自一人时要少。相反，如果有同龄人作为乘客，他们会冒更多的风险，更有可能在黄灯的时候快速驶过。

一项后续研究调查了在做出是继续开车还是停车的决定时大脑发生了什么。当有同龄人同行时，他们的奖励网络被发现比与父母一起同行时更活跃。如果他们真的在红灯前停车，那么与父母一起时相比，大脑中负责调节行为的大脑额叶部分需要更努力工作。因此，有同龄人在旁边的情况下，前额叶需要花费更多的“精力”来调节奖励区域，从而导致青少年会做出更冒险的决定。

当同龄人在车上时，大脑会以不同的方式工作，这也许可以解释为什么当年轻人与朋友一起乘车时会发生更多的交通事故。对青春期大脑的研究表明，从儿童到成人的过渡不仅仅是一个“缓慢成熟”的问题。青少年的大脑确实是以不同的方式工作的。

青春期心理

一半以上的精神疾病始于青春期：例如焦虑症、饮食失调症、成瘾和精神分裂症。研究人员认为，最初的症状出现在青春期，正是因为在这个人生阶段，脆弱人群的大脑会比不那么脆弱的青少年更加混乱。例如，与没有精神分裂症的人相比，精神分裂症患者在青春期经历了更大程度的神经元之间突触连接的修剪。研究人员通过对已故患者脑组织进行研究发现：他们的突触比正常人少。他们的额叶大脑皮层也被发现比正常人小。

在成瘾的成年人中，大脑中的奖励网络，与青少年一样，对酒精和毒品（巨大的奖励！）的反应比未上瘾的成年人强烈得多。此外，如果青少年吸毒或酗酒，那么他们以后滥用的风险也会增加。如果他们后来才开始使用这些药物，情况就不是这样了。在动物实验中，我们研究了青春期使用药物对大脑的影响，其中包括让老鼠接触尼古丁。与青春期未接触尼古丁的同龄老鼠相比，“吸烟”的青春期老鼠成年后对尼古丁的渴望更大。酒精的影响也在青春期老鼠身上进行了测试。事实证明，与成年后首次饮酒的老鼠相比，它们的海马体更容易受到酒精的有害影响，如记忆力衰退。海马体的神经元功能发生了变化，青少年时期便接触酒精的老鼠发生的长时程增强也较少（第88页）。

许多精神疾病都始于青春期，但不意味着青春期是造成这些疾病的原因。相反，遗传倾向与个人经历之间存在着复杂的相互作用。青春期大脑失衡确实会导致问题在这个时候变得更加明显，或者说对基因与环境相互作用的敏感性暂时增加了。

青春期只意味着厄运和忧郁吗？绝对不是！这一人生阶段带来了独特的机会。青少年和年轻人在这一阶段开始建立浪漫关系和新的深厚的友情关系。他们通常极富创造力，学习新技能的速度也很快。因此，他们构成了创新者和早期适应者中最大的生活群体，他们是最早采用新技术发明的人。例如，大多数视频博主的年龄都在25岁以下。因此，处于青春期的大脑当然不会只有负面的影响。

什么年龄段会出现精神疾病？

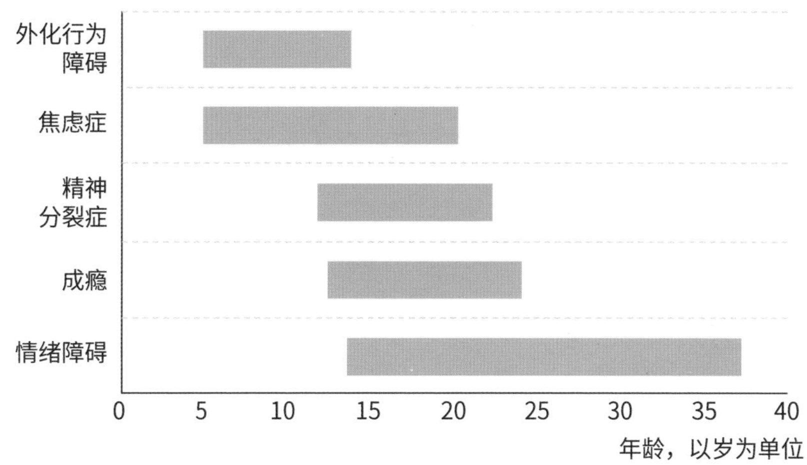

来源：Paus et al.（2008）

威廉记得的东西（和他忘记的东西）

5

为什么你的大脑会“衰退”？

老年人的大脑

现年92岁的威廉喜欢分享童年的记忆。他向曾孙描述自己拜访祖父母的情景。那时候他们没有钱买玩具，但他们把火柴盒留给了小威廉。他和祖父一起，用它们做火车、城堡或任何他想做的东西。他们为此可以高兴好几个小时。回想起那些日子，威廉满足地叹了口气。当他停止追溯回忆时，他环顾四周发现自己似乎又丢了眼镜。最近几天这种事情已经发生多次了。同样，他经常发现自己走到厨房或车库，却想不起来为什么要去那里。这怎么能说得通呢，既能够详细回忆，却又如此健忘？换句话说，变老会对大脑产生哪些影响？

随着年龄的增长，认知的变化

每一行都是一个人从70岁到100岁的历程。

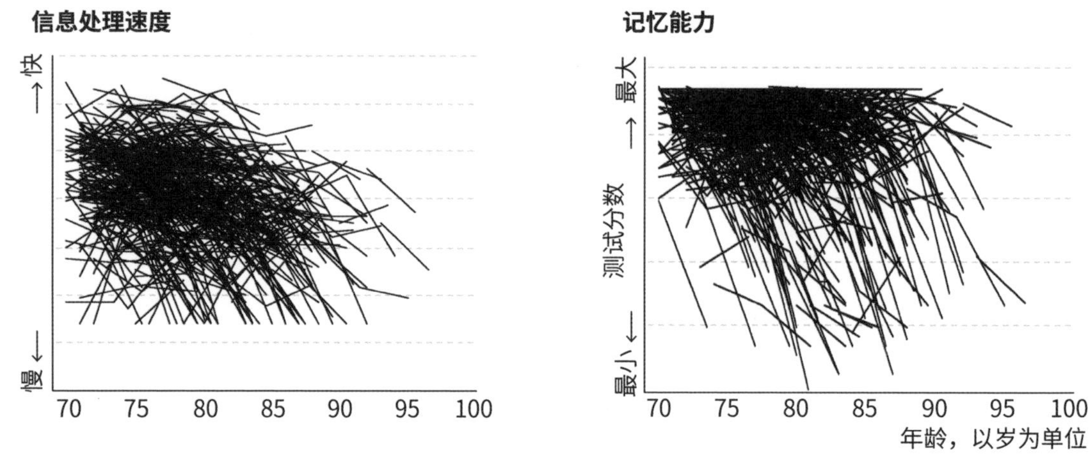

来源：Christensen.（2001）

科学家仍然不确定大脑何时真正完全“发育”。但可以肯定的是，18岁时，你的前额叶还不具备成人大脑的能力。那时候你的大脑发育已经完成一半了。即使到了25岁，甚至30岁，你的大脑结构都会发生相对快速的变化，尽管有些人的大脑停止生长的速度比其他人快一些。你现在已经过了30岁了吗？不用担心！幸运的是，你的大脑在一生中都保持着可塑性：神经元可以不断改变形状。因此，你总是可以不断地学习新的东西，只是老年人需要比儿童和青少年付出更多的努力。这是为什么呢？

后发先至！

老而有智不仅仅是一句俗语。研究还表明，随着年龄的增长，你会变得更睿智。与年轻人相比，老年人的词汇量更大，对词义的了解也更丰富。此外，由于他们的经验和获得的知识，老年人比年轻人更了解世界的运作方式。因此，并非所有的功能都会随着年龄的增长而下降。但是哪些方面确实会退步，又是从什么年龄开始呢？

如果将老年人的机能与年轻人的进行比较，就会发现，老年人在需要你尽可能快地做出反应的任务中变得更加缓慢。这就是你频繁过生日所付出的代价。但研究表明，并非所有的功能都以同样的速度减慢。例如，感官信息处理和运动反应退化的速度要比计划、保持注意力、多任务处理等更困难思维过程的衰退速度要慢。值得注意的是，这些过程恰恰是儿童和青少年时期发展时间最长的，相当于“后发先至”！相反，大脑的感觉和运动系统恰恰是在发育早期出现增长高峰。这在“老年大脑”中是如何表现出来的呢？

大脑总体积的变化，百分比

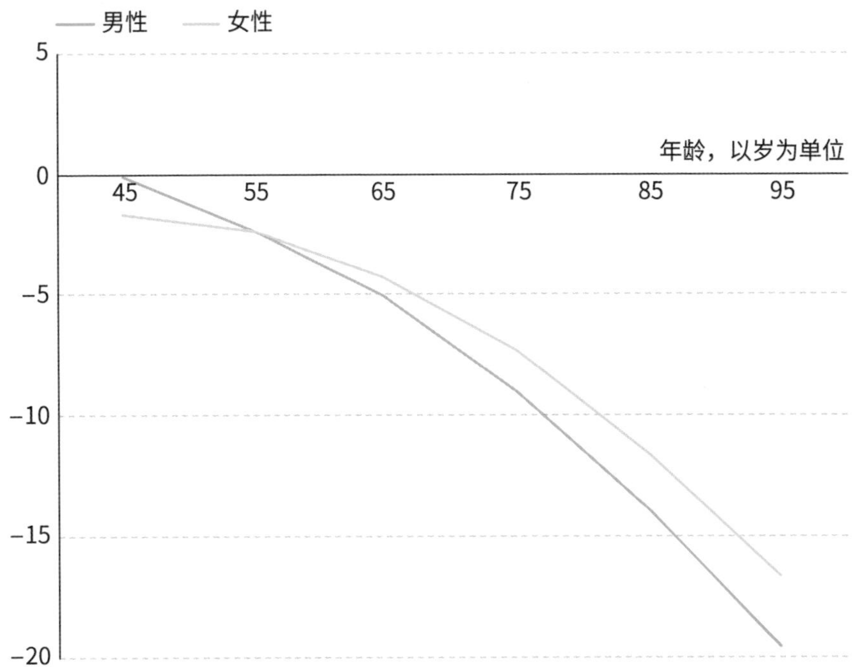

来源：Vinke et al. (2018)

大脑细胞的损耗

大约从30岁开始，你的大脑就会开始萎缩。起初，这种缩减幅度很小，每年大约下降0.2%。从70岁起下降幅度加大——一个发人深省的事实！——每年减少0.5%，因此到了75岁时，你的大脑比30岁时要小10%。与抵押贷款利率相比，它也是累积计算的。那么这种萎缩到底意味着什么呢？事实证明，神经元本身变小了：它们收回了分支，因此分支越来越少。由于分支或树突棘的减少，它们建立的连接也就相应地减少了。还有一部分神经元甚至完全消失了。

此外，白质也会减少，而且比灰质的减少程度大得多。在40岁至90岁之间，白质减少了25%，而灰质在同一时间段只减少了10%。白质的减少意味着髓鞘的分解——髓鞘是轴突周围的脂肪绝缘层，可确保信号传输更顺畅。这种破坏性可能是非常局部的，导致大脑仅在该位置传输动作电位时不那么顺利。在大脑扫描中，这种局部的髓鞘破裂看起来就像白质中有小孔。它们导致大脑中的信息传输变慢，这或许可以解释为什么老年人在做事时会变得缓慢。

大脑中白质的减少并不是在所有区域都以相同的速度进行。它最经常发生在额叶大脑皮层，其次是纹状体（对运动和学习都很重要），紧随其后的是海马体或记忆中心。有趣的是，视觉大脑皮层的白质保持仍然相对完整。这一特定的顺序也与我们在行为中看到的情况相吻合。思考能力和记忆力下降最多，学习新事物的能力也下降。但大脑“视觉”的功能在很长一段时间内不会受到影响，所以只要你的视觉器官眼睛仍然健全，视觉在很长一段时间内都可以保持。

剂量决定毒性！

最近一项研究描述了脑细胞衰老过程的根本原因，更确切地说是“原因们”。毕竟，这涉及同时发生的一系列变化。例如，胶质细胞的新陈代谢发生变化：它们的功能开始下降，不再像以前一样照顾大脑中的神经元。当脑细胞受损时，它们不再总能得到修复。而且当神经胶质细胞受损时，髓磷脂生成或修复也会减少甚至完全停止产生。

神经元本身的新陈代谢也发生了变化。神经元会大量制造一些蛋白质，而蛋白质过剩会产生毒性。剂量决定毒性！毒性导致神经元产生的突触数量减少，其功能甚至受到抑制（第88页关于LTP）。大脑的排泄系统也会受到影响。因此，通过脑脊液排出大脑的（有害）废物更少。

究竟是什么引发了这一连串的衰老过程，科学家之间存在很多争论。部分原因可能是年龄增长导致大脑细胞本身发生变化，但我们也可以从身体损伤，尤其是血管损伤中寻找部分解释。

大脑燃料供应的损耗

大脑血管功能受损也被称为“脑血管疾病”。这

健康的大脑与患有阿尔茨海默病大脑的比较

健康的大脑

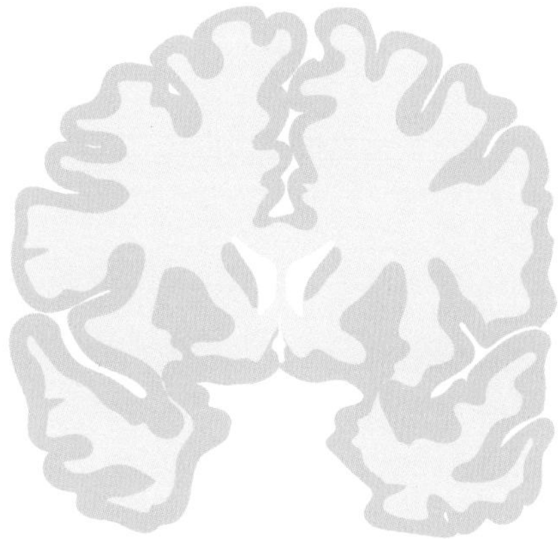

患有阿尔茨海默病的大脑

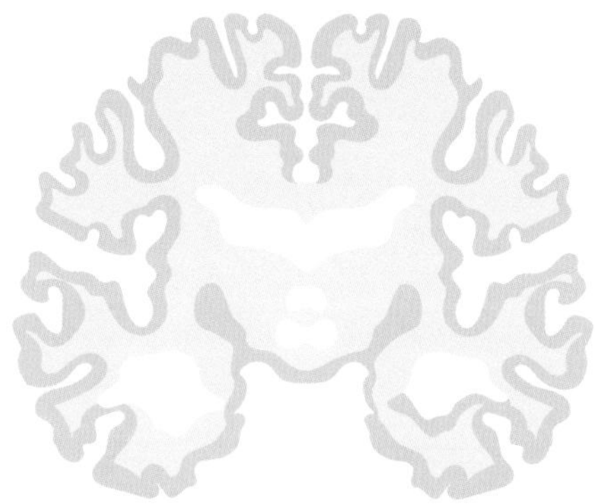

阿尔茨海默是谁？

阿洛伊斯·阿尔茨海默（1864—1915）是一位德国精神病学家和神经病理学家。一位51岁，名为奥古斯特·狄特的患者给他留下了深刻的印象。她有痴呆的症状，神志不清，患有失忆症。即使在她搬到另一个城市后，他也一直关注着她的病情。在她死后，他索要了她所有的医疗记录。他还要求检查她的大脑。他描述道，她的大脑皮层看起来很“奇特”。由于他发表了关于她的文章，更多患有这种疾病的病例开始为人所知，这种疾病被称为阿尔茨海默病。

些血管为大脑提供主要的燃料：糖分（尤其是葡萄糖）和氧气。它们非常重要，因为大脑是所有器官中最大的燃料消耗者。如果大脑的燃料供应减少，神经元就不能很好地完成工作。此外，胶质细胞对它们的维护也不再良好。

血管问题可能会急剧发生，如脑梗死或脑出血。“脑梗死”是指血块堵塞了大脑的血管，而“脑出血”则是指大脑内或周围的一条血管突然破裂。

此时，脑组织可能会缺氧，从而出现衰竭症状。严重时会出现瘫痪或语言障碍。但即使没有明显的衰竭症状，血管也可能受到影响，导致大脑吸收的葡萄糖和氧气减少。

许多典型的老年脑部疾病都与心血管疾病有关，这表明血管问题是大脑衰老过程的重要原因。例如，研究表明，大脑的血液供应越来越少，而且血液中的重要物质通过血脑屏障的能力也越来越弱。 这是因为，随着年龄的增长，血脑屏障会缓慢而稳定地被分解，导致所有的基本营养物质无法通过它被输送到大脑。在阿尔茨海默病这样与年龄有关的老年性疾病中，血脑屏障的分解速度甚至更快。我们对这些大脑疾病了解多少呢？

老年疾病

老年人常见的一种脑部疾病是“痴呆症”，它是几种“神经退行性”疾病的统称，这些疾病会损害大脑。痴呆症很普遍，而且随着年龄的增长，患该疾病的概率会大大增加。如果年龄超过了80岁，患病概率为20%；如果超过90岁，患病概率已经翻倍。痴呆症有50多种类型，其中阿尔茨海默病可能是最广为人知的一种。这种疾病是由大脑神经中的蛋白质堆积造成的。血管性痴呆是第二种最常见的类型，是由大脑中的血管损伤引起的。帕金森病也与痴呆症有关：一半的帕金森患者除了出现运动问题外，还会出现思维和记忆问题。帕金森患者大脑中的多巴胺工厂停止工作。除此之外，蛋白质沉积物在神经元中堆积，导致其功能下降。一项研究表明，患有痴呆症的人比他们实际年龄正常情况下应有的大脑“老”了约10岁。因此，许多神经退行性疾病可能是大脑加速衰老的原因。

帕金森是谁？

詹姆斯·帕金森（1755—1824）是一位英国医生、地质学家和神经学家，他是第一个详细描述帕金森病症状的人。因此，这种疾病后来以他的名字命名。他将其描述为“颤抖性麻痹”。他指的是患者肌肉的颤抖和衰弱。每年4月11日是“世界帕金森病日”，也是他的生日。

如何活到健康的100岁？

如果死亡成为一种选择而不是一种事实会怎么样？在硅谷，许多公司都在寻找“上帝分子”来对抗衰老。像杰夫·贝索斯（亚马逊的首席执行官）和彼得·泰尔（PayPal的创始人）这样的亿万富翁向那些希望让死亡成为一种“选择”的公司投资了数十亿美元。就目前而言，这数十亿美元并没有产生这样一个“上帝分子”。那么，我们是否对大脑的衰老过程完全没有影响？

我们又能从那些健康地活到100岁的人身上学到什么呢？

一个世纪以来的饮食

让那些羡慕者遗憾的是：你的饮食不仅会影响体重，还会影响大脑的衰老。例如，根据计算机模型估计，低碳水化合物和富含抗氧化剂饮食的人的大脑比饮食完全相反的人更年轻。与糖爱好者相比，糖分抵制者也更少受到思维和记忆问题的困扰。鱼和海鲜，即使每月只出现在菜单上一次，也能降低脑出血的风险。一种可能的解释是，肠道微生物群的组成与它对小胶质细胞的影响之间存在联系，小胶质细胞能够维持并帮助修复神经元。你的微生物群或肠道菌群与你的指纹一样独一无二，包含了特定的细菌、真菌和其他生物，主要位于你的大肠中。只是，这些研究是在老鼠身上进行的，目前还不清楚微生物群和小胶质细胞之间的联系是如何在人类身上发挥作用的。此外，饮酒是心血管疾病以及脑血管疾病的危险因素。很少或不饮酒的人患脑出血、白质损伤和痴呆症的风险较低。

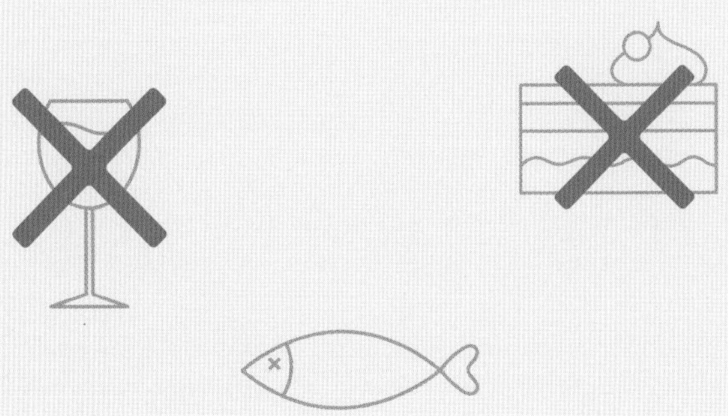

保持运动

适当的运动还能保护你抵抗大脑衰老过程的影响。身体越健康的人到了老年，大脑灰质和白质的损失就会比身体较差的人少。为什么会出现这种情况，直到最近才有了答案。运动不仅能维护血管，还能使骨骼肌向血液中释放大量的分子。其中许多分子在肌肉本身和周围组织中具有局部作用。因此，肌肉中储存了更多的能量，也有更多的蛋白质来有效利用这些能量供应。其中一些分子可以移动到很远，到达大脑并穿过血脑屏障。它们似乎对大脑中的记忆区有积极影响。

不过，运动也会改变肝脏的代谢。当葡萄糖供应耗尽时，肝脏会释放其他物质作为替代燃料。例如，肝脏会从脂肪酸中产生酮体。其中一些物质（例如β-羟基丁酸）会向大脑释放对神经元的生长和修复非常重要的蛋白质。

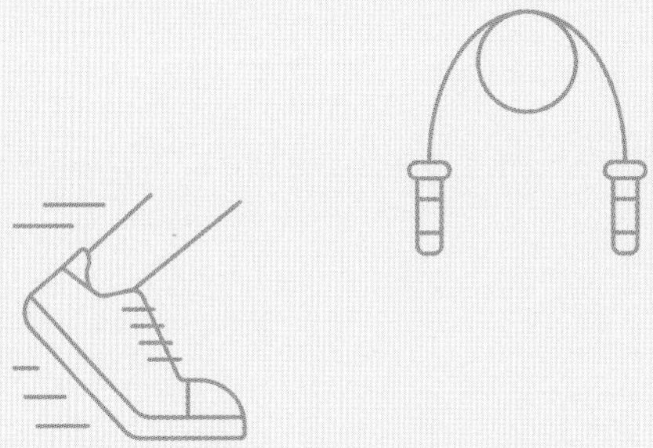

努力学习

有证据表明智力和教育对大脑衰老有保护作用。但证据好坏参半。一些研究解释说，受过高等教育的人有一种缓冲效应，可以减缓衰老过程，但并非所有研究都证实了这一点。

简而言之，是否能找到“上帝分子”还有待商榷，但等待的同时，建立健康的生活方式不会有什么坏处。

在这一章

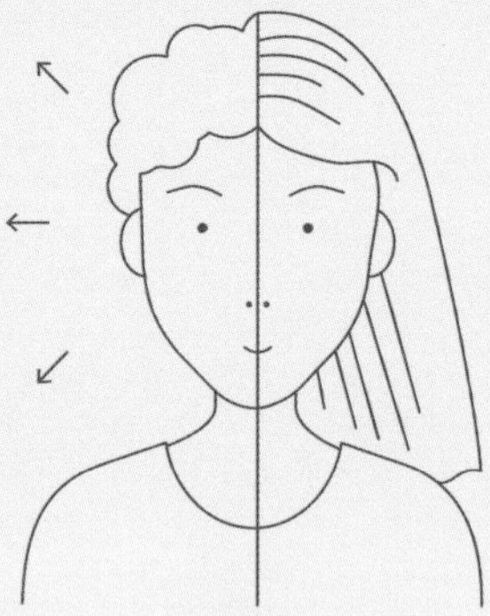

1

你将了解在
行为上是否存在
有意义的男女差异。

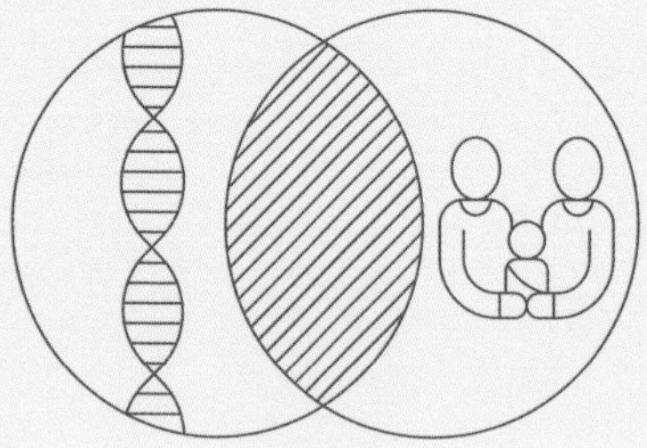

2

你将了解这些
男女差异是先天的
还是后天的（或两者结合）。

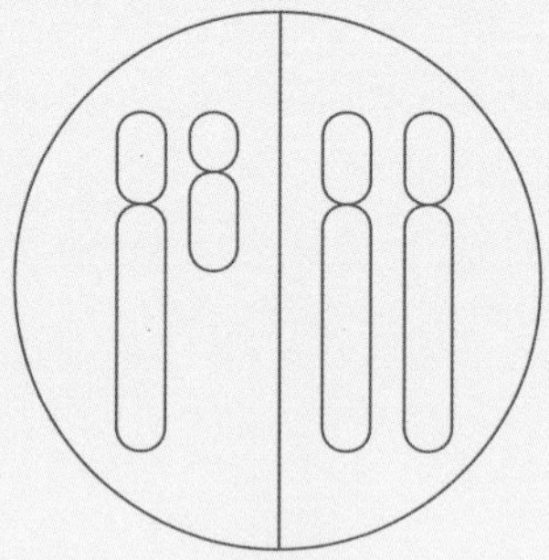

3

你将了解性染色体
对大脑的影响（以及
会唱歌的斑胸草雀
给我们的启示）。

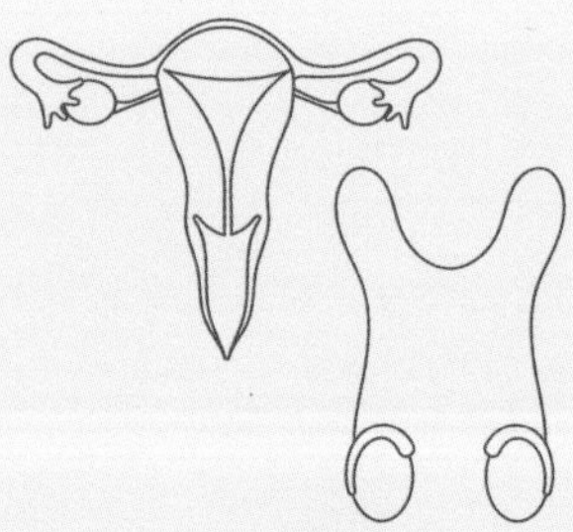

4

你将深入了解性
激素对大脑性别
差异的影响。

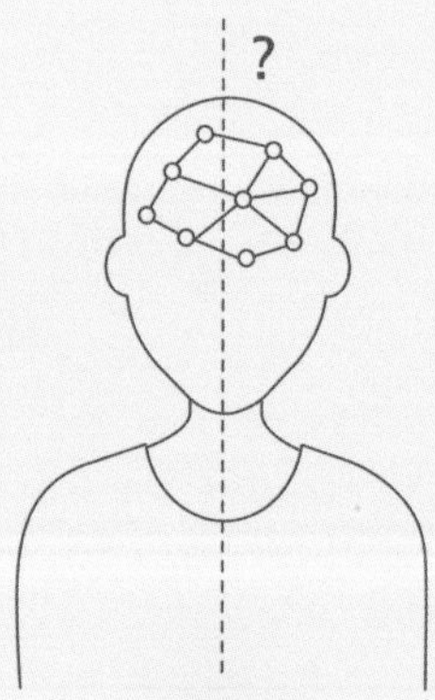

5

你将了解大脑
差异是否能解释
男女行为的差异。

3

男人和女人的大脑

男孩和女孩、男人和女人之间的差异，多年来一直是人们讨论的话题。本章我们将从神经科学的角度为你提供可供辩论的论据，但在此之前我们必须奠定坚实的基础。科学所说的“男女差异”到底是什么意思？如果根据该定义，行为差异确实存在，那么它们从何而来？男人和女人“天生”不同吗？性染色体和性激素在其中起到了什么作用？还是说，差异是后天由教养和文化形成的？或者更确切地说，是先天与后天相结合的结果？这些问题的答案并不像我们曾经认为的那么简单。在这一章中，我们将展示神经科学如何帮助我们回答这些问题。我们将看到哪些行为差异会反映大脑差异，以及大脑差异能否解释这些行为差异。

男人来自火星，女人来自金星，还是人类来自地球？

1

人们说男女“不同”时，是什么意思？

男性和女性的行为差异

苔丝今年17岁。她选择了学校里最难的数学科目作为挑战性的额外课程，只因为她喜欢数学。对她来说，28个男生中只有她一个女生并不重要：打破刻板印象是她额外的动力。只是，她的老师并不完全配合。他经常表示男生比女生更擅长数学。这就是为什么他很少让她发言，即使她在每次提问后都举起了手？是她的想象，还是同学们确实打断她的次数比打断男同学的次数多？苔丝灰心了，放弃了这个课程。这为老师证明了：女孩身上缺少一种“数学基因”。但这是真的吗？男孩和女孩之间是否存在“自然”差异？还是说这是环境造成的？

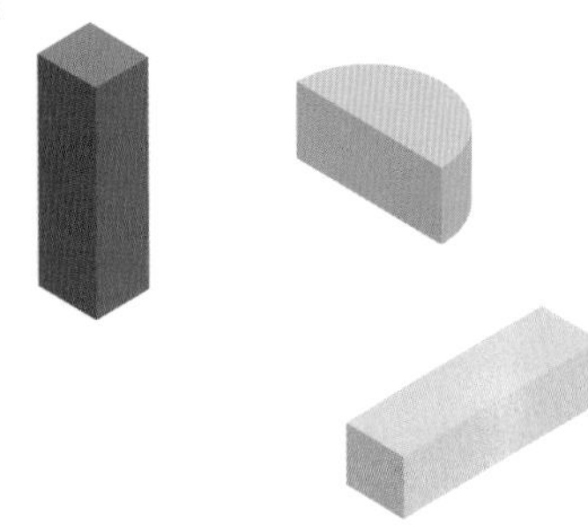

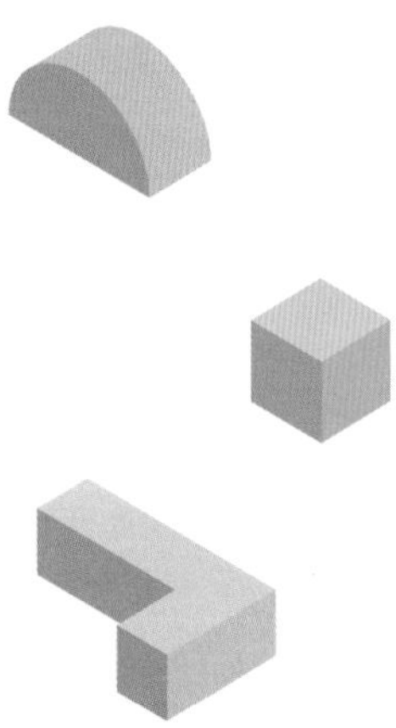

孕妇经常会被问到“是否已经知道‘他’是什么”。人们问的是婴儿的性别。这个问题似乎表明，性别很重要并且会有很大区别。事实上，父母经常有意识相应地调整婴儿房和婴儿衣橱的颜色和设计。 但人们似乎也在不知不觉中适应了。在一项经典研究中，参与者被邀请与穿着男童或女童衣服的幼儿一起玩耍，并为此提供了各种玩具。对于“男孩”，参与者更经常伸手去拿“男性化”玩具，例如汽车和建筑玩具；而对于“女孩”，参与者更多时候伸手去拿“女性化”玩具，比如洋娃娃。

我们将“男孩”和“女孩”用引号括起来，是因为参与者不知道这个实验中的男婴穿女孩的衣服，而女婴穿男孩的衣服。因此，参与者是根据这些衣服的“假定”性别而不是实际性别来调整他们对玩具的选择。现在，恰恰是儿童的游戏行为被认为是男孩和女孩之间最大的差异之一。男孩更喜欢汽车这一事实经常被用来证明他们天生更擅长工程学；而女孩更倾向于玩偶，反过来又说明她们在社会交往和语言方面更出色。

但这个实验究竟表明了什么：我们对玩具的偏好固定在我们（女性或男性）的DNA中，还是说成年人在与男女儿童的互动中影响了玩具的选择？换句话说：行为的差异是由遗传决定的还是后天习得的？而且，在我们深入探讨男女行为的更多差异之前，科学所说的“差异”是什么意思？这种差异在什么时候才算有意义？这不是那么容易确定的……

男人来自火星，女人来自金星？（以及如何发现？）

“有意义的”差异

假设有人让你比较大象和老虎。你可以指出老虎没有长长的鼻子，而大象没有胡须。此外，你还可以描述行为上的差异，这在一定程度上与其身体特征有关。例如，梳理自己：大象的体形使它们不可能像老虎那样把自己舔干净。男性和女性之间也存在类似的“二元生理差异”，例如他们的生殖器官：女性有卵巢，男性有睾丸。

至于其他差异，更多是体形（如身高或肌肉质量）或数量（包括睾丸激素的数量——成年男性比女性更多）方面的“平均差异”。这意味着对于每个参数，不仅存在差异，而且存在重叠。例如，男性平均比女性高10%，但如果你得到一个匿名者的身高，你就不能确定是男是女。毕竟，也有比平均身高矮的男人和比平均身高高的女人。因此，要确定两个性别之间的差异是否有意义，你需要找出这个差异有多大。这种差异和“二元差异”对我们解释大脑中的差异十分重要。

“有意义的差异”和“效应大小”

对于所谓的“显著性检验”，你首先要检查某个参数（如身高）是否在两组人（例如男性和女性）之间存在“显著”差异。这意味着差异不是偶然的。假设在偶然的情况下——即使是随机抽样，也很可能出现这种情况——你选择了非常高的女性和非常矮的男性。然后你可能会错误地得出结论：女性平均比男性高。样本越大，这种风险就越小，只选择“极端值”的偶然概率就会大大降低。

同时，较大的样本也会产生另一个影响：男女之间非常小的差异也会显现出来。因此，你还应该考虑显著差异的大小是否具有实际意义。如果两组之间的大部分重叠，那么该差异在现实世界中的实际意义就会降低。表达两组之间差异的实际相关性的一种方法是“效应大小”。效应大小考虑了给定参数的两组平均值、该参数在两组中的重叠情况（以身高为例，男性和女性之间有40%的重叠）、每组的测量量以及两组内部测量量的差异。通过这种方式，效应大小可以告诉我们，两个组是否在很大程度上重叠或彼此完全不同，或者差异是否介于两者之间。然后你可以将差异的大小表示为“小到可以忽略不计”（＜0.10）、“小”（0.11～0.35）、“中”（0.36～0.65）、“大”（0.66～1.00）或“非常大”

效应大小的解释

效应大小（用字母“d”表示）告诉我们两组是否在很大程度上重叠，是否完全不同，以及两者之间的一切。然后你可以将差异的大小表示为……

a 可忽略不计
效应大小＜0.10

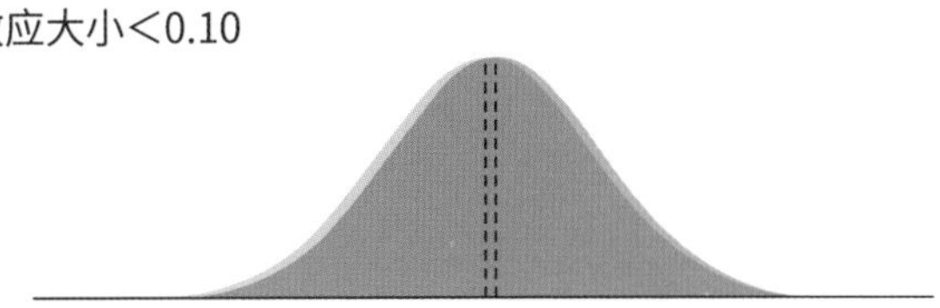

该图显示效应大小 d 为 0.10，因此第 1 组和第 2 组之间的重合度为 96%。

b 小
效应大小为 0.11～0.35

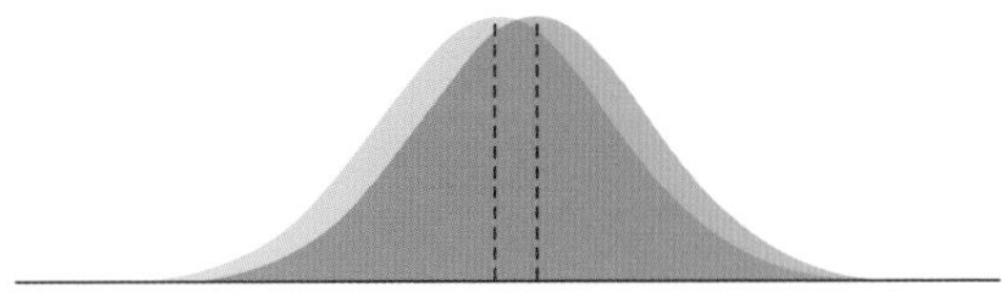

d＝0.35；第 1 组和第 2 组的重叠率＝86.1%。

c 中
效应大小为 0.36～0.65

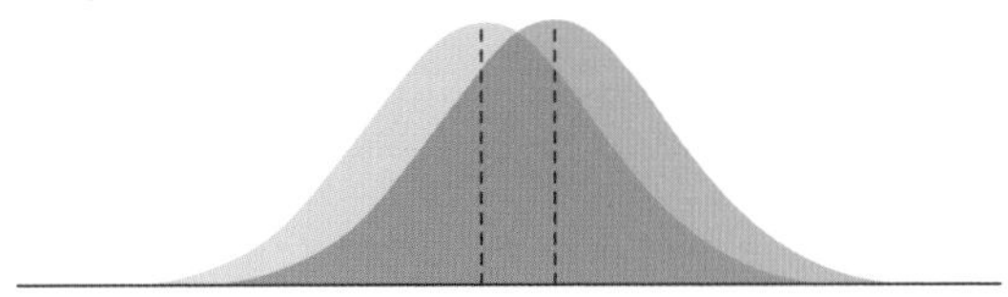

d＝0.65；第 1 组和第 2 组的重叠率＝74.5%。

d 大
效应大小为 0.66～1.00

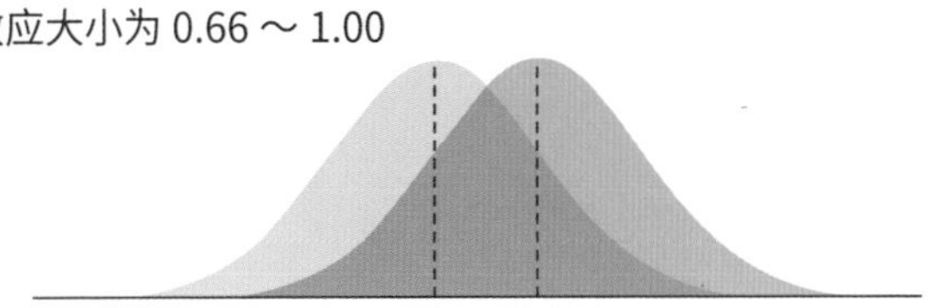

d＝1.00；第 1 组和第 2 组的重叠率＝61.7%。

e 非常大
效应大小＞1.00

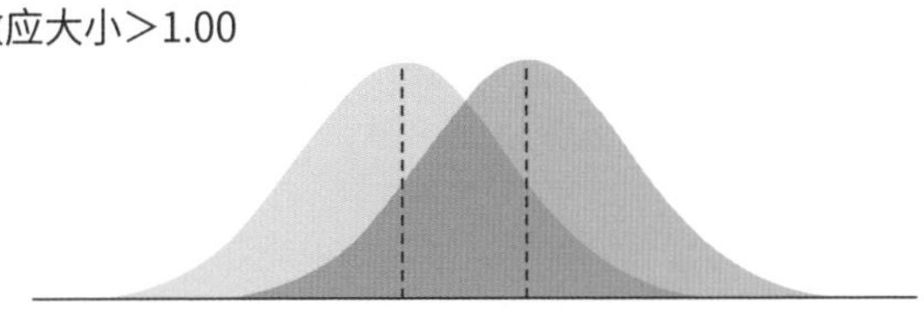

d＝1.20；第 1 组和第 2 组的重叠率＝54.9%。

男女之间大多数行为差异都很小

对不同类型行为的性别差异特定效应大小的综述研究百分比

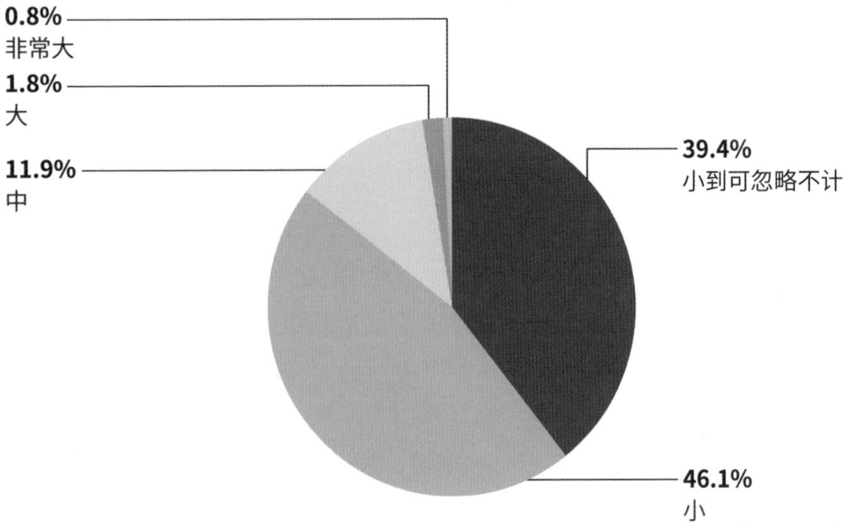

来源：Zell et al.（2015）

（> 1.00）。效应大小表明一个差异有多大意义（或无意义），从而说明该差异在“现实生活”中的相关性。对于身高，效应大小是非常大的（1.7），意味着存在一个具有实际意义的差异。

综述研究的重要性

随着测量次数的增加，在两组之间发现微小差异（效应大小较小）的机会也会增加。也就是说，在大规模研究中，你可以观察到非常小的差异。相反，通过小规模研究，可以偶然发现很大的差异。为排除这种偶然性，重要的是你要对随机选择的新参与者重复各种研究。通过综述研究，即记录来自所有可能的小规模和大规模研究的所有数据，并将研究结果汇编在一起，就可以可靠地确定真实差异出现的频率以及它们的大小，即有多大意义。因此，如果你想知道男人是否来自火星，女人是否来自金星，男人和女人到底是不是生活在地球上的最主要的人类，那么这些大型综述研究是必不可少的。

男人和女人生活在地球上！

大多数（可忽略不计的）小差异

大型综述研究表明，男性和女性之间的大多数行为差异（可以忽略不计）很小。美国教授珍妮特 · 海德于2005年开展的一项此类综述研究比较了46项关于男女在认知、沟通、社交技能、性格和运动技能等各个领域差异的研究。大多数研究（准确地说是78%）都显示出（非常）微小的差异或没有差异。结论是男人和女人的相似之处多于不同之处。

自海德的研究以来，关于性别差异的调查研究数量激增，总数达到106项。一组研究人员将所有这些综述研究重新整合在一起，总共有368个关于性别差异的单独研究。同样，大多数研究（这次是85%）显示男女之间的差异很小或没有差异。

少数（非常）大的差异

只有3%的综述研究表明男女之间存在很大或非常大的差异。据报告，行为参数的最大差异在于男性和女性将男性或女性特征归因于自己的程度。此外，在空间意识上有很大差异（男性更擅长这一点），以及在某人认为其伴侣看起来很漂亮有多重要方面也有差异（男性认为这更重要），最后是攻击性差异（男性比女性更具攻击性）。我们必须对这些所有重要的差异进行细化：例如，与身高差异相比，这些差异相对较小。相比之下，40%的男性和女性有相同的身体高度，而对于上述参数，则有80%的重叠。换句话说，五分之二的男性和女性在身体高度上没有差异，而五分之四的男性和女性在攻击性和空间意识上没有差异。

不同行为研究中的性别差异

女性和男性在行为方面几乎没有差异。但你可以从这张图中看到我们又的确存在不同之处。它显示了在大量研究中对不同行为领域的研究结果。

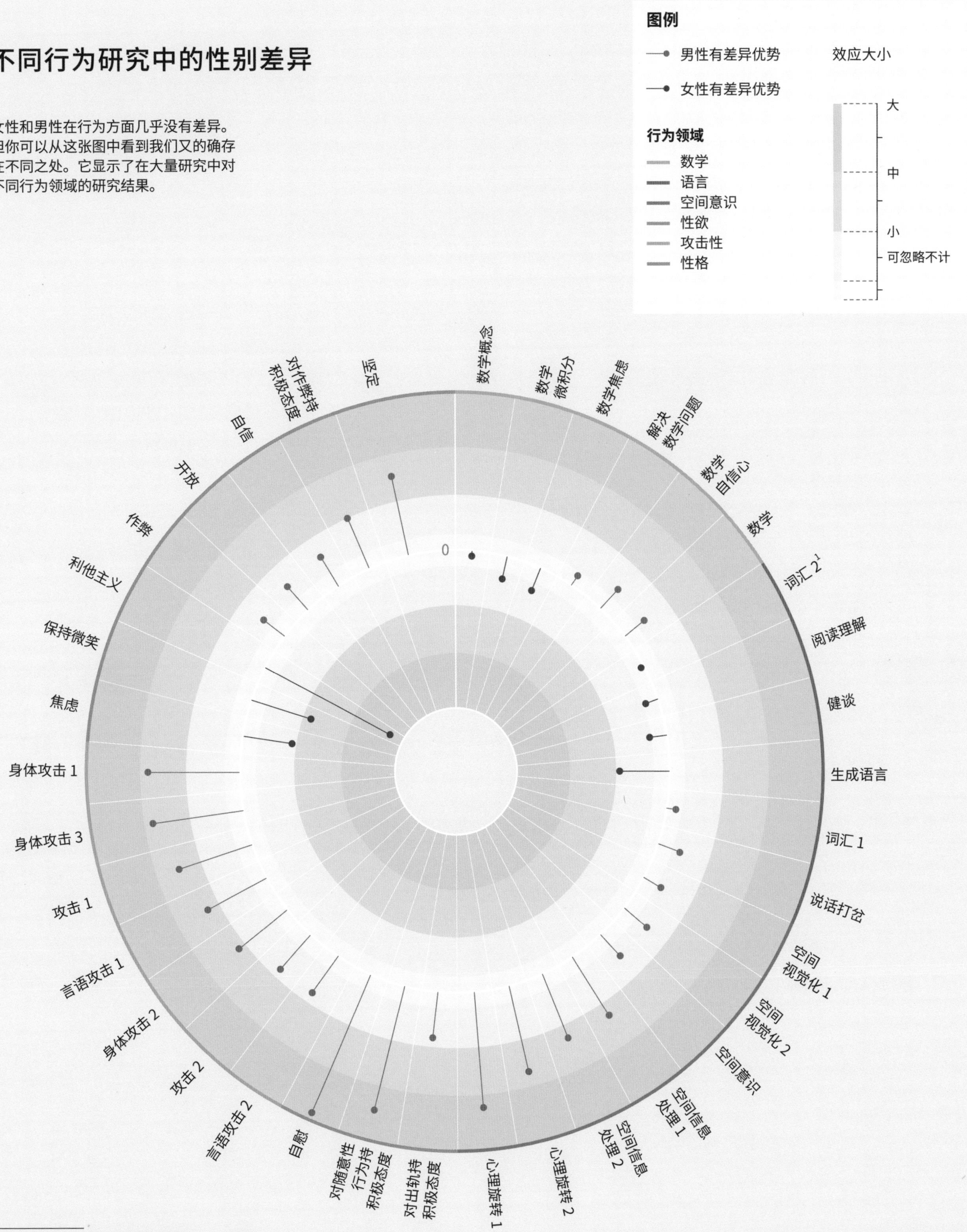

1 数字 1/2/3 仅表示相同行为领域的不同行为。——编者注

来源：Hyde.（2005）

无论如何，所有综述研究都表明，没有一种行为只是由所有男人表现出来的，而女人则不能，反之亦然。并且只有3%的人可以表现出很大或非常大的男女差异。然而，即使是这些“特殊”的男女差异也能让我们学到一些基本的东西。因此，我们将着重关注男性和女性之间讨论最多的两个技能差异：语言和空间意识。在进行这方面探讨之前，我们需要更深入地挖掘“有意义的”性别差异的可能原因。

天生或习得的男女差异

有意义差异的原因

如果已经确定了男性和女性之间存在有意义的差异，下一步就是调查这些差异来自哪里。它们是关于生物起源的先天性差异，还是因为男孩和女孩的成长环境不同，从而产生了巨大的后天性差异？在后一种情况下，男女差异在男性或女性的DNA脚本中找不到根源，所以你不能再声称男性或女性“天生注定”会根据其性别表现出某种行为。

先天与后天——核对表

那么，你如何确定一个有意义的男女差异是先天的（自然）还是后天的（培养）？研究人员为此制定了一个核对表。如果差异是由生物因素造成的，而且（尚未）受到社会文化环境因素的影响，那么这种差异应该以多种方式反映出来。你能在这些核对表上打钩吗？如果能，那么这就是先天差异。如果你不能勾选它们，那么说明存在后天习得性差异。

十大性别差异

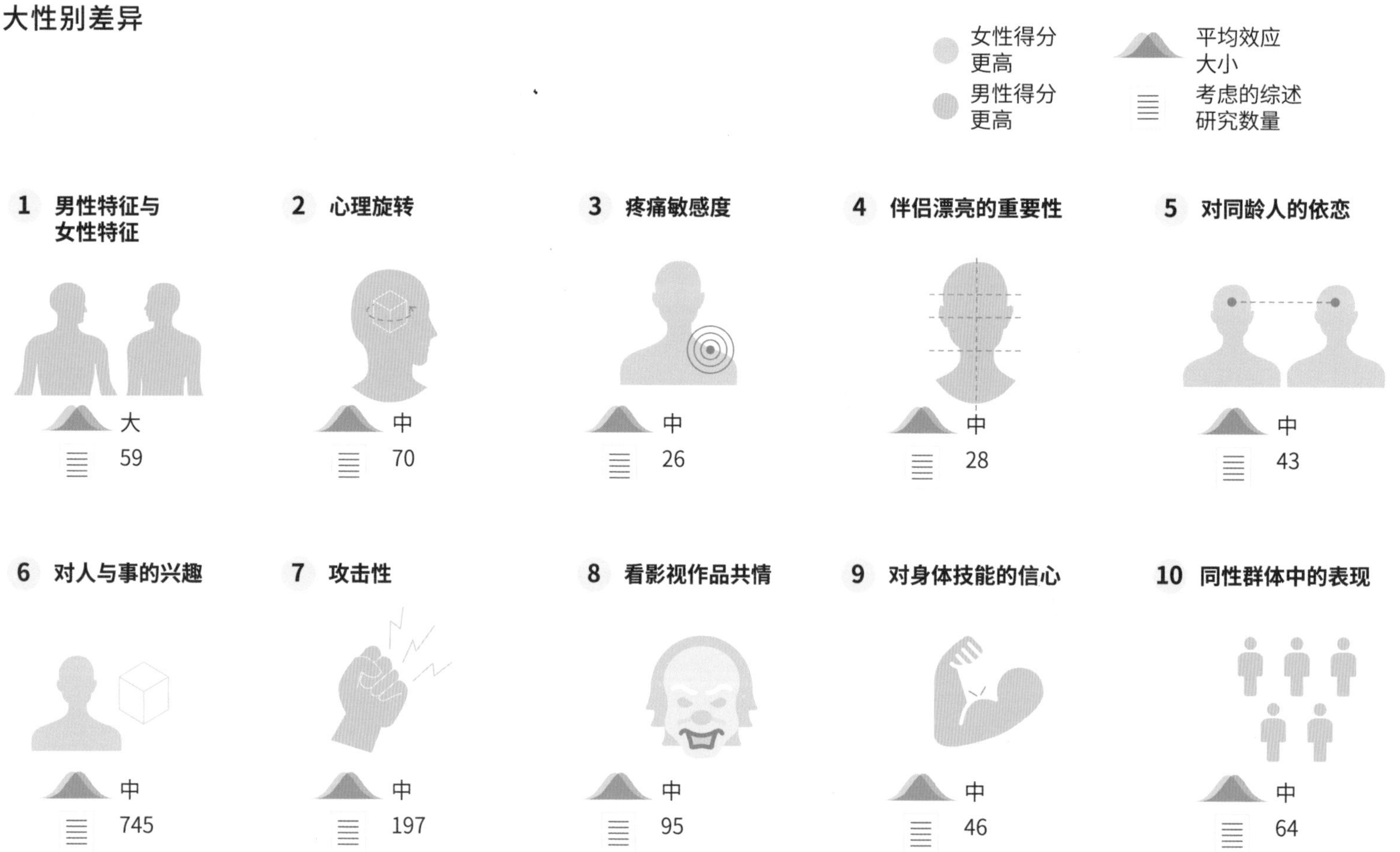

来源：Zell et al. (2015)

先天与后天——核对表

你能对所有问题都回答“是”吗？那么差异将以先天为主。

背景

男女差别是否与背景无关？

换句话说：

- □ 这种差异不取决于测量的环境。
- □ 这种差异并不取决于一个人的成长环境。你可以在古今中外的各种文化中发现这种差异。

年龄

- □ 男女差异必须在生命的早期就存在……
- □ ……而且/或者由于性激素数量的不同，男女差异必须在青春期增加——例如，因为男孩体内的睾丸激素数量比女孩增加得多。

动物

- □ 雌雄差别也存在于其他动物物种中，特别是在与人类密切相关的类人猿物种中。

研究员的性别

瑞典的一项研究表明，研究人员的性别会影响其对男女差异的研究。当女性研究人员参与智商测试时，测试总得分略高于男性研究人员。但在衡量参与者解决问题的能力时，男性研究人员参与报告的成绩高于女性研究人员。

当被问及男学生的性伴侣数量时，如果提问者是女性，则人数要多于提问者是男性。此外，当女性研究人员在场时，男性参与者比男性研究人员在场时要经历更多的痛苦。研究人员给出的一种解释是，参与者想要给异性留下好印象。这会导致压力，从而产生不同的痛苦体验。这样一来，研究可以发现与性别没有直接关系，但与性别偏好的间接后果有关。因此，将研究人员的性别纳入实验始终是一个好的举措。

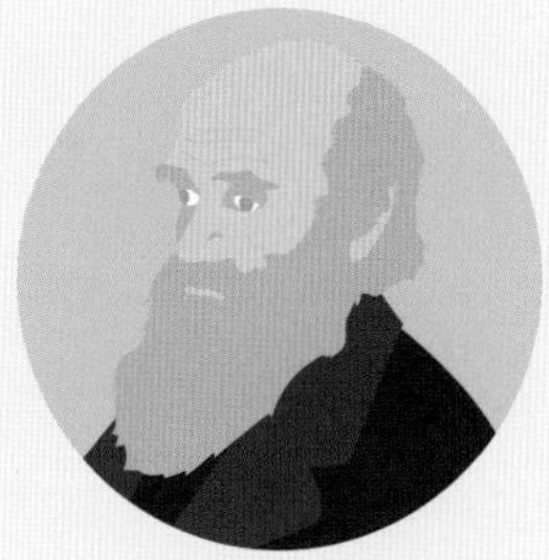

查尔斯·达尔文领先于他的时代吗？

（很遗憾，是也不是！）

查尔斯·达尔文（1809—1882）的进化论是关于先天差异起源的理论之一。他描述了“自然选择”的机制：能够更好地适应环境的动物比“不适应者”有更高的生存机会，导致繁殖更频繁。因此，通过“幸存者”的那些后代，某种倾向会越来越多地出现。例如，某种DNA组合可以提供优势：拥有厚毛发的DNA代码可以使动物在寒冷的气候下有更好的生存机会。这个想法无疑是革命性的。

达尔文推断，同样的机制将成为男女行为差异的基础。达尔文认为，更具竞争力的男人可以拥有更多的女人，从而有更高的生育机会。这就可以解释为什么男人更具攻击性和冲动性。此外，具有更好空间意识的男性更擅长打猎。女人会觉得这很有吸引力，因为这意味着家里总是有食物给孩子吃。另一方面，有爱心的女性比不那么有爱心的女性更有优势，因为她们的后代有更高的生存机会。更重要的是，达尔文描述道，经过数千年的进化，男性比女性更占优势。男性进化成了更强大、更优越的性别，而女性则成了较弱者。从生物学角度讲，让她们担任需要运用智力的职位是违反自然规律的事情。

虽然今天我们对这种说法感到非常惊讶，但进化论是解释性别差异一种广泛使用的理论。尽管达尔文在自然选择的概念方面领先于他的时代，但他关于男女差异的理论也被证明是他那个时代的产物。这些理论反映了他所处的维多利亚时代社会文化中存在性别角色，经不起时间的考验。例如，人类或类人猿的攻击性和成功繁殖之间似乎并没有关系。更具攻击性的雄性并不拥有更多的后代。此外，还有一些土著部落，那里的女性打猎并且拥有比男性更多的伴侣。父亲们不确定妻子生的孩子是谁的，这实际上导致多个男人共同参与孩子的抚养工作。然而，达尔文关于女性地位处于劣势的观点多年来一直主导着科学，对社会中的男女角色产生了负面影响。

沉默是银，说话是金

你与孩子说话的多少对他们语言能力的影响比他们的语言天赋更大。因此，最重要的是，不要对你的小家伙憋着不说话。而且要知道，父母在与子女沟通时可能会无意中采用不同方式。研究表明，父母对女儿使用的词汇比对儿子使用的词汇多，并且是不同的词汇。男孩更有可能经常从父母那里听到“空间”类词汇，例如“方形”和“三角形”、“小”和“大”、“有角度”或“圆形”。并且1到2岁时的“空间语言供应”可以预测他们3到4岁时的“空间语言产生”。事实证明，男孩的空间语言能力比女孩的强。因此，你的输入确实对孩子的语言输出有影响……

男人和女人说的是不同的语言吗？

有时有人说，女孩的语言能力“天生”就比男孩强。这种说法正确吗？要证实这一点，首先必须存在一个“有意义的”男女差异。差异大小属于中等或大、非常大。其次，造成这种男女差异的原因必须是先天的，而不是后天的。对于这一点，你必须能够在先天和后天的核对表上勾选一些标准。

是的，这是对的！

20世纪50、60和70年代的研究报告显示，女孩和男孩、女性和男性之间在语言能力方面存在显著的差异。这些研究的参与者是在西方文化中长大的。2005年的另一项研究在先天和后天的核对表上打了一个钩，特别是在多种文化中发现了有意义的差异。事实上，在亚洲的小学生中，研究人员发现女孩在语言能力方面有轻微的优势。这似乎表明，确实存在一个非常小的强有力的男女差异，且与一个人的成长环境无关。

不，这不对！

最近的研究并不总是能够确定男孩和女孩在语言技能方面的这种差异，即使确定了，效应大小也往往很小（可以忽略不计）。事实上，至少有80%的男孩和女孩在语言技能上表现得一样好。如果说男孩和女孩在语言能力方面确实存在差异，那也是很小的。因此，多年来在不同的研究中，语言能力的差异并没有保持稳定，而根据先天和后天的核对表，先天的差异应该独立于环境而发生，例如你成长的时间。但情况似乎并非如此，因为根据研究，女孩过去在很大程度上比男孩做得更好。

怎么可能呢？一种解释可能是，较早的研究高估了男孩和女孩之间的语言能力差异，因此受到当时观点的影响而失之偏颇。毕竟，对研究结果的期望会影响最终的研究结果。

语言能力并非与环境无关的另一个因素是，当儿童开始上学时，语言能力的差异会增大。因此，学校环境对语言能力有影响，而今天女孩可以和男孩一样去上学，就拿前面提到的那些来自亚洲的小学女生来说：可能由于语言上的一点点优势，她们在语言课上比男生得到更多的关注，所以原本很小的差异被学校环境放大了。此外，这些差异在生命早期并不存在，这是“先天与后天核对表”为先天男女差异设定的条件。即使在成年人中，也不是所有的研究都能发现男女在语言能力上存在差异，而且这种差异在很大程度上取决于测量的方式。这表明，差异在青春期并没有扩大。

结论？

如果说有什么差异的话，那也比我们一直认为的要小得多。也就是说，并非所有女性的语言能力都强于所有男性。此外，这种差异并不是在预期的与性别有关的年龄出现的，语言能力的性别差异似乎也不是完全与环境无关。根据“先天与后天的核对表”，后天比先天更重要。

女性阅读更多

生理上的男女差异在出生时很小（可以忽略不计），但在以后的生活中可能会发展成更大的差异，部分原因是文化上对期望的影响。就拿男女生在语言技能方面的先天差异（假定的）为例，这种差异可能被放大，因为人们期望女性阅读更多，对学习更认真，所以她们“自然而然”地比男性同学阅读更多的书籍和文学作品。正是因为人们对她们有这样的期望，女生实际上做了更多的家庭作业，并因此进行了更多的练习，从而获得了更高水平的语言技能。

男人比女人更会停车吗？

是！

男性和女性之间研究最多的认知差异之一是“空间意识”：识别形状、定位物体、判断物体之间的关系和距离以及估计移动物体的路径。这些都是日常生活中的重要技能，例如布置室内装饰、在地图上找路，甚至是作为行人评估是否还能从骑自行车的人面前通过。因此，至少在流行的说法中，男人比女人有更好的方向感，而且更擅长停车。有多少证据表明男人“天生”在这方面更胜一筹呢？这通常是通过评估一个人的“心理旋转”能力的实验来调查的。男性参与者组和女性参与者组之间的效应大小被发现处于“中”到“大”的范围内。

什么属于空间意识的范畴？

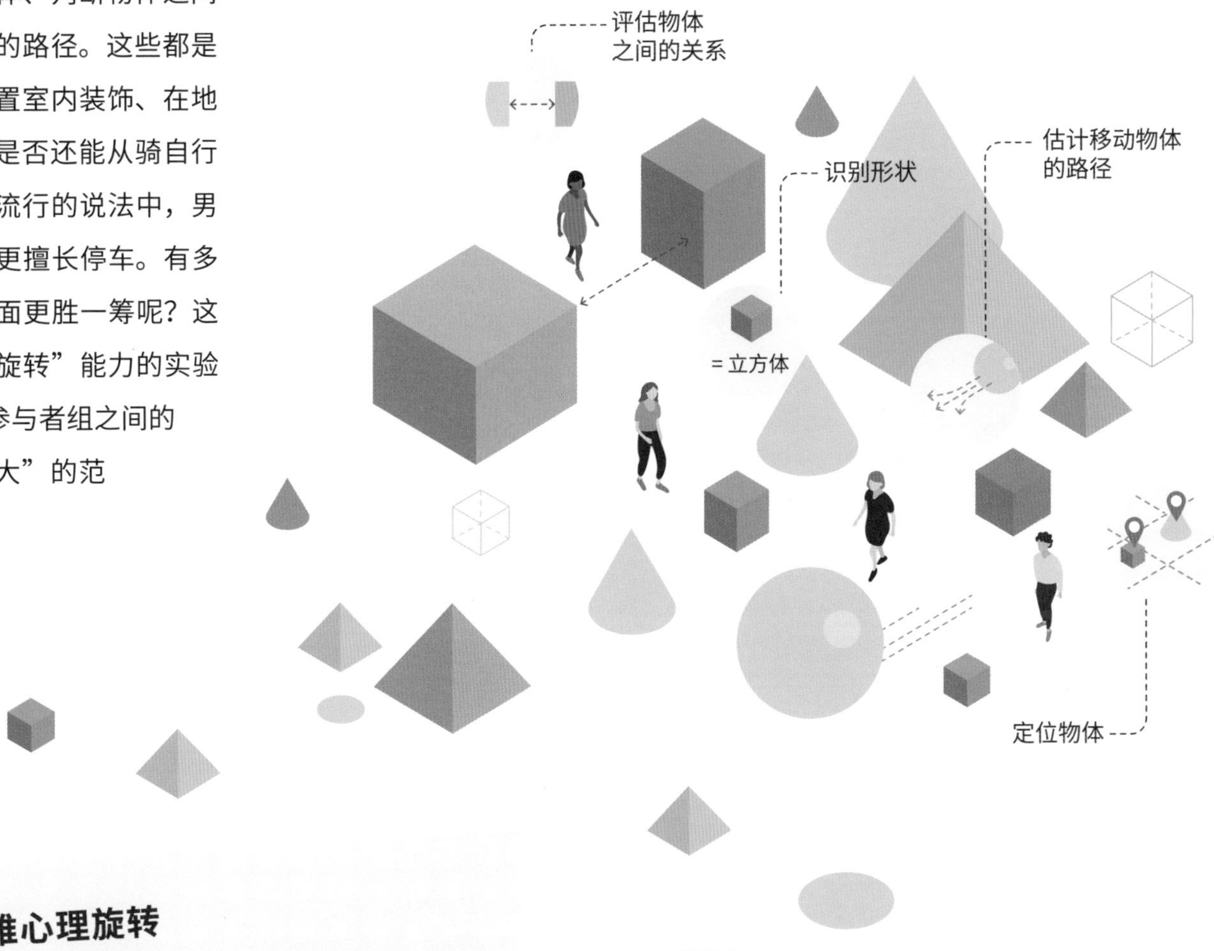

三维心理旋转

在最著名和最广泛使用的空间洞察力测量实验中，参与者看到两个抽象的三维物体，其中一个相同，另一个不同。为了让你感到困难，这两个三维物体中的一个被旋转了。这个实验考查的是你确定你面对的是两个相同的还是两个不同物体的能力和速度。

心理旋转任务

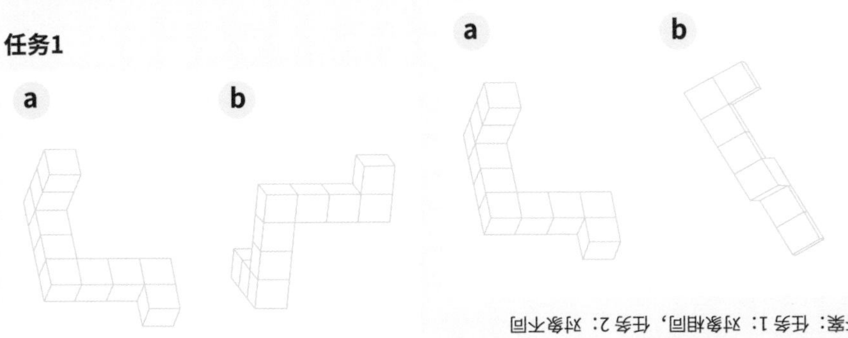

答案：任务1：对象相同，任务2：对象不同

来源：Krüger en Suchan.（2016）

是吗？

然而，并非所有关于男女之间空间意识差异的研究都是一致的，并非在所有测量空间意识的任务中都会发现性别差异。例如，在必须记住物体位置的任务中，女孩做得更好。男孩是否比女孩做得更好也在很大程度上取决于进行心理旋转测试的环境。一项研究表明，如果事先告诉女孩，她们的空间意识和男孩一样好，那么女孩的得分就会高很多。研究还发现，如果事先对儿童进行空间意识训练，男孩和女孩之间的差异就会变小。因此，与其说是“先天注定”，不如说你的空间洞察力更取决于你在家里或学校得到了多少练习，换句话说，取决于你的环境。如果你有很多玩3D拼图、积木、乐

“如果期望女性与男性做同样的工作，我们应该教她们同样的东西。”

——亚里士多德（公元前384—公元前322）

文化效应

文化效应还体现在孩子们在学校的数学成绩上，差异会随着几代人的成长而缩小，男孩和女孩之间的确切差异取决于他们所处的国家或文化。顺便说一下，一项大型研究表明，计算能力方面的差异在年幼时还无法测量出来。3至5.5岁的女孩和男孩在算术方面的得分仍然是一样的。只要你给予他们同样的机会，女孩和男孩很可能会发展出相同的算术能力。

激发空间洞察力

如何激发儿童的空间洞察力？

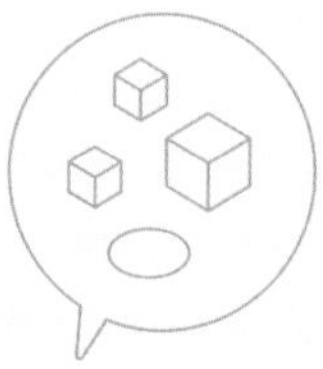

❶ 描述空间

例如，在去操场的路上，你可以使用基本方向来描述路线：“我们现在向北走，在下一个拐角处向西走。”而如果你想让孩子们拿一个物体，请在空间上确定它的方向：“把放在桌子右边的铅笔拿给我。”对于进阶学习者，你还可以使用“平行”和“正交”这样的词。

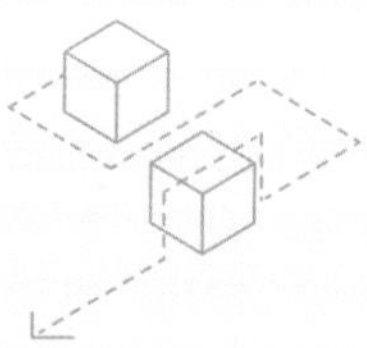

❷ 玩“机器人”游戏

有一个有趣的游戏叫“机器人”，孩子们必须按照指示爬过或绕过固定的障碍物。如果你让孩子在其他移动的孩子身边走来走去，还能增加额外的挑战。

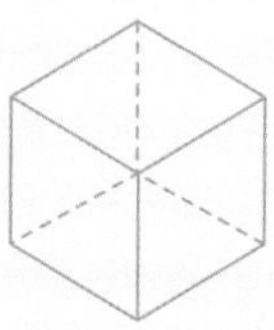

❸ 避免“数学焦虑”

避免无意中滋生“数学焦虑”。因此，不要将有关空间理解的游戏描述为“困难的”，而应将其视为“有趣、有用且人人都能做到”。顺便说一句：儿童通常比成人更擅长这类游戏。因此，没有必要认为孩子们和你一样觉得这些游戏很难。

高或游戏的经验，你就会变得“空间灵活”。例如，同样玩电子游戏的女孩和男孩在这样的心理旋转任务中往往表现得同样好。你还可以看到不同文化之间的巨大差异：如果女孩成长在一个与男孩拥有同等上学机会的社会，那么她们在空间意识测试中的得分就更高。亚里士多德在这方面可能是正确的，他说：“如果期望女性与男性做同样的工作，我们应该教她们同样的东西。”

有样学样

男女榜样的重要性

除了男孩和女孩获得练习技能的机会和文化对技能发展有影响外，榜样在解释行为差异方面似乎也非常重要。

例如，美国的一项研究发现，与预期相反，美国较富裕社区的男孩和女孩在数学测试中的差异比贫穷社区更大。这是为什么呢？孩子们越是相信他们能做某件事，他们就越是能有效地做好这件事，而榜样似乎是儿童相信自己能力的强大动力。现在，富人区的角色模式似乎更加传统，这不足为奇。作为男性榜样的父亲往往比母亲更能养家糊口，并且这种情况在子女选择兴趣爱好和学科时更容易体现出来。例如，男孩更倾向于参加国际象棋或科学俱乐部，而女孩则更有可能学习芭蕾舞；在学校，男孩比女孩更有可能选择理科课程。事实上，如果没有养家糊口的母亲和国际象棋棋手母亲的情况下，女孩的数学考试成绩会更差，而男孩则可以效仿他们“更成功”的父亲。这种榜样效应还体现在另一个观察结果中：父亲从事商业或科学（数字领域）工作的富家子弟比父亲在其他领域工作的富家子弟的数学成绩要好。

其他研究表明，儿童在很小的时候就意识到了刻板印象：例如，9岁的女孩不太可能选择数学科目，因为她们认为自己的数学成绩不如男孩，尽管数学考试成绩在那个年龄段是一样的。因此，你童年的榜样对你一生中的职业发展起着决定性作用。例如，在历史记载中，所描述的女性“主角”在比例上远远少于男性，尽管那些女性就在那里。因此，在历史和艺术中描绘女性故事的举措可以对年轻女孩的职业选择产生积极的影响。

被低估的女孩 vs 被高估的男孩

在荷兰，小学毕业时，孩子们会收到学校对他们中学学习的推荐。首先是由老师推荐，之后孩子们会参加最后的测试。如果你的分数比老师估计的要好，原来的学校建议就会上调；如果你的分数和预期的完全一样或者更低，老师的建议就会保留。

从数据中可以看出，教师在提出建议时可能会受到刻板印象的影响。事实上，女生在期末考试中的成绩往往高于男生。三年后，女生升入的学校级别往往比男生升入的学校级别要高：例如，在课堂上表现很好的学生被转到“更高”的级别。事实上，男孩比女孩更容易进入较低级别的学校。因此，在小学教育的最后一年，教师经常高估男孩的水平，低估女孩的水平。此外，也可能是因为中学教育更适合女孩的学习方式，而不适合男孩。因此，并不是所有的孩子都能在学校里充分发挥他们的潜力。

简而言之：人类85%的行为，男性和女性之间没有差异，而只有3%的人类行为存在显著差异。此外，这3%的差异还需要细细斟酌：男女之间的重合度仍然大于差异，而且这种重合度只在有限的范围内被描绘出来，差异的大小也不能明确地归因于刻在女性或男性DNA中的“先天倾向”。因此，正如我们所看到的，测量条件、拥有或缺乏训练的机会、你成长的文化，以及男性或女性榜样的存在或缺失都会放大差异。因此，很有可能差异在出生时可以忽略不计，但由于男孩和女孩的成长条件不同而随后发展成为巨大的差异。在随后的条目中，我们将进一步探讨这些有意义差异的原因（先天或后天）。

男女学生的数学成绩差距，
美国各学区的平均数

在较富裕的社区，男孩和女孩之间的数学成绩差距比贫困社区更大。

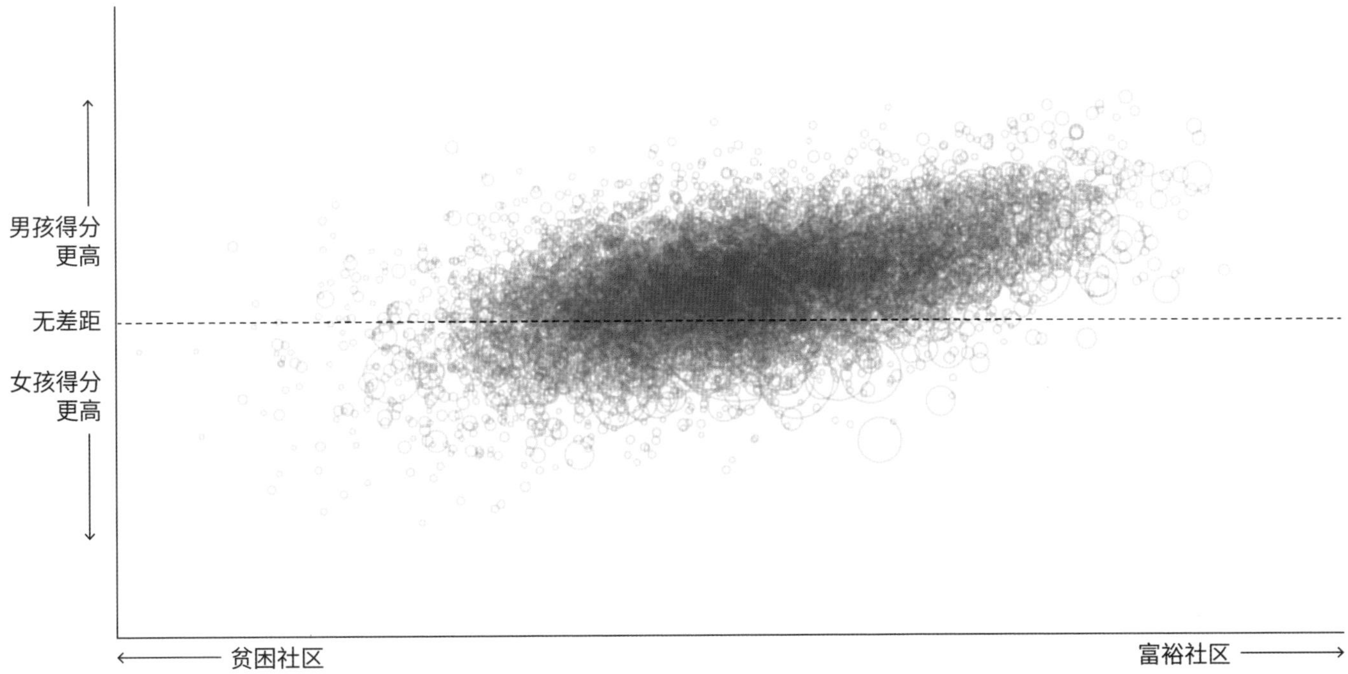

来源：Reardon et al. (2018)

典型的女孩/男孩？

2

男女差异是由生物因素还是社会文化因素决定的？

男女差异的可能因素

14岁的莉赛特非常擅长游戏，她在电脑前一待就是几个小时。值得注意的是，在她使用男孩名字和男性头像上网之前，她被她的玩家同伴（主要是男性）以不同的方式对待。当她从游戏椅上站起来时，通常是去打排球（她真的很喜欢竞争），与朋友聊天（测试最喜欢的“网红”化妆教程）或躺在床上看书（直到睡着）。她的一些爱好是男生的“典型”爱好，另一些则是女生的“典型”爱好。这并不意味着莉赛特是独一无二的：大多数人都有“女性”和“男性”混合的兴趣爱好。然而，你可能会认为纯粹的性别二分法会产生“男性化”的男性和“女性化”的女性，对吗？

事情并没有那么简单。一方面，男女之间存在与生理性别或性别相关的生物学差异：男女在DNA、激素分泌和性器官方面存在差异。例如，女性可以来月经和怀孕，男性则不能。另一方面，你有与环境相关的男女差异，这些差异产生于环境基于你的生物性别对你做出的反应，以及环境基于你的性别对你的期望和接受。在后一种情况下，我们就会谈论到你的“社会性别”或性别。如果你是男性，那么人们通常会期待你留短发及踢足球；如果你是女性，那么人们往往会把长发和跳舞作为一种爱好与你联系起来。无论你在何时何地出生，“生物性别”（性别）都是一样的，而“社会性别”（性别）则不同，它取决于你来到这个世界时的时代潮流或文化背景。在20世纪50年代，家里只有一个人（男性）养家糊口是很正常的，而到了2022年，两个人养家糊口就很普遍了。至少在比利时和荷兰是这样，因为在世界其他一些地方，女孩甚至不能享受教育……你的生理性别可以通过不同的“途径”影响你的行为：直接（＝生理上的男女差异）或间接（＝与环境有关的男女差异）。

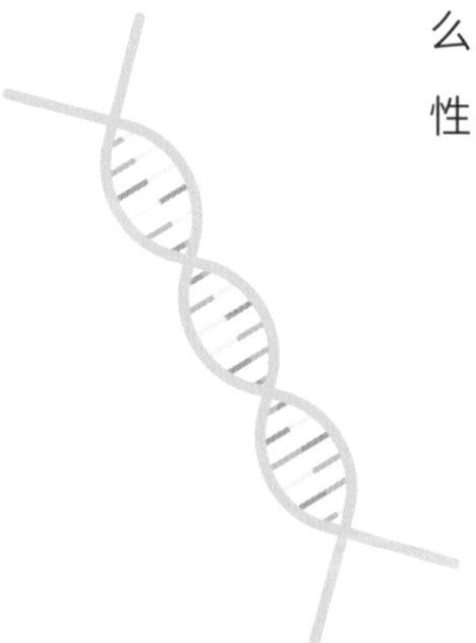

i 男性、女性或双性人

你的生理性别通常是男性或女性，但每400人中就有1人是“双性人”。这意味着他们的性器官不是100%的男性或女性。这可能是由于性染色体变异造成的。一个例子是克兰费尔特综合征，其中男性有一个额外的X染色体（XXY）。这些“双性人”的睾丸很小，通常不孕，有时会发育出乳房。

XXXXY

XXX

XYY

XXYY

XY vs XX

生理途径1：Y染色体

所有性别倾向差异的根源都在DNA中。你体内的每个细胞都包含23对染色体。每对染色体的一半遗传自母亲，另一半来自你的父亲。其中，男性和女性有22对染色体是相同的，只有第23对性染色体不同。女孩有两条所谓的X染色体，来自父母双方。男孩继承了一条X染色体（来自母亲）和一条Y染色体（来自父亲）。Y染色体比X染色体小得多，长度约为X染色体的三分之一。它上面的基因也少得多，大约有71个，而X染色体上有大约900个基因。这使得Y染色体成为人类最小的染色体，而该染色体上大多数已知功能的基因都与繁殖有关。Y染色体上的一个SRY基因（Y染色体的性别决定区），使性器官发育成男性形式。生殖器官的内部或“性腺”——男孩的睾丸，女孩的卵巢——产生性激素。

相同的开始

在受精后6周内，男孩和女孩的胚胎性器官是相同的。此后，Y染色体的SRY基因（睾丸决定因子）在男孩体内开始活跃，男孩的性器官开始发育为男性。但在此之前，自然界并不区分男性和女性胚胎。

所以每个男性身体细胞都包含一条Y染色体，而女性则没有。

2个X vs 1个X

生理途径2：两个X染色体

除了Y染色体的有无之外，性染色体还造成了男女之间的另一个差异，即女孩有两条X染色体而男孩只有一条。如果两条X染色体的基因都在女性身上得到表达——基因是编码遗传特征的DNA片段，它首先转化为RNA，然后转化为蛋白质，将遗传特征转化为可观察的特征，例如眼睛颜色——那么女性遗传性状的产生量将是男性的两倍。大自然通过完全任意地搁置任一染色体，完美地解决了这一问题。这种“自然解决方案”造成了雌雄差异，并解释了为什么公猫的毛是一种颜色，而斑纹猫（几乎）总是母猫。事情是这样的，毛色基因位于X染色体上，在母猫的某些毛色部位，（红）猫妈妈的X染色体不活跃，而在（黑）猫爸爸的X染色体上，其他毛色部位的X染色体则不活跃。结果是什么？一只花斑猫！公猫的Y染色体来自父亲（无毛色基因），X染色体来自母亲（有毛色基因），它们只从

性别、性别认同和性取向

这一章将重点讨论性别对男女的大脑及行为的直接和间接影响，更确切地说，是指生理上的男性和女性。因此，我们不讨论男性或女性之间的差异。毕竟，你的“性别认同”可能与你实际的“生物性别”不一致。研究表明，在性别认同的发展过程中存在着巨大的差异，甚至在个体内部，性别认同也会发生波动。事实上，你可能在某一时刻感到“男性化”，而在另一时刻感到“女性化”。研究人员认为，性别认同的发展过程与生理性别的发展过程有着不同的时间和效果。这也可能解释了为什么性别和性不一定匹配。

在你“性取向”的发展中，即你在性方面被吸引的性别，同样涉及与你的生理性别和社会性别不同的过程，时间也不同。这方面存在着极大的个体差异。这表明，在性取向的发展中，存在几个相互关联的过程。具体是哪些过程以及它们之间如何相互关联，目前尚不完全清楚。无论如何，不同性取向的人在出生后测得的睾丸激素水平没有差异。此外，性取向显然不是由出生后的社会化影响决定的。例如，父母为非异性恋的儿童并不比父母为异性恋的儿童更有可能成为同性恋者。旨在改变性取向的治疗方法已被发现是无效的，甚至会产生有害后果。为了更好地了解你的性别认同和性取向的发展，首先了解你的生理性别对大脑和行为的影响是很有用的，而这正是我们在本章中关注的重点。

一对染色体

Y vs 没有 Y

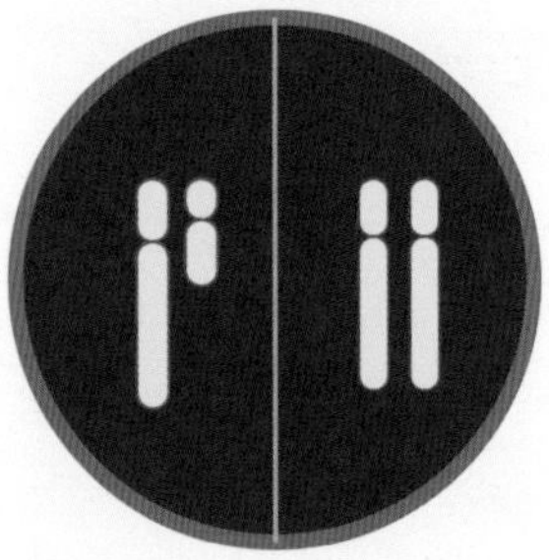

1 每个人的细胞核含有两条性染色体：女孩有两条 X 染色体，男孩有一条 X 染色体和一条 Y 染色体。

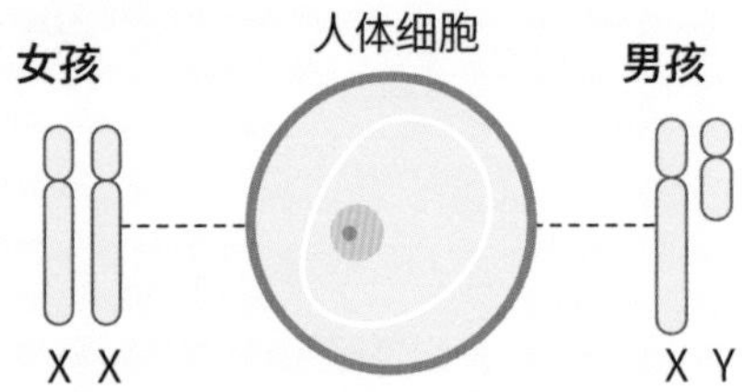

2 Y 染色体包含的基因比 X 染色体少，而且基因也不同。例如，女孩没有 SRY 基因。

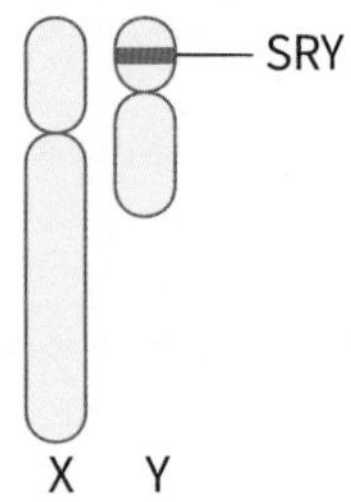

3 直到受孕后 6 周，性器官仍然是相同的。

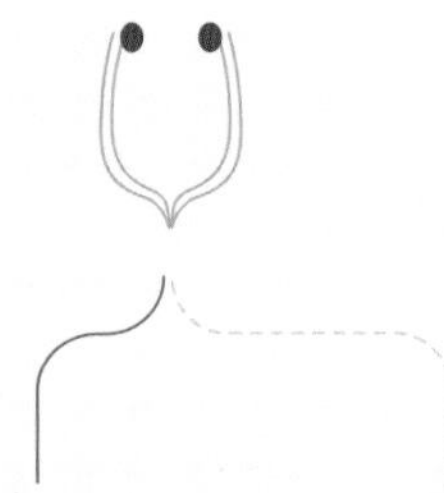

4 在 SRY 基因的影响下，性器官发育为男性形态。

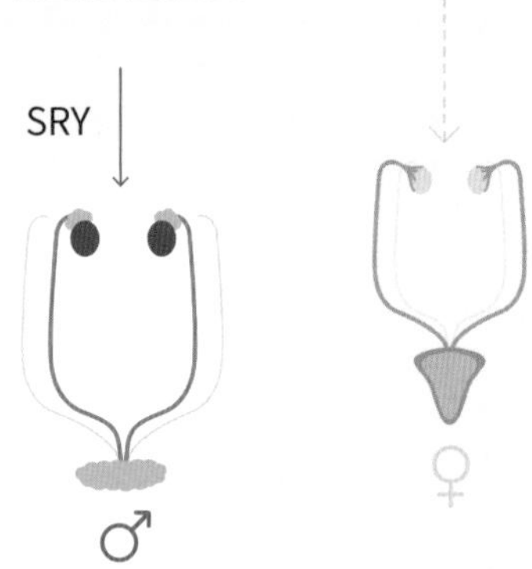

1 个 X vs 2 个 X

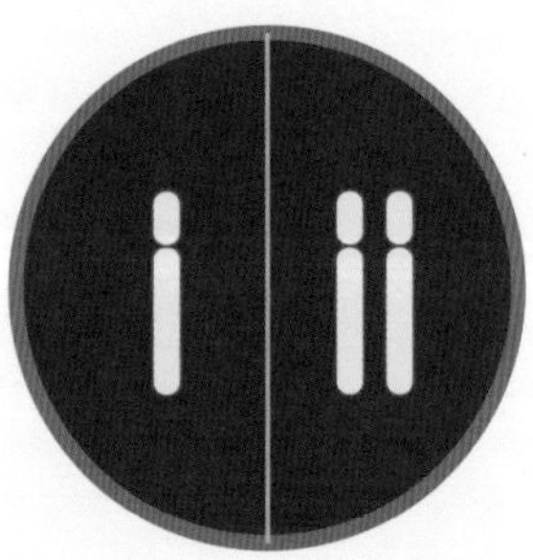

1 女孩有两条 X 染色体，男孩只有一条。

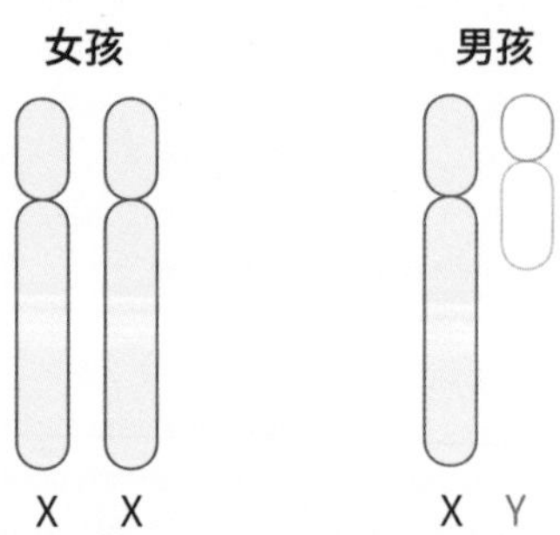

2 因此，在女孩中，每个细胞含有两个不同的 X 染色体基因副本。

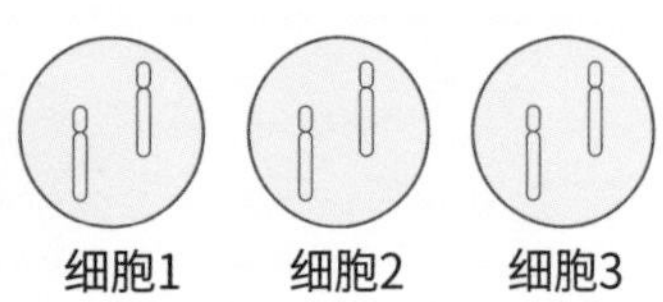

3 为了避免女孩的基因数量是男孩的两倍，每个细胞中的一条 X 染色体被随机关闭。因此，在女孩中，每个细胞中都有一个不同的 X 染色体活跃。

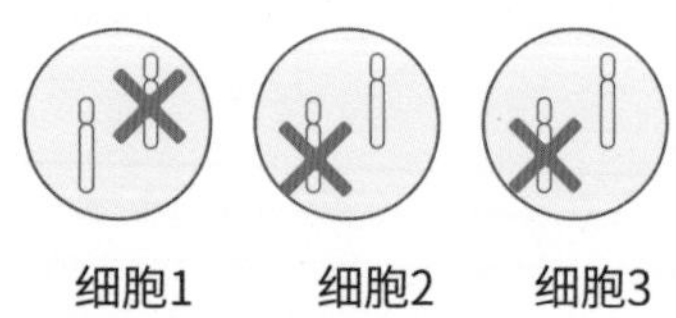

红色猫妈妈那里继承了红毛基因。因此，所有细胞都含有相同的“红毛基因”的X染色体，所以它们的整个毛都是红色的。

在人类身上，任意一条X染色体的“失活”也有类似的效果。在X染色体上活跃的所有基因在女性身上会出现两个版本，在男性身上则是一个版本。如果X染色体上的一个基因有“缺陷”，男孩比女孩就更容易受到影响（女孩有时停用该基因，有时不停用）。例如，你可以在红绿色盲中看出这一点，这种情况男孩（1/12）比女孩（1/200）更常见。携带这种基因的男孩和女孩的数量相同，但要真正成为色盲，女孩必须从父亲和母亲那里都遗传到有缺陷的基因，而这种概率要小得多。与其他器官相比，X染色体上的基因在大脑中相对较多地处于活跃状态。因此，通过这条途径，X染色体的数量（一条或两条）也可能导致男女差异。

雌激素和黄体酮vs睾丸激素

生理途径3：激素

根据Y染色体的存在与否，胎儿在子宫内的性别为男性或女性。在带有Y染色体的胎儿中，睾丸产生负责外部男性性别发育的激素。这发生在受精后六周。如果没有这些激素，外在性别就会发育成女性的形式，这种发育可以说是“默认”的。

在青春期的女孩身上，卵巢中雌激素和黄体酮激素分泌的增加会导致外生殖器官和其他第二性征（如乳房发育和体毛）进一步女性化。同样，在青春期的男孩身上，睾丸中雄性激素（最有名的是睾酮）分泌的增加会导致第二性征的发育：更大的阴茎和更多的肌肉。

科学家们开始谈论“女性”和“男性”激素，并试图从中解释男女之间的差异。因此，人们对睾丸激素和攻击性之间的联系进行了大量研究，以此来解释为什么男人比女人更具攻击性，直到科学家

花斑猫是如何产生的？

毛色基因位于X染色体上，
例如可以是红色/粉色（●）或黑色（●）。

对**公猫**来说，这通常会导致以下一种毛色：

情况 A
所有毛皮部分都是黑色被激活。

情况 B
所有毛皮部分都是红色被激活。

在**母猫**中，两条X染色体中的一条被随机关闭。这将导致以下一种毛色：

情况 A
所有毛皮部分都是黑色被激活。

情况 B
所有毛皮部分都是红色被激活。

情况 C
在一些毛皮部位，红色被激活，在另一些部位，黑色被激活。

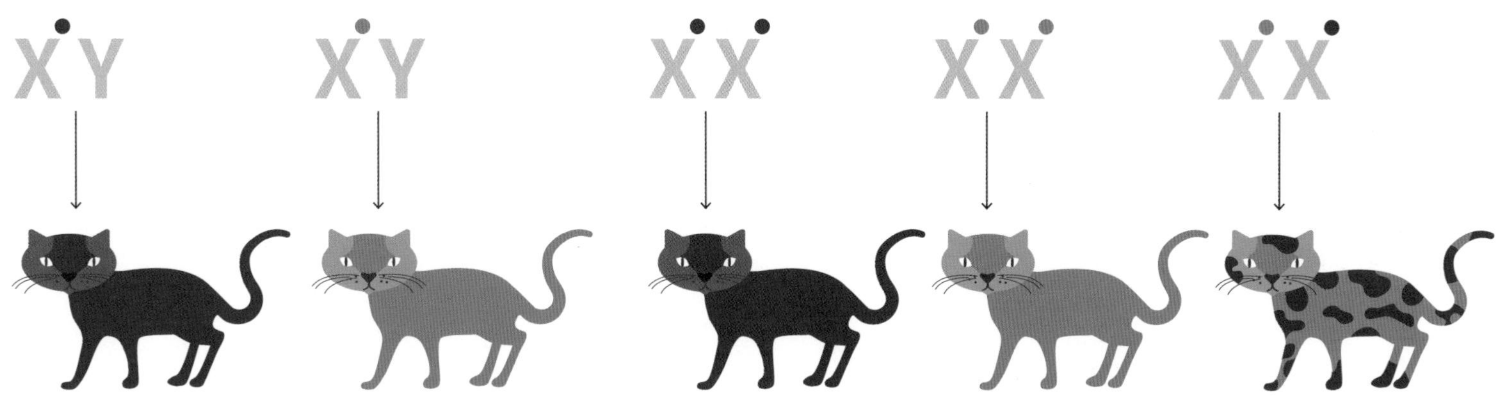

们发现男人同样能产生雌激素和黄体酮激素，而女人也能产生睾丸激素。只是他们的程度不同。事实上，这些激素是可以相互转化的。例如，睾丸激素通过一种特殊的蛋白质可以转化为雌二醇。

此外，激素的功能比以前想象的要复杂得多。而且，每个年龄段激素分泌量的性别差异并不相同。例如，男孩的睾丸激素在出生前会大量增加，而在出生后会大量减少。在青春期，他们产生的睾丸激素是女孩的10倍以上。因此，性染色体（X和Y染色体）和激素差异对身体的影响因年龄阶段而异。有些差异是暂时的，有些差异是永久的。这种永久影响的一个例子是青春期激素对第二性征（如体毛）发育的影响。此外，雄激素和雌激素会导致男女心血管系统、肌肉、骨骼和免疫系统的差异。但是，激素的性别差异是否会影响人类大脑，进而影响男女行为差异，其影响程度是否与影响生殖器官发育的程度相同，这些问题仍然需要进一步研究探讨。

激素代谢

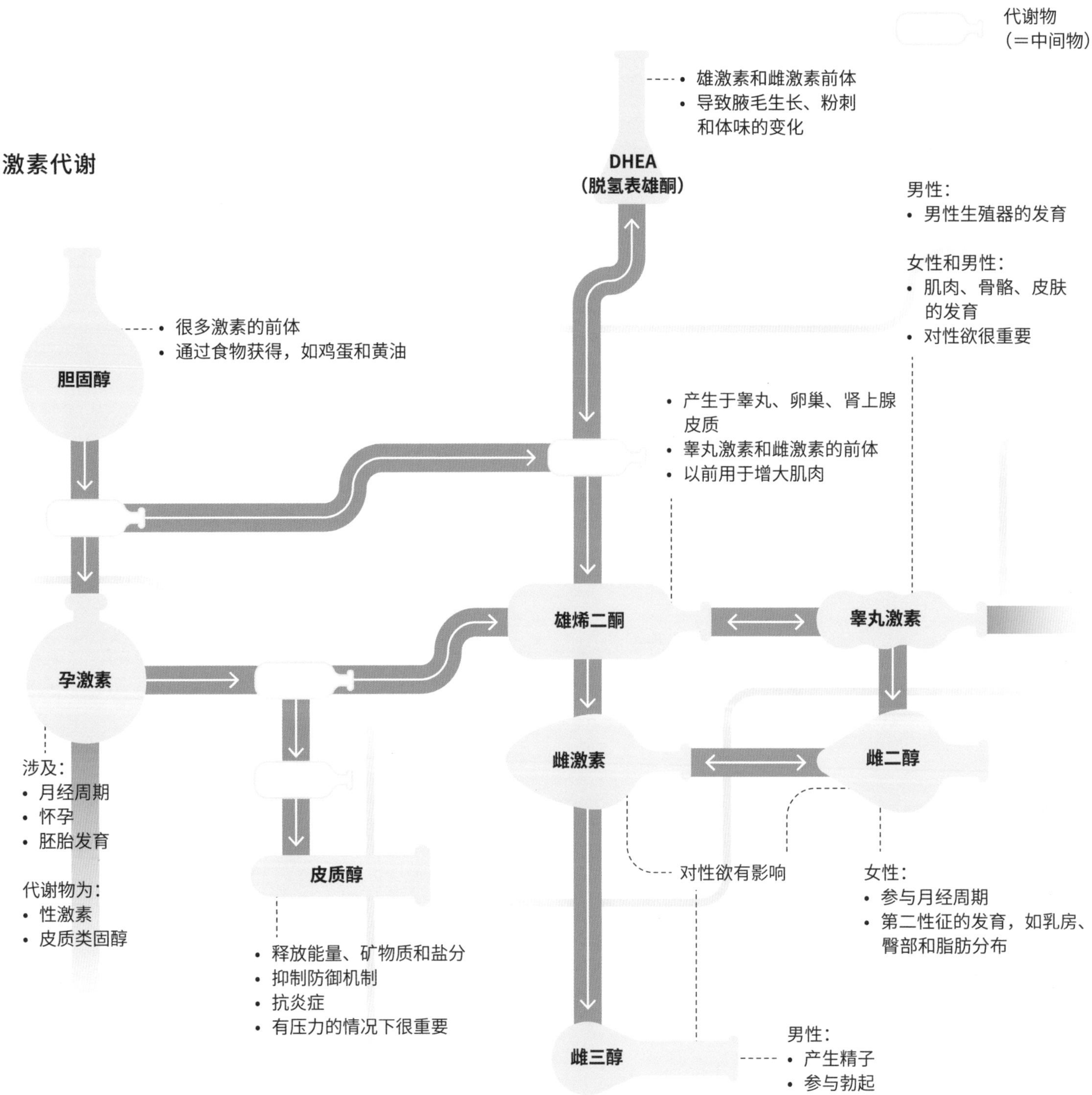

睾丸激素水平比较
从最大值开始，以百分比表示

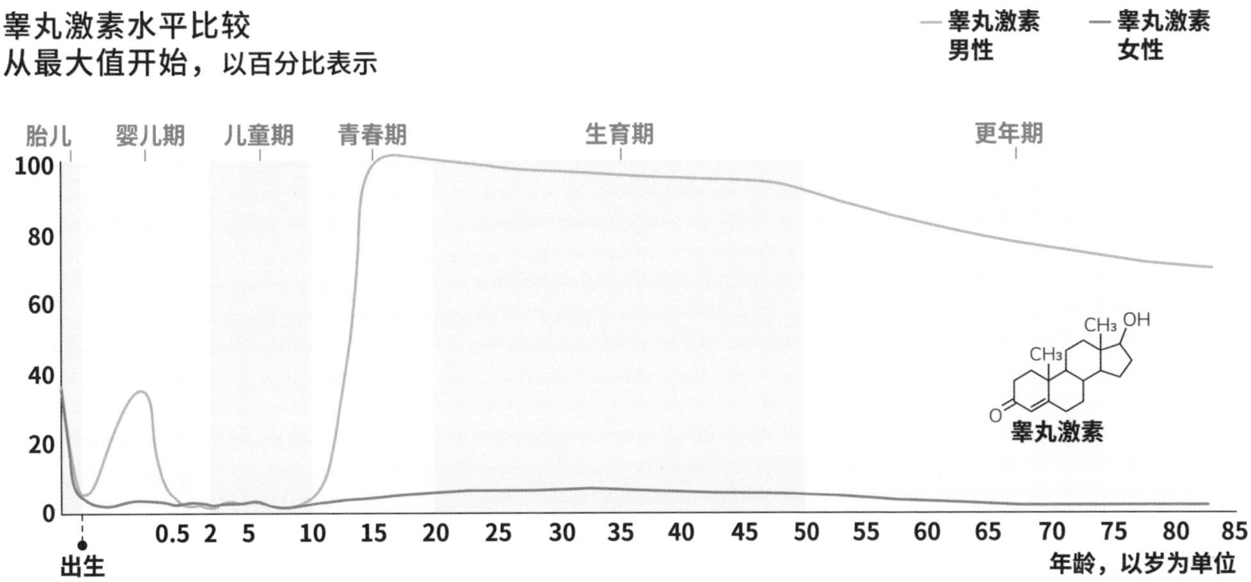

雌二醇水平比较
从最大值开始，以百分比表示

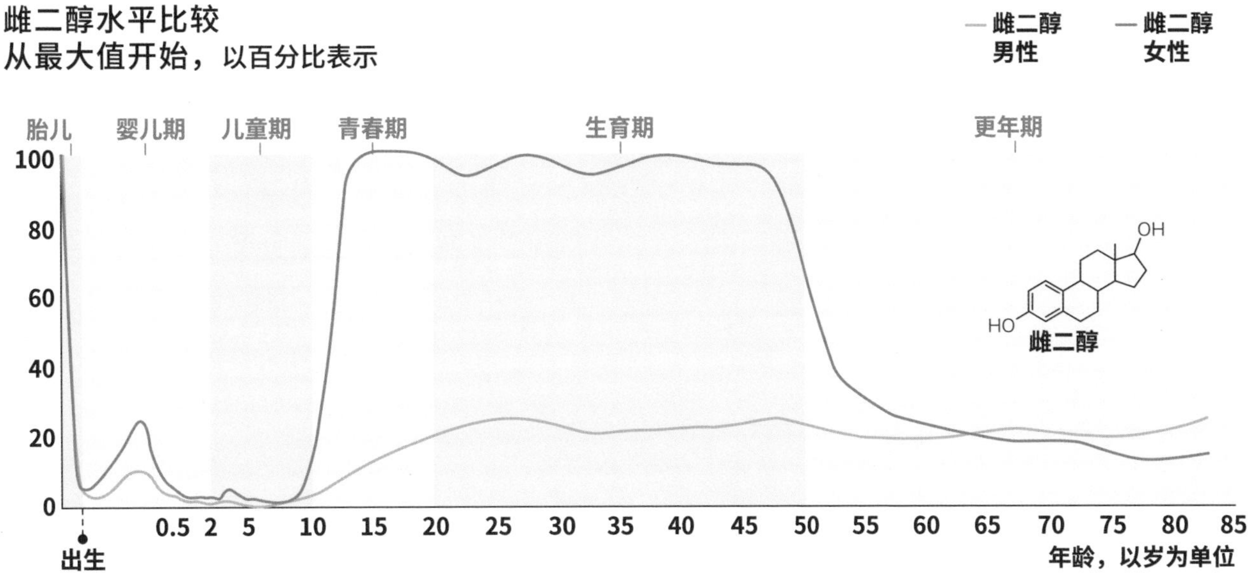

来源：Dorak et al.（2017）

典型的女孩 / 男孩 / 女人 / 男人？

环境途径 4

性别差异也可以自觉或不自觉地由社会文化、近环境（你的家庭）或远环境（社会、文化）或你成长的时代潮流决定。

无意识的养育方式

儿子和女儿的不同教养方式，无论是否受到所处的文化和时代的影响，都会造成一些男女差异，或者放大微小的差异。例如，在一项实验中，研究人员测试了父母是否无意识地使用了语言刻板印象。他们通过让父母与孩子一起阅读一本图画书来进行这个实验。在这本书中，不分性别的角色执行刻板的男孩或女孩活动，例如踢足球或吸尘。当父母为儿子读书时，他们更关注男孩的活动；而为女儿读书时，他们则更关注女孩的活动。因此，在不知不觉中，父母潜意识地向儿子或女儿传达了不同的期望。

有时父母甚至下意识地对根本不存在的男女差异有想法。例如，一项研究要求怀孕的母亲描述她们宝宝的动作。当妈妈们知道自己宝宝的性别时，男孩比女孩更经常被赋予“强壮的”和“敏捷的”动作。当她们不知道性别时，那么男婴和女婴的动作被描述得差不多。因此，根据胎儿的运动方式，你无法预测是男孩还是女孩。

音调差异仅在青春期后才会出现，即当男孩“长胡子”时才会显现出来。高音调的哭声更常被认为是女婴而不是男婴。更值得注意的是，哭声越高，越被描述为“女性化”，而越低，则越“男性化”。当男婴低声哭泣时，与女婴低声哭泣相比，受试者会更加感到不适。这表明仅在青春期后才出现的差异被错误地应用到婴儿身上。

简而言之：在童年早期，不论是否基于实际的差异，成年人都会对男孩和女孩区别对待。这可能会影响他们在以后的生活中形成“典型的男性或女性”行为，在这种情况下，已经存在的微小差异可能会被强化。因此，先天条件和后天环境之间存在着相互作用。

男性药物测试

我们对男性和女性在药物作用方面的差异了解得相对较少。例如，用于治疗失眠的助眠药物唑吡坦的推荐剂量在上市20年后对女性减半。事实证明，女性服用这种药物需要更长的时间来分解，而且在睡眠8小时后仍然出现副作用的风险更大。为什么等到20年后才被发现？因为这种药物在进入市场之前从未在女性身上进行过测试（不过，对这种差异背后的机制仍有争议。一种解释可能只是男性和女性之间的体重差异）。

直到最近，大多数研究都是专门针对男性进行的，无论是在人类还是动物身上。有人认为，除了性器官和与生殖有关的机制（如排卵或射精）外，男人和女人没有什么不同。此外，考虑到女性每月的生理周期以及激素分泌的波动，这似乎更加麻烦。现在看来，这种观点是不合理的，因为对小鼠的研究表明，男性的激素分泌波动同样大，有时甚至更大。最后，从1977年到1993年，为了避免危及怀孕的可能性，育龄妇女（从青春期到绝经期）干脆被禁止参与药物研究。现在，只要有可能，药物都要在男女身上进行测试。在动物研究中，这甚至是强制性的。因此，我们对男性和女性在药物作用方面的差异认识是相对初步的。

在壁炉旁的女人

教养过程中的陈旧刻板观念造成或放大了男孩和女孩之间的差异，而后期生活中的陈旧刻板观念则造成了成年男性和女性之间的差异。例如，长期以来，人们一直认为女性不如男性聪明，女性不被正式允许上大学。这造成了一种恶性循环，由于女性没有受过教育就不能担任社会上的重要职位，因此，有偏见的男科学家认为女性实际上没有能力。然而，男女之间所谓的智力差异原本是由社会文化决定的，而不是由生物学注定的。自从女性被允许读书以来，受过高等教育的女性越来越多，智力差异不再被衡量。以前，如果发现智商存在差异，那是因为女性被剥夺了受教育的机会。

不合理的刻板印象也会对男性造成有害后果。男性对家庭中性别角色的看法越传统，那么当他们的妻子成为家庭的经济支柱时，他们所承受的压力就越大。他们将经济依赖性视为对其男子气概的威胁，这对他们的压力水平产生了负面影响。更大的压力还会带来额外的健康风险，如心血管疾病的风险更高。

因此，女性和男性所接触的社会文化和社会经济观念会影响可测量的技能，如智力和健康。

睾丸激素：是鸡还是蛋

生理或环境途径 5

长期以来，性激素对行为的影响一直被视为是单向的。人们认为，男性只是因为睾丸激素分泌量更高从而更具攻击性和竞争力。例如，一项著名的研究调查了证券交易所中男性的睾丸激素水平，研究发现睾丸激素水平较高的男性赚的钱更多。攻击性和冒险行为之间存在联系，但并非所有研究都证实了这一点。例如，睾丸激素更多的女性也并不意味着有更多的“典型男性”特征（第132页）。

此外，一项研究表明，睾丸激素水平本身也会受到环境的影响。例如，一项研究模拟了一个工作场所的对话，参与者扮演一位经理，并与一位演员

人体哪些器官会分泌激素?

“男性”和“女性”激素：它们真的存在吗?

“男性”和“女性”激素的说法有误导性。不仅男性或女性特有的性器官会产生性激素，其他男女都有的器官——肾上腺、大脑、皮肤和脂肪细胞也会产生性激素，只是程度较轻。此外，激素还会相互转化。所以男孩和女孩都拥有所有的激素。

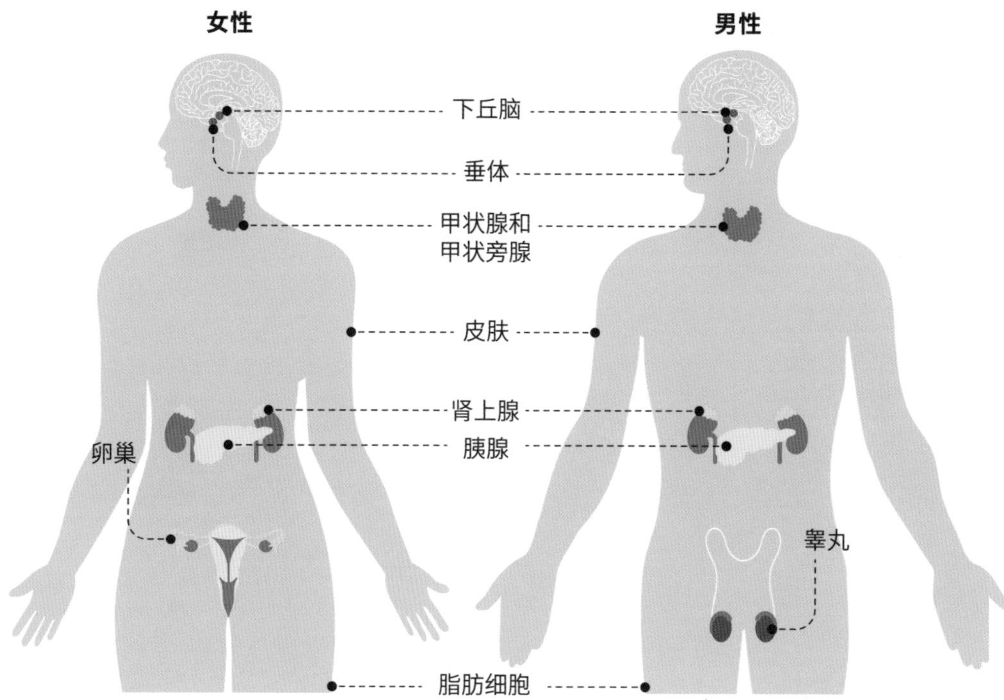

扮演的员工进行对话。在这次谈话中，参与者必须行使他们作为领导者的权力。研究人员发现女性经理的睾丸激素增加了约10%。因此，并不是睾丸激素本身导致男性行为，而是情境——在这种情况下就是权力地位。因此，在这种情况下，女性的睾丸激素水平也会增加，只是“现实生活中”，男性比女性更经常地成为等级制度里的上级。例如，在荷兰，名叫彼得的高管人数多于女性。顺便说一句，这反过来也适用。承担“典型女性”任务的男性的体内睾丸激素水平会下降，同样，新生儿父亲的睾丸激素水平也会下降，前提是他们必须承担照顾孩子的任务。

因此，虽然你的生理性别决定了你是雌激素和孕激素占优势还是睾丸激素占优势，但社会文化决定的参数——男性的权力展示或女性的照顾责任——可以影响这些激素水平。因此，男性和女性之间的行为差异是生物因素和环境因素之间复杂的相互作用的结果。

存在两种生物性别并不导致男女行为的对立，这一点是肯定的：没有任何行为是男性独有的，也没有任何行为是女性独有的。弄清楚自然或环境在多大程度上造成了男女差异并非易事。

然而，这确实非常重要。假设我们可以确认语言技能和空间意识的差异是天生的，那么你就必须在童年的“敏感期”弥补这种差异，因为此时神经元的可塑性最大，你的大脑对它所获得的经验特别开放（第83页）。你可以给男孩提供额外的语言练习，给女孩提供额外的空间意识训练。

然而，如果事实证明语言技能和空间意识的差异是后天习得的行为而不是天生的，那么我们就应该致力于角色塑造和打破“男性和女性”的刻板印象。否则，你将失去很多潜在人才：例如，女IT或男护士。在以下条目中，我们将阐明神经科学对男女行为差异的看法。其中哪些反映在大脑差异上呢？

唱歌的斑胸草雀（和它们沉默的雌性）如何让神经科学家思考？

3

男性和女性的大脑是否存在先天性差异？

性染色体对大脑的影响

你知道斑胸草雀吗？对于鸟类饲养者来说，这是一种理想的“新手鸟”——它对食物似乎没有很高的要求——它源自澳大利亚，并且在整个大陆都可以看到。或者更准确地说：可以听到。每只雄鸟都有自己独特曲目，包括复杂的节奏和旋律，并通过父系遗传给后代。因此，同一血脉的所有歌声都很相似。值得注意的是：雄性非常善于唱歌，而雌性则完全没有音乐天赋。更惊人的是：这种差异反映在它们的大脑结构上。雄鸟大脑中负责歌唱的部分比雌鸟大6倍。

尽管一些科学家对这一结论有微词，但这个来自动物王国的例子说明了大脑中的雌雄差异与行为中的雌雄差异之间的明确关系。换句话说，大脑部分区域确实存在雌雄之分。与性器官一样，斑胸草雀的大脑似乎也有性别“二态性”。这意味着它以两种形式存在，就像性器官——例如，你要么有睾丸，要么有卵巢。就斑胸草雀的大脑而言：要么有巨大的鸣唱区，要么有微小的鸣唱区。这种“二态性”与功能的差异直接相关。在这种情况下斑胸草雀要么成为鸣唱大师，要么几乎发不出任何音符。

对斑胸草雀的研究成为寻找哺乳动物和人类大脑类似性别差异的重要起点之一。研究人员对出生前男女大脑的差异特别好奇，当然，他们也在寻找生命后期的大脑差异。毕竟如果男人天生就比女人更擅长停车，而女人天生就比男人更擅长语言，那么你会想知道大脑是否在出生前——甚至是在环境产生影响之前——就在这些功能上存在差异。

本章将重点讨论大脑中的男女差异，这些差异可能与男性（XY）和女性（XX）的不同性染色体有关，换句话说，与男性或女性的DNA相关联。下一条目将向你介绍大脑中的男女差异与性激素（如睾酮）之间的相关性研究。

斑胸草雀的大脑差异

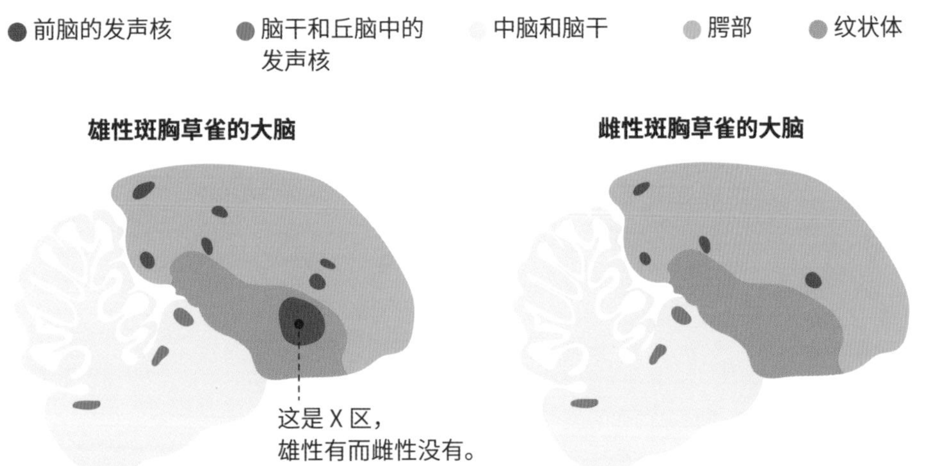

来源：Choe et al.（2021）

斑胸草雀（ZW）vs斑胸草雀（ZZ）

并非所有科学家都相信，雄性和雌性斑胸草雀大脑中鸣唱区域大小的差异是性染色体或激素直接造成的。事实上，并不是所有种类的鸣禽都表现出鸣唱区域的差异。相反，在某些鸣禽中，雌鸟比雄鸟唱得更多——这种差异似乎也反映在大脑中，雌鸟鸣唱区的面积比雄鸟的更大。此外，也有一些鸣禽，其雄性和雌性的歌唱水平相当。因此，它们的大脑在鸣唱区面积上没有性别差异。顺便说一下：在鸟类中，雌性有两条不同的性染色体，即Z和W染色体，而雄性有两条Z染色体。

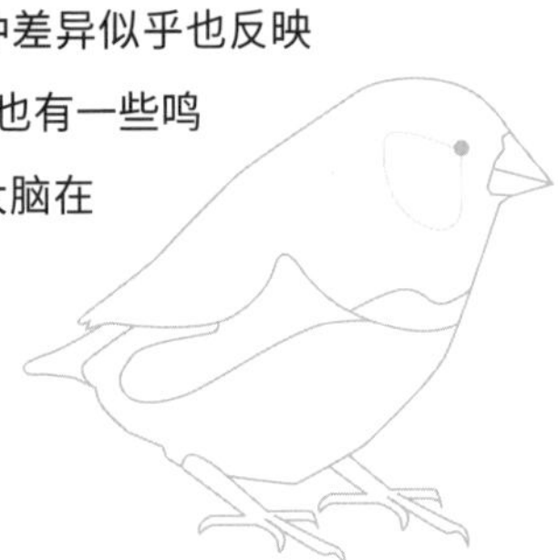

“在候诊室里，他正在阅读一本破旧的医学杂志《柳叶刀》。他正全神贯注地阅读一篇关于男性和女性大脑相对大小的论文。有令人信服的证据表明，男性的大脑比女性稍微大一些。一个女人的手在页边空白处写道：‘那么为什么那些拥有大脑袋的浑蛋不会使用马桶刷呢？’”

——出自《睡了一年的女人》（Sue Townsend，2014）

成年男性 / 女性大脑

我的INAH-3（男性）比你的（女性）大！

通常情况下，人类很少以唱歌的方式引起对方的兴趣。因此，无论是男性还是女性，人类大脑中都没有像澳大利亚鸟类那样的鸣唱区。然而，经过多年的研究，科学家们发现了男女不同大脑部位的大小差异。INAH-3，全称是“下丘脑前部间质核-3”，是一个平均只有头发丝粗细的大脑区域（0.1mm^2）。INAH-3负责性激素的释放，并且参与我们的生殖行为。而正是这个几乎看不到大小的微型区域，男性平均比女性大60%！

我的大脑（男性）比你的（女性）大吗？

INAH-3现在是一个潮流的引领者吗？男人的大脑是否在更多的区域比女人的大，以及大到什么程度？研究人员对此并没有达成一致意见。原因如下：男性的大脑作为一个整体（所有的大脑区域加在一起）平均比女性的大脑大10%，这一点毋庸置疑。事实上，这种差异的效应大小是“大”的。当然，你还必须考虑到，男性平均来说更高大，器官更大。那么问题是：考虑到上述情况，男性和女性的哪些大脑部位在大小上有差异？

脑区与脑区之间的差异取决于你使用何种研究方法来“解释”男性更高的身高和器官大小。此外，即使发现了差异，也不一定有意义。例如，一项对5 000多个成年人进行脑部扫描的研究表明，大脑不同部位的效应大小从“中等”到“大”不等。但如果考虑到大脑总体积大小的差异时，大多数脑区有意义的差异就消失了。在某些脑区，相关的性别差异仍然有利于男性；而在其他脑区，女性在大小之争中“胜出”。然而，其效应大小已经缩小到“小到可以忽略不计”和“小”（第105页有关效应大小）。至于其余的大脑区域，男女差异最终被证明是不存在的。

大脑皮层不同部分体积的性别差异

如果考虑到大脑总体积的差异，效应大小就会变小（小到可忽略不计）。

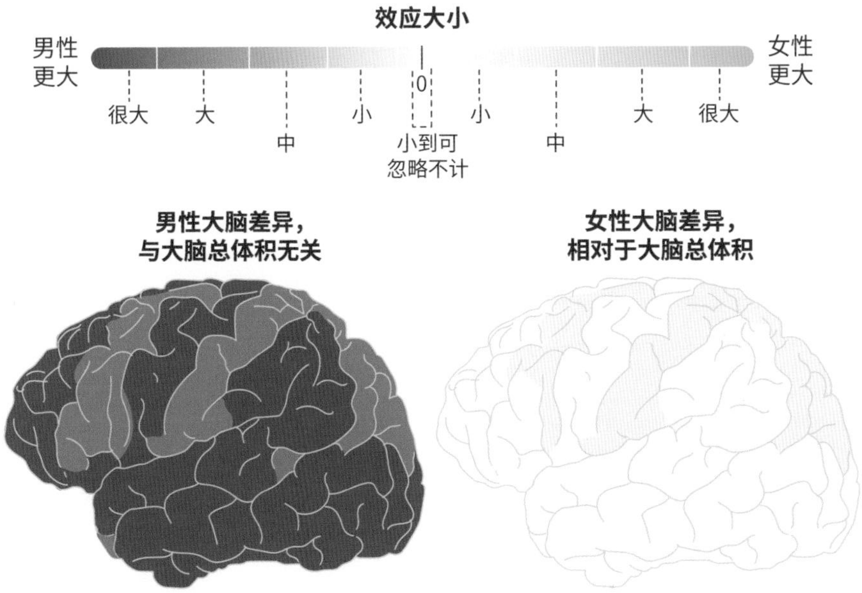

来源：Richie et al.（2017）

人脑（男/女）vs 鸟脑（雄/雌）

非二态性vs二态性

还有更多的相对性需要考虑……让我们回到澳大利亚的歌唱天才身上。虽然雄性斑胸草雀的歌唱曲目区面积平均比雌性斑胸草雀大6倍，但“人类男性”的INAH-3比女性平均大60%，即1.6倍。因此，在人类下丘脑中发现的大小差异比在鸟类大脑中发现的大小差异要小得多！而且，这是平均差异。也就是说，并非所有男性都拥有与女性尺寸不同的INAH-3。因此，人类不存在像斑胸草雀一样的二态性或相互排斥的雄性和雌性大脑差异。所以你可以想象，大脑总大小的10%差异（或者更确切地说：男性大脑平均是女性大脑的1.1倍）并不足以表明存在“纯男性”或“纯女性”的大脑。男性和女性的大脑总体积之间仍有50%的重叠。相比之下，睾丸和卵巢分别是“专属于”男性和女性的，不存在一半是卵巢的睾丸这种情况……

产前大脑生长的测量，
基于超声波

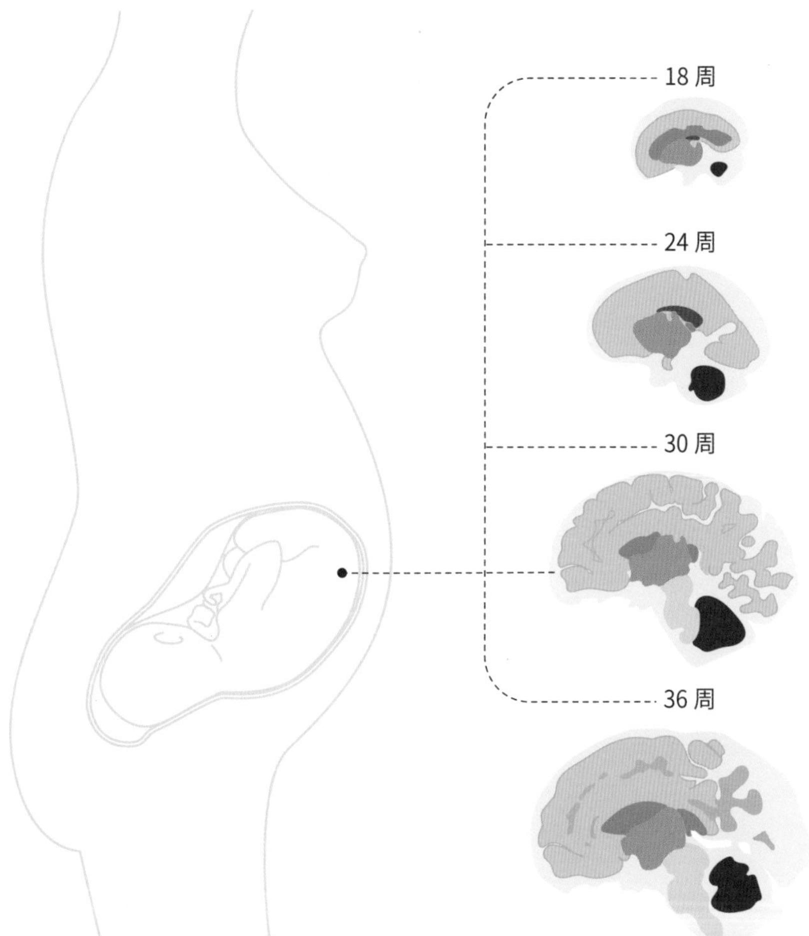

额叶皮层白质的脑体积，单位：cm³

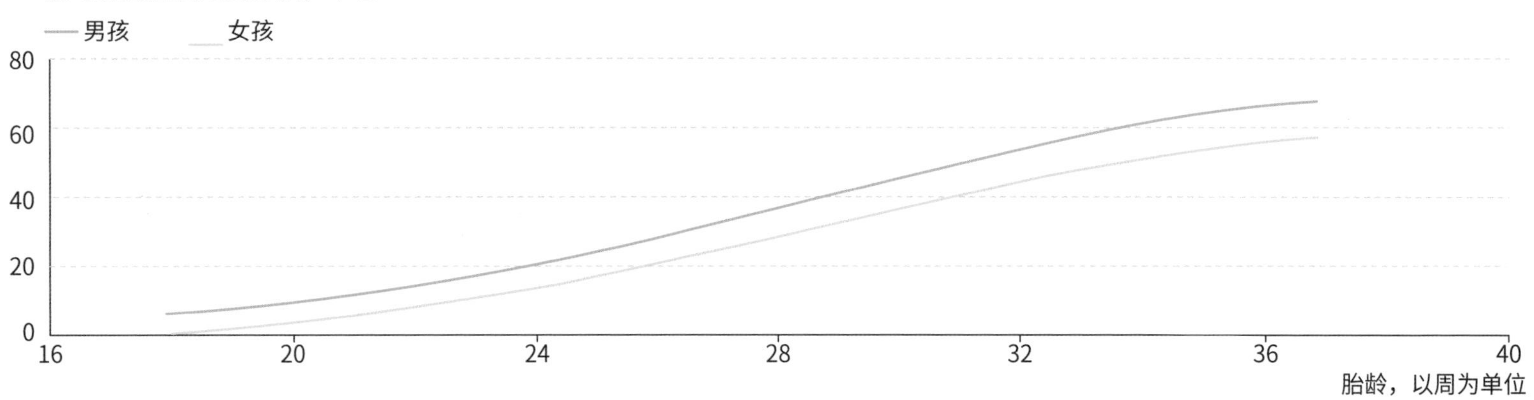

来源：Studholme et al.（2020）

未成熟的男/女大脑

未受污染的婴儿大脑

成年男性和女性的大脑差异（例如INAH方正兰亭黑_GBK3中的大小差异），有一个重要的缺陷。他们并没有最终证明男人和女人的大脑“天生”不同。毕竟，大脑差异可能（部分）受到经验差异的影响。我们已经多次提到，环境对男孩和女孩的区别对待，不仅是有意识的，也是无意识的，而且从很小的时候就开始了。对胎儿和新生儿大脑进行研究确实是一个真正的挑战，因为你还不能问他们任何问题，而且他们也不会坐着不动！但是，一些研究人员接受了这个挑战……

雌雄同体

雌雄同体非常罕见。例如，人只有一个卵巢和一个睾丸，或同时含有卵巢和睾丸细胞的组织。这种情况被称为“真性雌雄同体”或“卵巢睾丸性发育障碍”。

出生前和出生后的大脑

总体而言，成年男性的大脑比成年女性的大脑大10%。但未成熟的大脑呢？研究结果并没有给出明确的答案，神经科学界也很少是非黑即白的。一些研究发现，男婴的大脑在出生时是女婴大脑的1.02至1.08倍。其他研究表明出生时没有统计学上的相关差异，但发现男孩的大脑在出生后的头几个月内比女孩的大脑生长得更快。但就像对成人的研究一样，你必须验证这个结论。如果考虑到男孩和女孩之间体形的普遍差异——男孩平均比女孩更高、更胖——那么从科学角度来看，大脑大小的差异就可以忽略不计了。

美国华盛顿大学的一项令人印象深刻的研究进一步绘制了出生前的大脑发育图。他们通过对268名妊娠第18至40周的婴儿进行超声波扫描来测量大脑发育。结果是什么？大多数男孩的大脑在18周时已经比女孩的稍大了。只不过，这些差异仍然比成人中10%的差异小得多。最大和最明显的差异出现在白质中，男孩的白质比女孩占据更多的空间。其他差异则不那么令人印象深刻了。

年轻猕猴的上室内部

猕猴与人类基因相似，这使得它们成为那些想要了解人类的人的有趣研究对象。在3个月到3岁之间的猕猴中，雄性和雌性之间的大脑发育没有差异。

性别只决定猕猴大脑大小的一小部分，以百分比表示

脑容量的差异主要由年龄和颅内容积解释。性别只在较小程度上起作用，而且当考虑到颅内容积时，性别甚至没有统计学意义。

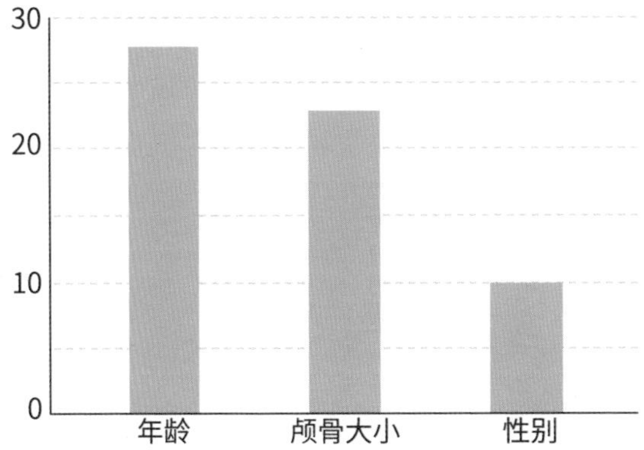

来源:Ball en Seal.（2016）

同一项猴子研究还表明，性别只决定了猴子大脑结构和发育的一小部分。无论性别如何，这些猴子大脑结构的巨大差异可能不是由第23对染色体上是否存在Y染色体来解释的，而是由其他22对染色体之一上的基因和年龄所决定的。即使相差几周年龄，大脑结构也会不同。

出生年龄与性别

对婴儿大脑的研究也得出了类似的发现：从群体层面来看，男婴和女婴之间的大脑差异远大于男孩和女孩之间的平均大脑差异。大脑大小差异的原因远不止性别差异，还有出生年龄差异。例如，妊娠期一周的差异意味着大脑大小有5%的差异。不过，落后的宝宝们很快就会追赶上来，因为在出生后90天，提前一周出生的婴儿的大脑只比推迟一周出生的婴儿小2%。

爱因斯坦比居里夫人更多？

男孩之间的差异比女孩之间的差异更大，这一事实有时也被用作男性天才更多的论据。然而，事实并非如此。爱丁堡大学2008年的一项研究表明，男孩之间的智力差异确实比女孩更大，但主要是在低智商范围内。这与男孩比女孩更多会出现学习障碍相吻合。具有极高智力的男孩和女孩的数量差异至少在很大程度上是由文化决定的，随着女孩获得越来越多的教育机会，多年来这种差异逐渐消失了。即使是科学科目的表现差异似乎也高度依赖于文化。亚洲文化鼓励女孩和男孩都要擅长数学和化学等科学科目。美国的一项研究表明，这也反映在他们所谓的STEM科目（科学、技术、工程、数学）的成绩中。在美国白人学生中，STEM科目得分前1%的男孩多于女孩。在具有亚洲背景的年轻人中，男女“天才”数量上的差异几乎消失了，即使在精密科学领域也是如此。相比之下，在荷兰，精密科学专业的学生中只有30%是女生。因此，仍有大量潜在人才流失。

更大的大脑，
更脆弱的大脑

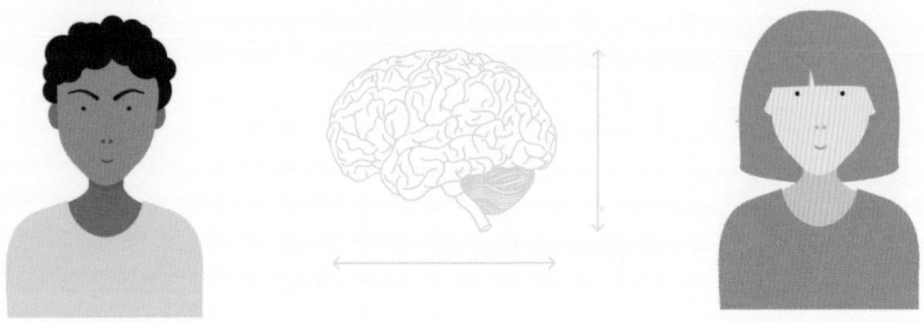

一个有趣的发现是：男孩之间的差异比女孩之间的差异更大。男孩的大脑比女孩的大脑更经常地比平均水平大很多或小很多。这一点在雄性和雌性的猴子身上也被观察到了。因此，研究人员认为，这背后有一个生物机制。此外，他们怀疑男孩大脑中较大的相互差异解释了为什么男孩比女孩更容易患上一些发育障碍，如多动症和自闭症。事实上，研究表明，大脑过大或过小，效率都会降低。也有女孩拥有“极端”的大脑，只是数量较少。这可能是因为男孩只有一条X染色体。如果该X染色体上的一个基因不能正常运作，他们比拥有两条X染色体并能补偿故障基因的女孩更有可能出现紊乱。此外，这项关于大脑差异的研究非常清楚地表明，并非所有女孩都与所有男孩不同。实际上，这主要是指极端情况下的数字差异。

简而言之：有研究表明，男孩的大脑比女孩的大脑大，甚至在出生前就是如此。“大脑的大小差异是否比体形的普遍差异更具体？”神经科学家对此存在争议。此外，无论如何，所有婴儿之间都存在差异，性别对大脑大小的影响只是导致他们之间差异的一个原因。

独特的大脑马赛克

因此，令人遗憾的是，关于“专属”男性或女性大脑的神经科学证据很少。而这也可以通过另一种方式得到证实，即做出相反的假设，人类的大脑毕竟是二态的！假设——纯粹是为了进行思想实验——确实有典型的男性和女性的大脑。在这种情况下，一些以色列研究人员推断，典型“男性”大脑的所有大脑部分应该具有男性形态，典型“女性”大脑的所有大脑部分应该具有女性形态。因此，研究人员将人类受试者的所有大脑部分放在一个从“男性”（这里的意思是相对“更大”）到“女性”（这里的意思是相对“更小”）的标尺上。结果发现，所有参与者的大脑都显示出了一种由“男性”（较大）和“女性”（较小）大脑部分组成的马赛克。

因此，男性和女性的大脑都有一部分在某种程度上更接近男性平均水平，而其他部分则更接近女性平均水平。

研究人员的结论是什么？没有任何大脑部分可以被认为是专属于男性或女性的。同样，无论性别如何，参与者之间的大脑差异都远大于男性参与者和女性参与者之间的平均大脑差异。一名男性和一名女性拥有相同男性或女性大脑类型的概率与两个男性（或两个女性）拥有相同大脑类型的概率相同。即使男性的大脑部位多为男性型，而女性的大脑部位多为女性型，这种模式也是不可预测的（因此没有意义）。

大脑有男女之分吗？

1

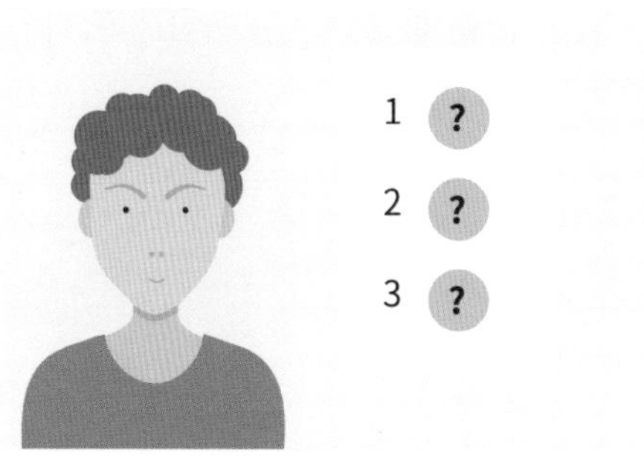

假设你检查三个不同的大脑部位（1、2 或 3）是否更接近男性或女性的平均值。

2

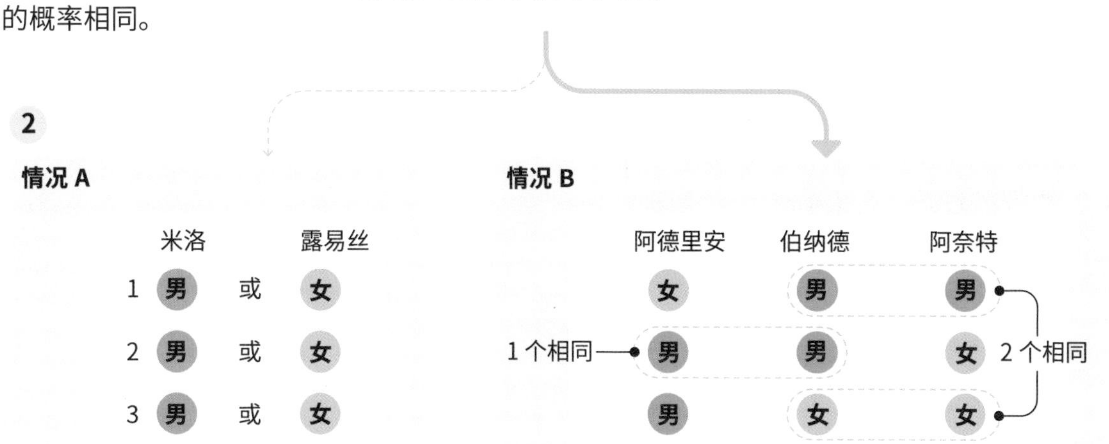

大脑各个部分都是男性（M）或女性（F），因此彼此之间有 100% 的差异。这种情况很罕见。

更常见的是一种混合体，其中随机男人或女人的大脑部分更女性化而不是更男性化。

男孩之间的差异比女孩更大

— 男孩 — 女孩

大脑大小示例

男孩之间的大脑大小差异比女孩之间的差异更大（如果考虑到大脑大小的平均差异）。

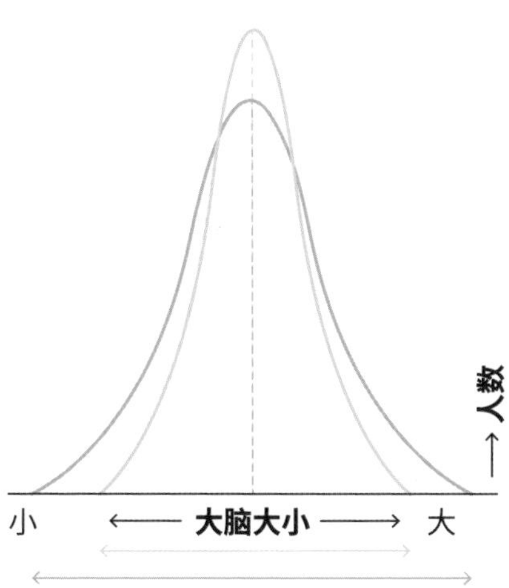

智力示例

男孩之间的智力差异比女孩大，这一事实主要体现在曲线的底部。在智力测试中得分低的男孩多于女孩。

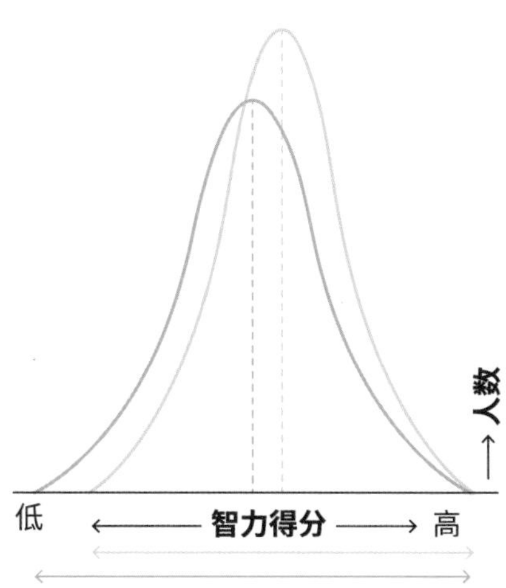

研究人员对此进行了如下推理。假设你检查三个不同的大脑部位，看它们是男性还是女性。如果它们都是女性（FFF）或男性（MMM），那么它们之间的差异是100%。这种模式是很罕见的。事实上，大多数男性和女性的大脑都是混合的。一个男人的三个大脑部分中有两个是男性形态（MMF），那么他可能与另一个三个大脑部分中有两个是女性形态（MFF）的女人更相似，而不是与任何其他同时有两个大脑部分是男性形态（FMM）的男人相似。在后一种情况下，只有中间的大脑部分是重叠的，而在男性和女性中，三个大脑部分中的两个具有相同的形状。所以这项研究表明，在任何情况下，大脑都不能被分为两类：男性或女性。因为差异太小，而个体之间的差异和重叠却很大。所以我们都是由各种特征构成的马赛克图案。

男性是睾丸激素炸弹？

4

睾丸激素会使大脑男性化吗？

性激素对大脑的影响

“你的孩子释放男孩的天性了吗？”荷兰理想广告基金会（SIRE）希望通过这个问题唤醒教育工作者。活动发起人认为，男孩通过探索、实验、冒险和行动来学习更多的知识。与女孩相比，他们更需要锻炼肌肉、嬉戏、爬树、穿着脏衣服回家。限制男孩在这方面的发展将会减慢他们的发育——至少SIRE是这么认为的……男孩的“探索欲”需求被归因于他们的睾丸激素水平。问题是：这是真的吗？睾丸激素会导致“典型的男孩行为”吗？这种性激素是否对大脑的“男性化”负责任？

第二性征的发展，以岁为单位

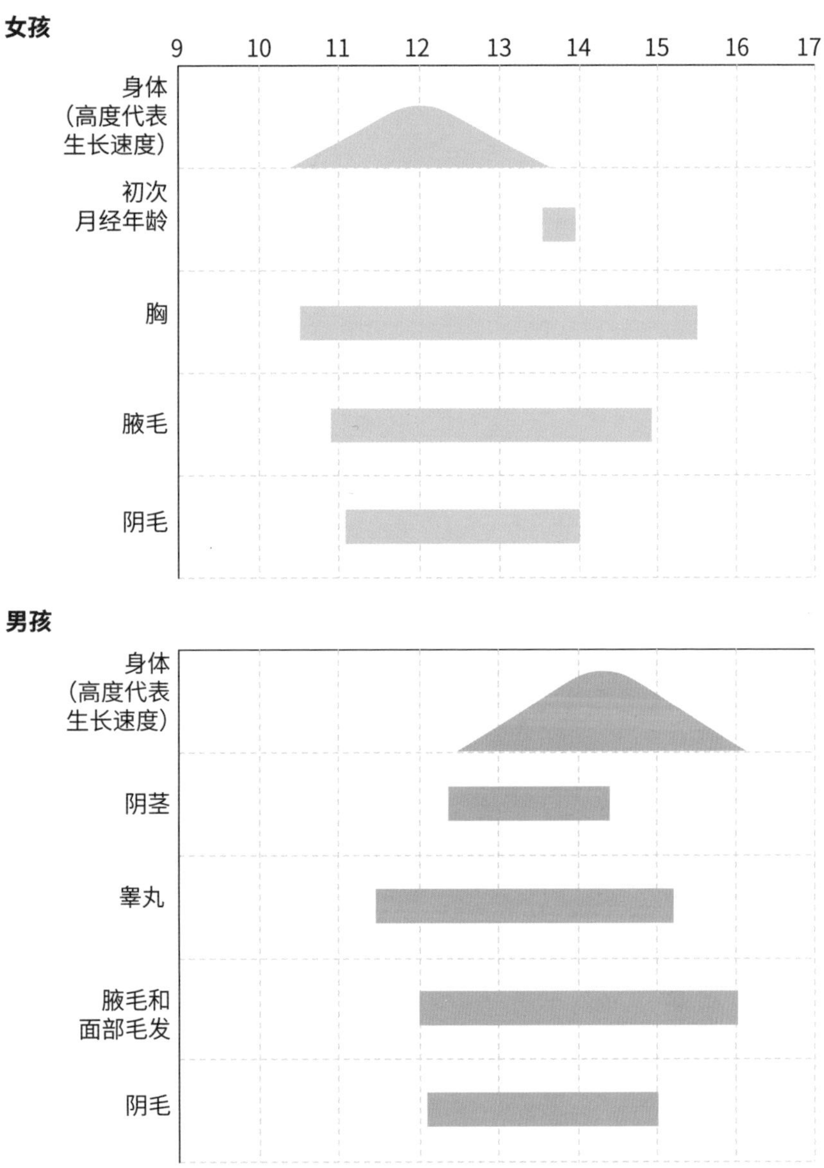

来源：Valadian et al.（1977）

毛发生长

青春期包含一系列过程，从“肾上腺功能初现”激素过程开始，然后是“性腺功能初现”激素过程。这两个过程都会触发下丘脑、脑垂体、性器官（睾丸和卵巢）和肾上腺释放激素。不同的激素负责不同的生长过程。几乎所有孩子都按照相同顺序进行这些过程，但开始时间可能因儿童而异，启动速度也可能不同。

肾上腺早在孩子5至7岁时就开始发育了，而且，男孩和女孩在时间上没有差异。另一方面，女孩的性腺发育平均比男孩早两年开始。卵巢释放雌性激素会导致女性乳房增大。这是青春期的第一个阶段，其他人一眼就能看到。随后，雌激素会引发首次月经。青春期中期，生长激素和雄性激素（包括睾丸激素）触发生长高峰和体毛生长。在男孩身上，睾丸产生的睾丸激素使睾丸在最初阶段增大，但不太明显，随后阴茎会增大。实际上，只有男孩青春期的中期阶段才会被其他人看到，这与生长激素和雄激素引发的生长突增有关，这也会导致男孩长出腋毛和体毛。

该图显示的是1960年的研究数据。该研究绘制了一大批儿童青春期过程发生的平均年龄。这些儿童大多来自贫困家庭，这也是年龄不同的部分原因。不同儿童的青春期开始和结束的年龄也可能不同。这一点在图中也有说明。

男孩和女孩的身体发育情况，以厘米 / 每年为单位

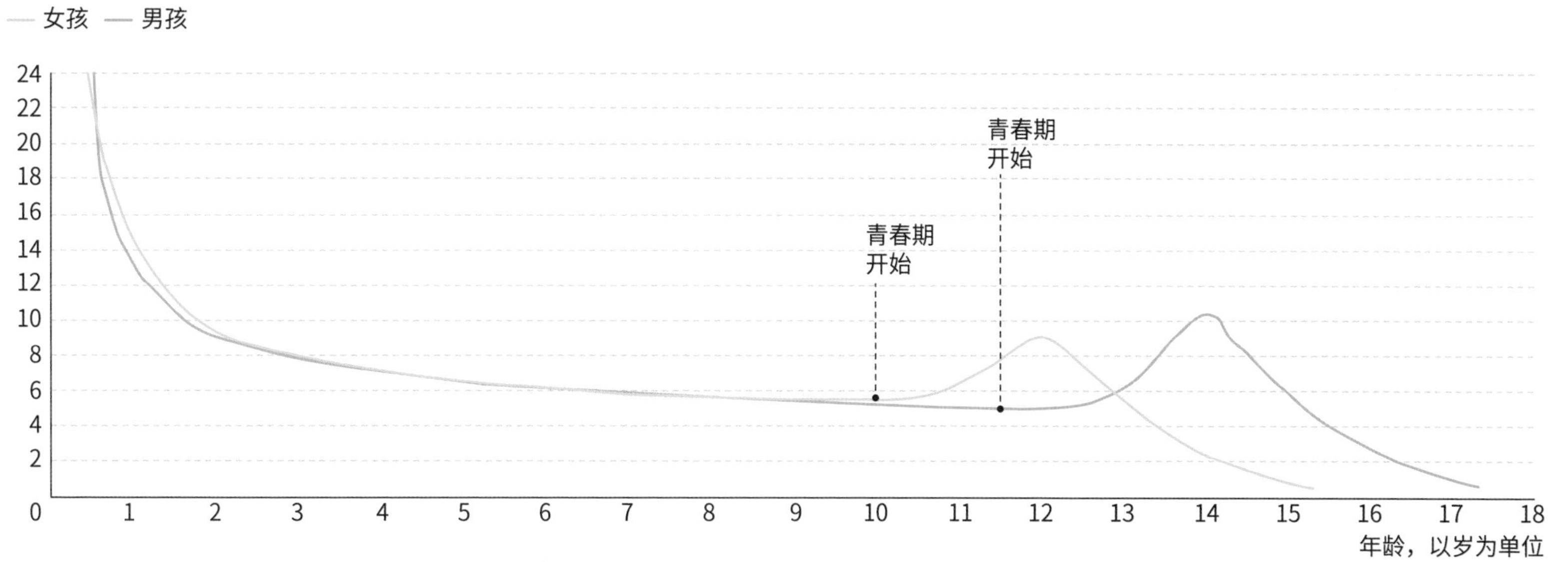

来源：WHO.(2022)

性激素导致男性和女性在外貌上有所不同。例如，在子宫内产生的睾丸激素导致男孩胎儿发育出阴茎和睾丸。在青春期，性激素负责性器官和第二性征，如体毛的形成。这些变化在女孩中平均比男孩早2年发生。这也反映在身体生长上，女孩比男孩早大约2年出现生长高峰。性激素对形成相对“典型”的男性和女性身体起到了作用，这一点是无可争议的。但它们是否也会影响“男性大脑”和“女性大脑”的发育？当青春期激素差异增加时，这两种大脑之间的差异是否会变得更大？

大脑组织理论（未经审查）
睾丸激素如何使产前大脑男性化

男人的模式：（睾丸素）开启

男性和女性大脑的差异可以通过胎儿时期男孩体内的睾丸激素来解释。事实上，子宫内的睾丸激素使男性胎儿的性器官男性化，并通过一系列永久性的变化重组了（女性）“标准大脑”，从而使产前大脑“男性化”。流行的“大脑组织理论”将一个额外的假说与此联系起来，我们在本条目中称之为“睾丸激素神话”。根据这一理论，这种在睾丸激素影响下的大脑重组也是男孩和女孩之间行为差异的基础。早期“在子宫内”接触到睾丸激素可以解释为什么男孩更喜欢男孩的玩具（足球、汽车），更有攻击性，而且当他们长大后性欲更强。根据大脑组织理论，如果在子宫内没有睾丸激素，出生后就不会有男性行为或者男性兴趣。事实上，产前睾丸激素会使男性的大脑在以后的生活中激活男性行为模式，例如在激素分泌呈顶峰状态时的青春期。因此，这些激活模式在子宫内就已经形成了。

测试啮齿类动物（一）

1959年的一项对豚鼠的研究首次表明，子宫中的睾丸激素与（生殖）行为之间存在联系。在出生前接受睾丸激素注射的雌性豚鼠表现出的雄性（生殖）行为多于雌性行为。例如，它们会骑其他豚鼠。当时研究人员发现了大脑组织理论的依据：睾丸激素被证明是“典型”男性行为的原因。1959年的那项研究引发了许多其他关于大脑组织理论的研究，包括在人类身上的研究，在此基础上，其他研究人员也开始对此理论发表评论。

大脑组织理论（细微差别）

睾丸激素神话被揭穿？

测试啮齿类动物（二）

在研究大脑组织理论时，不仅是雌性动物，雄性动物（更具体地说是叙利亚仓鼠或金仓鼠）也不得不承受痛苦。这些雄性仓鼠在产生睾丸激素之前就被切除了睾丸，从而完全关闭了它们的激素系统。结果发现，它们的大脑发育出现了变化，它们的生殖行为似乎也变得“雌性化”了——没有睾丸的雄性仓鼠对雌性仓鼠显然没那么感兴趣。研究人员得出结论，子宫内的睾丸激素分泌导致了典型的雄性生殖行为。

更令人震惊的是：当给没有睾丸的成年雄性仓鼠注射睾丸激素时，它们的行为没有任何变化。雄性行为消失了。基于这一点，研究人员提出了一个完全符合大脑组织理论的假设：睾丸激素在发育早期会引发大脑持久的变化，从而解释了典型的男性和女性行为。研究人员发现，那些晚期才被注射睾丸激素的动物已经错过了时机。雄性的行为模式无法再被激活。

测试人类？

那些（啮齿）动物研究现在是否证明了睾丸激素与人类男女行为差异之间的联系？嗯，建议还是要谨慎判断。细微差别1：啮齿动物研究主要显示了性激素对生殖行为的影响，它没有证明睾丸激素与认知性别差异之间的联系，例如在空间意识方面。细微差别2：人类大脑的结构要复杂得多。例如，啮齿动物的大脑皮层几乎是“平滑的”，没有褶皱，即使相对于较小的身体，它们的大脑也要小得多。细微差别3：仓鼠在4至7周开始进入青春期，而人类的青春期开始相对较晚，而且持续时间也更长。因此，不能简单地将啮齿动物的研究结果投射到人类身上。然而，在没有动物研究的情况下，想找出激素对人类大脑的“重组”作用是如何发挥作用的，

完全性雄激素不敏感综合征（CAOS）患者的特征

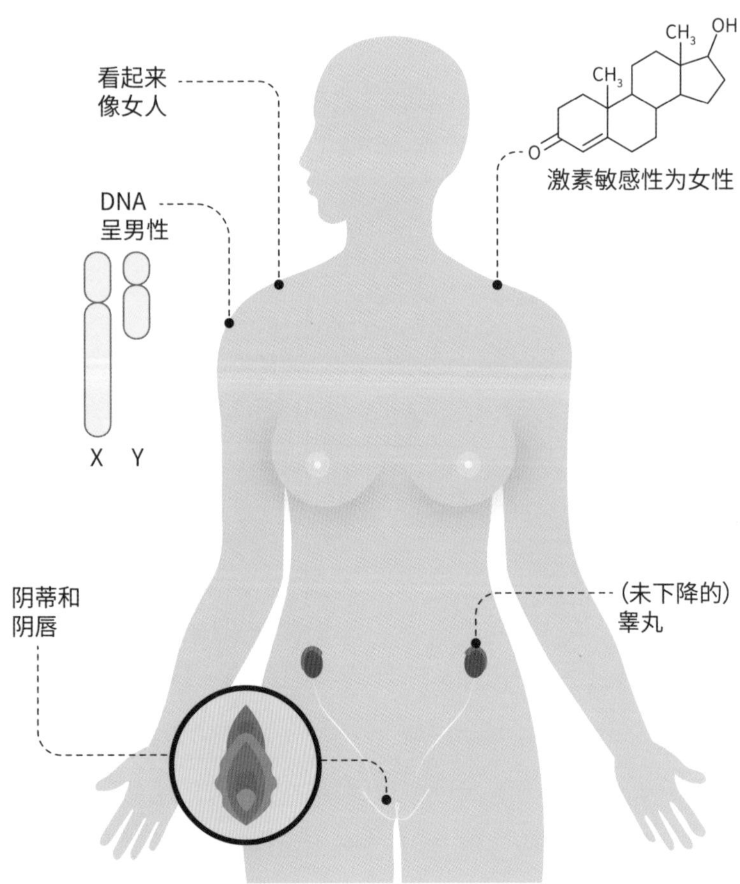

患有先天性肾上腺皮质增生症（CAH）女性的特征

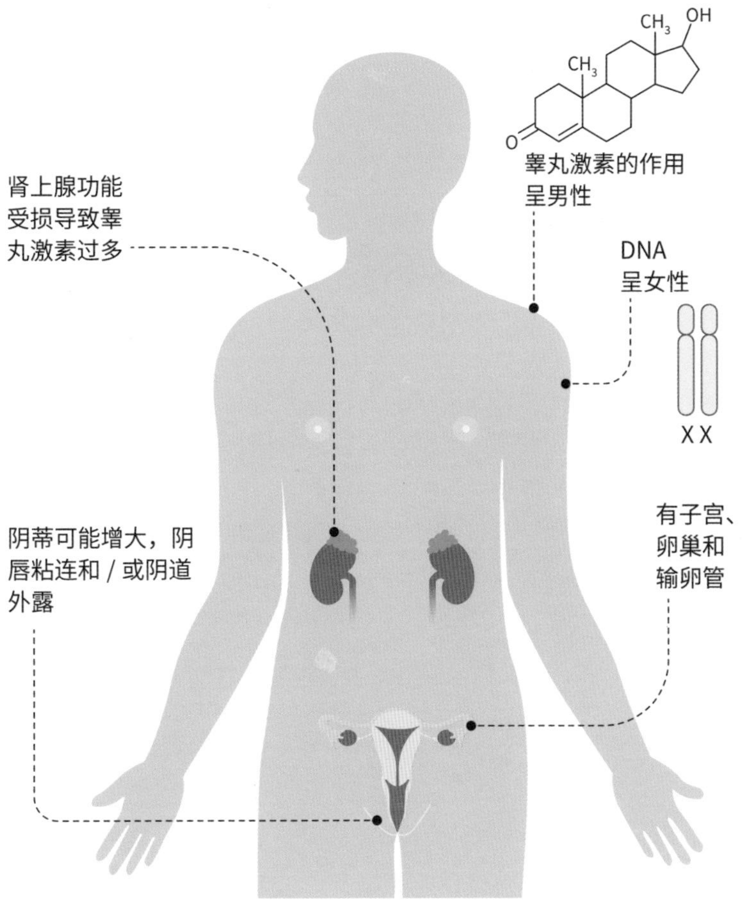

并不那么容易。很明显，没有人愿意切除男性胎儿的睾丸。因此，研究人员必须寻找那些天生拥有极低或极高激素水平的人……

患有CAOS的人教给我们什么

CAOS！

患有“完全性雄激素不敏感综合征”（CAOS）的人就像男孩一样，具有X和Y染色体和（未下降的）睾丸。同时，他们对雄性激素或男性性激素不敏感。因此，他们的外部性器官不是以男性（阴茎和阴囊）的形式，而是以女性（阴蒂和阴唇）的形式发育。因此，CAOS患者在出生时被认定为女孩。在激素敏感性方面，CAOS患者类似女性，在DNA方面，他们则类似男性。这使得科学家对他们特别感兴趣。毕竟如果CAOS患者的大脑和行为比男性更女性化，你可以将其归因于激素；如果他们更男性化，则归因于DNA，更具体地说是Y染色体。

性激素与DNA：1-0！

玩具偏好研究表明，患有CAOS的儿童更喜欢洋娃娃等女性玩具。玩具偏好被认为是女孩和男孩之间最大的差异之一，因此，你可能会得出结论，睾丸激素比性染色体Y更能激活典型的男孩行为。毕竟，对睾丸激素不敏感的CAOS儿童会“激活”女孩特有的玩具偏好。

有压力的女性

对啮齿动物在压力下激活的大脑区域进行分析的研究发现，雄性和雌性大鼠处理压力的方式不同。这种“承受能力”的差异出现在老鼠的青春期，这可能表明（女性）激素发挥了作用。大鼠研究经常被用作“证据”，证明女性更容易患上以压力为主要诱因的精神疾病，如焦虑症和抑郁症。最近的研究还指出了免疫系统的可能作用，该系统在男性和女性中的功能不同。直到最近，人们几乎没有对女性免疫系统进行过深入研究，但现在看来，女性大脑的免疫系统对压力的反应可能与男性大脑不同。这也许可以解释为什么阿尔茨海默病在女性中比在男性中更常见。

蓝色的男孩和粉色的女孩

传统上，父母会根据婴儿的性别来选择出生证、老鼠饼干、婴儿房间、婴儿玩具或婴儿衣服的颜色：男孩为蓝色，女孩为粉红色。就是这么简单！对3岁儿童的研究还表明，男孩更倾向于选择“男孩色”（深蓝色或栗色）的可爱玩具，而女孩更喜欢选择“女孩色”（浅粉色或亮粉色或淡紫色）的可爱玩具。这种颜色偏好是与生俱来的吗？毫不奇怪，科学家对此也进行了调查。

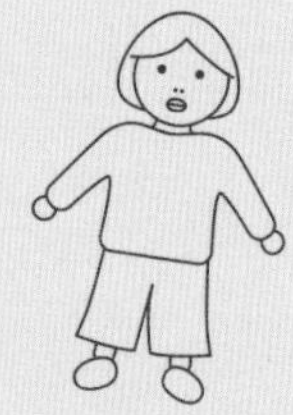

先天的颜色偏好?

从3个月开始，婴儿的大脑就能感知和区分颜色。研究人员要求父母将他们12至24个月大的婴儿抱在膝上。两种不同的颜色会投射到他们面前的屏幕上：红粉色和蓝色。结果是：研究人员发现男婴或女婴看红色或蓝色色调的时间没有区别。事实上，男孩和女孩看红色阴影的时间都是最长的。因此，男孩和女孩并没有先天的颜色偏好。

习得的颜色偏好?

科学家们进一步研究。他们在游戏环境中教孩子们，绿色和黄色原则上是“中性”颜色，与某些玩具相关联：男孩玩具为绿色，女孩玩具为黄色。之后，女孩更多地选择黄色玩具，而男孩则更多地选择绿色玩具。孩子们选择玩具不仅基于他们对玩具的喜爱程度，还受到其他隐性因素的影响。因此，对典型的男孩或女孩玩具的偏好是来自孩子本身，还是本质上是父母的选择，仍然是一个悬而未决的问题。

例如，一项研究表明，5个月大的孩子还没有玩具偏好，而从12个月起就有了。这主要取决于他们家里有什么玩具，而不取决于当时父母如何将玩具“呈现”给孩子。另一项研究表明，家里的玩具种类又取决于父母自己在童年时玩过什么——换句话说，取决于怀旧情绪。这样一来，决定孩子玩什么玩具的主要是父母，而不是孩子自己。

还有更多证据？患有CAOS的人的“大脑激活模式”似乎更像女性而不是男性。例如，一项有21名CAOS患者参与的研究就证明了这一点。他们被要求在核磁共振扫描仪中执行一项空间定位任务，即识别三维物体。他们在任务期间的大脑模式与执行相同任务的同龄46名男性和46名女性的大脑模式进行了比较。结果是什么？“CAOS的大脑模式”与女性的大脑模式更为相似。因此，一些科学家得出结论，激素在大脑发育中发挥的作用比Y染色体更大。

性激素与DNA：1-0？

细微差别：即使是这项关于空间意识的研究，也不能排除环境对大脑发育的作用。毕竟患有CAOS的人往往以女性身份成长。因此，这种社会文化环境也可以解释这些发现。无论如何，这项研究表明，Y染色体对大脑发育和典型男性行为的影响相对较小。

患有CAH的女孩教给我们什么……

CAH？！

每17 000人中就有1人患有先天性肾上腺皮质增生症（简称CAH）。她们的肾上腺功能紊乱，导致产生过多的睾丸激素。男性也可能患有这种罕见的疾病，但为了研究DNA和睾丸激素对行为的影响，患有CAH的女性更合适。毕竟，她们与患有CAOS的女性（她们有女性的DNA，但该DNA与男性激素相结合）完全相反。患有CAH的女性也被称为“双性人”，因为她们的性器官在睾丸激素过度分泌的影响下并不完全呈现女性特征：她们的阴蒂可能增大，阴唇可能会粘连和/或阴道外露。因此，科学家推断，任何源于激素决定的大脑差异特征，在患有

营销的影响

你知道吗，实际上在20世纪初，女孩穿蓝色衣服，男孩穿粉红色衣服。浅粉色和浅红色被认为与强壮和攻击性有关。这种情况在20世纪40年代发生了变化，当时服装和玩具行业决定交换颜色。对公司来说，男女使用两种不同的颜色是非常有利的。这样一来，你就必须给性别不同的第二个孩子购买全新的衣柜或玩具套装了。

从12个月大开始，男孩和女孩对玩具的偏好就不同了

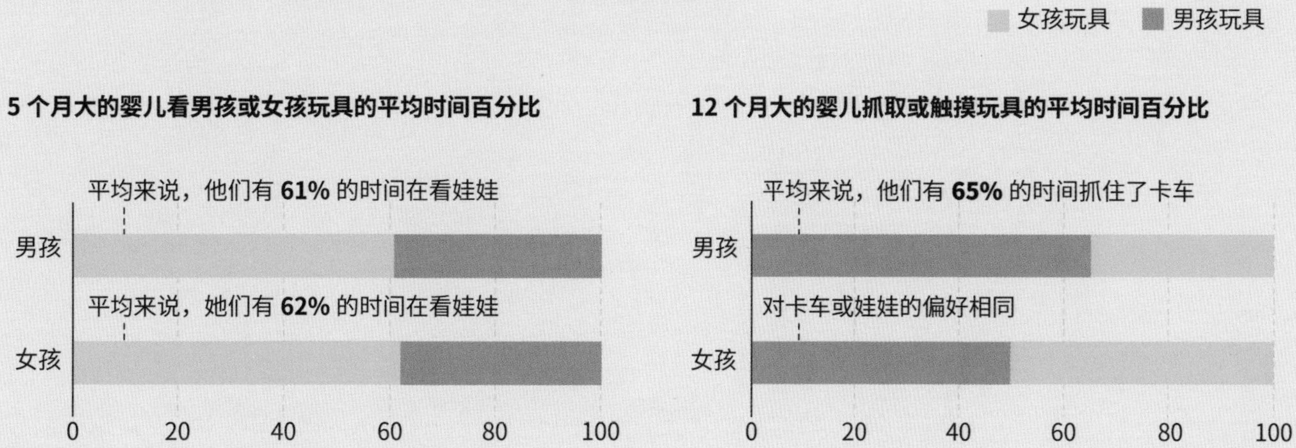

来源：Boe en Woods. (2018)

CAH的女性身上都会表现得更加男性化。

性激素与DNA：1–0！

通过对玩具偏好进行的多项研究再次证实了这一假设：患有CAH的女孩比其他女孩更喜欢玩男孩玩具。这说明她们比大多数女孩更男性化……对吗？

性激素与DNA：1–0？

你也可以反过来推理，从相反的假设出发。即：患有CAH的女性的男性特征不是由睾丸激素决定的。例如，很少有研究表明，患有CAH的女性更有攻击性或在空间意识方面更强。因此，“拥有更多睾丸激素”与“更具攻击性”或“空间意识更强”之间的假设联系将受到质疑。因此，子宫内的睾丸激素可能只与偏爱男孩玩具有关。

事实其实更加微妙，首先要批评的一点是：患有CAH的女孩是有病症的——她们经常接受治疗，这对她们来说是一种创伤——这也可以解释她们为什么更喜欢“男性化”的玩具。例如，患有糖尿病的女孩也要接受许多医疗治疗，她们也比没有糖尿病的女孩更喜欢玩男孩子的玩具。

而且还有更多的细微差别。最初关于玩具偏好的研究是基于调查问卷，这些调查问卷在多年后才由患有CAH的父母或女孩（现在是女性）自己完成。而且很可能岁月也会给她们的记忆蒙上阴影。

瑞典的一项研究试图解决这个问题，方法是在实验室中观察患有和未患有CAH的女孩，同时向她们提供典型的男孩和女孩玩具。结果再次证明：患有CAH的女孩玩男孩玩具的时间比没有这种病症的女孩更长。当她们选择玩娃娃时，她们会选择X战警系列的娃娃——X战警是漫威漫画中的一个超级英

睾丸激素多的女孩的玩具

患有和没有 CAH 的女孩玩“男孩”或“女孩”玩具，以秒为单位

“男孩”玩具

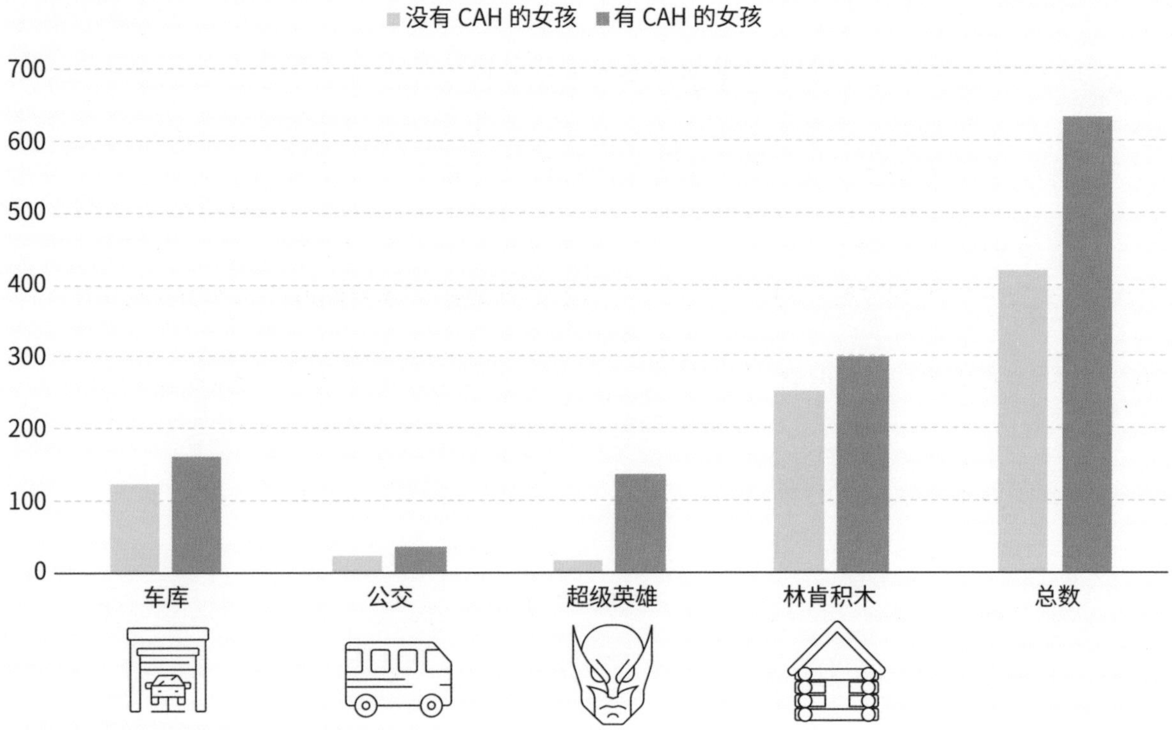

“女孩”玩具

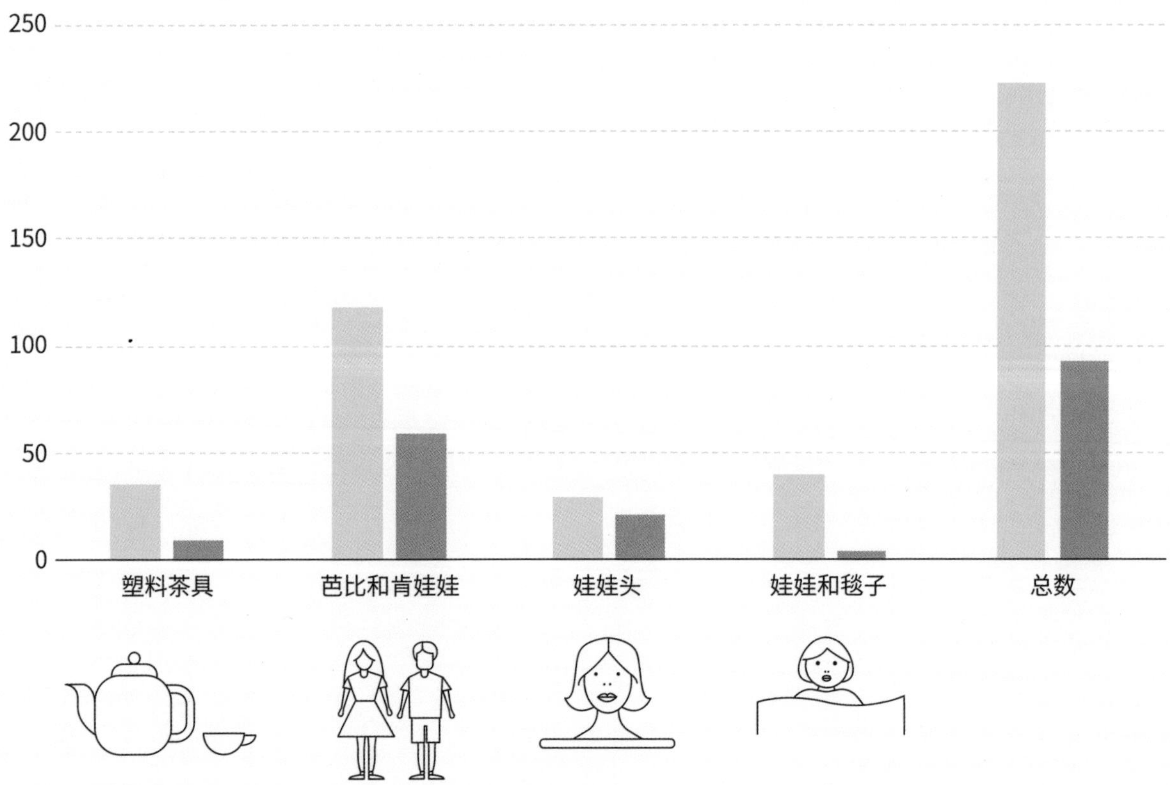

来源：Servin et al.（2003）

雄团体。未患有CAH的女孩则更倾向于伸手去拿芭比娃娃和肯娃娃。那么，这些结果是否证实了先前研究中得出的结论？

同样，答案也不是那么非黑即白。事实证明，一种“男性”林肯积木玩具是每个人的最爱，紧随其后的同样是“男性”的车库。此外，所有女孩，无论是否患有CAH，玩男孩玩具的次数是玩女孩玩具的两倍。那么问题来了：真的有典型的男孩和女孩玩具吗？

最后要指出的是：因为患有CAH的女孩的性别并不是明确的女性，她们可能不太容易屈从于人们对女性的期望，因此更有可能玩男孩的玩具。

CAH的大脑，一个更加男性化的大脑？

那么，患有CAH的女性更男性化的兴趣从何而来？最有说服力的是她们对男孩玩具的兴趣，尽管上述情况表明，科学家们无法确定是过量的睾丸激素还是不太符合“女性化”期望的倾向导致了这种情况。

女性的默认设置

你是否注意到，这一条目是关于性激素对大脑的影响，而主要关注的是“男性”睾丸激素，而不是“女性激素”（雌二醇和孕激素）？这一比例与现有的研究完全一致，这些研究主要考察了睾丸激素对人类大脑和行为的影响。科学家认为，由于缺乏睾丸激素，女性的大脑是默认模式。这是否也意味着只有“男性”性激素才重要？不是的！

例如，雌性激素似乎也会影响出生前被阉割的雄性大鼠。当它们在成年后被注射雌性激素时，它们仍然表现出通常的性欲——换句话说，典型的男性生殖行为。事实上，一些研究人员认为，大脑中的大部分性激素影响是由雌二醇引发的，同时也会对男性大脑产生影响。毕竟，大脑中的睾丸激素会转化为雌二醇。

那么，为什么科学家们不尽快将注意力转移到那些“女性”性激素上呢？不幸的是，这在技术上比研究睾丸激素要复杂一些。因此，高估睾丸激素作用的原因可以解释为，睾丸激素更容易测量和操纵。顺便说一下：对大脑的科学研究并不仅限于性激素。它们只占对大脑有影响的激素总数的一小部分。

玩耍的猴子教给我们什么……

对患有CAH的女孩玩具偏好研究的评判是，这种偏好是后天习得的，与环境因素有关：由于患有CAH女孩的性别不明确，环境会对她们的“女性化”期望较低。因此，她们会更自由地玩男孩的玩具。因此，她们的游戏偏好与过多的睾丸激素无关。2002年一项关于玩耍中的黑长尾猴的研究似乎反驳了这一评判。在实验中，这些猴子可以选择男孩的（一辆汽车和一个球）、女孩的（一个娃娃和一个平底锅）或性别中立（毛绒狗和一本书）的玩具。如果雄性更倾向于选择汽车和球，雌性选择娃娃和平底锅，这将证明玩具偏好是与生俱来的，而不是后天获得的。毕竟，猴子是没有性别教养或文化影响的。然而事实是：雄性猴子会伸手要男孩的玩具，雌性猴子则会要女孩的玩具，雄猴和雌猴玩中性玩具的频率相同。所以假设得到了证实？

然而并非如此。如果对数据进行不同的分类，就会出现不同的模式。雄性最喜欢的玩具是（不分性别的）毛绒狗，紧随其后的是汽车、球和平底锅，最后是娃娃。而在雌性中，娃娃也只排在最后，（不分性别的）毛绒狗排在第二位，平底锅排在第一位。雌性玩其他类型的玩具要少得多，这可能有很多不同的原因。例如，可能是因为雄性已经占据了汽车和球，使得雌性无法使用。男性的主导地位——而不是先天的玩具偏好——可能解释为什么雌性会倾向于伸手去拿（剩下的）女孩玩具。

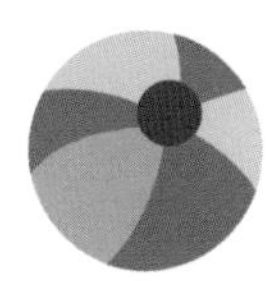

患有 CAH 女性的杏仁体激活情况与男性相似

参与者观察消极的面部表情（愤怒或害怕）和中性的面部表情时，
杏仁体的激活情况有所不同。

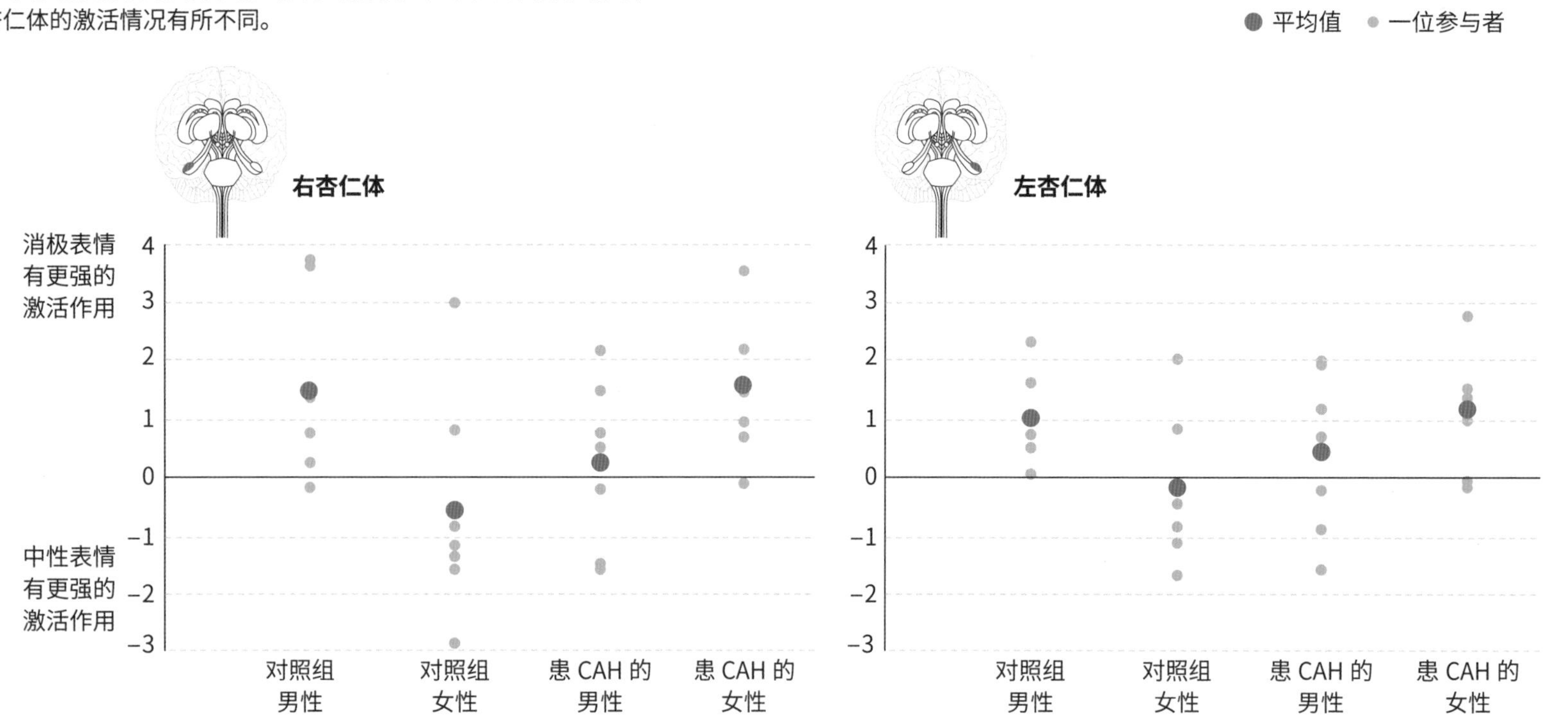

来源：Ernst et al.（2007）

研究人员决定深入研究一下她们的大脑。在睾丸激素水平较高的影响下，患有CAH女性的某些大脑部位是否更“男性化”或功能更高？美国2007年的一项研究似乎表明了这一点。研究人员向患有和未患有CAH的男性和女性展示情绪图片，同时追踪了大脑情绪中心——杏仁体的激活模式。

结果呢？与没有患CAH的女性相比，患有CAH女性的杏仁体更加活跃。患有和未患有CAH的男性在激活方面没有差异。特别有趣的是，患有CAH女性的杏仁体激活与男性的相似。因此，患有CAH女性的杏仁体功能更加“男性化”。研究人员说，这已经提供了CAH女性大脑更“男性化”的证据！

然而还有几点遗憾。美国的研究不能被其他研究所复制，而且受试者的群体很小。此外，对患有CAH的青少年的大脑结构的研究不能证明患有CAH的女孩的大脑结构比未患有CAH的女孩更男性化。相反，患有CAH的女孩的杏仁体较小，因此实际上更加“女性化”，患有CAH的男孩也是如此。因此，几乎没有证据表明患有CAH的女性具有更男性化的大脑类型。

动物与人类的睾丸激素神话：明显的与细微的差别

到目前为止，如果睾丸激素和大脑结构之间的联系在动物中很明显，那么这种联系在人类中的情况则相当微妙。如何解释这一点呢？

更详细的动物研究

动物研究有一个重要的优势：与活人相比，动物研究更为细致。例如，活体动物的神经元数量是可测量的，但活体人类的神经元数量不可（或较少）测量。在人类研究中，研究人员只能依赖死者的脑组织。只是，这种研究材料很稀缺，由于这类研究中的大脑数量往往很少，有关性别差异的结果也大相径庭。

有研究表明，男性的大脑比女性的大脑多15%的神经元，但同样有研究表明，女性的大脑实际上似乎比男性的大脑拥有更多的神经元。其他研究表明，男性的树突棘（神经元通过它与其他神经元建立联系）的数量比女性多，而又有研究表明，女性每个神经元拥有的树突棘数量比男性多。

这些不同在很大程度上取决于是否考虑了男女大脑总大小的差异，以及使用了什么技术：随着时间的推移，这些技术变得越精细，对神经元数量估算调整的频率就越高。此外，男女之间的神经元数量差异远大于男性参与组和女性参与组之间神经元数量的平均差异。“远大于”是指：比他们之间的身高差异大8倍。

更简单的动物研究

另一种解释是，即使在动物身上，睾丸激素对大脑的影响也不是单向的，而是与人类一样，与环境相互作用。因此，毫不犹豫地假设单向作用的动物研究可能过于简单化。例如，母鼠比起它们的“鼠女儿”更经常舔舐它们的雄性后代，因为它们对“鼠子”尿液中的睾丸激素气味有反应。因此，睾丸激素间接地造成了抚养的差异，并进一步导致了大脑生长的差异。简而言之，母亲的舔舐行为和大鼠幼崽的睾丸激素共同造成了雄性和雌性大鼠幼崽之间的大脑差异。即使在动物身上，睾丸激素的影响也不能总是与养育它们的环境分开。此外，最近的动物研究表明，大脑重组理论对现实情况的表述过于简化。

揭穿睾丸激素的神话……

那些认为睾丸激素是男人痛苦的根源——更强的性欲（导致通奸或性暴力）或更强烈的攻击性（导致身体暴力）的人，最好改变他（或她）的观点！睾丸激素对人类大脑的影响并不像大脑组织理论所希望的那么简单。

青少年大脑中的睾丸激素

人们有时会说青春期的孩子体内激素分泌旺盛。至少在青春期，这些性激素会使女孩和男孩发育出截然不同的身体，身体也会出现突飞猛进的增长，这就是为什么他们的旧鞋还没有穿坏，就不得不购买新鞋。在这些性激素的影响下，大脑的生长突飞猛进，虽然不那么明显，但已被多项研究证实。由于女孩平均比男孩更早进入青春期，你可能会想知道她们的大脑是否也比男孩更早“爆发”，大众媒体有时会将男孩和女孩学习成绩差异与男孩大脑发育“滞后”联系起来。这种观点是否正确呢？

首先，既有研究表明男孩的大脑发育落后于女孩，也有研究证实男孩和女孩的大脑发育是平行的。 如果说青春期大脑发育速度存在差异的话，那也是很小的差异。无论如何，科学家一致认为，性激素对青少年大脑发育的性别差异影响，与对他们身体不同“成熟”速度的影响是不同的。这种研究的挑战在于，激素水平是在大脑外部测量的：例如，科学家检测唾液或血液中的激素含量，但这并不一定能反映大脑本身的激素含量。毕竟性激素可以相互转化。例如，“男性”性激素（睾丸激素）会转化为“女性”雌二醇。因此，唾液中的睾丸激素含量高实际上可能表明大脑中的雌二醇含量较高。

最后，即使男孩的大脑发育（略微）滞后，这似乎也不能解释“女生”和“男生”在学业成绩上的差异。最近的一项研究揭示了这一点，该研究发现数学任务（男孩得分较高）和阅读任务（女孩得分较高）与男孩“较慢”的大脑发育之间没有联系。

青春期的大脑变化更快

灰质体积的减少，以百分比表示

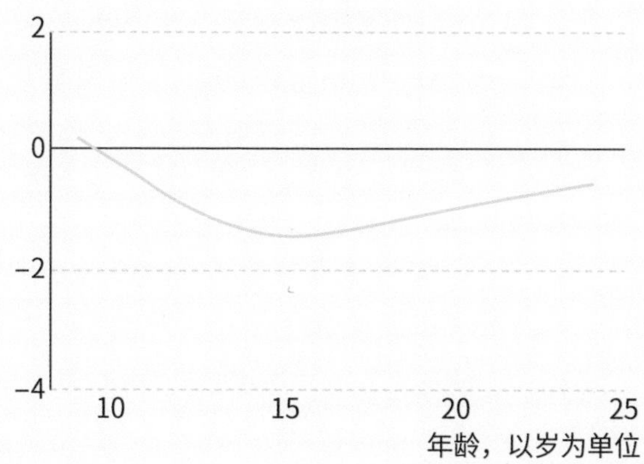

来源：Mills et al.（2021）

怪我的（女）男性大脑？！

5

男女大脑差异是否也能解释行为上的男女差异？

大脑差异（男/女）和行为差异（男/女）之间的联系

一位热情满满的美国科学家在他职业生涯的早期做出了一项非凡的发现。他对为什么男孩比女孩更容易被诊断出多动症感兴趣，于是研究了男孩和女孩的大脑是如何发育的。他的数据显示，男孩的大脑比女孩的大脑发育得更慢——这一结果后来并不总是一致。他满怀热情地发表了他的发现，他认为这有助于更好地了解多动症儿童大脑的潜在机制。他不知道的是，他的研究被《华尔街日报》用来证实为什么男孩和女孩分开学习会更好。这让这位科学家的热情大打折扣。事实上，他甚至没有研究过大脑生长和行为之间的直接关系！

有偏见的科学家

男女性之间的大脑差异也可以解释行为差异，这一点似乎显而易见。只是，这种显而易见的事实似乎让脑科学家的研究结果产生了偏差。例如，在一项关于男女大脑如何处理情绪图片的综述研究中，这一点就很明显。他们最初假设女性的大脑比男性的大脑对图片做出的反应更“积极”，当最终结果证明男性比女性表现出更强的大脑激活时，科学家们将其解释为男性对攻击的敏感性更高。因此，他们发现大脑差异（男/女）和行为差异（男/女）之间存在联系，尽管这与他们最初的假设不符。因此，研究人员的期望影响了他们对结果的解读。

这只是大众媒体利用（滥用）男女大脑差异的研究来解释或证明行为差异的众多例子之一。于是，神经神话就产生了……要弄清这些神话是事实还是寓言的一个重要问题是，大脑差异（男/女）在多大程度上可以与行为差异（男/女）直接相关。

除了男性和女性大脑总大小的差异外，男性和女性的大脑差异很小。然而，即使是微小的差异也可能是有意义的。尤其重要的是这些或大或小的差异是否能够真正解释男女之间的行为差异。拥有“男性化”大脑的人也会表现出“男性化”的行为吗？拥有更“女性化”大脑的人是否也有更“女性化”的兴趣？神经科学家很难回答这个问题，毕竟将大脑和行为直接联系起来比预期的要困难得多。

更加女性化的大脑，更加语言化的大脑？

是的！

在探索男性和女性大脑的过程中，大脑中负责语言的区域得到了广泛的研究（第110页）。最初的研究表明，女性的语言区域相对较大。由于神经元容量更大，她们的语言能力会更强。此外，女性的大脑会比男性的更对称。这种对称性可以解释为什么女性大脑比男性大脑更擅长语言，同时又更缺乏“空间感”。由于这种对称性，女性可以同时使用左右半球进行语言处理，从而能够处理更复杂的语言。此外，女性的大脑语言网络还能更好地与其他网络合作，例如情感和旋律网络。这种更顺畅的合作可以解释为什么女性的语言比男性的语言更富有情感和旋律。而女性同时能使用右半球进行语言处理的结果是，她们用于空间意识的部分就不那么发达，毕竟已经没什么空间了。另一方面，男性主要使用左半球进行语言处理，因此他们的右半球将有更多的容量用于空间意识发展。

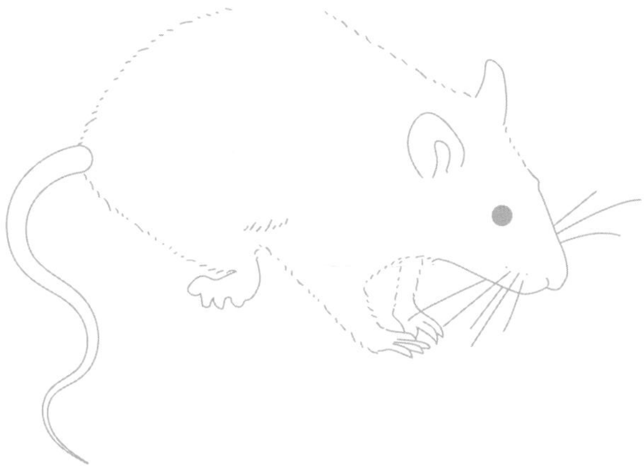

大鼠能教给我们什么（或不能教给我们什么）

性别双态核（SDN）是一个对雄性大鼠的生殖行为起作用的脑区，但事实证明，雄性大鼠的性别双太核要比雌性大鼠大得多。只是，要找到性别双太核大小的差异与生殖行为差异之间的因果关系并不那么容易……毕竟，如果通过手术使性别双太核失去功能，什么变化都不会发生。而如果操纵生殖行为，也不会使性别双太核增长。雄性大鼠的大脑区域似乎更大。尽管现在人们对这个脑区的功能有了更多的了解，但对研究人员来说，它的大小差异如何解释雄鼠和雌鼠之间的生殖差异仍然是一个谜。

是吗?

然而，大型综述研究表明，并非所有研究都证实了语言领域的性别差异。此外，能否在女性大脑中发现更大的语言区域取决于是否（以及如何）考虑到男女在大脑总大小上的差异。即使在这种“计算”之后大脑差异仍然存在，也与语言技能差异没有直接联系。例如，一些研究报告了负责语言的大脑区域的性别差异，然后得出结论，这些差异解释了语言能力的行为差异。然而，他们并没有调查研究中的女性参与者是否真的比男性更擅长于语言……那些确实检查了大脑和语言能力之间直接联系的研究则无法将语言能力的差异与大脑中的性别差异联系起来。

偏侧化理论

这一理论通过男性和女性大脑半球的不同专业性来解释男女之间的差异。

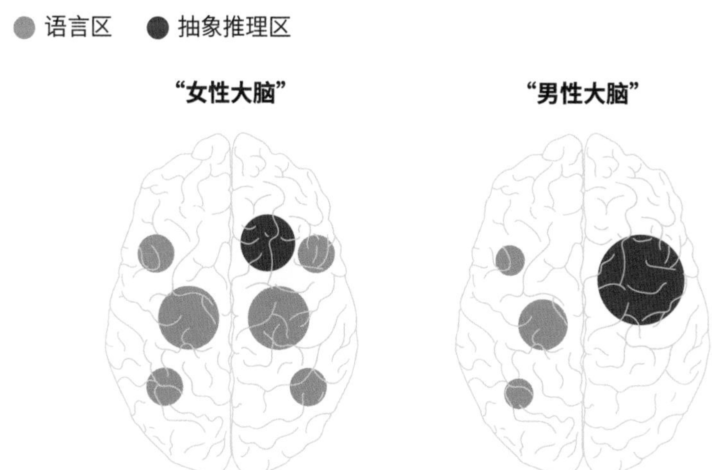

偏侧化理论指出，女性的语言区域相对较大，位于大脑的两个半球。因此，根据这一理论，右侧留给抽象推理的空间较小。在男性中，语言区域主要位于左侧。因此，他们在右半球会有更多空间用于抽象推理。

对称性和失语症

女性的大脑比男性的更对称，这一观点源于女性在左半球中风后较少会出现失语症，即语言产生或理解方面的问题。她们的右半球可以对中风造成的损伤进行补偿，而男性则不能。一项大型综述研究并没有发现支持此观点的证据。男性和女性在中风后出现失语症的可能性相同，而且女性失语症的严重程度并不比男性低。

连接方面的差异

男性

根据这项研究，男性大脑在半球内部会有更多的连接。

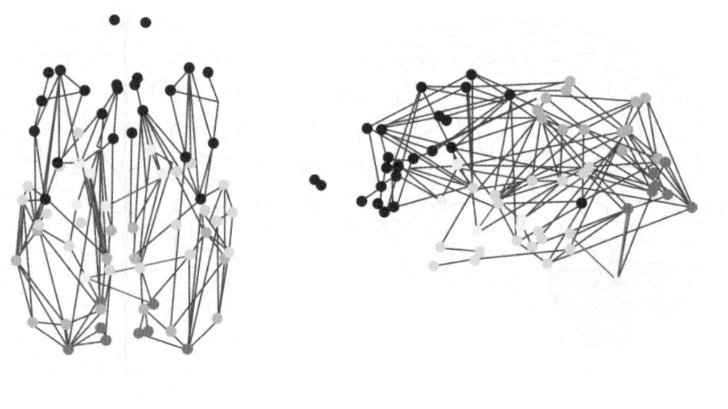

俯视图　　左视图

女性

根据这项研究，女性大脑在半球之间有更多的连接。

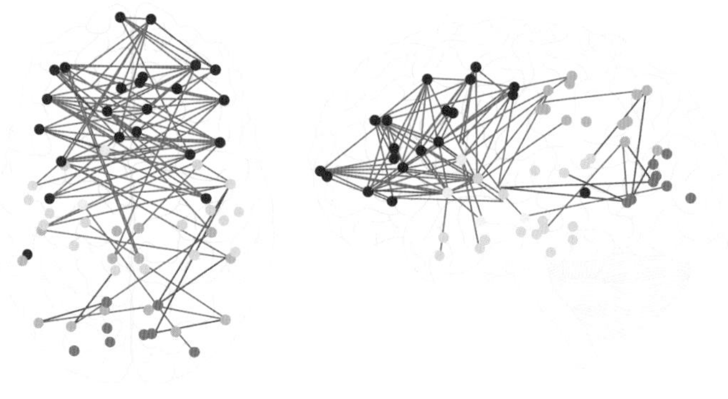

俯视图　　左视图

来源：Ingalhalikar et al.（2013）

男性和女性的大脑网络？

偏侧化理论（未经审查）

偏侧化理论假设左右半球各自专门负责不同的特定任务。这一理论在美国一项关于男性和女性大脑网络的研究中再次出现：男性被认为在大脑半球内有更多的连接，而女性在两个大脑半球之间有更多的连接。因此，男性会更擅长需要一项特定任务的技能，由于他们大脑半球之间的合作不太顺畅，所以更难进行多任务处理。因此，男性在某些任务中会使用与女性不同的策略。

例如，在导航时，他们会更抽象，比如沿着第一条街向左走，然后在200米后右转。这种“抽象”导航策略是由顶叶中彼此靠近的大脑区域负责的，它们负责空间信息的处理。相比之下，女性在导航时更依赖地标，例如，在教堂左转，然后在有蓝色外墙的房子处右转。对这种“分析性”较强的导航策略，大脑的两个半球必须协同工作，整合来自“对象识别”和“语言输入”的信息。女性的大脑网络更加一体化，也会让她们在分析性思维和直觉性思维之间更快地切换。

偏侧化理论（细微差别）

关于男性和女性大脑网络的研究受到了很多批评。例如，研究人员得出结论，男女在大脑半球内部和之间的连接存在差异，这可以解释为什么男性在空间记忆任务中表现得更好，而女性在社会认知和记忆单词、面孔方面表现得更好。只是大脑中的任何发现都没有与这些受试者的行为差异进行直接比较。因此，研究人员并没有验证行为上的差异是否真的源自大脑。

此外，该分析没有考虑到男女大脑总大小的差异。这可能低估了男性两个大脑半球之间的连接数量。毕竟，在更大的大脑中，连接更难被追踪——我们在前面看到，平均男性的大脑比平均女性的大脑大。此外，美国的这项研究缺乏统计信息，如效应大小，因此很难估计所发现的差异有多大意义。而且，大脑半球内部和之间的连接差异只在老年组中被发现，而在年轻组中没有。因此，该结论过于短视。

美国的研究结果尚未得到验证。大多数其他关于大脑网络的研究报告很少有或没有性别差异。所以迄今为止，几乎没有证据表明大脑网络的差异可以解释男女之间的行为差异。

男性和女性的大脑活动？

对男女大脑功能差异的研究也被证明难以复制。通常情况下，这些研究工作的样本很小，这样你更有可能因偶然而发现男女之间的差异。例如，1995年第一个关于大脑语言处理的研究就是这种情况。该研究对19名男性和19名女性进行了比较。研究人员得出结论，女性的语言处理发生在大脑的两个半球，而男性的语言处理主要发生在左半球。然而，如果你仔细审视这项研究，就会发现这个结论只适用于60%的女性。其余40%的女性表现出与男性相同的大脑模式。此外，该结果从未被其他研究验证……

语言处理中的“男女差异”

根据最早绘制的大脑差异研究图，当男性和女性执行语言处理任务时大脑存在差异。

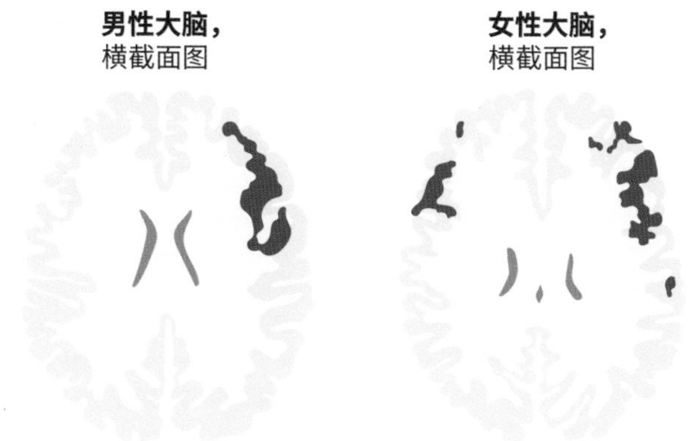

来源：Shaywitz et al.（1995）

你可以通过分析大脑活动性别差异的大型综述研究来减少意外发现差异的机会。如果大脑活动存在任何有意义的男女差异，那么这些差异应该能够通过对许多参与者进行各种广泛的综述研究来确认。 更大规模的研究将能够检测到大脑中更多“真实”的男女差异，也就是发现大脑中更多男性和女性不同的大脑区域。更有限的研究只会发现一小部分男女差异。

因此，研究人员筛选了2007年至2017年间发表的179篇论文，这些论文在标题或摘要中报告了男女大脑活动的差异。只是，预期的参与者数量与检测到的大脑差异数量之间并不存在联系。事实上，随着研究规模的增加，男性和女性之间激活程度不同的大脑区域数量减少了。此外，作者得出结论，很少有研究报告没有差异。这表明了一种所谓的报告偏见，即研究人员只解读积极的结果，而很少公布或不公布消极的结果。

每项研究中女性和男性具有不同激活模式的大脑区域数量

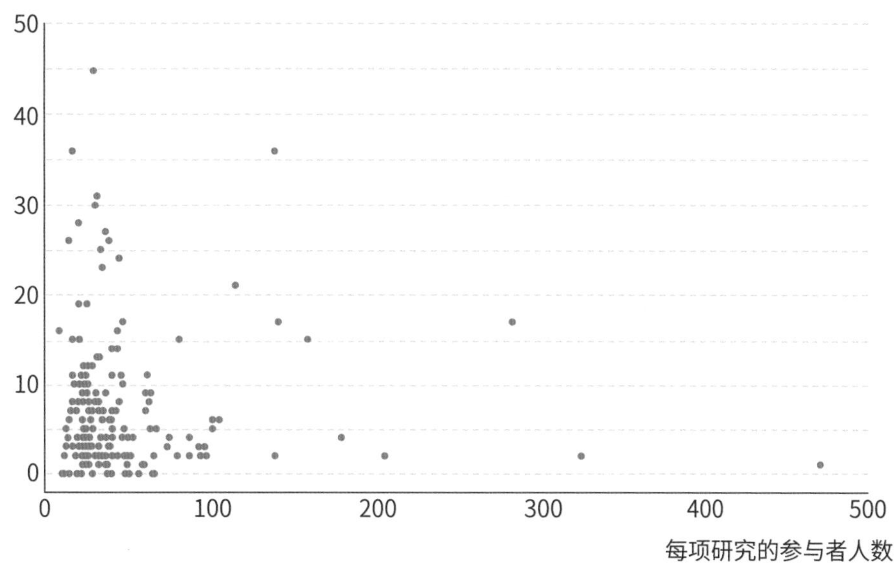

如果男性和女性之间的大脑激活存在有意义的差异，那么你完全可以通过在包含许多参与者的大型研究中发现细微差异。与此相反的是：参与者少的小型研究发现的大脑激活差异远远大于大型研究。

来源：David et al.（2018）

“思想没有性别。”

——弗朗索瓦·普兰·德拉巴尔（1648—1723）

预测男性和女性行为？

如果大脑中的性别差异可以解释男性和女性之间的行为差异，那么“更男性化”的大脑会产生更多男性化的行为，而“更女性化”的大脑会产生更多女性化的行为。一项旨在寻找大脑结构与行为（例如语言技能、空间意识和个性）之间联系的研究调查了这是否属实。

结果是什么呢？当研究人员“算上”男女大脑总大小的差异时，结果发现两者之间并没有联系。他们认为，以前所有没有考虑到大脑总大小的研究也是如此。根据他们的说法，大脑大小并不能预测行为，就像你的体形并不能决定你的停车能力一样。大个子男人和女人并不比矮个子男人和女人停车技术更好。换句话说，根据研究人员的观点，大脑大小和行为之间没有因果关系（然而，大脑大小确实与智商有较小幅度的关联：大脑越大越聪明，无论性别如何。第161页）。

男性和女性大脑相异，行为相似

注重相似性

上述研究的重点是男女行为的差异。只是，尽管男性和女性的大脑大小不同，性染色体和激素也有差异，但男性和女性的功能相当相似。甚至有证据表明，大脑实际上对大脑大小或激素分泌的差异进行了补偿，以确保男性和女性会有相似的行为。

这方面的一个例子是草原鼠的育儿行为，它们是一种一夫一妻制的动物，父亲和母亲平等地照顾它们的后代。妊娠激素使雌性在“分娩”后为照料幼崽任务做好准备，雄性则是天生的照料者，它们不需要激素。这是因为激活侧隔膜的线路，即负责照顾行为的大脑区域，在它们身上似乎比在雌性身上要广泛得多。通过这种方式，雄性的大脑补偿了其“主人”不能怀孕，因此不产生妊娠激素的事实。以类似的方式，你也许能够解释为什么女性每个神经元有更多的分支，而男性有更多的神经元。

注重差异性

研究人员用来检测大脑中是否存在男女差异的方法侧重于差异，而不是相似性。比如，相同的大脑部位的激活模式往往不包括在内，因此不会出现在大型综述研究中。此外，如果确定了普通女性和普通男性之间存在有意义的差异，便不会再在男性内部之间的差异和女性内部之间的差异中加以权衡。

同样，在大脑结构的研究中，相似性也往往没有被考虑在内。研究人员通过计算机模型读取大脑扫描结果，并根据这些扫描结果预测这是男性大脑还是女性的大脑。（好吧，当你可以直接询问受试者的性别时，这种研究的意义何在呢？）假设计算机成功完成了任务，那就意味着有典型的男性或女性的大脑特征。在70%～95%的情况下，计算机模型被证明是正确的。结论是什么？男人和女人的大脑差异：它们是存在的！嗯……事实再次变得更加微妙。

首先，重要的是要检测在考虑到大脑总大小的差异后是否仍然存在这种差异。毕竟：根据一个人的身高，你可以很容易地预测他或她是男性还是女性，但你并不能得知他或她的兴趣或技能。如果你确实考虑到模型中大脑总大小的差异，计算机模型的预测概率便低了很多。其次，另一项研究进一步推翻了原研究的结论。这项新研究的研究人员推断，为那些难以预测是属于“女性”还是“男性”类别的大脑增加一个中间类别也很重要。当计算机不是只在仅有的两个选项中进行选择，而是可以在3个选项中选择时，则三分之一的脑部扫描被正确标记为“男性大脑”，二分之一的扫描被正确标记为“女性大脑”。其余的大脑扫描则被标记为“中间类别”，甚至被错误地归类为“男性大脑”或“女性大脑”。这与最初的结论不同，因为3个男性大脑中有2个不能被识别为男性，而2个女性大脑中有1个不能被识别为女性。新研究表明，建立模型的方式（在“女性大脑”和“男性大脑”之间进行二元选择，或者在“男性大脑”“女性大脑”“中间大脑”之间进行选择）对研究结果和结论至关重要。

计算机模型将大脑分为女性、男性或中间类别，以百分比表示

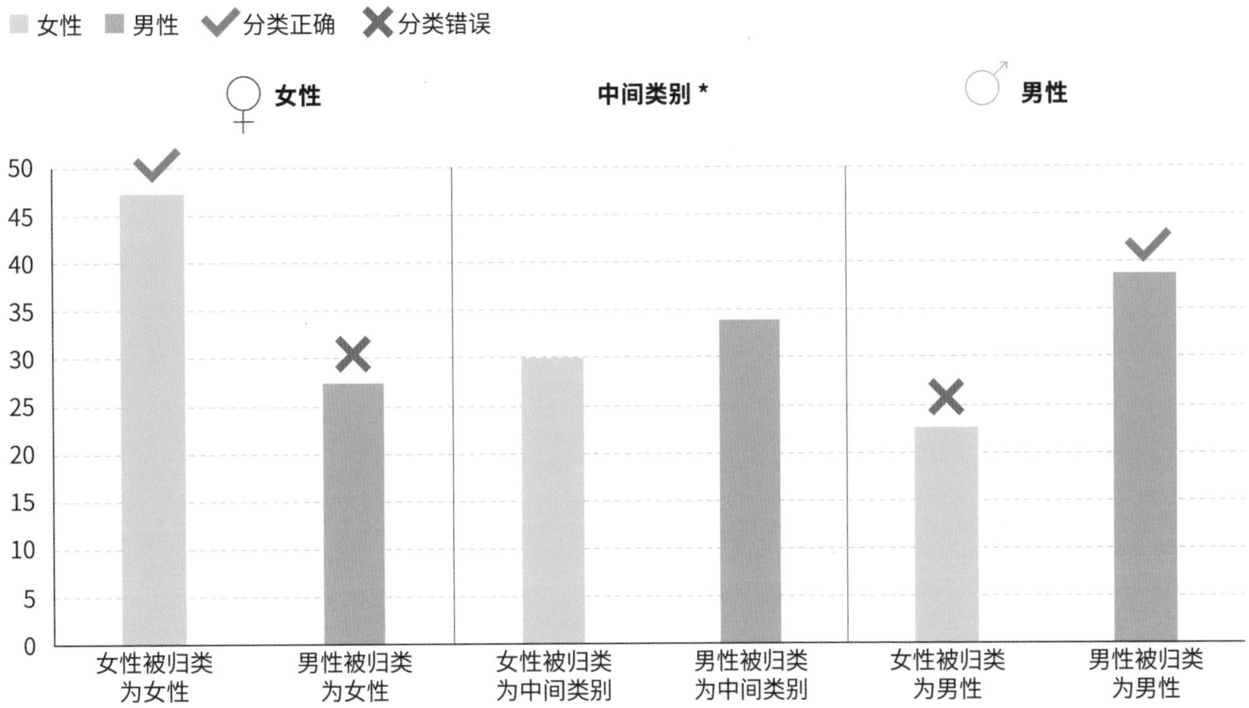

*被归类为既非“男性”也非“女性”的大脑类别

来源：Sanchis Segura et al.（2021）

那么男人和女人来自哪个星球？

男人和女人的大脑是否如此不同，以至于他们似乎来自两个不同的星球？这能解释典型的男性和女性行为吗？大脑差异（男/女）是存在的，但不是你想象的那样……

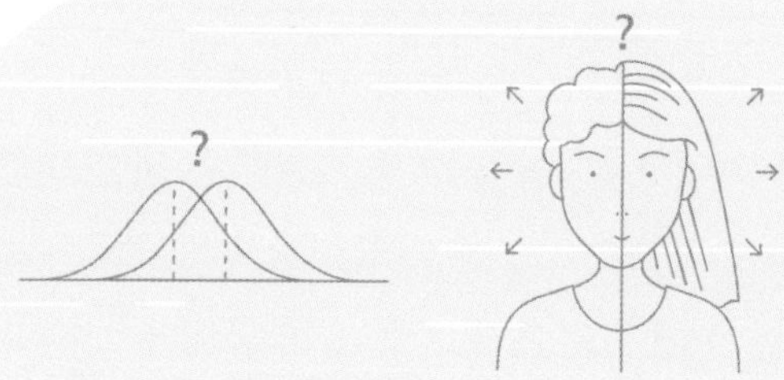

第一，你可能想知道是否存在典型的男性和女性行为。许多行为上的差异在重复研究中并不成立，或者被证明是毫无意义的微小差异，或者只在“异常值”中可见。这意味着并非所有男性都与所有女性不同，男女之间的相似性通常大于差异性。男女个体之间的差异往往比男女群体层面上的性别差异更为显著。因此，研究还应该关注个体的发展，并应充分考虑个体的多样性。性别只在很小程度上决定了这种多样性。

第二，大脑差异并不能解释男女之间在玩具偏好或职业选择等方面的显著行为差异。因此，令人遗憾的是，大众媒体经常错误地使用大脑差异来解释男女之间行为、兴趣或技能的差异。更有甚者，用大脑差异来为我们对待男人/男孩和女人/女孩的不同方式进行辩解。事实上，过于简单地看待男女大脑差异可能会产生有害和深远的后果。例如，可能会导致做出误判或人才流失。

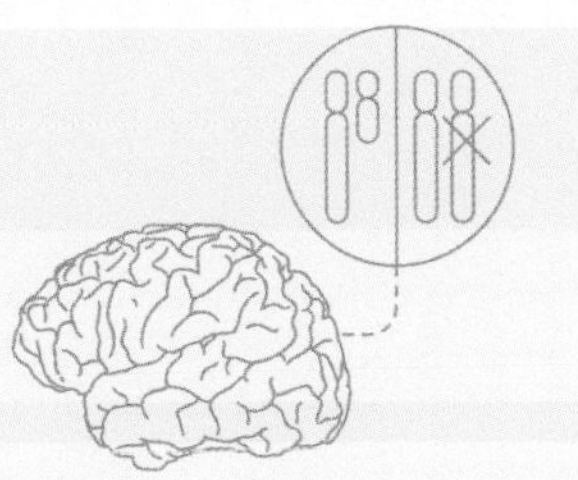

第三，研究有时发现，大脑会补偿（男/女）差异。一个例子是关闭女性两条X染色体中的一条，这样，在男性和女性中都只有一条X染色体是活跃的。

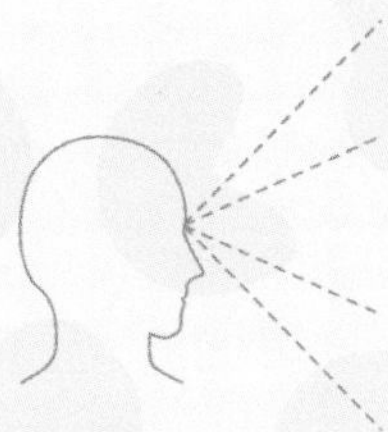

第四，社会文化期望对男性和女性行为的影响被低估了。例如，父母往往没有意识到他们对儿子或女儿的不同期望；反过来，研究人员在设计研究或解释研究结果时，也并不总是意识到自己的社会文化视角。

最后，动物界的性别差异大多是由最底层决定的（如DNA、分子和蛋白质），因此很难直接将动物界的雌雄差异与人类雌雄行为差异联系起来。可能现有的技术还不足以实现这一点。例如，你无法询问大鼠的性别认同，而在人类中，性别认同起着一定的作用。

简而言之：为了找出哪些差异对药物效果、（学习）障碍的诊断及其治疗等方面有影响和无影响，就必须更好地了解大脑的复杂多样性。在这一点上，大脑科学家们在未来几年内确实仍有很多工作要做。但可以肯定的是：男人和女人都有“大脑”。所以男人来自地球。而女人……嗯，当然也是！

在这一章

1

你将了解什么是智力，
以及如何测量它。

2

你将了解大脑中的
“平均”和“非凡”
智力。

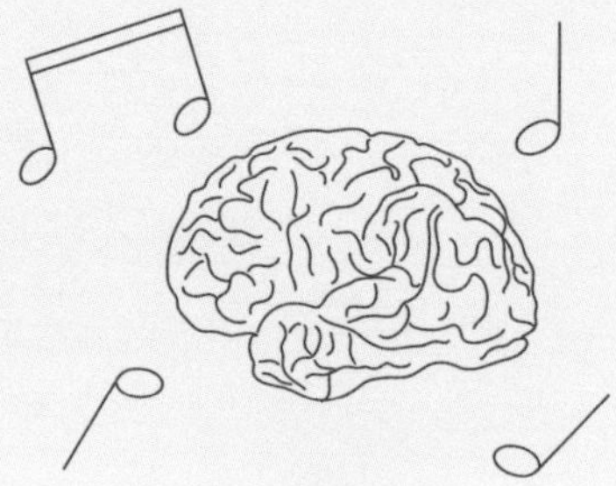

3

你将了解为什么
人们会如此喜欢
音乐。

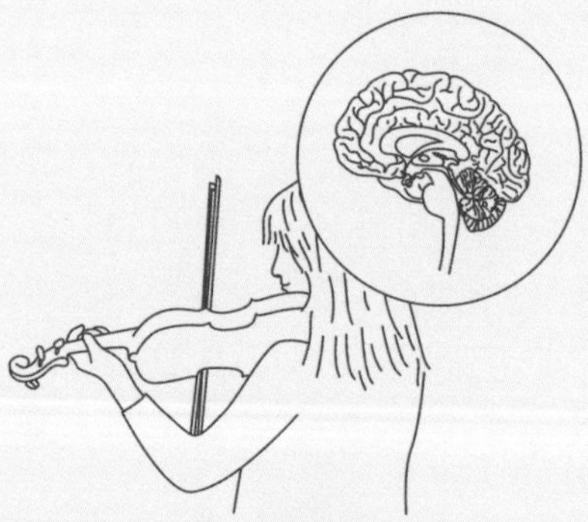

4

你将深入了解音乐家的
大脑是如何工作的。

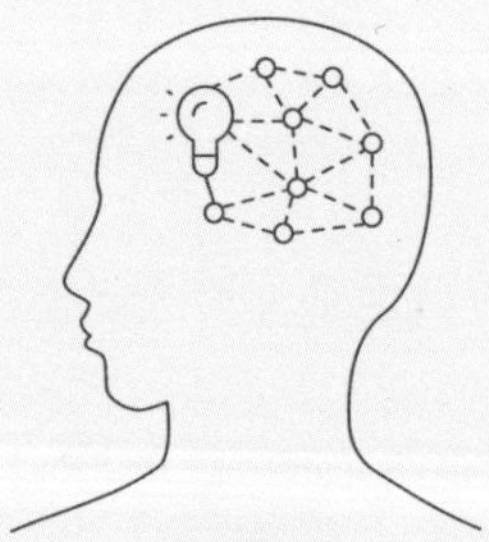

5

你将了解大脑是
如何产生创造力的。

4

聪明的头脑：非凡的大脑？

像歌手阿努克和劳伦 · 希尔或画家文森特 · 梵高这样有创造力的人，他们的大脑有什么特别之处吗？而像物理学家阿尔伯特 · 爱因斯坦或化学家罗莎琳德 · 富兰克林等伟大科学家的大脑是否也有什么异于常人之处？在这一章中，我们将深入了解聪明人的大脑。他们是天生就有天赋基因，还是他们是熟能生巧的生动证明？在本章中，我们将用神经科学的最新见解来回答这些问题。

你的G因素

1

当人们说你“聪明”时，到底是什么意思？

关于“智力”的概念

1666年，瘟疫暴发，一位年轻科学家的学校关闭了。因此，他暂时回到了位于果园之间风景优美的父母家中。在漫长的散步后，他在一棵苹果树下休息。当一个苹果落在他的头上时，他的心跳骤然加速。他的第一个想法是：为什么苹果总是往下掉而不是往上掉？刹那间，他灵光一现，使苹果落下（而不是向上）的力量可能也可以解释为什么月亮围绕地球旋转，地球围绕太阳旋转。就这样，艾萨克·牛顿发现了万有引力的原理，他后来被认为是有史以来最伟大的学者之一。

“我知道我很聪明，因为我知道我一无所知。”

——苏格拉底（公元前469—公元前399）

牛顿和他的苹果的逸事是一个关于突然的智慧洞察力的标志性故事。即使是像你我这样的普通人，每天也会有这种短暂的领悟，比如，在听到一个出人意料的笑话时，似乎突然茅塞顿开。我们人类能够产生超越生存机制的复杂思维，这是很了不起的。但究竟什么是智力？又如何衡量智力？是否每个人都能变得像牛顿一样聪明，还是你的智力在出生时就已经固定了？

你有多聪明？

你有多聪明？在你能回答这个问题之前，你需要能够定义“智力”，而事实证明这没有那么简单。

我想我所想

你一般如何定义智力？

你现在在想什么？有可能你会想你正在思考的事情。这种思考自己想法的能力被称为“元认知”。元认知有助于你学习新事物。毕竟如果你能反思你所处理的一项任务的好坏，你下次就能（甚至）更好地完成这项任务。这种学习能力通常被认为是“智力”的定义。同时，智力有时也被等同于“高级思维功能”，如抽象推理，解决问题和决策制定。根据其他定义，人类的适应能力（例如，在外面寒冷时穿暖和的衣服）、人类的创造力和情商也是“智力”概念的一部分。

这个概念与“认知”（第206页）的概念非常相似，但认知和智力的研究领域是从两个不同的起点开始的。一个例子就能说明问题。有些人比其他人更擅长数学，这不是什么爆炸性新闻。但是，尽管婴儿还不能做算术，你也不能说他们比成年人“智力低下”——毕竟，他们的认知发展还没有达到那个阶段。智力研究现在主要关注的是人与人之间的差异，也就是说，为什么有些人的数学能力比别人差。对认知的研究最初并不关注这些相互之间的差异，而主要是好奇认知在人类中是如何运作的，以及某些认知特征如“集中注意力”在你的一生中是如何发展的。

同时，这两个研究领域的基本原理是紧密相连的。你的智力取决于你的认知技能与特定年龄的合理预期认知技能的比较程度。这些期望取决于同龄人的平均能力。一个在智力测验中得分高于同龄人的6岁儿童在成年后得分仍将高于同龄人。为了更好地理解研究人员如何看待“智力”及其与“认知”的交织关系，请先阅读过去几个世纪不同研究人员是如何定义“智力”的。

名人堂

阿努克·特乌韦

生于1975年

阿努克被誉为荷兰最受欢迎的摇滚歌手，她于1997年凭借歌曲*Nobody's Wife*在荷兰一举成名。她的音乐生涯开始于作为Shotgun Wedding乐队的伴唱，与该乐队一起在派对上表演。1994年，她被音乐学院录取。尽管她从未完成该课程，但这并不妨碍她赢得了许多奖项，包括几次爱迪生奖。那是荷兰历史最悠久的音乐奖，相当于荷兰版格莱美奖。你可以在后面阅读到更多关于阿努克的内容（第169页）。

劳伦·希尔在20世纪90年代作为说唱组合The Fugees的成员而声名鹊起，但主要是她的个人专辑《劳伦·希尔的错误教育》确立了她作为知名女性说唱歌手的声誉。这张专辑在Billboard 200排行榜上连续四周排名第一，并为她赢得了五个格莱美奖。你知道吗，当她排练说唱或自由发挥时，她会调动其他大脑区域（第189页）。

劳伦·希尔

生于1975年

文森特·梵高

1853—1890

文森特·梵高是荷兰最著名的画家之一。梵高的一生跌宕起伏，一直找不到工作。因此，他在27岁时立志成为一名艺术家。他自学绘画，后来在海牙和安特卫普上了一些绘画课。他卖出的第一幅画是《吃土豆的人》。其他著名作品包括《星夜》《卧室》和《向日葵》。他非常多产，有人说这是他与狂躁症做斗争的原因，他在10年内创作了近900幅画（第193页）。

阿尔伯特·爱因斯坦

1879—1955

阿尔伯特·爱因斯坦被公认为是历史上最重要的物理学家之一。但他的职业生涯也并非一帆风顺。例如，在他成名之前，他很难找到工作。1901年，他向莱顿大学的卡末林·昂内斯等人提交了求学申请，但这位实验物理学教授从未理会过爱因斯坦的申请。此外，爱因斯坦的第一篇关于分子力的论文在1901年被拒。最终，他在1905年获得了苏黎世大学的博士学位。在那里，他撰写了三篇开创性的论文，其中包括相对论的内容。他的影响是如此之大，以至于一些研究人员对他的大脑进行了检查（第160页）。

罗莎琳德·富兰克林是一位化学家，她对我们在DNA中所建立的双螺旋结构的认知做出了重要贡献。她最著名的工作包括该DNA结构的X射线衍射图片。她年轻时就死于癌症，这可能是由于她每天与X射线打交道的结果。她在伦敦国王学院的同事詹姆斯·沃森、弗朗西斯·克里克和莫里斯·威尔金斯因发现DNA结构而被授予诺贝尔生理学或医学奖，那是在她去世的4年后。由于诺贝尔奖不追授给已故者，富兰克林本人从未因其工作而得到认可。但毫无疑问，她小时候的智力就已经在平均水平之上了。也许她的大脑比常人更高效（第164页）？

罗莎琳德·富兰克林

1920—1958

霍华德 · 加德纳

生于1943年

你的聪明是“书本智慧”还是“街头智慧”？

不同类型的聪明？

虽然上述定义实际上假定了一种“一般智力”，所有认知能力都可以归结为这种智力，但也有研究者假设存在一种“多元智力”，正如美国心理学家霍华德 · 加德纳在1980年所提出的概念。这并不奇怪：人们通常认为，如果你的数学不太好，那么你在音乐方面的表现可能会高于平均水平。

霍华德·加德纳的多元智力

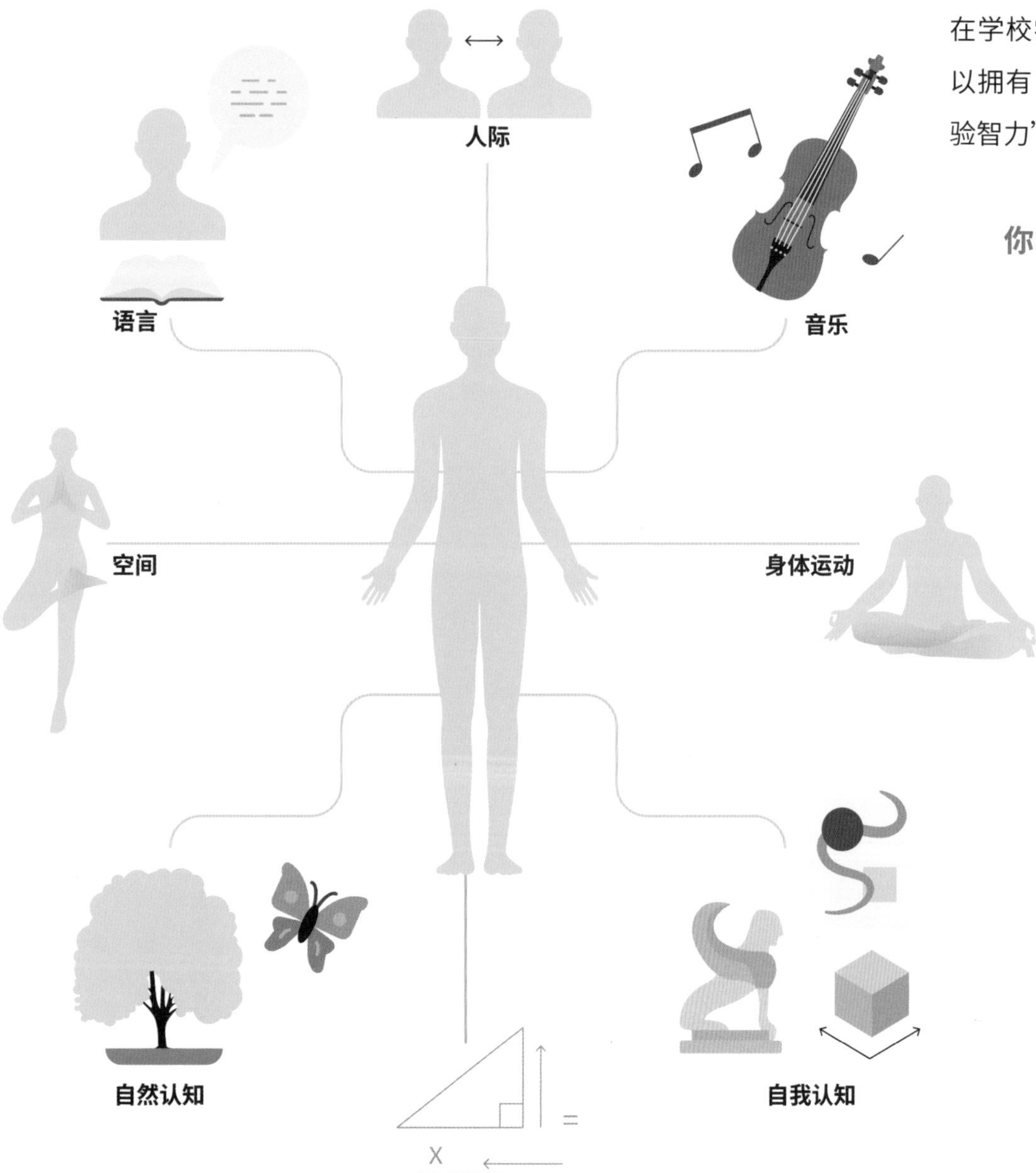

加德纳将“多元智力”分为八种，这些智力彼此完全独立存在。其中，“自然认知智力”指善于辨别环境（自然环境和人造环境）并加以分类和使用的能力。加德纳说，厨师和农民在这项上得分较高。然而，大多数科学家对加德纳的智力观点进行了批判（现在仍然如此），认为他对“智力”的描述实际上更像是对天赋或技能的描述。

随后，在1985年，美国心理学家罗伯特 · 斯腾伯格（生于1949年）提出了一个新的理论来定义不同类型的智力。他将智力测试中所测量的智力命名为“成分智力”。他说，那些得分高的人都具有“书本智慧”，他认为这种智力形式过于局限，太注重你在学校学到的东西。因此，在他的理论中，你也可以拥有“街头智慧”（包含另外两种智力成分：“经验智力”和“情境智力”）。

你的G因素有多少？

如何测量智力？

加德纳和斯腾伯格的“多元智力”理论的问题在于，他们对不同类型智力的定义并不容易测量。如果这些类型的智力真的独立存在，那么你也应该能够独立测量这些不同的形式。只是，当人们通过测试来衡量这些不同的、本应独立的认知能力时，这些测试的分数却惊人地紧密相关。难道这种关联性不正是“一般智力”的支持者在其定义中所假设的一般的、潜在的智力因素吗？这就是心理测量学家（测量心理现象的研究人员）所疑惑的。是时候解决这个可测量性问题了！

智力测量的历史

智力商数

阿尔弗雷德·比奈（1857—1911）、西奥多·西蒙（1873—1961）和威廉·斯特恩（1871—1938）

尽管古希腊人已经描述了“智力”的最初概念，但直到1904年才有了第一个真正测量智力的测试。它是由法国政府委托进行的，目的是识别有学习困难的儿童，以便为他们提供正确的指导。该测试由巴黎索邦大学心理学研究所所长阿尔弗雷德·比奈开发。在此之前，智力通常是由精神病学家通过（主观）观察来评估的，但比奈希望创造一种能够以客观和标准化的方式衡量学习障碍的测试。他与西奥多·西蒙一起设计了一些与日常生活有关的测试，如数硬币、按顺序排列数字、阅读理解和识别图案。他的目的是测试“先天”智力，与一个人所学到的知识分开。毕竟所学到的知识取决于你的教育水平，而受教育的机会并不是人人都有。

比奈让16岁以下的学童参加这一系列的测试。这个分数决定了他们的“心理年龄”，他将这个年龄与他们的“实际年龄”进行对比。通过这种方式，可以发现一个人的年龄是“超前”还是“落后”。德国心理学家威廉·斯特恩改进了比奈的计算公式，这样一来可以用标准化的方式比较各组儿童的分数。后来，美国心理学家刘易斯·特曼（1877—1956）再次更新了这个公式。他将斯特恩的系数乘以100，“智商”，或简称为“IQ”的概念便由此诞生。

$$\mathrm{IQ}^{*}=\frac{\text{心理年龄}}{\text{实际年龄}}$$

* 最早的一个定义

第一个 IQ 测试的例子

你在这里看到三对面孔。孩子们会被问道：每对面孔中哪张更漂亮？

来源：Wallin.（1911）

令人反感的IQ分数？

在20世纪初，“白痴”不过是一个中性的科学术语。智商达到100，对阿尔弗雷德·比奈来说就是平均水平。如果你获得一个极低的分数，就会被称为白痴（智商低于20）、低能儿（智商在20到55之间）、傻子（智商在55到70之间）或智障者（智商在70到90之间）。后来，这些原本中性的词发生了意义上的转变，变成了脏话。因此现在他们被称为有极重度、重度、中度或轻度智力障碍的人。阿尔弗雷德·比奈本人根本没有以任何贬义的方式使用这些术语。相反，他总是以最大的尊重对待有学习障碍的孩子。

G因素

查尔斯·斯皮尔曼（1863—1945）

与此同时，在另一个国家，英国研究人员查尔斯·斯皮尔曼正在执行一项任务。他想证明心理学领域是一门“真正的”（精确的）科学。因此，他设计了一种以统计方式衡量智力的方法。1904年，他开发了一项测试来衡量儿童在法语、英语、数学和音乐方面的水平。这是因为他看到，如果儿童在这些参数中的一项得分高，他们往往（但不总是）在其他参数上也得分高。他开发了一种统计方法，你可以根据一个子测试的分数计算并预测受试者在其他子测试中的得分。该计算方法包括一个总得分，并根据特定技能的单项测试结果对该总分进行加减分。他将这个总分称为“综合因素”，或简称为“G因素”，它成为你智力的“代表”或近似值。他以此说明，一个人的认知能力很可能是由一个单一的现象、过程或特质所决定的。此外，他还可以用这个“G因素”来衡量不同个体之间的差异。你的综合因子越高，你就越聪明。

韦克斯勒成人智力量表

大卫 · 韦克斯勒（1896—1981）

1955年，美国心理学家大卫 · 韦克斯勒发表了一个新的智力测试，即韦克斯勒成人智力量表（WAIS）。该测试由一系列测试组成，评估言语智力（例如词汇量）和非言语智力（例如空间洞察力）——非言语智力也被称为“表现”智力。韦克斯勒认为，这两者都是智力的组成部分，而不是独立的智力形式。这个测试的更新版本仍然被广泛使用。

智力测试的组成部分

1 **逻辑测试**
你推理一个序列中的下一个模式是什么。任务会变得越来越难。

2 **词汇解释测试**
例如，你会被问到两个字母X和Y有何相似之处。任务会变得越来越难。

3 **数字测试**
例如，你听到一串数字，你必须按相反的顺序重复这串数字。任务会变得越来越难，例如通过字母来扩展数字序列。

4 **理解测试**
你将听到一个故事，并且必须回答有关它的一些问题。

5 **常识测试**
你被问及单词的含义。

6 **信息处理测试**
你获得一项测试你处理信息速度的任务。例如，你必须在一张有很多不同符号的纸上找到一个特定的符号。

7 **记忆测试**
你必须回答与之前听到的故事有关的问题。

8 **空间理解测试**
你必须用抽象的拼图碎片重新创造出抽象的图案。

智力测试的原理

网上有很多“智力测试”，声称可以在10分钟内通过拼图或小测验测出你的智力。只是，这些测试并不能准确地评估你的智商。要进行可靠的智力测试，首先需要有接受过此类测试培训的人员来进行。其次，这样一个真正的智力测试至少需要一个小时，因为你必须按照固定的顺序进行几个子测试。这些子测验包括多项评估你的言语技能和非言语（“表现”）技能的任务。你的总分不仅计算你在各个子测试中的得分，还计算你完成这些子测试的速度。然后将你的总分与参加相同测试的一大群人的总分进行比较。测试分数设定为100分，正好是平均分。如果你的得分高于100分，说明你的智力高于平均水平；如果你的分数低于100分，则说明你的智力低于平均水平。

G因素

多亏了斯皮尔曼，我们才知道智力测验的各个子测验（例如韦氏测验）是相互关联的，即G因素。如果你的G因素高，你就更聪明；如果你的G因素低，那么你就不太聪明。同时，在这样的智力测验中，一些子测验之间的相关性比其他子测验更强。但这种相关性是什么样子的，这仍是科学家之间激烈争论的问题。

言语与非言语智力

一方面，有些科学家将测试分为言语与非言语（表现）两部分。然后将评估词汇知识和语言理解力的测试结合起来衡量你的言语智商，其他测试则决定你的表现智商。

智力测试的危害

20世纪初，有一些运动试图通过让上层和下层人口分别多生和少生孩子来“改良”人类“物种”。这种所谓的“物种改良”也被称为“优生学”。智力测试被用来以“科学”的名义压迫一些群体。在美国、加拿大和斯堪的纳维亚半岛，许多被压迫的人因这些理应受到谴责的想法而不能生育。

晶体智力与流体智力

另一方面，有些科学家根据晶体智力和流体智力对子测验进行分类。晶体智力取决于你在一生中所积累的知识，如词汇量。流体智力是指不需要先验知识的所有其他形式的智力，例如预测序列中的下一个复杂模式。

值得注意的是，这两种形式的智力随着年龄的增长会有不同的进展。随着年龄的增长，你的流体智力比晶体智力增长得更快，也更早达到成熟水平。你的晶体智力随着年龄的增长会保持不变甚至还会提高；然而，流体智力却会随着年龄的增长而下降——最早从25岁开始。

流体智力下降的事实不仅适用于患有痴呆症的人，也适用于健康人群。同时，流体智力消失的速度也因人而异。科学家们正在努力找出哪些人能更长时间地保持“流体智力”，以及造成这种情况的原因。

晶体智力和流体智力的发展变化

晶体智力

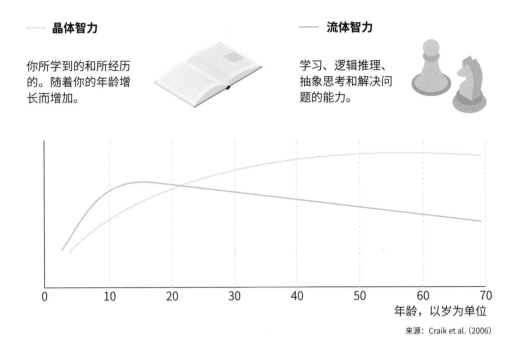

你所学到的和所经历的。随着你的年龄增长而增加。

流体智力

学习、逻辑推理、抽象思考和解决问题的能力。

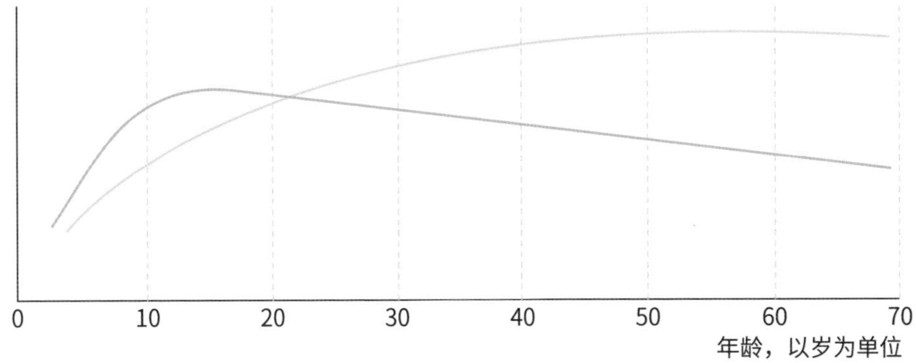

来源：Craik et al.(2006)

你能破解智力测试吗？

如果你训练自己进行智力测验，你就能在智力测验中得分越来越高吗？不会的！这些测试的设计是这样的：如果你参加多次测试，你会得到大致相同的分数。当然，你的分数可能会有所不同，你可能在某一次测试中比另一次更专注。但即使你全身心地投入智力测试中，人们的进步速度也是不一样的。而这种学习速度又是衡量智力的一个标准。

你的天赋如何？

IQ 的普遍分布

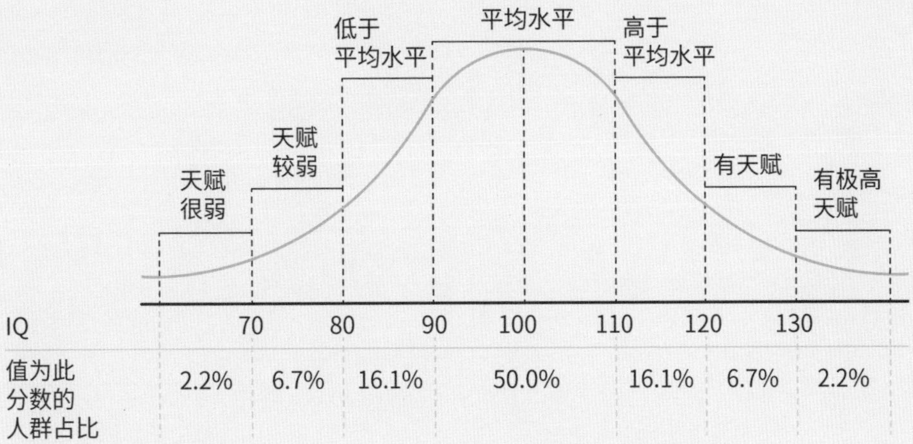

人们在智力测试中的得分遵循正态统计分布，在图形上看起来呈钟形。

- ☐ 大多数人得分处于平均水平（90～110）。
- ☐ 得分高（111～120）或非常高（121～130）的人较少。只有2.2%的人得分特别高（高于130分）。
- ☐ 得低分（80～89）或非常低（70～79）的人同样很少。只有2.2%的人得分很低（低于69），对于这种情况你可以说其有智力障碍。

然而，在这个最低范围内，结果变得不太可靠。在这种情况下，任务对于参与者来说要么太难，要么太有挑战性，使其无法保持注意力。

双胞胎研究和收养研究给我们带来哪些关于智力的启示

研究表明，家庭成员的智力测试分数相似。问题是其中的原因是什么。是由于他们成长的环境相似（如广泛接触书籍，从而获得知识），还是由于他们从父母那里继承了基因？

双胞胎研究表明，同卵双胞胎的智力测试分数比异卵双胞胎的分数更接近。这意味着有遗传因素在起作用，估计为50%～80%。至于其余的部分，你的智商是由环境决定的。

在这种情况下，收养研究也很有趣。一方面，你可以将被收养儿童的智商与新领养家庭中非收养的兄弟姐妹进行比较。他们共享家庭环境，但不共享基因。另一方面，你可以将被收养儿童的智商与其原亲生家庭的兄弟姐妹进行比较。他们共享基因，但不共享家庭环境。

例如，瑞典的一项研究发现，被收养儿童在18岁时的智商比与亲生父母一起长大的未被收养的亲生兄弟姐妹平均高4分。另一项针对15岁收养儿童的研究表明，父母的养育对他们的智商有4%的影响，兄弟姐妹的存在对智商有6%的影响，而遗传倾向和家庭之间的相互作用又对智商有11%的影响。总体而言，领养家庭对收养儿童的智商有21%的贡献，而亲生父母的基因对他们的智商有32%的贡献。更有趣的是，当被收养的孩子30岁时，研究人员重复了这项研究。结果令人惊讶。领养家庭对他们智商的影响似乎有所下降，从21%降至8%；而遗传效应则增加了25%。结论是什么？聪明的父母有聪明的孩子，这主要是遗传的结果，而不是养育方式。而且年龄越大，遗传背景对智商分数的决定作用越大。这似乎很矛盾。你可能会认为环境发挥的作用越来越重要，因为你所获得的独特经验将使你的人生经历变得越来越不同于其他人。研究人员解释说，在现实生活中，遗传因素将发挥越来越重要的作用，其中一种解释是，成年后，你可以自由选择你的环境，而那个环境可能更符合你的遗传倾向，而不是你成长的家庭。

ⓘ 是否存在“过高”的智商？

研究表明，较高的智商与寿命相关。例如，更聪明的人寿命更长、更健康并且有更好的工作。问题是：是否也存在一个临界点，在这个临界点上，智商分数会带来弊端，例如社交尴尬？换句话说，存在过高的智商吗？为了回答这个问题，美国的一项研究追踪了320名数学天才的职业生涯，这些天才是美国最聪明学生中的0.0001%，这项追踪从他们的高中时代开始。

他们不仅数学成绩优异，其他科目上也同样出色。30年后，事实证明他们在政治、科学、商业、新闻、美术或音乐领域都取得了成功。许多人赢得了奖项，获得了奖学金，并制作了音乐剧和戏剧。在这个最聪明的群体中，最聪明的人比其他人要更成功。没有研究表明他们极高的智商与较少的社会人格特质相关联。他们的外向性和友好性并不逊色。

青少年的 IQ 值与亲生父母或养父母之间的相关性

图例

— 父母和青少年的智商分数之间的相关性

▲ 父母（X 轴）和青少年（Y 轴）的智商分数

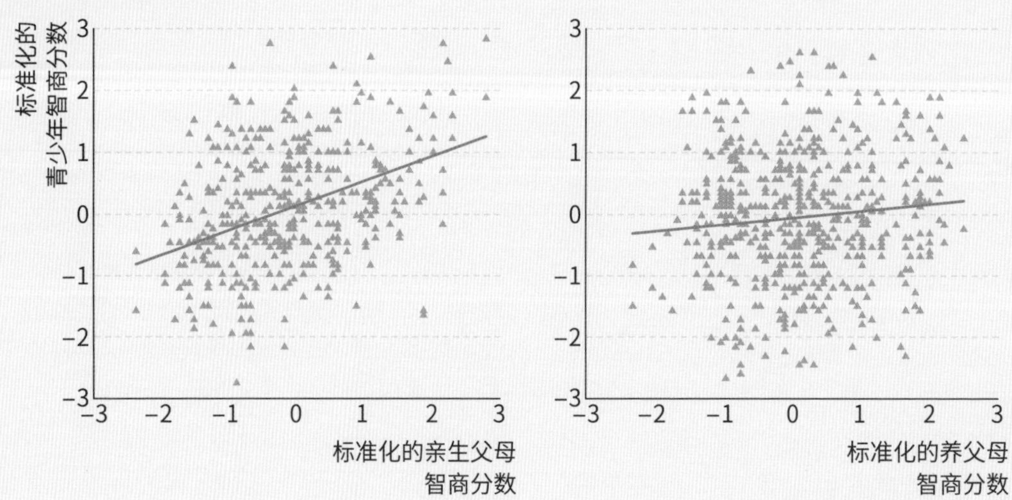

青少年的智商分数与其亲生父母（左）之间的相关性高于青少年与其养父母（右）之间的相关性。

来源：Willoughby et al.（2021）

四个G因素理论

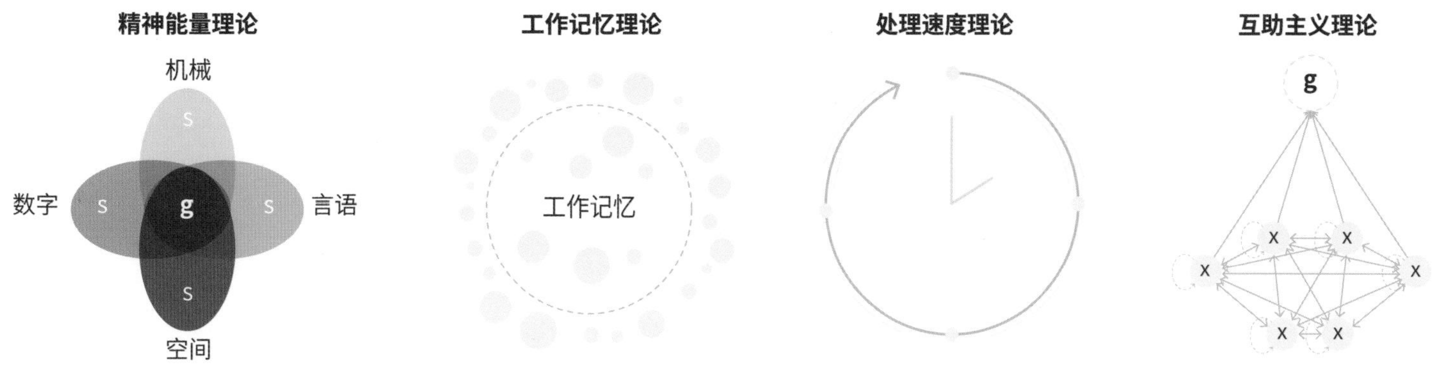

大脑层面的智力意味着什么？

对心理测量学家来说，可以肯定的是，一个人在各种认知任务中的得分情况，存在着某种普遍的解释因素。毕竟，我们可以通过智力测试来测量并从统计学上提取这个因素。但是，是哪种心理或生物变量构成了这个统计学上确定的G因素呢？目前关于这个问题有几种理论，并且还没有达成共识。

1 精神能量

斯皮尔曼提出了一个理论：G因素是精神能量的一种形式。它可以通过由遗传倾向决定的单一大脑特征捕捉到。

2 工作记忆

其他研究者认为，工作记忆是一种短期记忆（第208页），它使你能够保存和处理信息，是智力的基础。如果你能积极地保存和编辑更多的信息，你就能完成更困难的任务。

3 处理速度

还有其他研究人员认为，衡量大脑的一个重要变量必须是信息处理速度。毕竟，更快的大脑可以在更短的时间内处理更多的信息，因此更聪明。

4 互助模式

问题在于，这些生物或心理变量没有一个与统计学上确定的G因素有足够的相关性，从而无法解释G因素这一整体。互助主义模型现在指出，通过统计方法，你可以从工作记忆和处理速度等频繁的、相互的作用（因此是“互助主义”）中得出一个总体因子，该因子与这些单一的生物或心理变量之间的相关性有联系。该模型假设，随着一个变量（如工作记忆）的增长，另一个变量（如处理速度）可以从中受益，从而对这些变量之间的互动产生整体的积极影响。把它比作一个蜜蜂群体：当有更多的花（从而有更多的花蜜）时，蜜蜂数量就会增加，而当有更多的蜜蜂参与交叉授粉时，这些花的数量也会增加。

按出生年份划分的平均智商得分

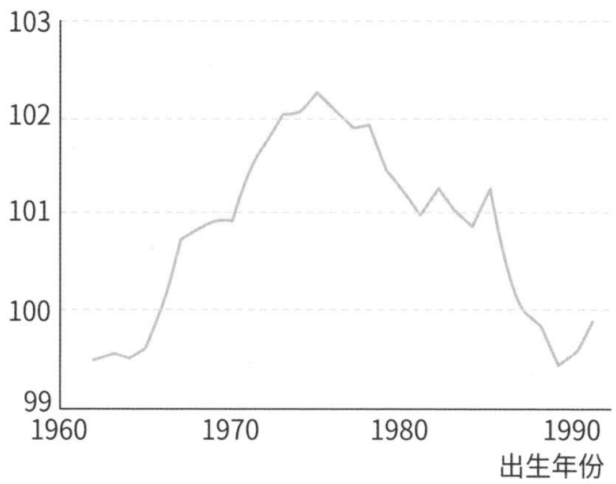

来源：Bratsberg & Rogeberg.（2018）

我们会随着年龄的增长而变得更聪明？

如果今天的年轻人参加20世纪50年代的智力测试，大多数人都会被贴上天才的标签。这就是“弗林效应”，以新西兰教授詹姆斯·罗伯特·弗林的名字命名。这就是为什么每隔几年就会使用一个新的测试组来“重置”智力测试的平均值。因此，平均智力分数总是保持在100分。

我们似乎一直都在变得更聪明，这怎么可能？是因为大脑每一代都会得到某种“更新”？在全球化和技术发展的影响下，我们的大脑是否正在经历进化的生物适应？这是不可能的。毕竟，智力的变化太快了，而进化的生物过程需要更多的世世代代人的时间。也许弗林效应是由于更好的教育和营养。顺便说一下，欧洲的研究表明，弗林效应正在卷土重来。在挪威，它在1975年达到顶峰。

不管动物多聪明，它们永远打不过皮姆或金

2

为什么我们说人类比动物聪明？

动物智力、人类智力、平均智力和超常智力

一个研究不同种类海洋动物的实验室研究人员感到十分困惑。有几次，其中一个水族箱中的所有鱼都消失了。为了揭穿小偷的真面目，研究人员安装了摄像头。结果发现这个小偷是一只章鱼。它在所有员工都回家后，打开自己的水族箱，来到鱼缸前，打开鱼缸，爬进去，然后吃掉了所有的鱼。然后它再回到自己原来的地方。在很长一段时间里，计划复杂行动的能力被认为是人类特有的。直到最近，人们还认为只有高度发达的人类大脑才有这种能力。而现在事实证明，章鱼的神经元比人类多30%。

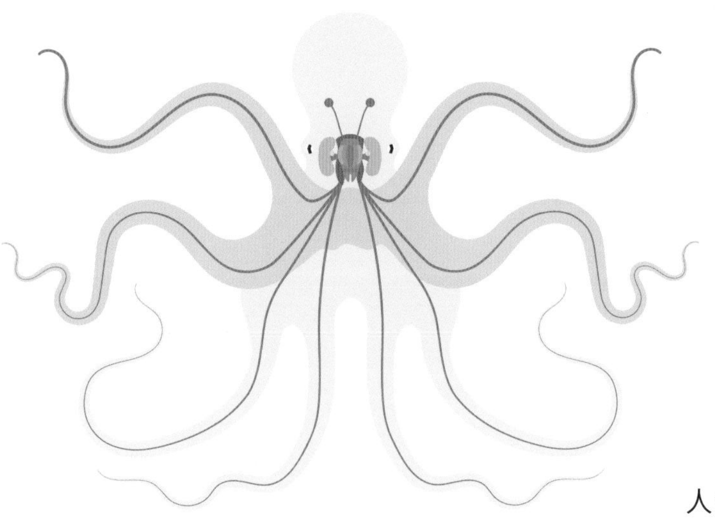

“每个人都是天才。但如果你以爬树的能力来评判一条鱼，那么它一生都会觉得自己很愚蠢。”

反社会的章鱼

与人类不同，章鱼不是社会性生物。它们只有在交配时才与同类见面。因此，它们不可能建立持久的关系：它们的生命周期很短，平均只有3年。

章鱼大脑的智力被认为是以不同于人类大脑的方式进化的。这就是为什么最好谈论不同类型的智能，“人类智能”只是其中之一。但是，动物的大脑与人类的大脑有什么不同呢？一个智商一般的人与智商极高的人的大脑有什么区别呢？

动物与人类

你可以说是火的发明使人类有别于动物。没有任何动物物种知道如何生火，而火的发现对人类的生存产生了巨大影响。人类可以吃更多的食物，这保证了他们能摄入更多的热量。这使他们（能量消耗大）的大脑得到进一步发展，他们在变化多端的条件下生存的机会也大大增加——气候的波动促成了这一点。从积极的方面看，人类大脑的发展意味着人类这个卓越的社会性物种，可以发展出复杂的交流方式（语言）和复杂的情感（羞耻感）——人类是唯一可以脸红的物种。从负面意义上讲，人脑的发展也意味着人类有能力发动战争或破坏环境。这是动物无法做到的。问题是，动物和人类智力之间的这些差异是否也能在它们的大脑中体现出来。

脑容量

考古发现表明，随着时间的推移，人类的头骨尺寸越来越大，与其他灵长类动物相比，即使将体形考虑在内，人类的大脑也是最大的。大脑的大小可能解释了人类智力的进化。考古学家在过去的其他发现中也看到了这一点：越来越复杂的工具和越来越复杂的社会文化的痕迹。人类大脑每平方毫米包含的神经元数量确实与灵长类动物（如大猩猩、黑猩猩和猩猩）的大脑相同。它本质上是灵长类动

动物大脑的“比例规则”

大脑越大，神经元数量就越多。这听起来符合逻辑。但你知道，这种相对增长的幅度取决于物种吗？在啮齿类物种中，大脑大 35 倍，神经元数量就多 10 倍。而灵长类动物的脑容量如果增加 10 倍，神经元数量会增加 11 倍。这意味着灵长类动物的大脑必须更小才能容纳更多的神经元。例如，三道纹夜猴（也称为夜猴）和刺豚鼠（栖息在巴西雨林中）的大脑大小相同，但夜猴大脑中的神经元数量是后者的两倍。因此，更聪明的动物物种在单位体积内拥有更多的神经元。

图例

- 大脑质量
- 神经元总数
- 每 1 克的神经元数量
- 大脑尺寸

啮齿类

刺豚鼠

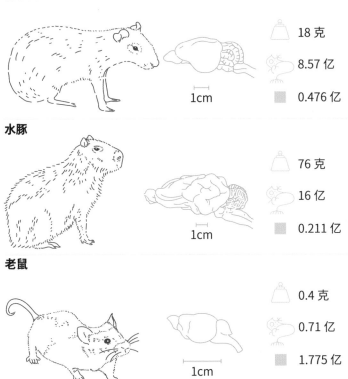

18 克
8.57 亿
0.476 亿

水豚

76 克
16 亿
0.211 亿

老鼠

0.4 克
0.71 亿
1.775 亿

灵长类

夜猴

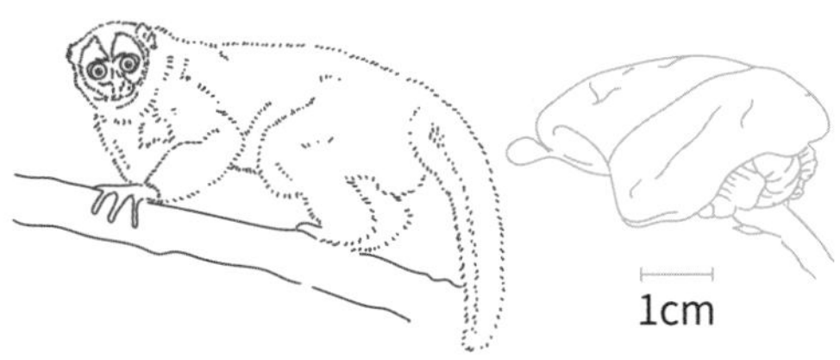

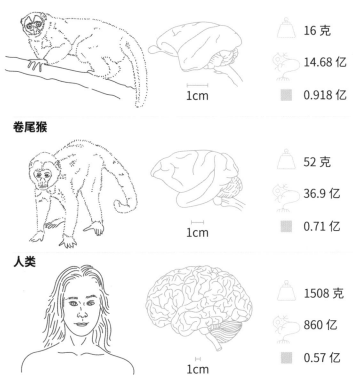

16 克
14.68 亿
0.918 亿

卷尾猴

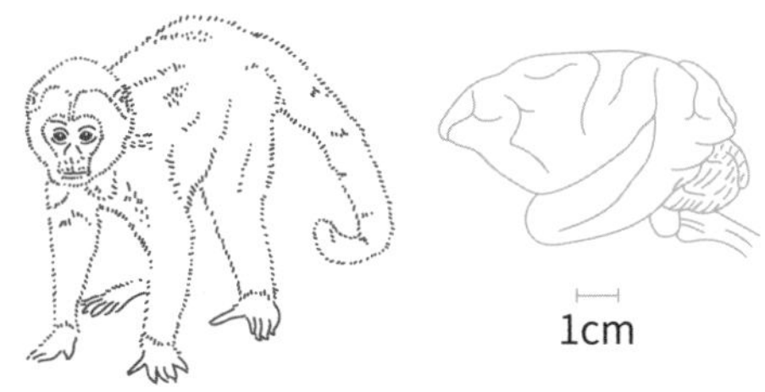

52 克
36.9 亿
0.71 亿

人类

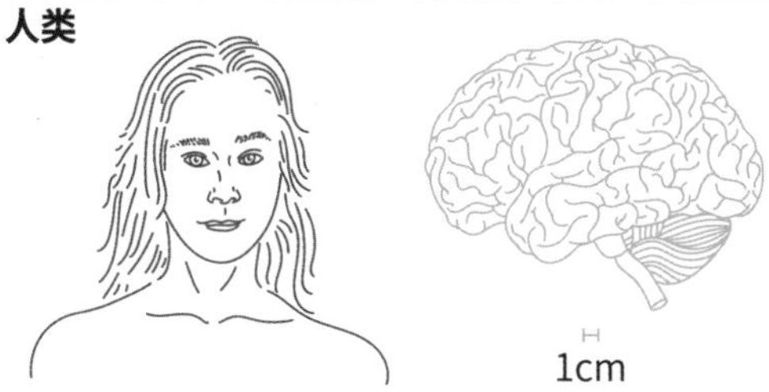

1508 克
860 亿
0.57 亿

来源：Herculano-Houzel (2009) en brainmuseum.org.

物大脑的放大版，但由于人脑的尺寸更大，绝对的神经元数量自然更大。然而，大脑大小和绝对神经元数量的差异并不能解释人类和动物智力的巨大差异。大象的大脑甚至更大，但并不更聪明。而吉娃娃相对于其体形而言拥有最大的脑袋，但它也不因此而属于最聪明的动物之一（第 159 页）。

计算机比人类聪明吗？

击败顶级国际象棋选手的计算机、比人类更少违规的自动驾驶汽车……对人类智能的研究不仅使人们对人脑功能有了更深入的了解，而且还促进了人工智能（AI）计算机应用的发展。人工智能被定义为“系统正确解释外部数据并从中学习，通过灵活适应实现特定目标和任务的能力”。人工智能的局限之一是机器无法“独立思考”，而是要依赖于你输入的数据和规则。

当出现意外情况时，计算机不可能总是对其做出正确的反应。因此，有时也会出错。以波士顿动力公司的人类机器人阿特拉斯的演示为例。阿特拉斯可以举起重物，跳过障碍物。在展示了它惊人的技巧后，阿特拉斯在下来的路上被舞台上的灯绊倒了。史诗级的失败？当然，这样的失误也是非常人性化的！

大脑皮层的进化

这些分类假定了系统发生学上的亲缘关系。这是一种通过相似特征（例如基因相似性）来计算动物物种是否具有共同祖先的方法。在这里，根据对17个基因的研究，关系更密切的动物被赋予了相同的颜色。法国研究人员表明，所有灵长类动物在大约4 700万年前都有相同的祖先，其大脑皮层很小，只有几个褶皱，就像指猴一样。

图例

- 人猿超科
- 疣猴亚科
- 狒狒
- 长尾猴
- 蜘蛛猴
- 卷尾猴和松鼠猴
- 婴猴
- 懒猴
- 狐猴

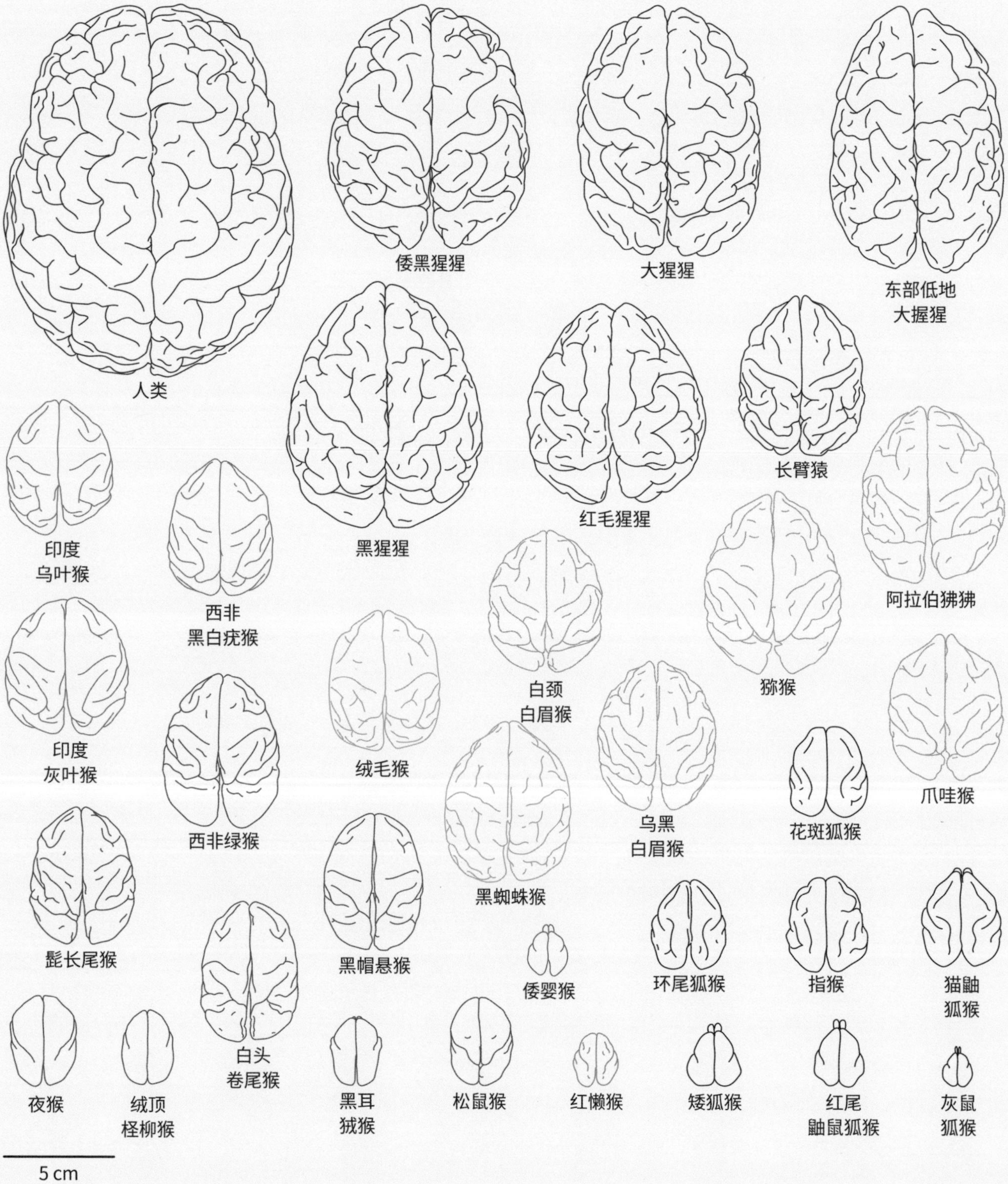

来源：Heuer en Toro（2019）？

大脑构建

英国研究人员在不同的大脑结构中试图寻找人类和动物智力差异的进一步解释。他们比较了17种不同灵长类动物的大脑组织，研究了灵长类物种之间的系统发育谱系或亲缘关系。这种研究可以深入了解不同灵长类动物的大脑是如何随着时间的推移适应环境变化的，比如食物或社会文化。灵长类动物大脑之间的差异有25%是由大脑大小的差异决定的，其次是白质连接的20%差异也很突出，特别是在前额叶皮层。

研究人员认为，一个可能的解释是前额叶皮层中的多模态区域：多个信息流汇集的大脑区域。随着大脑体积的增加，这些区域在以同样的速度处理相同数量的信息方面所承受的压力比其他区域更大，为此需要更粗的轴突。与大规模扩建你的办公空间相比：如果你希望在任何地方都能顺畅地上网，那么你还必须加强Wi-Fi信号。此外，额叶大脑皮层的大脑区域不仅要与远处的大脑区域有效通信，而且相互之间还必须进行有效通信。随着人类大脑体积的增大，前额叶皮层当然不能落后。这也许可以解释为什么前额叶比其他灵长类动物进化得更强，从而使人类大脑的组织结构与众不同。

动物的脑重比

在这张图上，10的次方在两个轴上的间距相等，这样我们就能够比较非常小和非常大的数值。

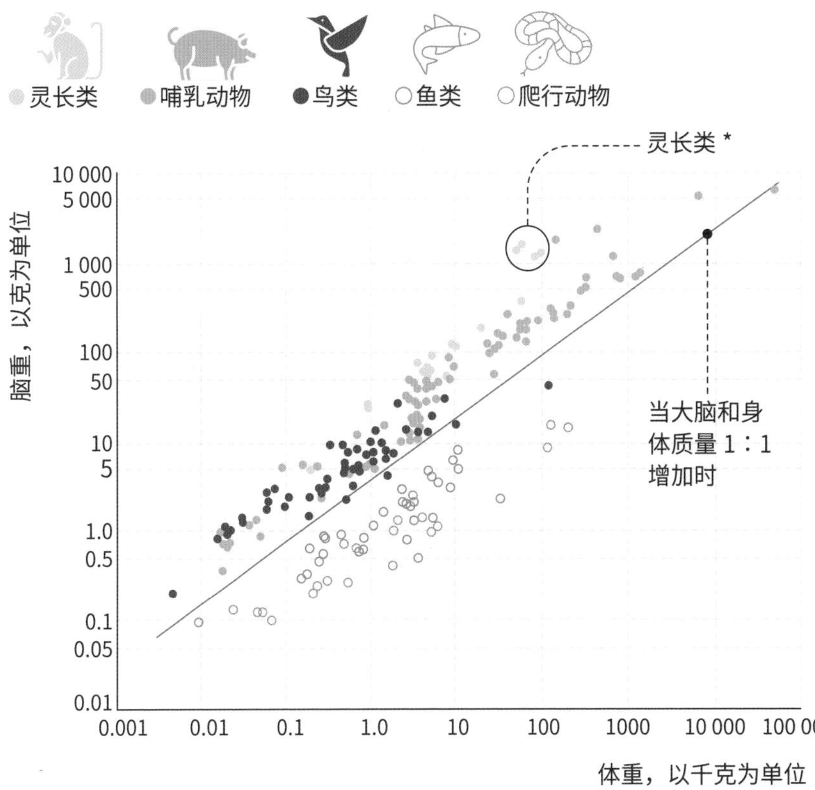

* 包括智人、能人、南方古猿阿法种和类人猿，如黑猩猩。

来源：Jerison.（1975）

人类进化的大脑容量，以 cm^3 为单位

在过去的300万年里，人类的大脑大了两倍。超过50%的增长发生在80万到20万年前的一个相对较短的时期内。

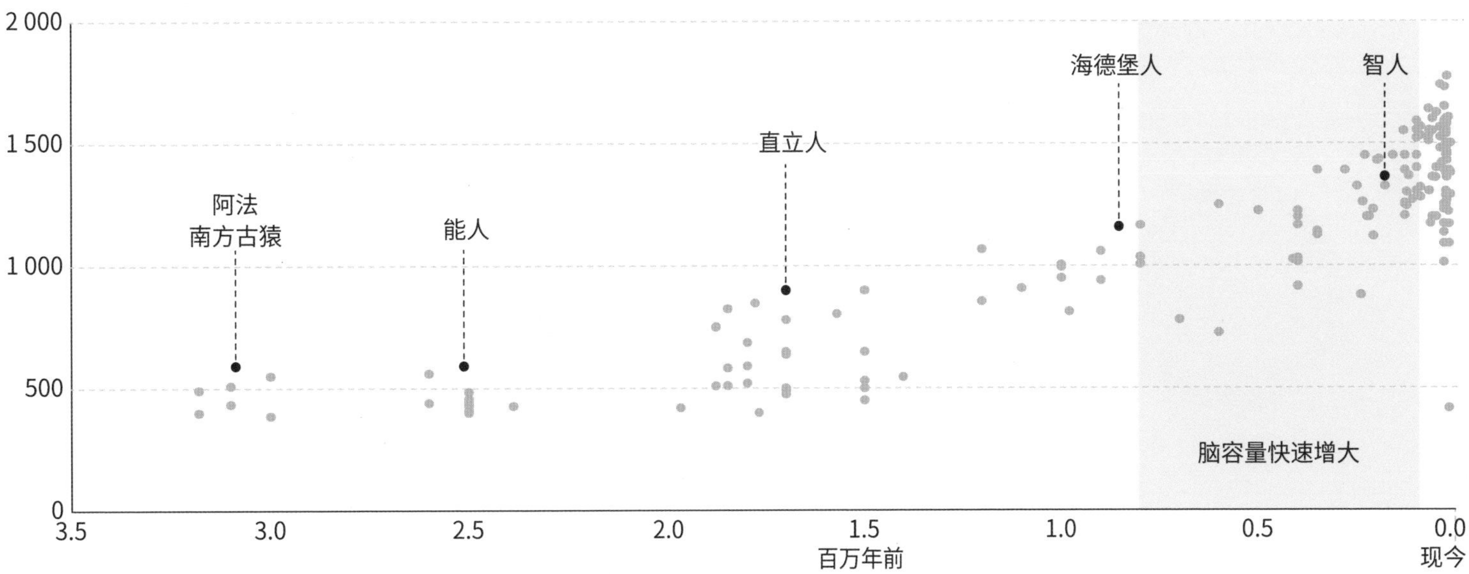

来源：Potts et al.（2011）

爱因斯坦的大脑

阿尔伯特·爱因斯坦的大脑是否具有非凡的特征？这是一个让许多大脑科学家特别感兴趣的问题。因此，他的大脑成了一个热门的研究对象。

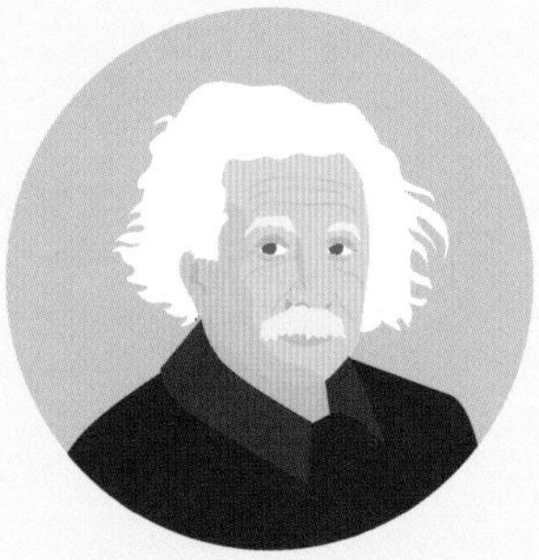

未经许可

爱因斯坦本人不希望在他死后对他的大脑进行检查。值班病理学家托马斯·哈维在未经爱因斯坦近亲同意的情况下进行了尸检，然后将大脑妥善保管起来。

1955年4月18日，在爱因斯坦去世后大约7小时，他的大脑便被保存在甲醛中。由于当时还没有大脑扫描仪，检查仅限于称量他的大脑重量、测量各种褶皱和凹槽（脑回和脑沟）、外部描述和显微镜检查。在拍摄了他完整大脑的大量照片后，他的大脑被切成了240片，并分散到世界各地不同的实验室进行分析。尽管对爱因斯坦大脑的研究有其局限性，但有三个特殊方面引人注目。

爱因斯坦的大脑比普通人的大？

恰恰相反，爱因斯坦的大脑质量为1.23千克，比一般男性的大脑少170克。他的大脑的长度和高度也并不特殊，对他1.75米的身高几乎算是平均水平。此外，他的大脑的神经元数量并没有比平均水平多或少。这是研究人员根据其中一个大脑切片中的神经元数量进行计数后得出的估算结论。

爱因斯坦的大脑极其对称

爱因斯坦的大脑比一般人更对称。例如，大多数人的左顶叶比右顶叶小，但爱因斯坦的左顶叶和右顶叶一样大。大脑的左顶叶部分对于空间洞察力、抽象推理和规划运动等非常重要。

爱因斯坦的顶叶与正常人的差异

爱因斯坦的顶叶比平均水平大15%，尽管他甚至缺少了该叶的一部分，即顶叶盖。这让科学家们感到惊讶。毕竟，这部分与空间意识和数学推理能力有关。顶叶盖在出生前发育。因此有人推测，爱因斯坦的顶叶在发育早期就非常大，以至于没有空间容纳缺失的部分。这意味着他的智力可能是“天生的”。另一个引人注意的观察结果是，顶叶的两个部分，边缘上回和下叶之间并没有被沟槽明显分隔开来。这可能导致两个大脑区域之间的连接异常有效，从而确保爱因斯坦能够在抽象推理中表现得异常出色。

总而言之，这仍然是一个先有鸡还是先有蛋的问题。爱因斯坦大脑的非凡特征是他具有非凡智力的原因，还是他以非凡方式探索物理问题，从而促使其大脑形成了非常高效的连接？

1995年，以5个不同视角拍摄的爱因斯坦的大脑照片

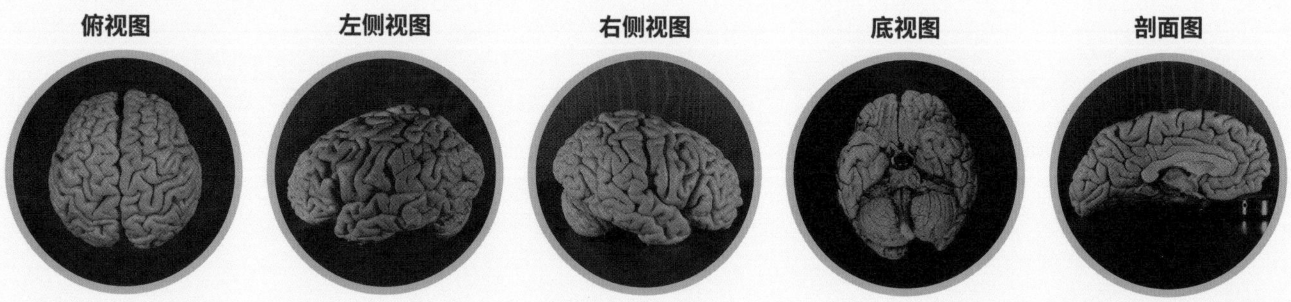

由美国银泉国家健康与医学博物馆友情提供

平庸的大脑 vs 非凡的大脑

头围和智力

德国生理学家弗里德里希·蒂德曼（1781—1861）在19世纪初写道："毫无疑问，大脑的大小与大脑的智力和功能之间存在着密切的联系。"问题是大脑大小和智力以何种方式相关？因为阿尔伯特·爱因斯坦的大脑就不是特别大，但他的智力仍然高于平均水平……就在蒂德曼做出预测50年后，人们才通过比较头围和智力首次实际测试了大脑大小与智力之间的联系。一些研究发现这两个参数之间存在关系，但这种关系的性质有所相同：有时是较高的智商与较大的头围有关，有时则与较小的头围有关。现在看来，头围并不完全是预测大脑大小的好指标。头围和所谓的"颅内体积"（头骨内的一切）之间的关系紧密。但颅内体积不仅仅包括脑组织，它还包括血管、脑膜和脑脊液。而两个头围相同的人，脑脊液和脑组织的比例可能不同。

脑容量与智力

随着核磁共振技术的出现，真正测量活人的脑容量才成为可能（第50页）。然而，更大的脑容量是不是更高智商的一个衡量指标呢？目前仍然不是完全清楚。基于大型综述研究，研究人员怀疑智商和脑容量之间的关系可能被高估了。较早的研究发现，这种相关性比最近的研究更强，而且这种相关性主要存在于"中间范围"的大脑。一旦超过某个阈值，大脑的大小就不再有利于智商的提高。科学家们或多或少都认为，脑容量可以解释约6%的智商差异。这是一个显著但微弱的影响，与你的性别和年龄无关。因此，男性并不因为其大脑平均比女性大脑大10%而比女性平均聪明10%。此外，智力和"大脑总尺寸"之间的关系并不十分明确。因此，科学家们想知道会不会有一些特定的大脑部位与智商有更明显的相关性。

从出版物中看大脑大小和智商的相关性

出版年份越近，大脑大小和智商之间的相关性越小。

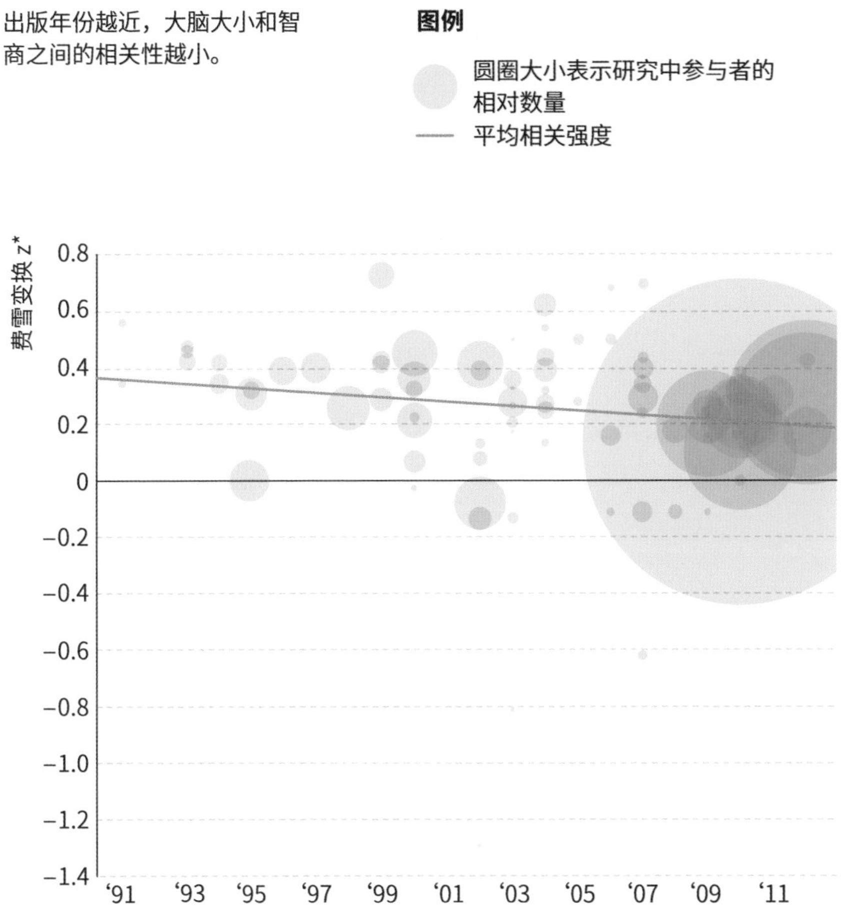

* 衡量大脑大小和智商之间的相关性

来源：Pietschnig et al.（2015）

前额叶皮层和智力

研究人员发现，前额叶皮层在智力方面发挥着尤其重要的作用。例如，前额叶皮层受损患者的智商似乎会下降，特别是他们的流体智力——与先验知识不同的智力，你可以用它来做抽象的谜题。无论健康与否，每个参加智力测验的人的前额叶皮层都会变得活跃。

前额叶皮层的生长取决于智力，以毫米为单位

与高智商或极高智商的儿童相比，具有平均智商的儿童前额叶皮层的厚度下降得更早。智商极高的儿童，其前额叶皮层的衰退比智商一般的儿童晚 5 年开始。

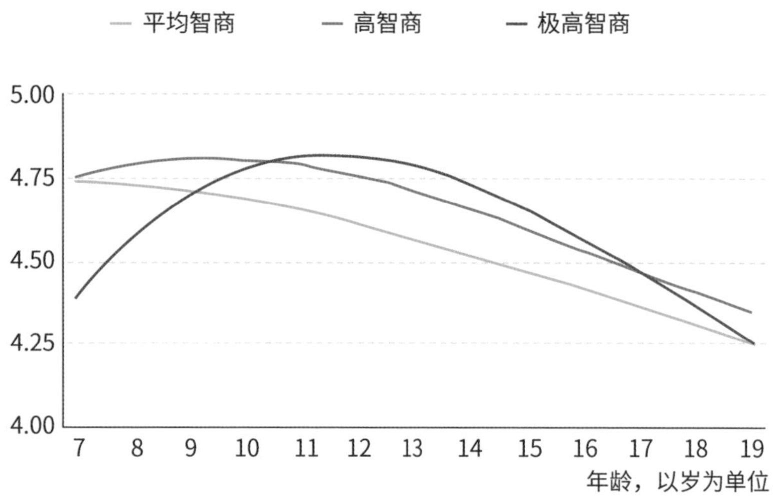

来源：Shaw et al. (2006)

此外，你的分数越高，你的前额叶皮层就越厚。只是，前额叶皮层厚度和智力之间的关系因儿童大脑仍处在发育阶段而变得复杂。一项针对5至18岁儿童的研究表明，前额叶的生长速度也与智力有关。

现在你从前面的内容中知道，你的智力（部分）由遗传倾向决定。然而，这还不能确定大脑生长速度与智力之间关系的方向。你更聪明是因为你的大脑生长得更快，还是因为你更聪明所以大脑长得更快？

一项双胞胎研究试图回答这些问题。它检查了与智力有关的相同遗传倾向是否也会影响前额叶皮层。事实是大脑结构的基因与涉及智力的基因相同。这可能表明，你的大脑生长得更快，因为你更聪明。但前额叶皮层并不是全部的解释，如果你想很好地完成一项智力测试任务，你就需要在不同的大脑区域处理不同的大脑过程。假设你被要求说出两个单词之间的关系（例如桌子和椅子都是家具），那么，这一过程需要调用你的长期记忆、注意力和语言系统。其中一些大脑过程与特定任务相关（例如挖掘单词知识），其他的则较为通用（例如集中注意力）。所以智力不能归结到单一的大脑区域，而是涉及多个区域在复杂思考过程中良好协作。研究人员对大脑区域之间的这种合作与智商的关系做了深入的研究。

更高效的大脑网络和智力

大脑总容量和前额叶皮层的容量似乎不完全与你的智力有关。那么还有什么会影响你的智力呢？研究表明，大脑不同部分交换信息的速度对智力有影响。

事实上，高智商和低智商的人之间的大脑网络结构是不同的。研究人员认为，顶叶和额叶之间的合作对你的智力尤其重要。这一假说也被称为“顶叶－额叶整合理论”（P–FIT）。顶叶处理感官信息，特别是来自眼睛的信息，并将其传递给额叶。在那里，视觉信息被处理，并发生着复杂的思维过程。然后，额叶再次将信息送回顶叶，在那里的多模态区域进行处理，该区域有多个信息流汇聚。顶叶和额叶之间的这种互动似乎对复杂的思维过程很重要，如抽象推理和集中注意力的能力，并与智力有关。这方面的证据来自让测试对象在核磁共振扫描仪中进行智力测试。结果显示，顶叶和额叶被发现是一起活跃的。此外，这在白质连接中的表现也很明显。这些连接越强，参与者就越聪明。

与高智商相关的大脑区域

这些大脑部位中有许多位于大脑顶叶和额叶，
这与P-FIT模型是一致的。

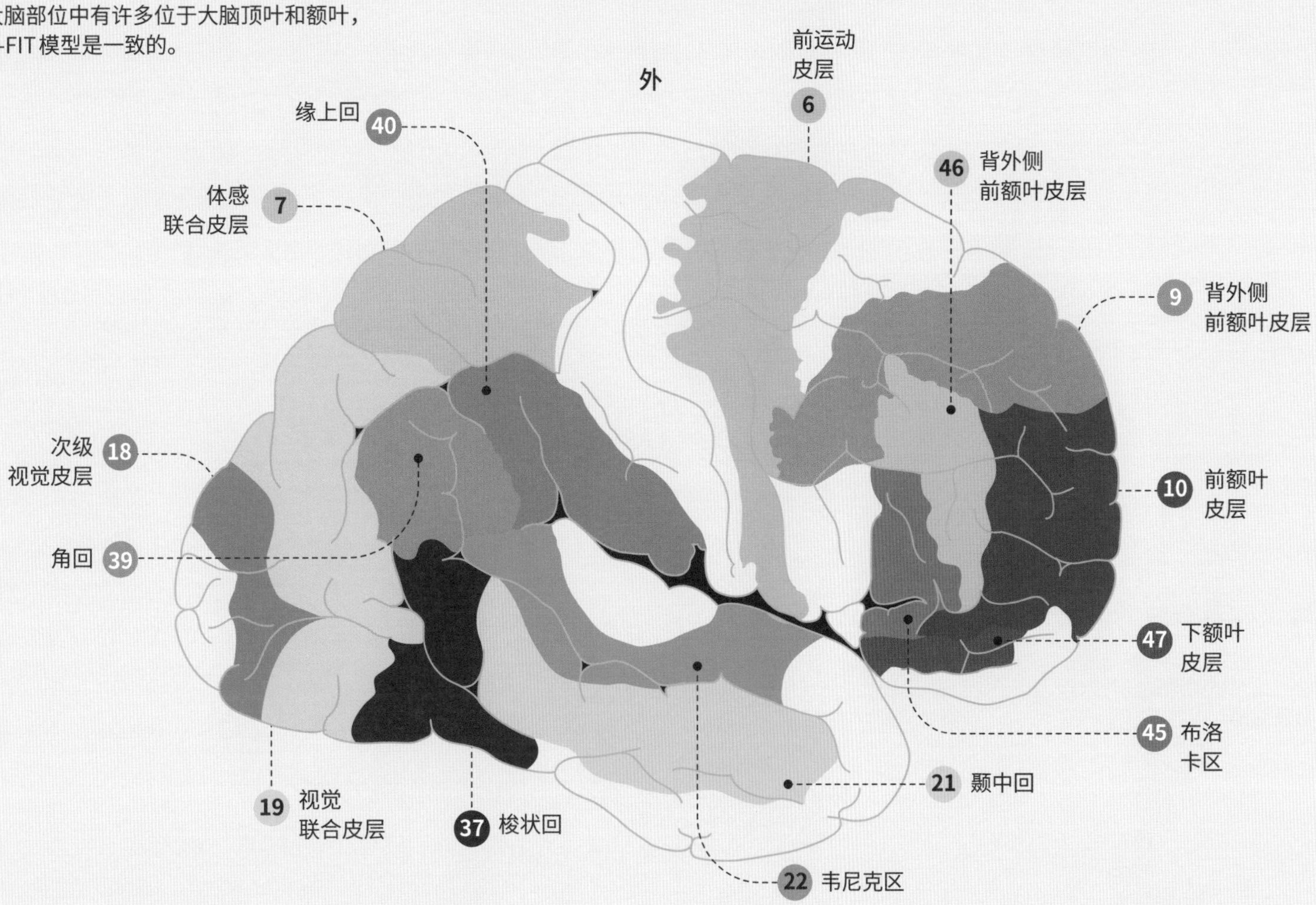

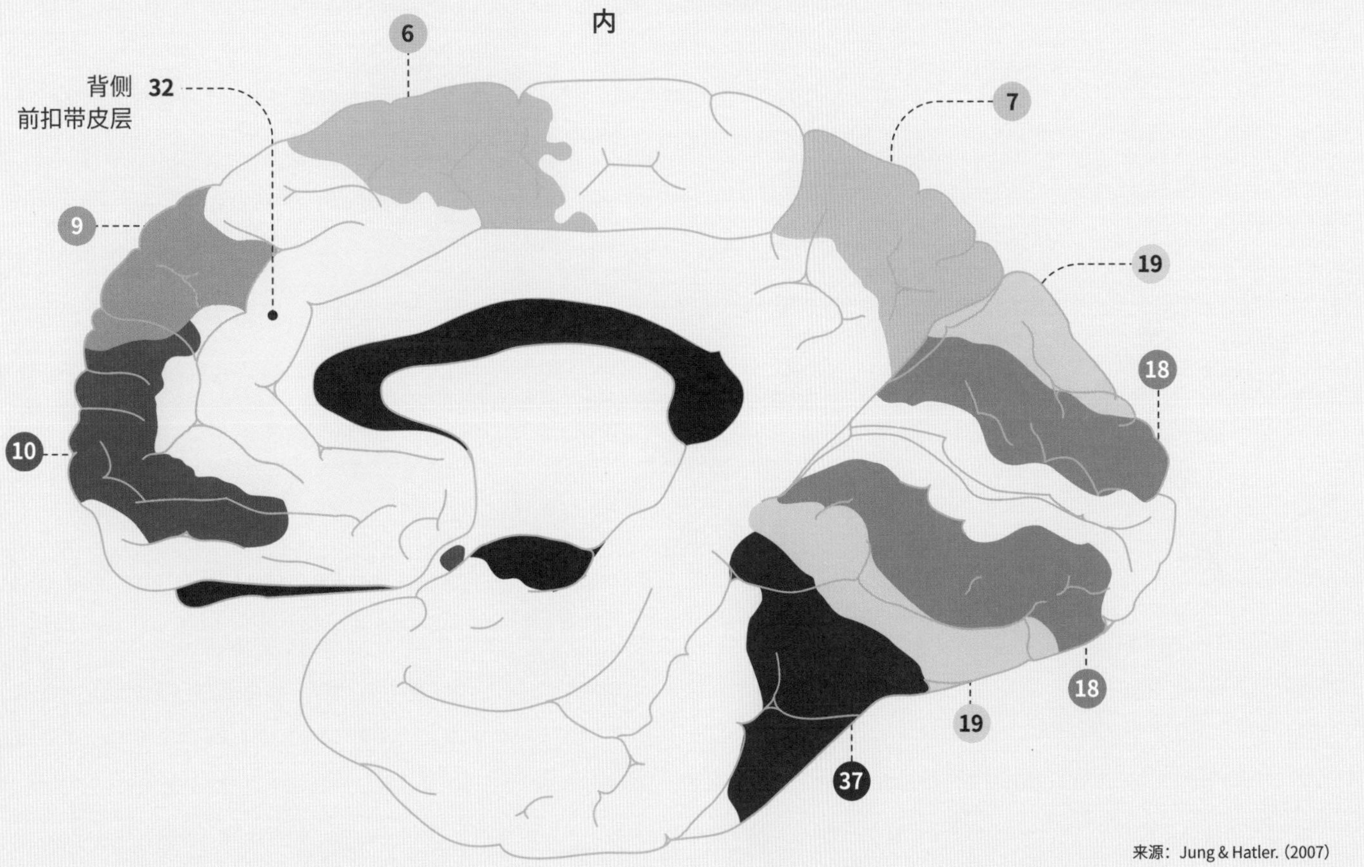

来源：Jung & Hatler.（2007）

因此，像罗莎琳德·富兰克林这样的顶尖科学家可能拥有比普通人“更高效的大脑”。如果她在童年时便阅读了关于量子理论的书籍并喜欢辩论，那么她大概在很小的时候就有这些高效的连接。事实上，美国研究人员表明，高效的大脑网络是儿童智力的一个判断因素。他们让99名6至11岁的儿童进行智力测试。为了防止语言能力影响结果，他们让孩子们只进行非语言任务——这是衡量他们G因素的一个很好的方法。脑部扫描使研究人员能够直观地看到大脑网络。在测试中得分较高的孩子似乎拥有更高效的大脑网络。在他们身上，不仅大脑中彼此靠近的部分，而且大脑中距离较远的部分似乎也能更有效地交流。此外，研究人员再次发现，最聪明孩子的额叶和顶叶之间的连接更有效。

由于大脑不同部分之间的这种更有效的信息交换，更聪明的孩子会更快地处理感官信息，因此能够更快地激活适当的反应。这个更有效的大脑网络已经在年幼的孩子身上建立起来，这意味着你的“智力潜能”在你发育的早期就已经在你的大脑中可见了。

大脑区域之间更有效的连接使儿童更聪明

额叶和顶叶大脑区域的连接越有效率，孩子们在智力测试中的得分就越高。

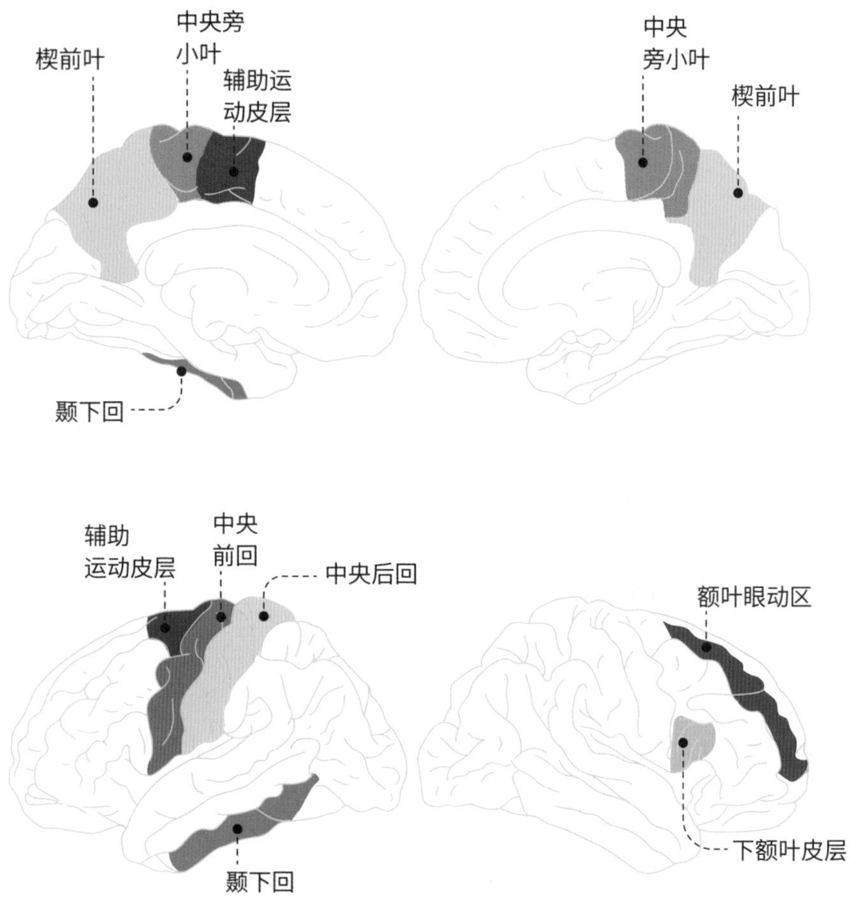

来源：Kim et al.（2016）

更复杂的脑细胞和智力

但是大脑各部分在大小和生长方面的差异，以及不同大脑部分之间连接的差异，对智力有何影响？脑细胞在大小、数量或形状方面是否在智力较低和较高的大脑中不同？阿姆斯特丹自由大学的一项特别研究检查了46名因脑肿瘤而不得不接受脑部手术患者的脑组织。此外，作为手术的一部分，每次也会切除一小部分健康的脑组织，并将这些样本送给研究人员进行详细检查。另外值得一提的是：这些患者必须在手术前接受一系列标准测试，包括智力测试。

他们主要关注“锥体神经元”（第15页），这些神经元与大脑部分（如前额叶皮层）整合了大量信息的复杂思维过程相关。他们研究了其形状和动作电位——锥体神经元可以传输信号的能力。结果发现，智商较高受试者的锥体神经元形状更复杂：他们有更多的树突，而且树突也更长。锥体神经元越复杂，大脑传递动作电位的速度就越快。树突的长度更长也意味着聪明人的锥体神经元有更多的树突棘，因此能与其他神经元建立更多的联系，从而可以接收到更多的信号。因此，聪明人的锥体神经元可以处理更复杂的信息。与4G相比，5G可以让你在更短的时间内处理更多信息。

研究人员得出结论，锥体神经元相对较小的形

智商和神经元结构之间的关系

智商分数较高的人在颞叶的锥体神经元有更长、更复杂的树突棘。

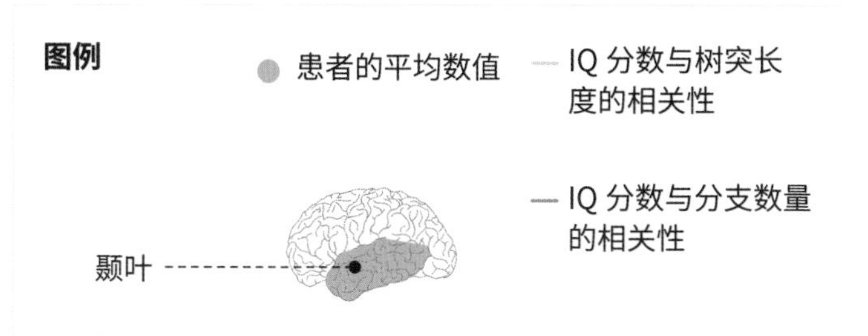

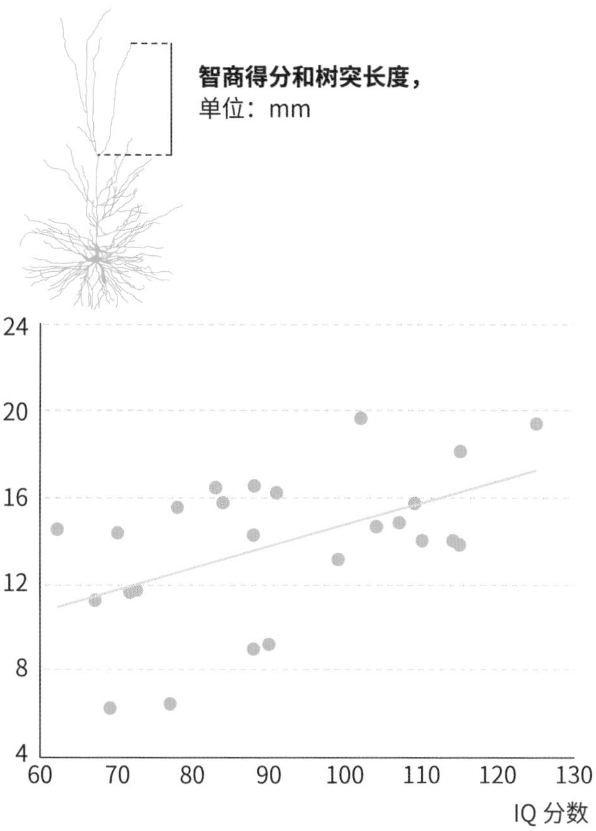

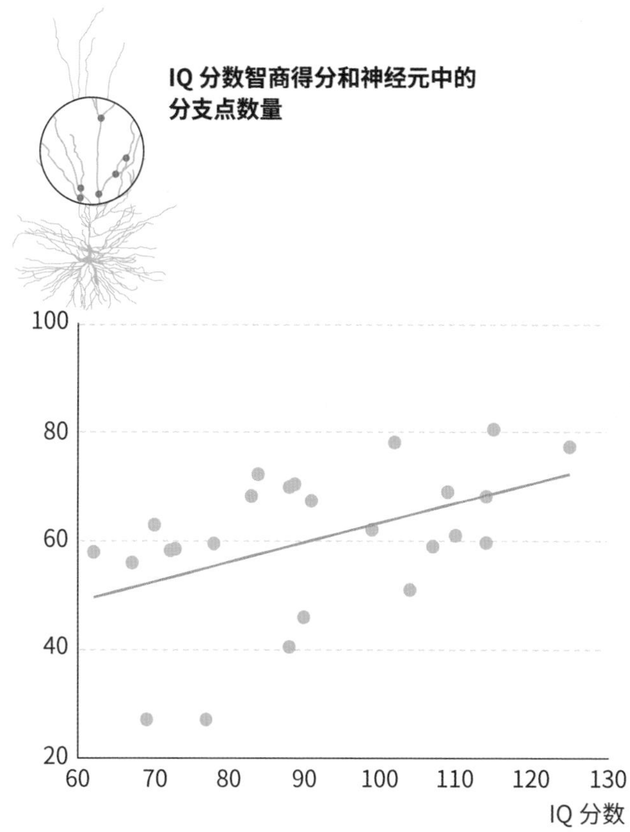

来源：Goriounova et al.（2018）

状差异可能会对整个大脑的信息处理速度产生重大影响，从而对整体精神功能产生重大影响。

条条大路通罗马……

尽管已经证明了更有效的大脑网络（以及相应的更复杂的脑细胞结构）的相关性，但这种关系的方向并不明确。你是否天生就有一个高效的大脑，因此变得更加聪明，还是你的大脑因为你学习和经历的事情而变得更有效率？由于大脑网络仍在发育中，孩子们如何学习和学习什么有助于建立一个更有效的大脑网络。反之亦然，一个更有效的大脑网络有助于孩子（想要）如何学习和学习什么。此外，上述研究在个人层面的预测价值很小，它们总是关于群体的。这是因为大脑结构存在许多差异，可能有多种可以获得智力的途径。有些人的智力可能与稍大的大脑有关，有些人则与加强的连接有关，也可能像爱因斯坦的情况一样，甚至与整个大脑的某个部分缺失有关。

为什么音乐能触动你（的大脑）？

3

为什么音乐能让我们哭泣和感动？

你的大脑是如何体验音乐的？

1977年，美国人发射了两个无人太空探测器：旅行者1号和旅行者2号。它们的任务是探索我们太阳系的边缘。旅行者1号已经在2012年成功完成了任务，旅行者2号也在2018年取得成功。它们一起构成了有史以来持续时间最长的太空任务，直到它们的热核电池失效为止，它们是人类有史以来制造的去到最远地方的物体。探测器上有一张包含“地球之声”的金唱片——包括50多种语言的问候，自然界的声音，来自大脑的脑电图信号，以及……来自不同时代和文化的音乐。封面说明了地球所在的位置以及如何播放这张唱片。如果外星人拦截旅行者号，他们将知道他们不是唯一的智慧生物……

“音乐比任何其他人类体验都更深入大脑。”

——奥利弗·萨克斯（1933—2015）

悬而未决的问题是那些外星人是否能像我们一样体验音乐。如果他们能听到声音，那也不能保证这些声音会在他们的大脑中融合成一种“人类”的音乐体验，可以唤起情感和记忆，并具有社会联系性。音乐通常被视为人类大脑能够做到的最美丽、最伟大的事情。即使有些人比其他人更有节奏感，但体验音乐的能力是普遍的。即使是从未听过音乐的聋人也有节奏感。但是你见过猴子随着音乐有节奏地跳舞吗？可能不会，原因很简单，它不能。那么是什么让人类的大脑如此特别，以至于（几乎）所有人都可以享受音乐，有些人甚至可以创作复杂的音乐呢？

大脑中复杂的麦克风

麦克风可以将空气振动转化为电信号，但大脑对声音的处理远不止于此。多亏了我们天生的音乐大脑，我们可以听到不同的音调、和声、节奏模式……我们甚至可以在一瞬间将音乐标记为快乐或悲伤。要理解这一点，你需要知道大脑如何处理声音。

耳蜗内的声音检测

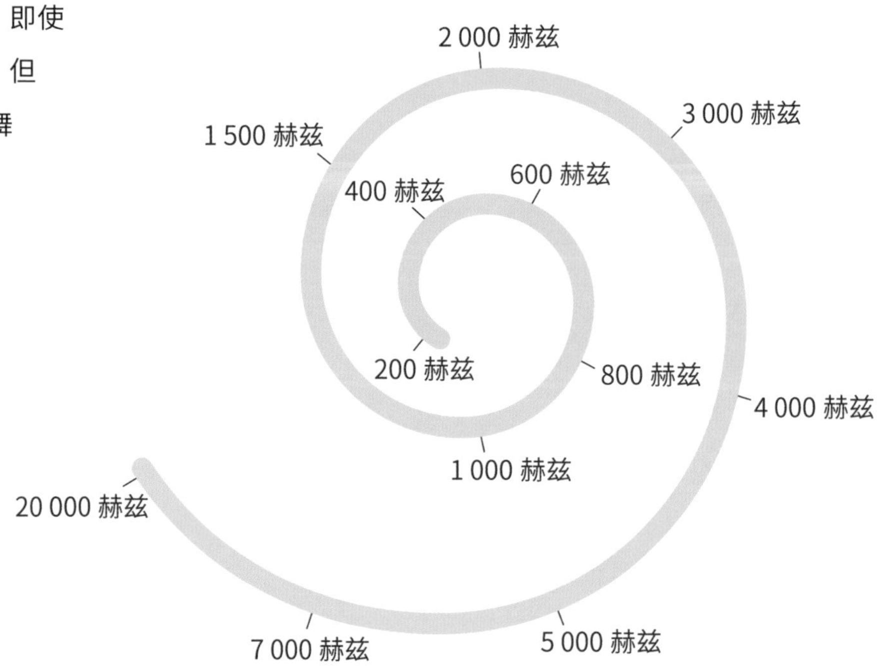

耳蜗在不同的地方检测不同的频率。较高的频率在外部得到处理，较低的频率在内部得到处理。

猴子能模仿节奏吗？

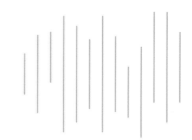

有些动物可以有节奏地移动或发出声音，例如鸟类求偶的舞蹈或同步闪烁的萤火虫。那些节奏只有简单的模式。此外，当节奏加快或减慢时，动物无法轻易适应。即使是类人猿也无法像人类那样随着音乐有节奏地跳舞，或随着复杂的节奏拍手。而当节拍消失时，跟着拍手就变得更加困难。事实上，这对人类来说是非常容易的。例如，听埃里克·克莱普顿的*Hoochie Coochie Man*，你的大脑会自动填补节拍缺失的地方，从而使你能够继续有节奏地拍手或随着音乐舞动。这种天赋是人类独有的，他们天然就能做到这一点。研究人员解释说，这是因为人类的听觉和运动脑区之间存在着紧密的联系。然而，最近，一只名叫“雪球”的凤头鹦鹉让科学界大吃一惊，它居然能随着音乐有节奏地舞动，甚至在音乐加速或放慢时也是如此。也许在进化过程中，有多种大脑解决方案可以解决音乐问题？本书中会出现一些Spotify代码，你可以通过点击Spotify应用程序中的搜索栏并选择相机图标来扫描这些代码。

找到你的节奏！

当你听到摇滚乐时，身体几乎不可能不做出反应：你的脚或头会随着音乐的节拍上下移动。有趣的是闪光灯不会自发地让你拍手、敲击或点头。为什么听觉刺激比其他感官刺激更能鼓励你移动？

音乐能激活控制运动的大脑部分

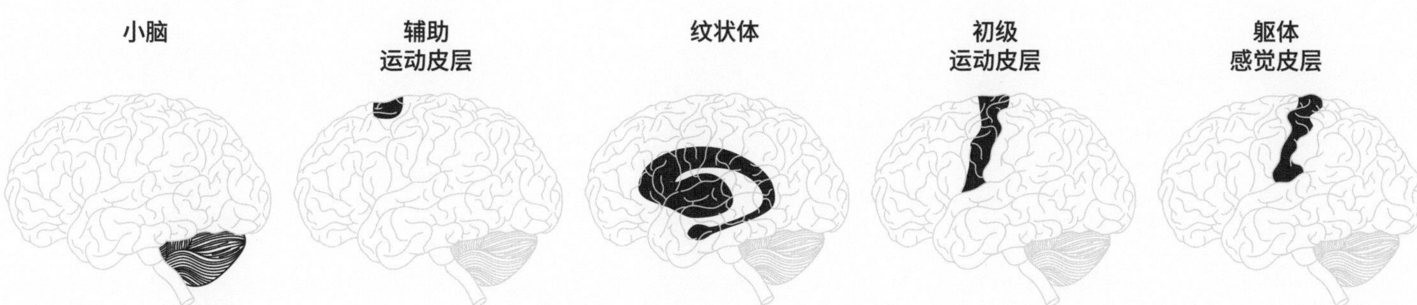

这在一定程度上与后天的行为有关，从很小的时候我们就看到其他人随着音乐移动或跳舞。这也与人类大脑结构有关，处理音乐的大脑部分与控制运动的大脑部分密切相关。即使人们完全静止不动地躺在核磁共振扫描仪中，当他们听音乐时，大脑最后的那部分也会变得活跃起来。音乐的节奏越强，大脑运动网络的激活就越强。负责计划运动的大脑部分（前运动皮层）和控制运动的大脑部分（辅助运动皮层）都变得活跃，以及构成纹状体一部分的大脑深层核团（第26页）也是如此。小脑也很活跃，它们控制着你的精细运动技能。同时体感大脑皮层也受到音乐的刺激。这听起来可能很不可思议，因为它处理触觉刺激，但如果你想在跳舞时表现得像个专业人士，它实际上非常有用。事实上，你的体感大脑皮层与控制肌肉的运动大脑皮层密切合作。假设你跨过一个坎，体感大脑皮层会告诉你的运动皮层，你将迈出比预期更低的下一步。如果你不想在跳舞时看起来很傻，这类信息便很有用。

悲剧悖论

为什么你可以将悲伤的音乐视为积极的体验

一般来说，人们认为悲伤是一种因失去亲人、一段关系、你的地位、宝贵的财产而产生的负面情绪……那些悲伤的人精力不济，不喜欢社交，自尊心低且缺乏未来展望。大多数人喜欢尽可能避免悲伤……除了悲伤的音乐。典型的悲伤音乐，如莫扎特（1756—1791）的《d小调K.626安魂曲》，往往表现出低音的一个小范围。节奏缓慢，声音为小调，声音柔和而缺乏活力。尽管这些音调让人感到悲伤，但同时也能带来美感和奖励的感觉。看吧：这就是悲剧的悖论！

研究人员对如何解释这一悖论存在分歧。当你听悲伤的音乐时，难道没有悲伤的情绪，还是悲伤和快乐的情绪同时被激活了？为了找到答案，神经科学家们让人们同时听快乐和悲伤的音乐，并观察哪些大脑区域变得活跃。

杏仁体和海马体

在悲伤的音乐中被激活的大脑区域与你要求人们回忆消极记忆时变得活跃的大脑区域相同：尤其是杏仁体和海马体，它们分别是情绪中心和记忆中心。

上部、内侧和眶额皮层

在听悲伤音乐时，大脑皮层活跃的另外三个部分是上额叶皮层、内侧额叶皮层和眶额皮层。这些大脑部位对识别情绪很重要，因此它们可能与有意识的悲伤体验有关。

那么，你在听悲伤的音乐时，愉悦的感觉从何而来呢？当人们被要求评价一首音乐是否“优美”时，眶额皮层变得活跃：它参与决策，特别是根据过去经历的记忆分配情感标签。当你听音乐时，先前对该音乐的经验被唤起，并明确了过去听这种音乐时你所感受到的情绪。然后眶额皮层“决定”将音乐标记为悲伤或快乐。一旦你给音乐贴上“美感”的标签，它就能以两种方式激活大脑的奖励系统，从而产生即时的愉悦效果。一方面，识别你先前被标记为“优美”的音乐可以通过激活记忆区域而引发积极的记忆——例如，当你第一次听到这段音乐时有多开心。另一方面，聆听悲伤的音乐会引发情绪反应和兴奋感，从而激活奖励区域。因此，有多种方法可以解释悲剧悖论！

听悲伤音乐时活跃的大脑区域

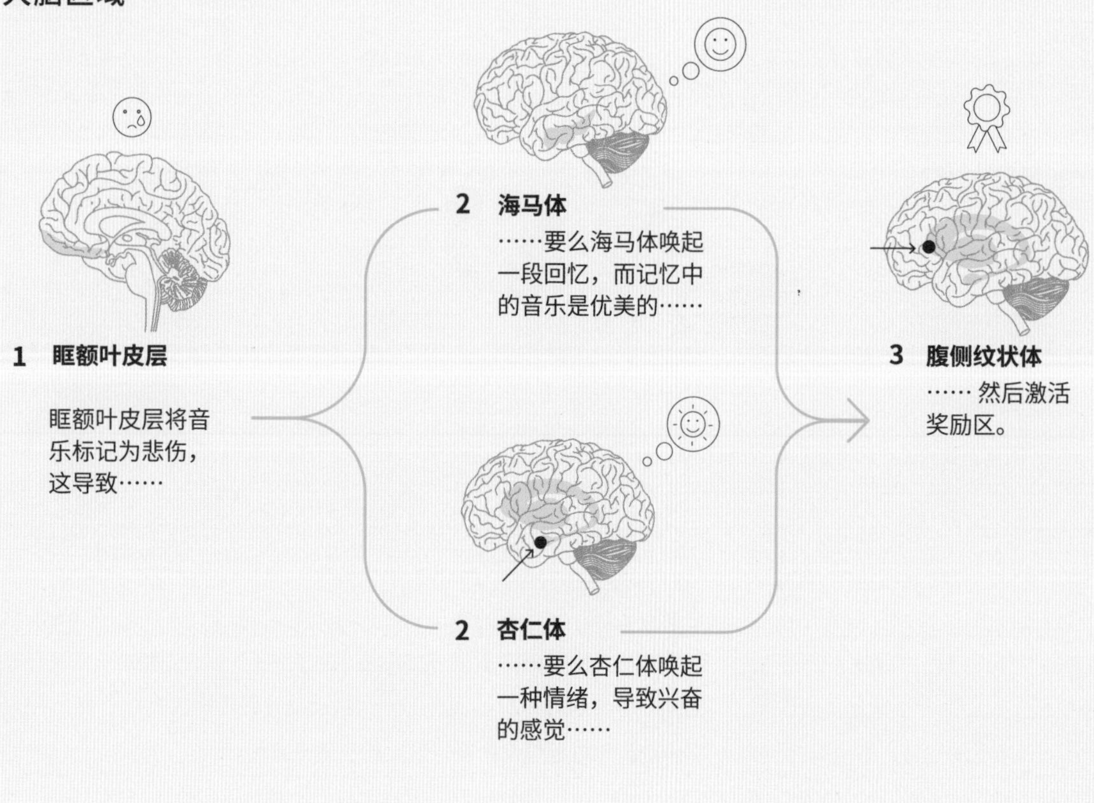

1 眶额叶皮层
眶额叶皮层将音乐标记为悲伤，这导致……
2 海马体
……要么海马体唤起一段回忆，而记忆中的音乐是优美的……
2 杏仁体
……要么杏仁体唤起一种情绪，导致兴奋的感觉……
3 腹侧纹状体
…… 然后激活奖励区。

当你听到音乐中的情绪时，你的中部和上部大脑皮层被激活。例如，当你比较小调或大调时，你会发现差异。

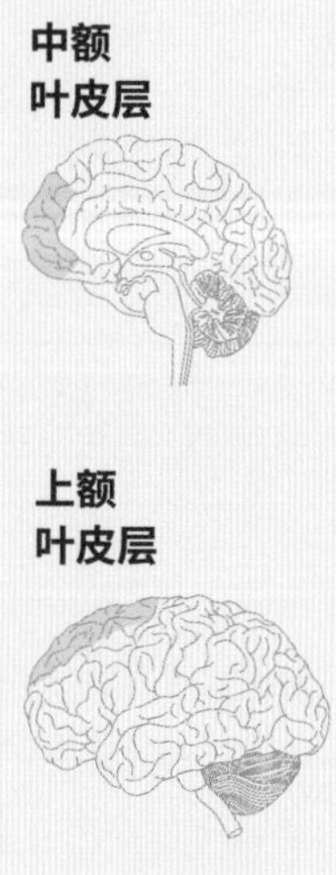

节奏和节拍之间的区别，
以歌曲*Bee bee bumblebee*为例

● 节拍
■ 节奏

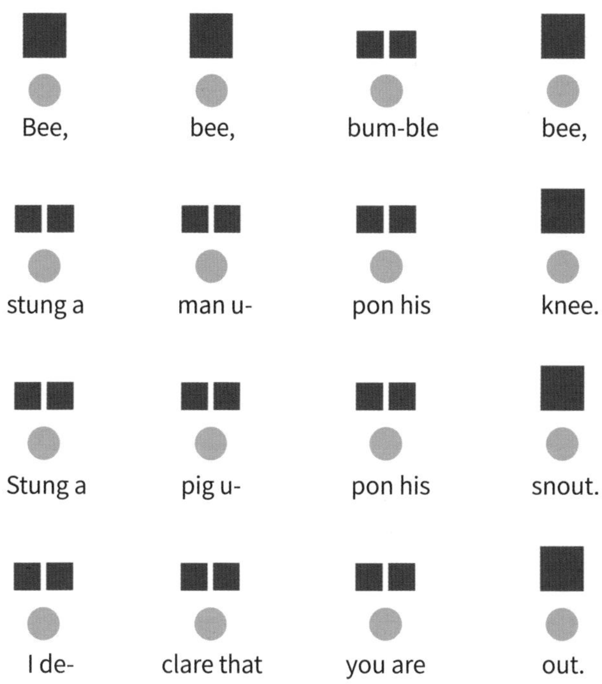

来源：Victoria Boler.

请听音乐，精湛的大脑！

第 1 步 — 从耳朵里的声波到耳蜗里的电信号

你耳朵里接收到的声音、声波或空气振动被你的耳郭放大了。它们通过外耳道进一步传播，然后让你的鼓膜振动。这些振动使你中耳的听小骨——锤骨、砧骨和镫骨——开始移动。它们因此将振动传递到内耳的耳蜗。那里有三个腔室，中间的一个腔室含有多达40 000个毛细胞！这些毛细胞将振动转换成可被神经元“读取”的电信号。耳蜗的外部旋转对高频声音进行编码，而内侧旋转对低频声音进行编码。因此不同频率的信号形成了一种印记，并传递给大脑。

音乐大师！

一点音乐理论！每个人都能立刻识别出“音乐”。但是，音乐是由哪些元素组成的呢？

音高

空气振动的频率，决定了你听到的是高音还是低音。

节拍

一首音乐的“常规划分”，例如流行音乐中的每四拍，进行曲中的每两拍，或华尔兹中的每三拍。你通常能“感觉到”节拍。如果你不假思索地跟着音乐拍手，这往往是关于节拍的。

小节

在时间上将音乐划分为小片段。一个四分之一拍子算作四拍。

节奏

音乐中强烈而有规律的模式，长度可以变化，在一小节内有短音和长音。

音色

乐器或声音的音质。例如，当你在钢琴上和在小提琴上演奏同一音符时，由于不同的泛音，它们会发出不同的声响。

旋律

在不同的音高和节奏中相互跟随的音调。

速度

音乐演奏的速度。

动态

由一段音乐中大音量和小音量的比例决定。

和声

是两个或多个音调之间的协调。和谐的音调相互匹配，其频率与基音的频率相调和。而不和谐的音调则不是这样。铜锣的声音就是一个音调不和谐的例子。

质感

描述了音乐的层次感，速度、旋律、和声、节奏和音色都参与其中。如果一首音乐包含许多乐器层次，或许多不同的旋律同时在其中产生共鸣，那么它的层次可能是“厚的”。如果质感是“宽”的，则最低和最高的音符之间存在很大的间隙。

ⓘ 喉部决定了你的音色

不同的声音有不同的音色。这是由喉头的位置决定的。对大多数人来说，它总是处于相同的位置。这个固定位置是无意识间学习到的。但是你知道吗，你可以影响你的喉头位置。例如，歌手阿努克以其低沉的声音而闻名。她通过降低喉头位置发声来实现这一点。想模仿她吗？试着打一个哈欠，同时将你的手放在你的喉部：你会感觉到它好像自己沉下来了。

你的大脑是如何处理音乐的？

一个声音信号要经过漫长的旅程才能给你带来音乐体验，从你耳郭中的振动到你听觉皮层中的复杂信号。所有这些都是为了让海滩男孩的一首歌将你带回那个露台上的夏日夜晚……

如何定位声音？

人类不仅能感知声音的强度，还能判断声音来自哪个方向。我们把这种能力称为“定向听觉”。因此，左耳接收到的声音会被大脑的右半球“捕获”，反之亦然，而这很有用。假设一个声源在你的正前方，那么它将同时“到达”两只耳朵。如果一个声源位于你的左侧，则该信号将更早、更强地进入你的左耳，稍晚、稍轻一些地进入你的右耳。因此，在听觉系统中传递的信号频率在强度和到达时间上都存在差异。而这些差异有助于大脑确定声音来自何处。

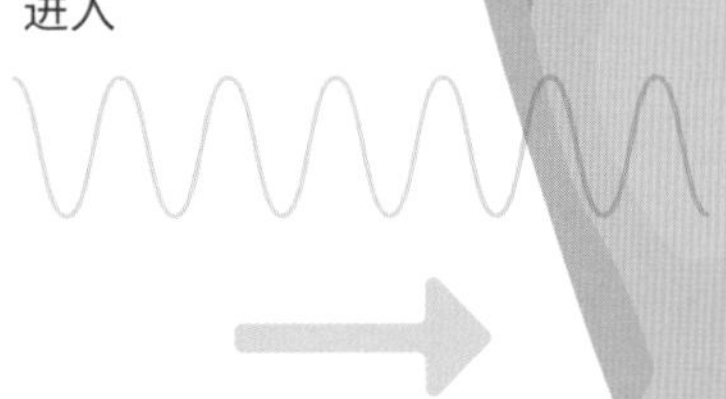

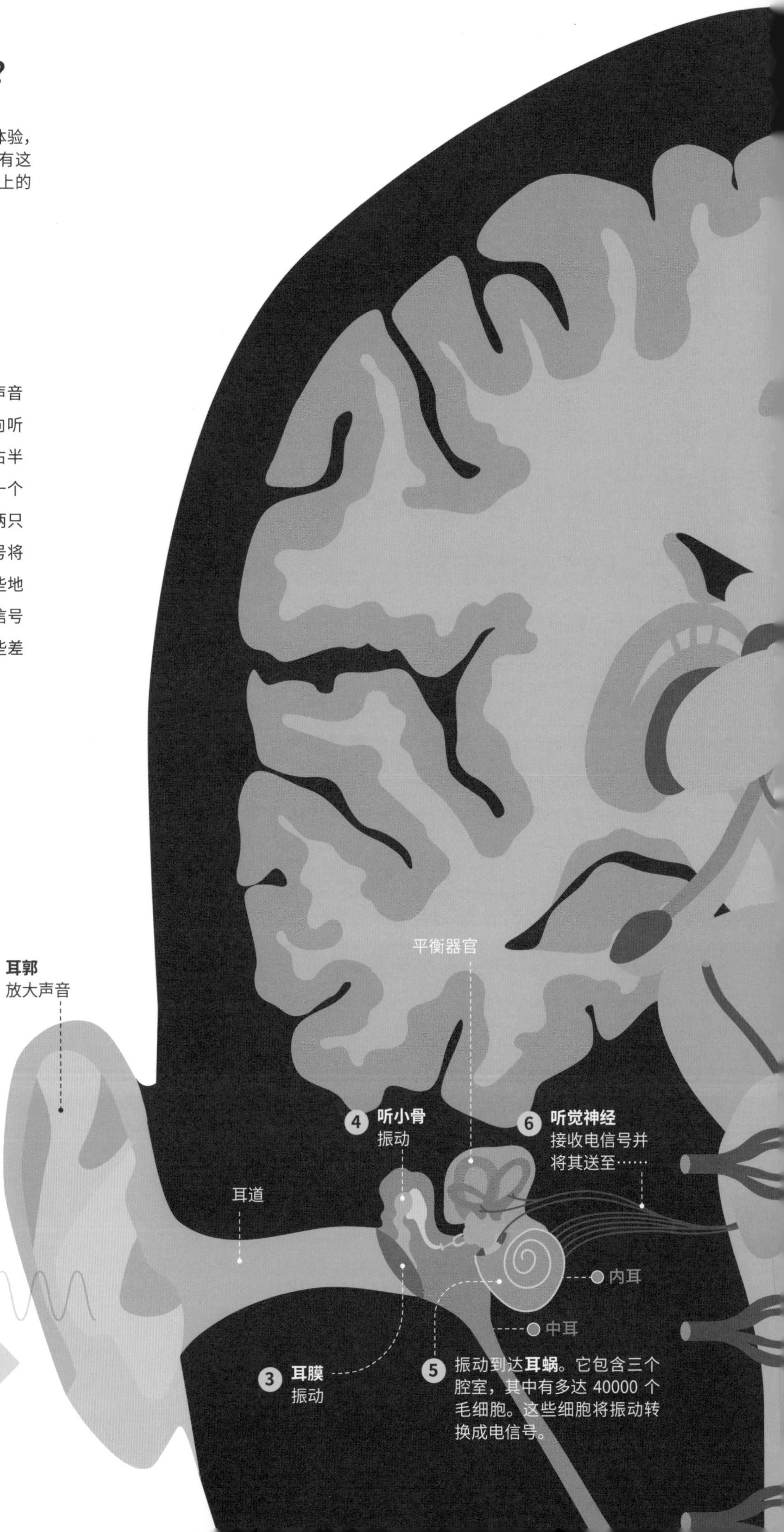

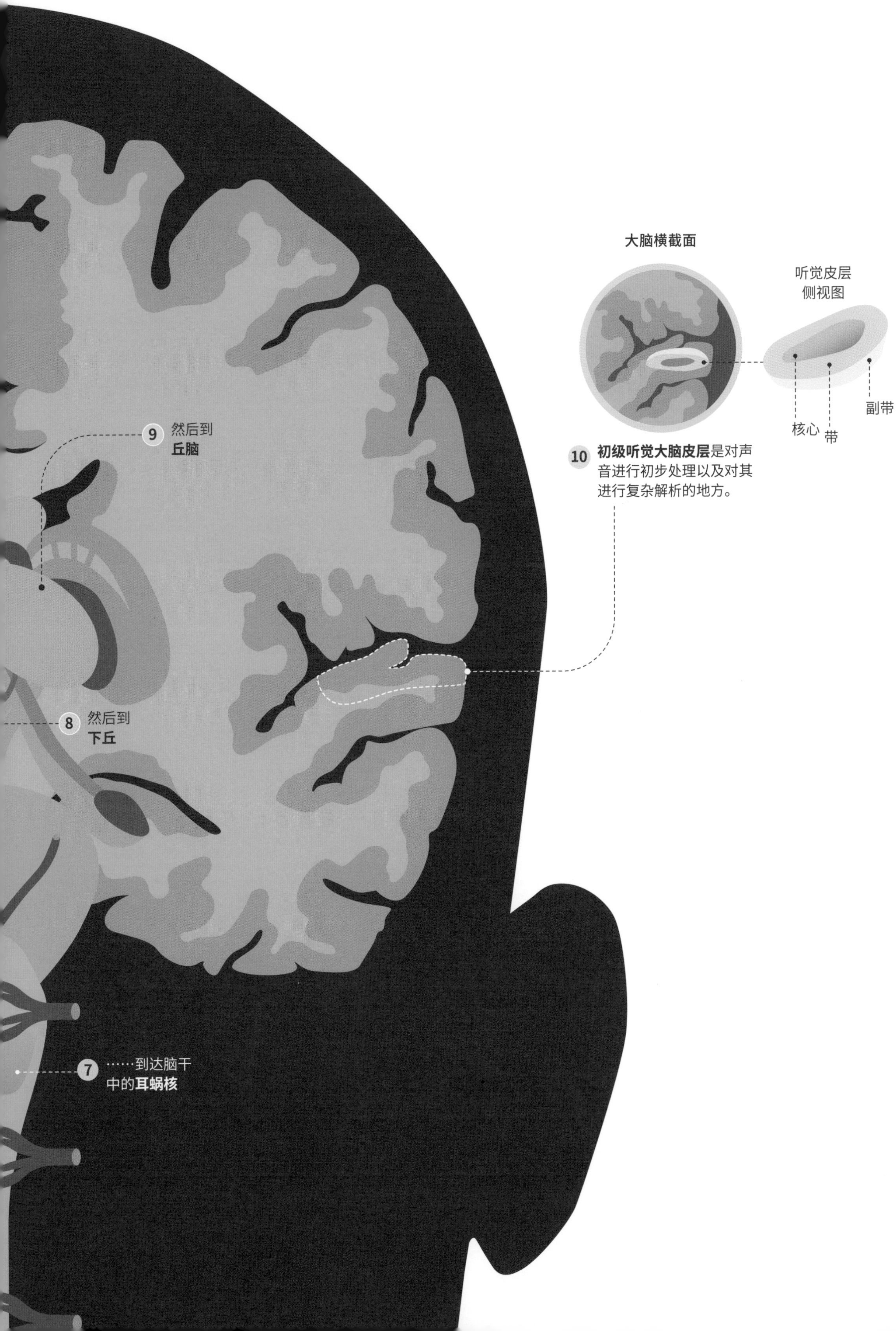
大脑横截面
听觉皮层
侧视图
核心
带
副带
9 然后到
丘脑
10 **初级听觉大脑皮层**是对声音进行初步处理以及对其进行复杂解析的地方。
8 然后到
下丘
7 ……到达脑干
中的**耳蜗核**

第 2 步 — 从你的听觉神经通过“电话交换机”到你的听觉大脑皮层

来自毛细胞的电信号被听觉神经接收。然后它将信号传递到耳蜗核，再传递到中脑的下丘，最后传到丘脑，即大脑的电话交换机。丘脑将这些信号传递到初级听觉皮层上。在通往大脑皮层的途中，你的感官神经，包括你的听觉神经，都会穿越到身体的另一侧。因此，来自你左耳的听觉信息在右半边的大脑中被处理，反之亦然。此外，来自大脑皮层的连接对丘脑也起着过滤作用（第 24 页）。这样你就可以忽略邻桌的谈话而能专注地与你的同伴对话了。

第 3 步 — 听觉大脑皮层对声音的处理

为了有意识地体验声音，声音必须在大脑皮层中得到处理。语音和音乐声首先到达的地方是初级听觉皮层。它位于大脑皮层的两侧，就在耳朵上方。初级听觉皮层负责对声音进行初步处理和复杂解析。

它由一个核心组成，临近的是一条核心带，外部由另一条副带环绕。它的结构非常有条理。在初级听觉皮层的核心，来自耳蜗的信息被有序地处理。初级听觉皮层包含一个高频和低频的频率图。因此，相邻的神经元对彼此接近的频率做出反应。从初级听觉皮层开始，声音信号被进一步传送到其他相关的大脑区域。这既涉及大脑皮层较高层次的区域，也涉及脑干较低层次的区域。这就形成了一个“实时”反馈循环。

此外，初级听觉皮层还接收来自大脑皮层更高层次区域的信号。因此，听觉大脑皮层中的声音信号已经以复杂的方式被解析，并且声音可以转化为有意义的信息。初级听觉皮层已经迈出了区分不同物体信号的第一步，这使你能够感知到钢琴和小提

当你跟着音乐跑步时，你会跑得更快吗？

你想比平时跑得更快一点吗？那就试试把音乐的节奏设置得比你的每分钟步数或你的跑步节奏快一点。研究人员发现，在跑步者没有意识到的情况下，提高音乐节奏会使他们更容易地跑得更快。在他们的实验中，音乐的节奏并没有明显的改变。跑者似乎不知不觉地将他们的跑步速度与音乐节奏相匹配，无论节奏是快还是慢。一种可能的解释是，反馈信息从节奏区发送到大脑的运动区。你的大脑试图预测下一个节拍何时到来，你倾向于根据这个预测来调整自己的跑步节奏。

10 首适合跑步时听的音乐，
从低速到高速，单位 BPM（每分钟节拍数）

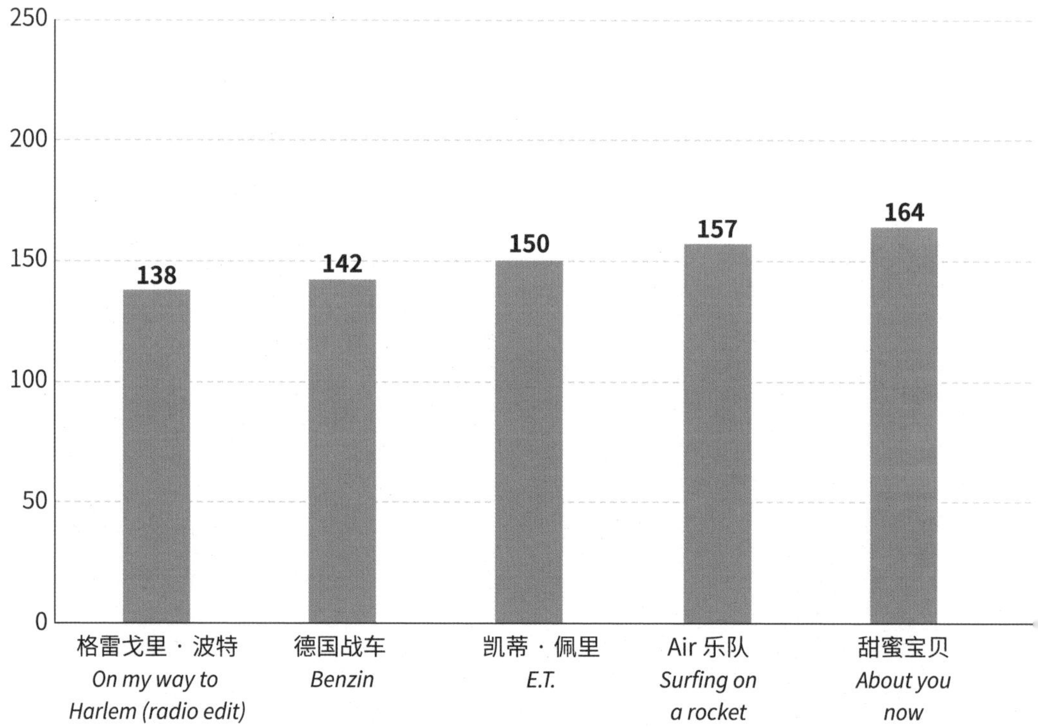

琴之间的区别。而且，它还能识别说话声和乐器声之间的区别，即（唱出来的）话语和（演奏出来的）音乐之间的区别。这些有意义的信息随后被用来将信号传递给大脑中的高层次处理区域。

第 4 步 — 什么信号，来自哪里？

听觉大脑皮层根据构成音乐的不同方面对声音信号进行划分。听觉大脑皮层的部分信号被送到大脑底部。在那里，它会进一步处理你听到的声音类型：乐器、旋律或歌词。在后一种情况下，歌词的含义被处理，所以当你跟着歌曲唱时，你知道你在唱什么。

信号的其余部分由听觉皮层发送到大脑顶部。那里的大脑部分专门负责处理空间和时间信息。它们详细确定声音在空间中的来源，同时确定音调之间的时间差，这样你便可以从中推断出节奏。

什么信号，来自哪里？

听觉大脑皮层将音乐信号分解为真实的电流

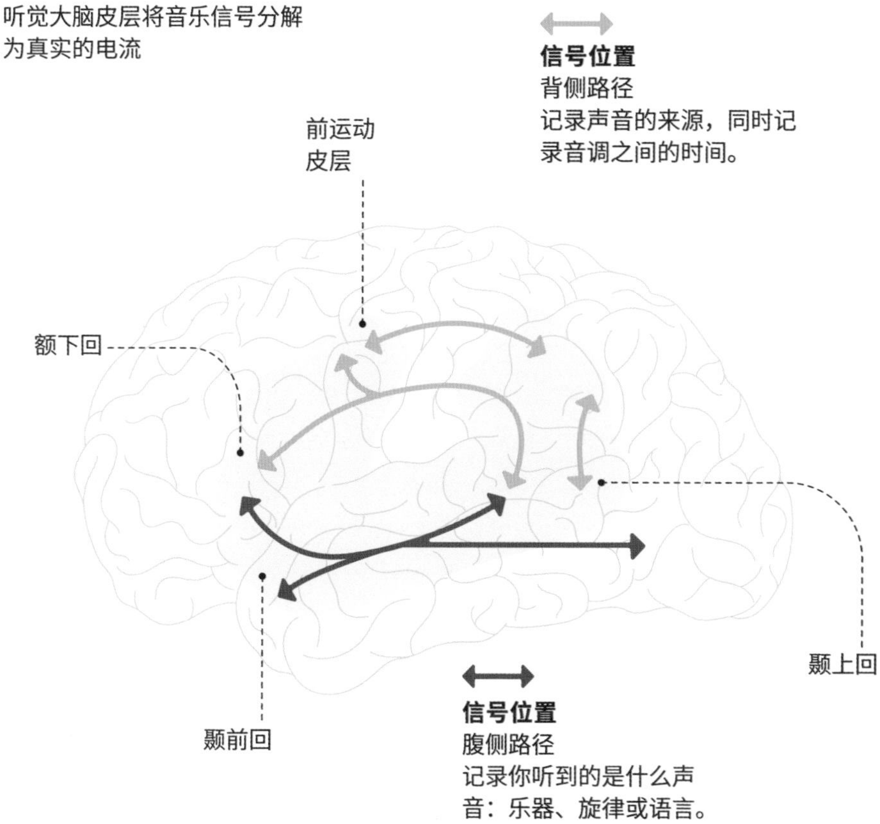

来源：López-Barroso en de Diego-Balaguer.（2017）

来源：Van Dyck et al.（2015）

第 5 步—情绪、奖励和运动

此时，它并没有停留在对声音信号的“实际处理”上——它是什么，它来自哪里。事实上，当你听音乐时，大脑中活跃的部分比以前认为的要多。例如，听觉大脑皮层与处理情绪的杏仁体相连，这确保我们能够在一瞬间将音乐标记为快乐或悲伤。此外，听觉大脑皮层还与基底核或未来的预测因素有关。当你获得奖励时，它们会变得活跃起来，这解释了当你听到喜欢的音乐时的愉快感。同时，基底核在你听到声音时负责（计划）运动，它们为如何跳舞或演奏乐器做好“准备”。接下来我们将进一步讨论情绪、奖励和（计划）运动在音乐体验中的重要性。

音乐疗法

在“真实”的音乐中运动

帕金森患者除了认知问题，还特别难以控制肌肉。而这会导致颤抖，手、腿或下巴的颤抖。他们变得迟钝，出现僵硬和平衡问题，因此经常跌倒。有时候会突然不能移动，就像被固定在地上一样。

在帕金森患者中，多巴胺工厂（黑质）的功能越来越差，导致基底核无法发挥最佳功能。这些基底核对正确计时运动以及感知音乐的节奏特别重要。因此，如果你让帕金森患者在走路时听节奏清晰的音乐，可以极大地帮助他们。他们不再站着不动，他们的行走动作变得更加流畅。其中一些患者甚至可以很好地随着音乐跳舞，而没有音乐，他们就很难移动。研究人员解释说，这是因为作为纹状体一部分的壳核能感知节奏的时间。在此过程中，纹状体中基底核的未来预测能力又派上了用场。它们预测节奏，使你能够预测到下一个节拍。同样，在行走时必须能够预测下一步才能迈出平稳连续的步伐。

令人吃惊的是，音乐作为运动的辅助手段，对阿尔茨海默病患者的效果并不理想。有时候，当他们听到音乐时，移动甚至变得更加困难。研究人员认为，这是因为阿尔茨海默病患者比帕金森患者更容易出现注意力问题。而将注意力保持在音乐和动作上，恰恰是能够整合动作和音乐的关键。

在“想象”的音乐中运动

有的时候，你会沉迷于脑海中欢快的旋律，而有的时候，你又想摆脱那只“耳虫”了。有意或无意，我们都可以“想象”音乐（甚至不请自来）。而这种想象音乐的能力也可以帮助帕金森患者行走。在使用真实可听的音乐进行治疗后，患者可以通过想象那些音乐来改善步态。

即使是那些想象音乐的人，其运动大脑网络在运动时似乎也会被额外激活。一项研究表明，在核磁共振扫描仪中，帕金森患者必须在真实的音乐或想象的音乐中做出有节奏的手腕运动，在这两种情况下，大脑运动网络的其他部分都是活跃的，而当病人在没有进一步指令或背景音乐（真实的或想象的）的情况下做手腕运动时，这些部分是静止的。同时，真正听音乐和想象听音乐之间也存在大脑活跃差异：前者小脑区域（小脑）处于活跃状态，而后者则没有。这可能意味着小脑对协调节奏和（定时）运动非常重要。

还有其他研究表明，你对音乐想象的难易程度与你演奏乐器的水平之间存在联系。因此，音乐家必须能够很好地想象音乐，以便相应地调整他们的动作——例如，敲击钢琴的琴键。此外，更好的“音乐想象者”也具备更好的技能来控制他们的行为。这很有趣，因为它也可能反过来发挥作用。在这种情况下，有认知问题的病人可以通过想象音乐和运动来提高他们的认知能力。

被耳虫困扰吗?这是如何摆脱它的方法!

有时候，一首歌不断在脑子里重复，令人非常烦恼。最常见的耳虫中排名前三的是Lady Gaga的*Bad Romance*、凯莉·米洛的*Can’t get you out of my head*（多么合适啊）和平·克劳斯贝的*White Christmas*等圣诞歌曲。

1

听完整首歌。

暂时没有音源可供你使用？那么唱一唱或哼一哼这首歌也有帮助。

2

听一首清洗耳虫的歌。

根据瑞士的一项研究，有几首歌曲经常被人们用来减轻耳虫效应。最受欢迎的包括：《A字特攻队》主题曲、彼得·加布里埃尔的*Sledgehammer*或齐柏林飞艇的*Kashmir*。

通过跟随“真实”或想象中的音乐运动来激活大脑

当你随着听到的或想象中的音乐一起移动时，
运动网络，特别是球状体和前辅助皮层会更加活跃。

球状体，
纹状体的一部分

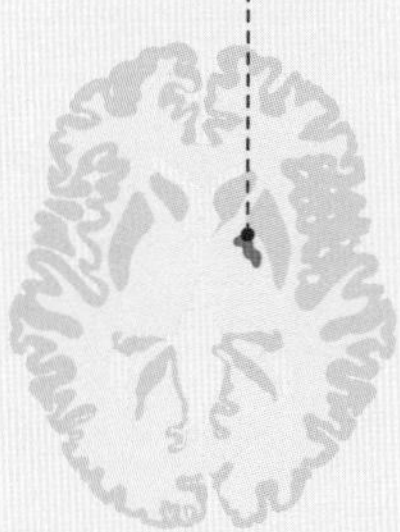

前辅助皮层

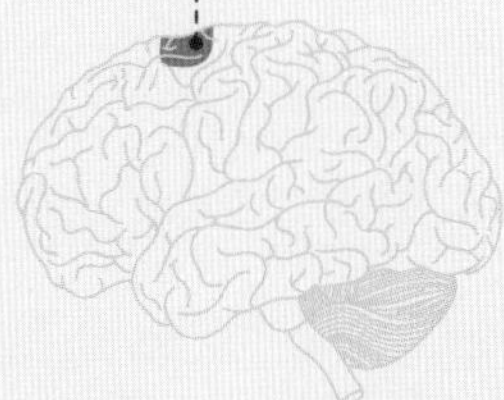

伴随着真实的音乐运动时，
小脑会格外活跃

通过运动并听真实音乐，你的小脑会更加活跃，只有想象中的音乐或没有音乐则没有这种效果。

小脑
底视图

球状体的信号变化，
以百分比表示

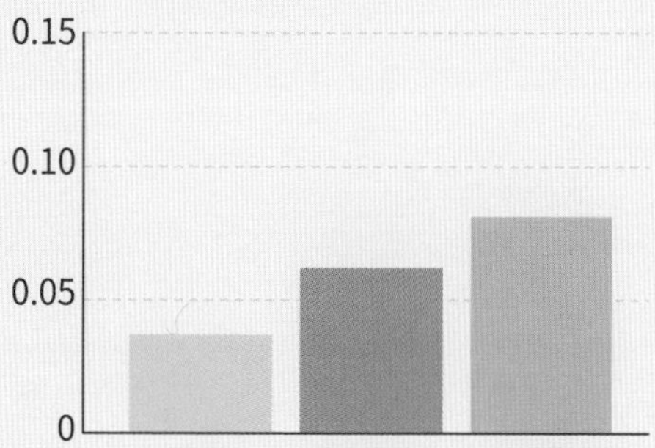

与静止状态相比，前辅助皮层的
信号变化，以百分比表示

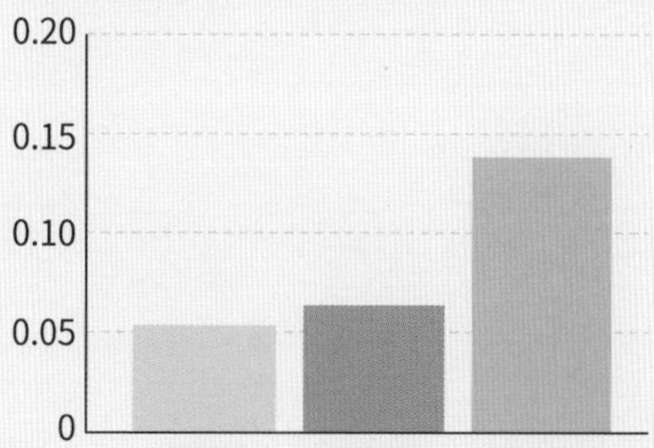

与静止状态相比，小脑的信号变化，
以百分比表示

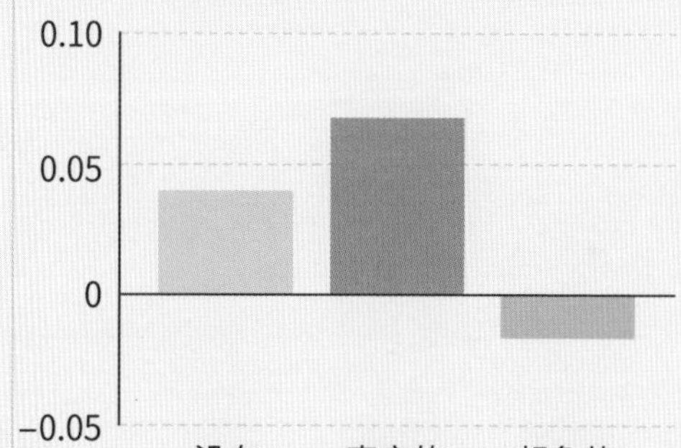

来源：Schaefer et al. (2014)

3

通过做一些真正
需要你关注的事情来
分散自己的注意力。

你的大脑很难同时
处理多项任务。涉及
使用文字的任务是
你的耳虫最难搞定
的对手。

4

嚼口香糖。

控制嘴巴咀嚼的神经元
可能会与让你想跟着耳虫的
歌词唱歌的神经元竞争。英国
的研究表明，咀嚼口香糖比用
手指做动作等更能对抗耳虫
歌曲。

5

不要担心，
好好享受吧。

研究表明，人们更有
可能拥有他们喜欢的歌曲
的耳虫，而不是他们
讨厌的歌曲。

音乐家的大脑

4

音乐天赋是天生的还是后天习得的？

为什么莫扎特创作音乐也要花一万个小时？

2005年，“Leerorkest”在阿姆斯特丹祖伊多斯特成立，这是一个旨在促进所有儿童机会平等的音乐和社会项目。从5岁开始，孩子们就可以选择自己喜欢的乐器，接受专业音乐教师的音乐课程。此外，在他们12岁之前，他们还有机会在“自己的”学乐团中一起演奏。来自贫困环境的孩子能够演奏乐器的人数少得惊人。一位音乐教师说：“孩子们通过制作音乐感到快乐，并因此更有兴趣去学其他事情。”除了快乐之外，它有时也影响学业的选择。有些学乐团的孩子考入了音乐学院。如果没有“Leerorkest”，他们就不会走上这条路。

音乐天才在多大程度上是与生俱来的天赋或后天习得的行为，科学家们就此还没有完全达成一致。然而，有足够的证据表明，你至少需要10 000小时的练习才能成为一个顶尖者，而且越早开始越好。目前还不清楚其他环境因素、遗传倾向或两者的结合在多大程度上决定了你是否能成为一名顶级音乐家。这在大脑层面究竟是如何运作的：创作音乐？音乐家和非音乐家的大脑有区别吗？

一起创作音乐＝一起变得更加社交化

一项让学龄前儿童参加音乐团体活动的研究表明，一起创作音乐的孩子变得更加社交化。他们比做其他活动的幼儿更倾向于帮助别人。事实上，音乐需要与他人感同身受，且动作同步。

弹珠游戏破坏者

学龄前儿童参加各种团体活动，包括一项音乐活动，其中他们随着音乐的节拍唱歌舞动。

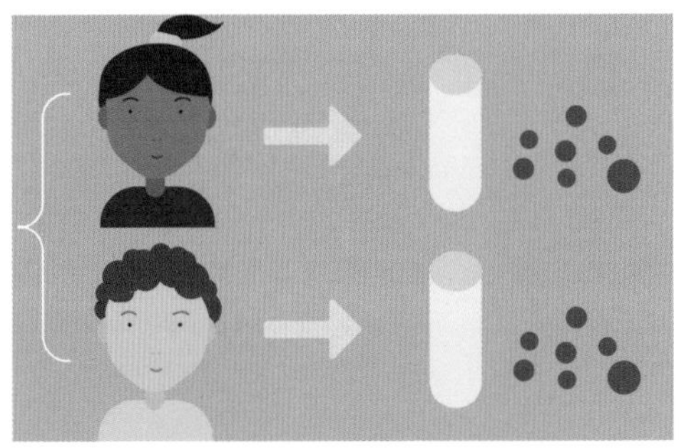

然后，他们被要求两人一组收集弹珠，每个人的弹珠都放在一个单独的管子里。

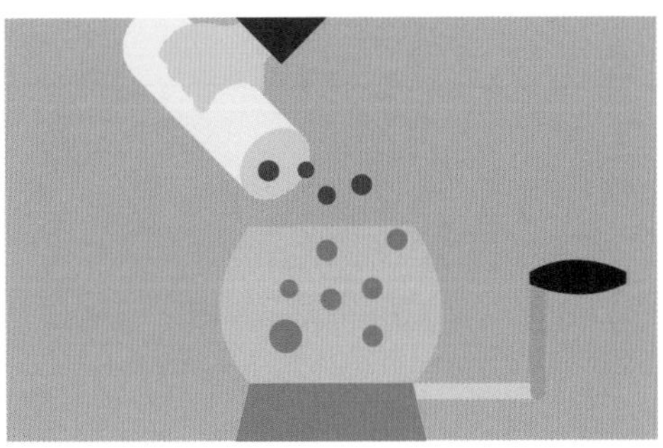

一旦管子装满，他们可以将弹珠放入磨粉机中，将其磨成“鱼食”。

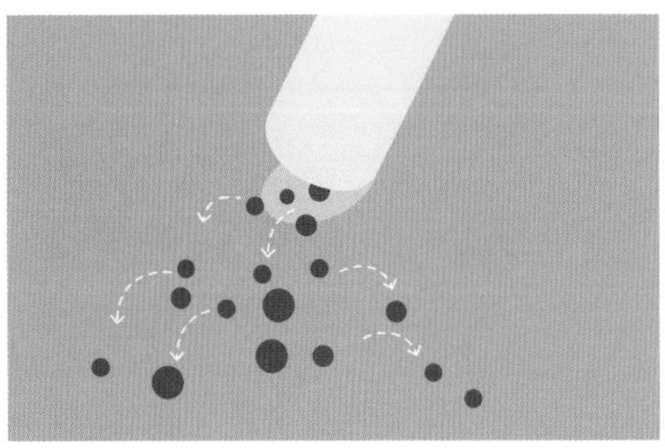

一个孩子的管子坏了，底部掉了下来，所有的弹珠都掉到了地上。

第一次参加音乐团体活动的填管者比参加另一项活动的人更愿意帮助“受害者”。

来源：Van Dyck et al.（2015）

来源：Kirschner & Tomasello（2010）

年轻时学习，年老时习得？

莫扎特3岁、贝多芬8岁时开始学钢琴。你开始学音乐的年龄对你以后成为一个好的音乐家有影响吗？人生中是否有一个“敏感”阶段，在这个阶段接受音乐课程会对你产生持续和更大的影响？而这是否能从大脑上看出来？

研究人员比较了“早期训练”和“晚期训练”的音乐家，他们分别在7岁前和7岁后开始上音乐课。他们的共同点是每周练习的小时数和学音乐的年限。所有参与者都被要求跟着音乐的节拍拍打。早期接受过训练的音乐家在这方面的表现明显更好。此外，早期训练的音乐家的运动大脑皮层被发现比晚期训练的音乐家大。那是计划复杂动作的大脑区域。这表明，如果你在小时候开始学习音乐，你的大脑发育方式会有所不同。

另一项研究比较了58名钢琴家。同样，一组由早期训练的音乐家组成，另一组则是晚期训练的音乐家。同样，这两组人的大脑被发现有所不同。参与“学习”的海马体和壳核，以及参与处理感官信息的丘脑，在早期训练的钢琴家中比晚期训练的钢琴家更大。大脑的其他部分被证明更小，因此可能更有效率：负责计划和控制复杂动作的中央后回，提供听觉信息的颞上皮层，以及帮助阅读乐谱的缘上回（该回有助于将乐谱的单个音符连贯地解释为旋律，就像你将单个字母作为一个整体解释为单词和句子一样）。这些钢琴家之间的大脑差异可能解释了为什么早期训练的钢琴家比晚期训练的钢琴家更擅长掌握复杂的节奏。

令人吃惊的是，早期开始上音乐课的影响甚至在生命的后期也可以在大脑中看到。

敲打节奏

正确敲击的百分比，每组参与者

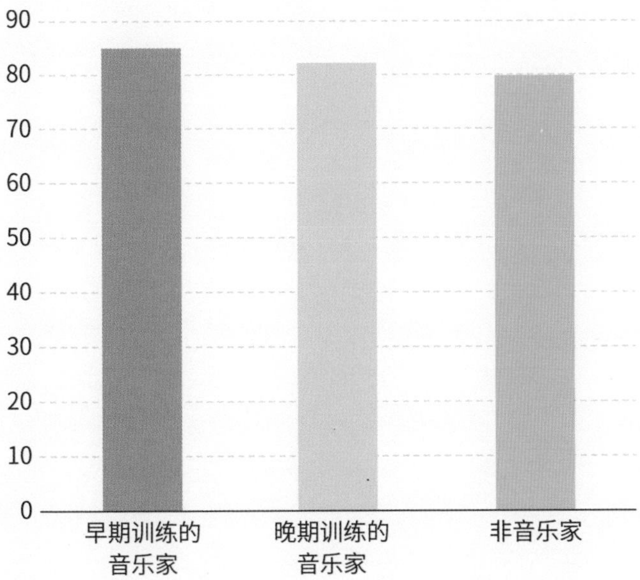

音乐家之间腹侧前运动皮层的差异

腹侧前运动皮层的面积，以平方毫米为单位

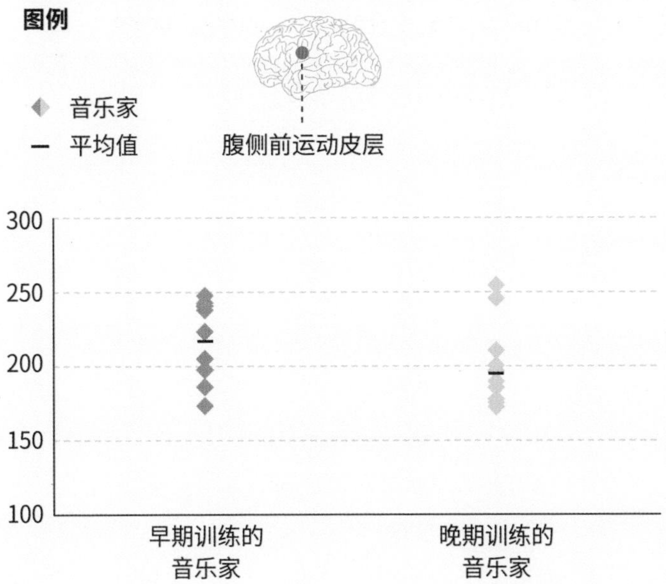

来源：Bailey et al.（2014）

音乐天才能否摆脱一万小时定律？

一万小时定律是否也有例外，即只要有足够的天赋，你就无须练习那么多小时，就可以走捷径成为一名优秀的音乐家？一位科学家调查了年轻时就写出交响曲的莫扎特是否符合一万小时定律。他假设，莫扎特那些经常被演奏和聆听的作品比那些不太受音乐家和音乐听众欢迎的作品质量更高。结果是什么？莫扎特14岁之前创作的作品远不如他14岁之后创作的作品受欢迎。因此，即使像莫扎特这样的大师也需要一万小时的练习才能成为一名优秀的作曲家。

音乐天赋是天生的还是后天习得的？

著名的一万小时定律

一个受过正确音乐训练的非天才，能变得和有天赋的顶级音乐家一样优秀吗？换句话说，音乐天赋在多大程度上是与生俱来的？

德国的一项研究调查了成年顶尖小提琴家一生中练习小提琴的时间。结果发现，他们无一例外地在20岁之前至少拉了10 000个小时的小提琴——因此有了著名的“一万小时定律”，即你需要10 000个小时的练习时间才能在某件事上变得出色。研究人员的结论是什么？不仅是你的先天天赋，而且你的练习量也决定了你作为一个音乐家的水平。另一项研究进一步补充了德国的调查结果。它研究了13名被认为是“不太优秀”“优秀”和“出色”的成年小提琴家。优秀和出色的小提琴家平均都练习了11 000小时，天赋较差的小提琴家则练习了不到6 000小时。

每个年龄段的训练时数，
来自出色的、优秀的和不太优秀的小提琴家的训练时数

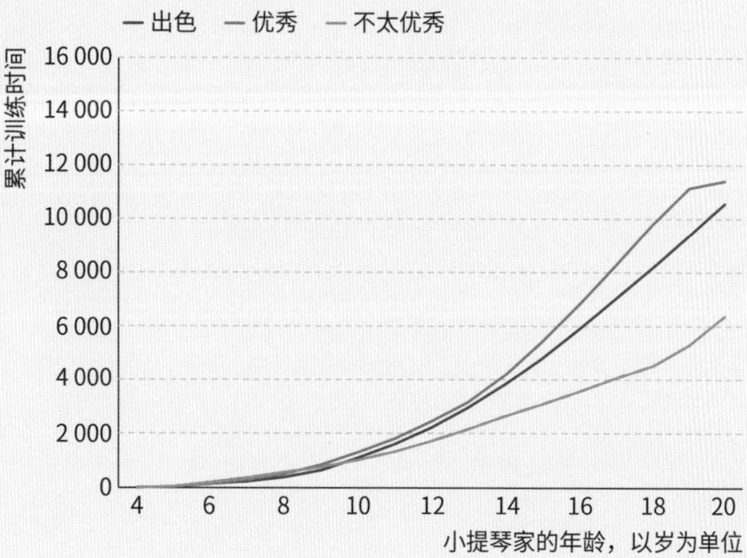

来源：Macnamara en Maitra (2019)

从某种程度上说，你的训练强度不再影响你的水平。所以，即使经过大量的练习，也不是每个人都能成为顶尖的小提琴家。这意味着其他因素决定了次顶级演奏家和顶级演奏家之间的差异。这些因素是什么，科学家尚未调查。研究表明，遗传倾向对音乐水平的贡献出奇地低。因此，研究人员怀疑，除了训练量外，其他环境因素也会影响你的能力，例如训练的质量和强度。

瑞典的一项大规模双胞胎研究指出了一个出乎意料的方向，即音乐天赋是遗传倾向和实践之间复杂相互作用的结果。这项研究中的音乐家们花在演奏乐器上的小时数被证明是由遗传决定的。或者更准确地说，你需要实际练习并达到10 000小时定律的纪律部分是由遗传决定的。

为什么重复是有限度的？

诚然，重复是最好的老师。然而，你的大脑能承受多少练习是有限度的。这一点可以从“局灶型肌张力障碍”现象中明显看出来，这是一种“音乐家痉挛”：一种严重的运动障碍，即动作协调性失常。局灶型肌张力障碍发生在强度较高和经常重复的运动后，如顶级音乐家做的某一乐器运动。科学家认为，它是由大脑中的肌肉控制引起的。罗伯特·舒曼是最早在1830年的日记中写到这一问题的钢琴家之一。

刻意练习

篮球运动员科比·布莱恩特成功的秘诀

美国最成功的篮球运动员之一，科比·布莱恩特（1978—2020），在他不幸去世后给运动教练留下了一份美好的遗产：刻意练习。这种“有目的的训练”认为，不仅练习时间长短，而且练习质量也会影响你能变得多么出色——或者可能变得有多么出色。

想象一下两个篮球运动员A和B的训练，他们都训练一个半小时。球员A练习他的投篮，这是学习打篮球最重要的技能。他这样做了50次，同时与同事交谈并休息了几次。球员B必须进行200次投篮，一位同事记录下他失误的次数，失误是短传还是长传，以及是左边还是右边出了问题。每隔10分钟，他们就一起回顾一下出错的原因。A和B练习的时间相同，在职业生涯的开始阶段，他们可能同样有天赋，但经过100小时的训练后，球员B的得分次数要多得多。

球员B遵循科比·布莱恩特的刻意练习技巧。这适用于体育运动，但也适用于创作音乐或写书。

你如何应用这种训练技术？

❶ 首先确定你在训练中的具体目标

与其在你已经擅长的方面努力，不如专注于你还不能做到的事情。例如，音乐片段中那些还不太顺利的几个小节。他们通常是在乐曲的中途，而不是开头。

❷ 收集反馈

反馈是刻意练习最重要的方面之一。这样你就可以在每次做事情时都能更新它。你不一定需要其他人来完成此操作。你不妨用节拍器来检查自己是否跟对了节奏。

❸ 在你需要改进的地方下功夫

不要总是练习你已经掌握的乐曲的第一小节，而要从中途开始练习，那里是你总卡壳的地方。加快你节拍器的速度，看看你是否能跟着演奏。你能做到吗？很好！如果不能，就再练练吧！

❹ 重复

重复对技能发展至关重要。如果你不一次又一次地练习，长期影响就不会到来。

人类的大脑：那里有音乐！

你是演奏李斯特《钟》这样极难的曲子的钢琴家，还是唱着《森林中的小象》这首儿歌的孩子？无论是哪种情况，这些音乐活动都需要多个大脑系统之间极其精确的合作。例如，你必须能够仔细计时，同时控制音调和节奏。没有其他技能会同时调用这么多技能。此外，创作音乐是人类大脑所特有的，没有任何动物能够做到这一点。那么你的大脑是如何做到创作音乐的呢？

你能感受到节拍吗？

音乐家经常跟着音乐的节奏用脚打拍子。保持节拍的能力是制作音乐所必需的基本条件——例如复杂的节奏。为了演奏旋律，你也需要“保持节拍”。因此，你首先必须能够检测到拍子，并将自己的动作（例如在小提琴上拉弓）与之协调。拍子可以来自外部。你会听到音乐或嘀嗒作响的节拍器并过滤出一个拍子。或者你自己在脑子里产生一个节拍。然后，来自外部或“内部”声源的节拍被转换为一个精确的预测模型。这样一来，你的大脑就能准确地知道下一个节拍何时到来。基于这个预测模型，你的大脑会以正确方式指导你的双脚进行敲击以使它们整齐地跟上节奏。这种“节拍感”是在每个人身上自发形成的，还是由你的经历决定的？换句话说，它是后天习得的还是天生的？

节拍能力是后天习得的

一些科学家认为，当婴儿在音乐中被父母有节奏地来回摇晃时，他们会学会将动作与音乐节拍同步。摇晃的动作让他们学会识别节拍。为此，加拿大研究人员给7个月大的婴儿听没有明显可辨节拍但有节奏的音乐。

一半的婴儿在每第二拍上被摇晃，另一半在每

婴儿音乐实验

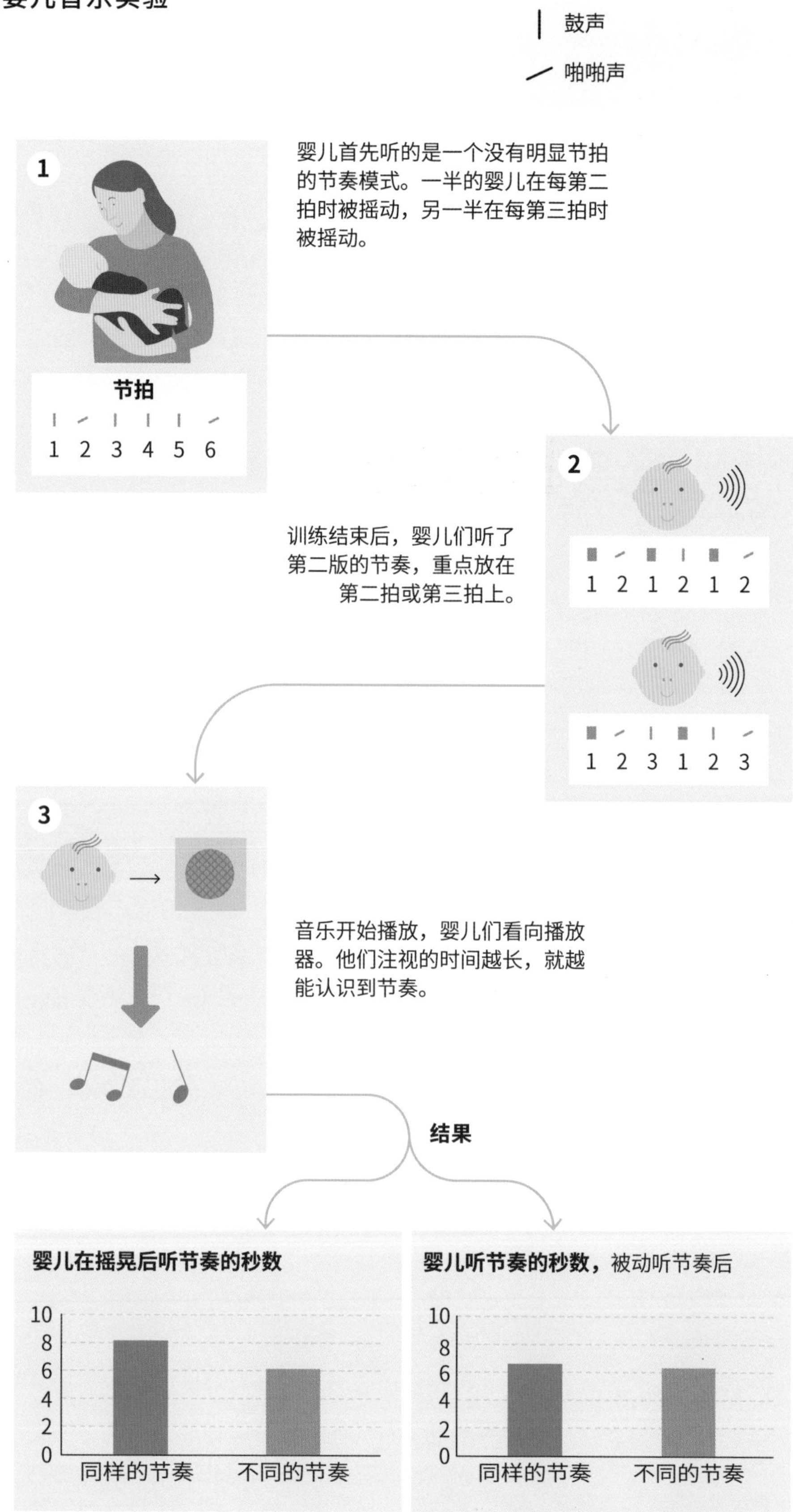

鼓声
啪啪声
1
婴儿首先听的是一个没有明显节拍的节奏模式。一半的婴儿在每第二拍时被摇动，另一半在每第三拍时被摇动。
节拍
1 2 3 4 5 6
2
训练结束后，婴儿们听了第二版的节奏，重点放在第二拍或第三拍上。
1 2 1 2 1 2
1 2 3 1 2 3
3
音乐开始播放，婴儿们看向播放器。他们注视的时间越长，就越能认识到节奏。
结果
婴儿在摇晃后听节奏的秒数
10 8 6 4 2 0
同样的节奏
不同的节奏
婴儿听节奏的秒数，被动听节奏后
10 8 6 4 2 0
同样的节奏
不同的节奏

婴儿在摇晃时比没有摇晃时听节奏的时间更长。

如果婴儿没有被摇晃，而只是看着别人随着音乐移动时，婴儿就不会区分出各种节奏。所以自己跟着移动对辨别节奏很重要。

来源：Phillips-Silver et al. (2005)

第三拍上被摇晃。然后给婴儿们播放相同节拍的音乐或有明显不同节拍的音乐。婴儿可以通过将头转向音乐的方向来“选择”他们听这些节奏的时间。结果发现，他们向他们被摇晃的节奏（第二或第三节拍）方向看的时间更长。

在接下来的实验中，婴儿没有被摇晃，而是看着一个成年人随着没有明显节拍的节奏摇摆。成人在第二或第三拍上移动。这一次，婴儿对第二拍或第三拍的任何一种节奏都没有偏好。同样的实验在成年人身上也重复进行了，结果也是一样的。所以跟着音乐运动是学习识别音乐节奏的必要条件。这表明，运动和声音信号的处理在大脑中是密切相关的。因此，7个月大的婴儿已经能够识别音乐中的节拍了！

节奏能力是天生的

其他科学家认为，婴儿早在2～3天大时就能自然地识别节拍，并根据节拍调整自己的动作。匈牙利研究人员通过脑电图记录婴儿的大脑活动证明了这一点。使用脑电图，通过头部的电极对大脑活动进行电测量——这甚至可以在婴儿睡觉时进行。脑电图信号在脑电图中以波的形式呈现，可以显示正常的波形或异常的波形。在后一种情况下，波显示出向上或向下的异常。这种异常的脑电信号就是科学家所说的失匹配负波（MMN）。当大脑的预测能力记录到一些意想不到的事情时，就会观察到失匹配负波。

在这种情况下，匈牙利研究人员利用失匹配负波现象来测试新生儿是否已经能够识别出节拍。首先，他们让睡着的婴儿听有明确节拍的音乐。然后他们播放同样的音乐，这次在一些地方省略了节拍。这听起来非常不自然，仿佛节奏被“绊倒”或“断裂”。结果是什么呢？在婴儿的脑电图上，当节拍被省略在一个突出的地方，如第一拍时，可以检测到失匹配负波信号。因此，感知音乐节奏的能力在出生时就已经存在，并且可能有遗传基础。当你意识

新生儿在听有漏掉节拍的音乐时，脑电图中的失匹配负波信号，在头部中心测得

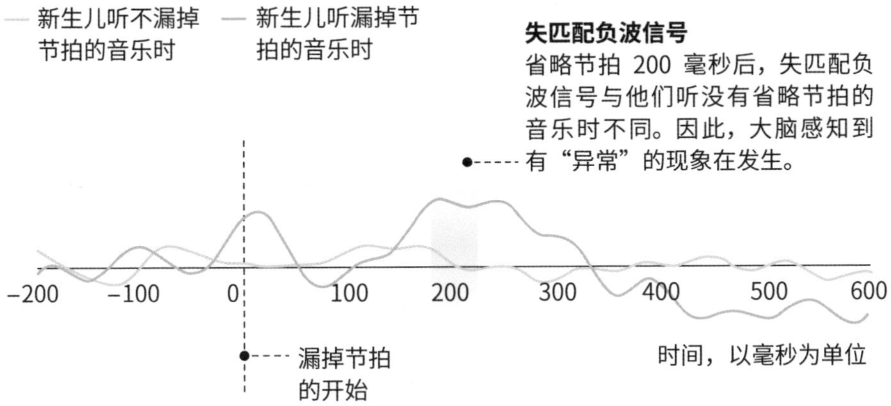

来源：Winkler et al.（2009）

大脑里有节拍器？

如果节奏感确实有先天的基础，那么在你的大脑中是否存在某种节拍器？科学家们对此还没有达成共识。假设存在某种内在节拍器的科学家认为，它是由神经元组形成的，这些神经元以电信号的形式产生脉冲。另一种理论是，节奏保持来自大脑中控制运动的部分，就像你可以自动以有规律的步幅行走一样。

不同的研究表明，慢节奏和快节奏涉及大脑的不同部分。在长于1秒的慢节奏中，基底核和辅助运动皮层是活跃的。在非常精确的时间尺度上，即精确到毫秒的级别，小脑发挥着重要作用。例如，小脑受损的病人不能及时正确地跟着音乐拍手了。小脑是如何进行这种微调的，仍然是许多研究的主题。一些研究人员认为，小脑善于检测何时出错，然后对动作进行小幅修正。其他研究人员则认为，在运动之前，小脑会先进行某种计算来控制动作，就像一种预测未来的计算机模型。

大脑的不同部分参与不同速度的节奏

缓慢的节奏

基底核

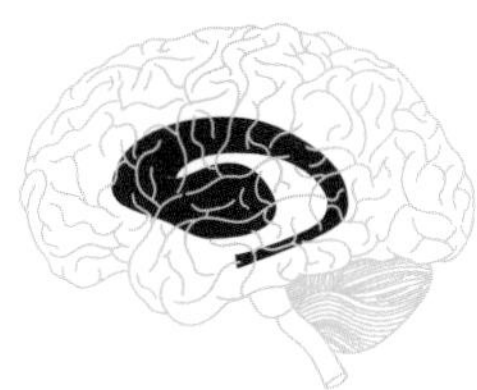

辅助运动皮层

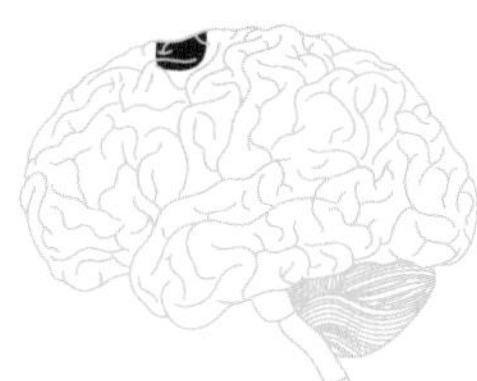

精确计时

小脑

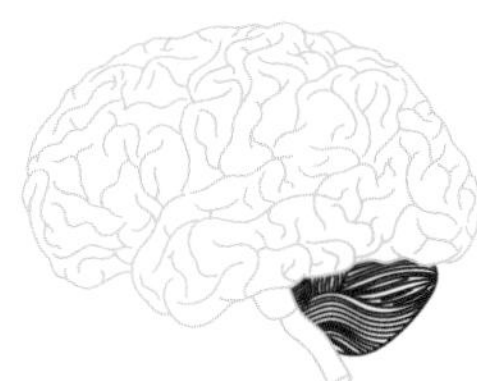

到婴儿在子宫里已经接触到有节奏的声音（如心跳）和有节奏的运动（如母亲的呼吸或走路节奏）时，这也许并不令人惊讶。所以这项研究表明，感知节拍的能力在出生时就已经存在。

听觉和运动系统之间的合作

如果婴儿通过摇摆动作学会识别节拍，那么听觉和运动系统是如何协同工作的呢？与其他感官系统相比，听觉系统与运动系统有一种“特殊的联系”。研究表明，负责感知节拍的大脑系统和负责同步运动的大脑系统是双向交流的。当涉及从听觉系统到运动系统的信息流时，我们称之为“前馈”；如果信息流是反方向的，我们称之为“反馈”。

从听觉系统到运动系统的前馈

当听觉系统记录一个节奏时，它会将这一信息传递给负责运动的大脑区域，特别是大脑的基底核或预测未来的区域。它们确保你及时做出正确的动作，例如大提琴的指法。如果你不能预测下一个音符何时到来，你就总会晚一拍：你就不能随着节拍拍手、弹奏或敲击。

听觉和运动系统之间的协作在一项研究中得到了揭示，在该研究中，人们被训练演奏钢琴曲，然后当他们躺在核磁共振扫描仪中听这首曲子时，听觉和运动系统都变得活跃起来。而在那些没有排练过此钢琴曲的人中，只发现听觉大脑皮层被激活。因此，当你听之前积极演奏过的音乐时，你的大脑似乎已经在“移动”了。

从运动系统到听觉系统的反馈

从运动系统到听觉系统的信息流动对正确演奏乐器也很重要。想象一下，如果你演奏一件乐器，却听不到所产生的音乐，要把这首曲子演奏好是很难的。你可能只有在演奏练得非常熟的作品时才会成功，因为在这种情况下，你可以根据经验确切地知道到底该怎么做。但即使如此，在表现细微差别

听觉和运动系统之间的合作

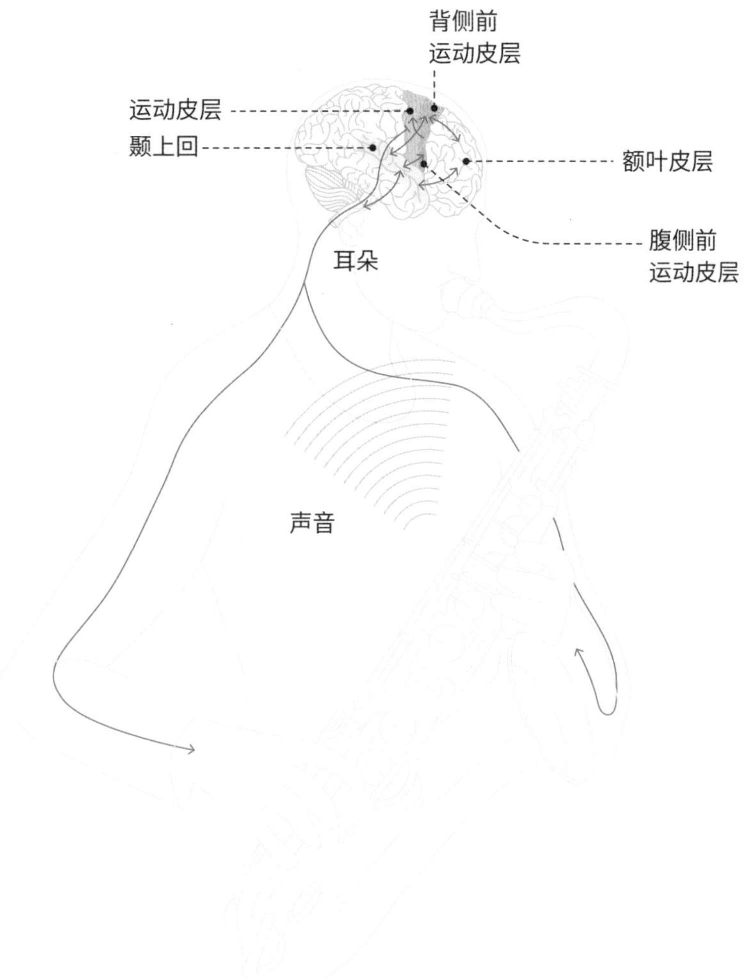

来源：Zatorre et al.（2007）

方面仍然很困难，例如在动态方面。毕竟，你无法证明弹奏的每一个音符都在调上。如果你在大提琴上的指法“不正确”，没有从运动系统到听觉系统的反馈，你就不会知道演奏有没有走调。

美国研究人员以一种独创的方式测试了从听觉系统到运动系统的信息流动缺乏是如何影响乐器演奏的。他们让钢琴家根据记忆弹奏一首乐曲，同时将旋律音符放慢或提前。很快钢琴家们开始弹错音符。然而，令研究人员惊讶的是，他们在节奏上犯那么多的错误，这可能是因为当你必须保持节奏时，触觉也发挥了作用。因此，在规划指法之类的动作序列时，反馈系统尤其重要。

简而言之：在音乐创作中，前馈和反馈系统之间的超快合作至关重要，而且必须实时进行。但说话不一样——除非你在朗诵一首诗时，时机很重要。

> “音乐是我至高无上的力量。”
>
> ——奥利弗·詹姆斯（生于1953年）

音乐家的大脑：那里有更多的音乐吗？

就像肌肉通过锻炼会变得更强壮一样，你的大脑也会在你练习的过程中变得更擅长创作音乐。因此，受过训练的音乐家的大脑与非音乐家的大脑不同。具体是哪些差异呢？

音乐家的听觉系统更复杂

音乐家更善于处理复杂的声音信号，这在处理过程的早期就发生了，甚至在信号进入听觉大脑皮层之前，在脑干层面上，它们就能更精确地处理不同的音高。这意味着他们可以比非音乐家更好地区分彼此相近的音高。音乐家的听觉大脑皮层与非音乐家的大脑皮层是否存在差异还不确定。不同的研究结果也各有不同。一些研究表明，这种差异的大小与拥有或缺乏绝对听力有关。这些研究得出的结论是，只有拥有绝对听力的音乐家才有更专业的听觉大脑皮层。

音乐家的运动系统更加专业

音乐家运动系统中的大脑区域比非音乐家的更加专业。例如，吉他手在运动大脑皮层中代表左手手指的地方比非音乐家的大。因此，吉他手可以更好地确定他们的指法。音乐家的小脑也比非音乐家的大。请记住：小脑对精细运动技能和时机掌控都很重要。

放慢或加速音乐实验

钢琴家弹奏一首乐曲，但他们听到的
旋律被提前或延迟。

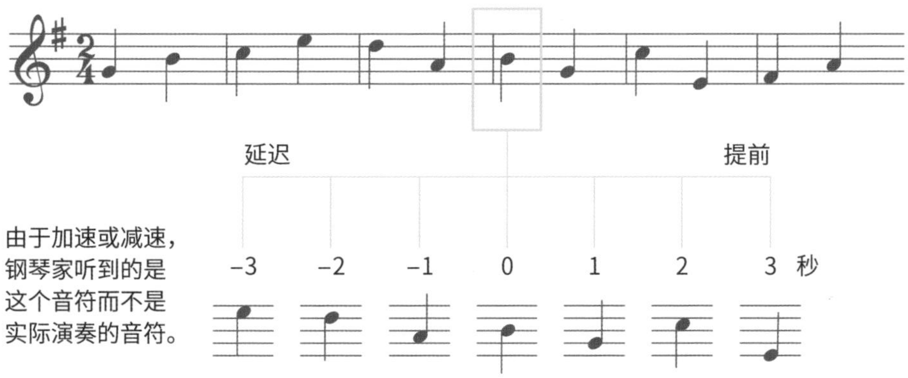

由于加速或减速，
钢琴家听到的是
这个音符而不是
实际演奏的音符。

实验结果

延迟状态下的平均错误比例，
以百分比表示

提前状态下的平均错误比例，
以百分比表示

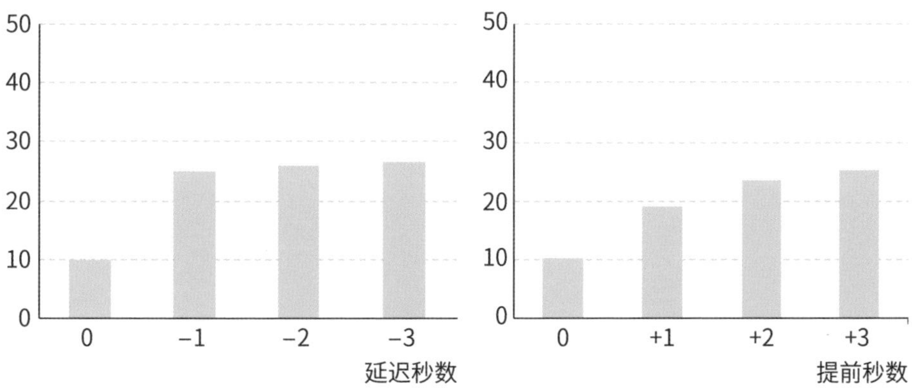

来源：Pfordresher en Palmer.（2006）

音乐家的听觉和运动系统能更好地协同工作

让音乐家听一首他们可以自己演奏的乐曲X，他们的听觉和运动大脑系统都被激活。让非音乐家听同一首乐曲X，结果发现他们只有听觉大脑系统是活跃的。反之亦然：如果当音乐家看别人弹钢琴而没有听到任何钢琴声时，听觉系统仍然活跃，也许是因为他们开始在脑海中想象与这些动作相匹配的音乐。而这种情况在非音乐家身上并不会发生。因此，对音乐家来说，听觉和运动系统比非音乐家能更好地协同工作。

音乐家的左脑和右脑联系更强

音乐家大脑左右半球之间的联系比非音乐家更强。事实上，钢琴家的手指在琴键上跳动的时间越长，运动大脑皮层的左右半球之间的联系就越强。德国研究人员在鼓手身上也观察到了同样的情况。这些人的双手都有出色的精细运动技能，能同时做出不同的击鼓动作。这也反映在鼓手的大脑扫描中，特别是大脑前部之间的纤维通路被证明效率更高，这些区域是负责计划动作的。越是优秀的鼓手，大脑左右半球之间的联系就越紧密。一项关于大脑激活的研究还表明，鼓手大脑左右半球运动技能部分比非鼓手的能更好地协同工作。当研究人员让非鼓

音乐家大脑皮层的变化

奥米伽形状，
见于键盘手和弦乐手的中央凹槽

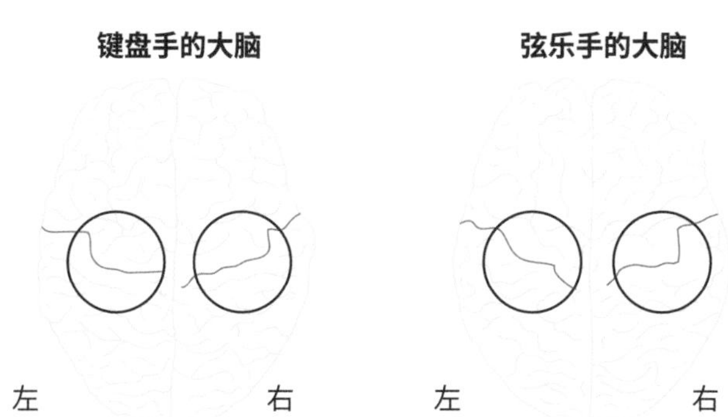

在键盘手中，相对于弦乐手和非音乐家，这种形式在大脑的左侧更常见。
在弦乐演奏者中，情况恰恰相反，在大脑的右侧。

来源：Wan en Schlaug.（2010）

ⓘ 让我看看你的大脑，我就能告诉你你演奏什么乐器

你弹吉他吗？那么你右半球的运动大脑皮层往往更大。因为对吉他手来说，左手是最活跃的。你弹钢琴吗？那么情况正好相反。因为你使用右手的次数比左手多，所以你左半球的运动皮层更大。

音乐家弓状束的变化

一个 8 岁孩子的弓状束，
在上了 2 年弦乐器音乐课之前和之后

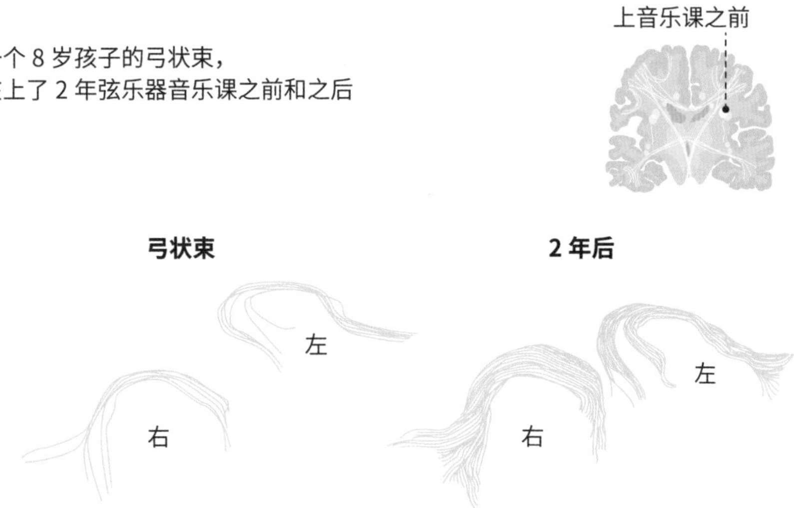

来源：Wan en Schlaug.（2010）

手执行一项简单的运动任务时，大脑中负责运动计划的部分被证明不如鼓手的活跃。据作者说，那些部分在鼓手身上的合作效率要高得多。

此外，弹钢琴的时间似乎与连接运动大脑皮层和脊髓的锥体束质量有关。只是，这一发现还没有在其他研究中得到明确的证实。为了充分研究弹钢琴和锥体束质量之间的相关性，你需要能够在长时间内跟随钢琴家，这在实际中并不总是可行的。

音乐家的大脑会保持年轻

音乐对大脑有长期的影响，音乐家额叶大脑皮层退化持续的时间更长。这意味着大脑的这一部分保持“年轻”，这是一个很大的优势。额叶大脑皮层老化是最先导致功能下降的。具体来说，当你变老后会被典型的认知障碍所困扰，如短期记忆或控制冲动的问题。如果你难以控制你的冲动，你会更容易选择一个冰激凌而不是一块水果——这是饮食中不明智的选择（第 212 页）。

（业余）音乐家的大脑年龄低于非音乐家

根据大脑结构，大脑年龄表示为
实际年龄和预测年龄之间的差异

— 个体的大脑年龄（估计年龄较小）
— 个体的大脑年龄（估计年龄较大）
— 每组大脑年龄的平均差异

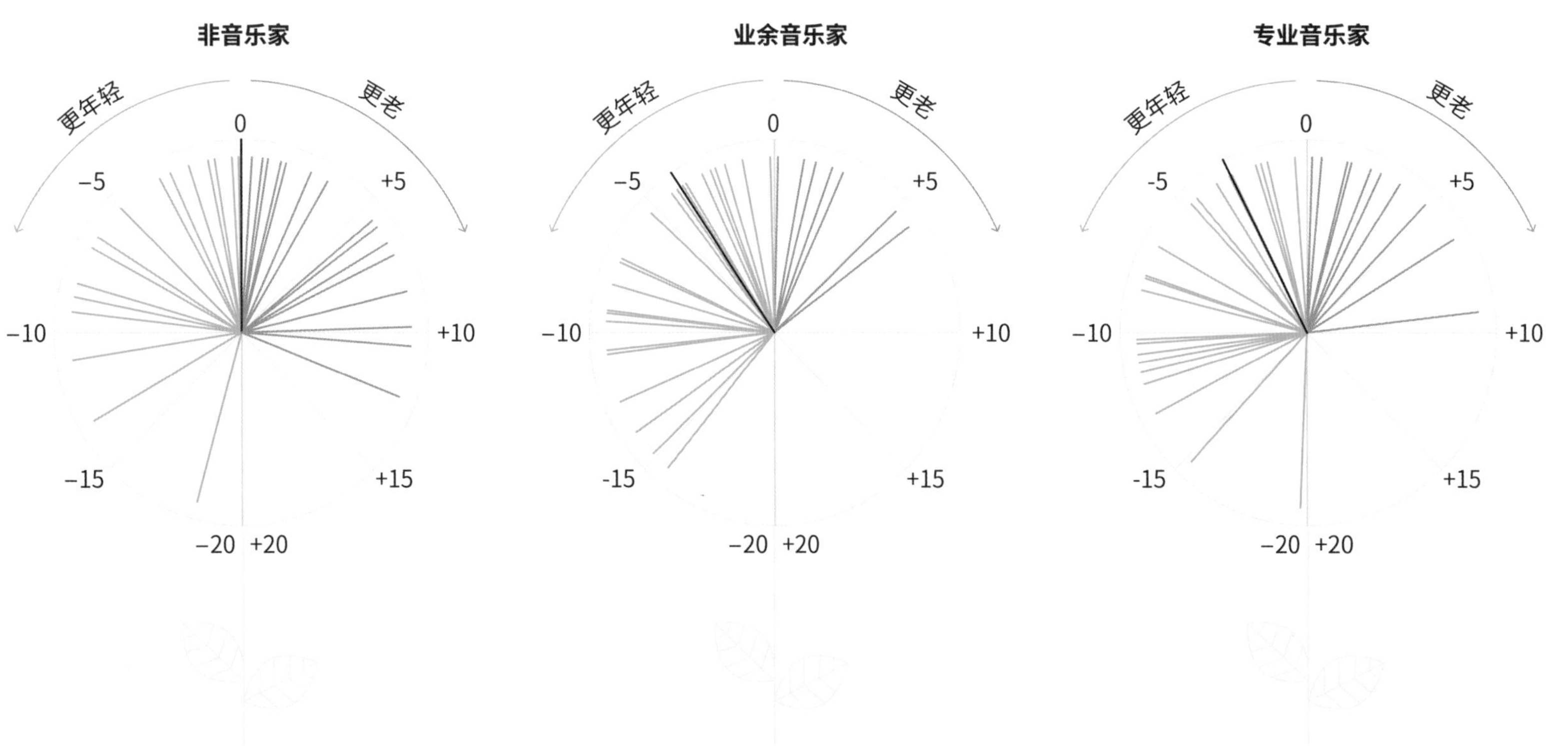

来源：Rogenmoser et al.（2018）

莫扎特的音乐让你更聪明吗？

一项著名的研究表明，如果人们在听莫扎特的曲子时进行智力测试，他们的得分会更高。结论是听古典音乐可以使人变得更聪明。然而，这似乎有些简单化了。后续研究表明，听音乐能给人们带来愉悦感，从而减轻压力。压力减少意味着人们在智力测试中可以更好地集中注意力，从而获得更高的分数。因此，听音乐和更高的智商分数之间确实存在着联系，但并没有直接的因果关系。

沃尔夫冈·阿马德乌斯·莫扎特

1756—1791

以色列研究人员是如何发现创作音乐对大脑年轻化的影响的？他们通过将专业音乐家、业余音乐家和非音乐家的大脑扫描结果呈现给一个计算机模型，以估测这些音乐家的年龄。据估计，前两组人的大脑比非音乐家的大脑更年轻——平均比他们的实际年龄年轻4岁。另一个值得注意的发现是：专业音乐家演奏音乐的年数对他们的“大脑年龄”产生了负面影响。演奏音乐的年数越多，意味着他们的大脑年龄就越不可能年轻。根据研究人员的说法，可能的解释是：一个人弹钢琴的次数越多，他们留给其他领域技能发展的时间就越少。而技能的多样性有助于额叶皮层保持年轻。你是一个不太有天赋的业余音乐家吗？请不要担心这个问题，练习本身仍可能让你的大脑恢复活力！

音乐会让你更聪明吗？

请求

有一些人呼吁在学校开设更多的音乐课。没错，音乐训练对大脑网络有积极（长期）影响，这些网络对自我调节、学习、语言和算术等技能很重要，而且这些大脑网络也因音乐训练而更有效地工作。倡导者认为，会音乐的孩子会因此自然而然地在学校表现得更好。因此，你最好投资音乐课程而不是语言或数学课程。

问题

是否真的存在一种“转移”，即把你在音乐课上学到的技能转移到语言和数学课上，从而使你在这些方面做得更好？的确，“音乐家”有更好的语言理解能力，因为他们更善于区分句子的节奏。例如，这对解释句子的意义很重要，因为句子中的单词是以一定的节奏和特定的口音来发音的。音乐家的数学能力也比“非音乐家”强。只是，这是否涉及因果关系，还是音乐家本来就擅长各种技能：语言、算术，以及音乐技能？

（可能的）答案

关于擅长音乐与擅长语言和数学之间是否存在因果关系，研究尚未提供一个明确的答案。我们所知道的是，至少音乐训练不会对语言和数学成绩产生不利影响。大规模调查研究显示，接受过音乐训练的儿童在语言和数学科目上并没有表现更差。至于音乐课能否使他们在语言和数学方面做得更好，有些研究证实了这一点，但另一些研究没有。这取决于用来衡量这两者之间关系的参数。其中一个起作用的因素是音乐训练的持续时间。针对仅参加几周音乐课程的参与者的研究发现，音乐对语言和数学没有影响。此外音乐培训的质量也决定了其对学校技能的影响，专业音乐教师的音乐课比非专业人员的音乐课对学校成绩的影响更大。

（初步）结论

因此，得出音乐使人（或不会使人）更聪明的结论还为时过早。但我们确实知道，音乐不会使人变得更愚蠢。

富有创造力的大脑

5

如何测量创造力?

尝试与失败之间的大脑

这一章我们从牛顿“灵光一现”（当他意识到苹果为什么会往下掉，而不是往上掉的那一刻）开始。这种让你一下子意识到事情是如何运作的“灵光乍现”并不只是天才的专利。你也可能在洗澡时意外想出看似无解的密码的答案。人们把这些创造性思维的时刻称之为“闪念”，它们会“突然”袭来。但我们往往忽略了一个事实，即我们可能整晚都在琢磨那个密码。我们也忘记了牛顿思考万有引力理论的时间更长。因此，一个创新、新颖的见解需要大量神经活动和思考过程作为前提条件。

“人的特别之处在于，我们可以想象，然后创造它。”

——西蒙·沃尔拉（1951年生）

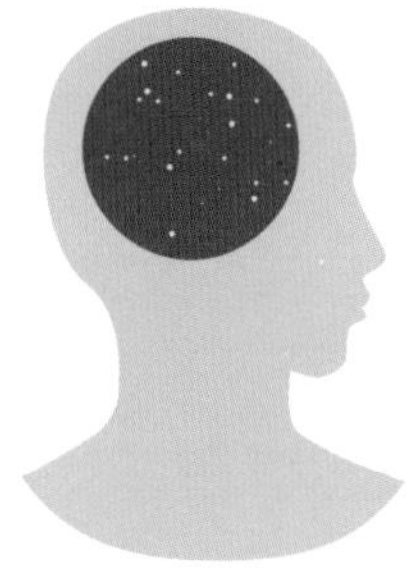

创造力是人类大脑的奥秘和奇迹之一，也是人类文明在艺术、技术、科学、经济等领域取得进步和创新所不可或缺的，创造力使人类能够发明新事物或以新的方式看待旧事物。创造力使人类能够改变环境，使其适应人类的需要。然而，研究大脑如何产生这些无处不在的创造性思维并不容易。大脑的主要程序是对环境做出有效反应。因此，它主要使用熟悉的路径，对大脑来说，打破这些熟悉的模式会带来更大的价值，尽管也有失败的风险。因此，你的大脑总是在寻找已知和未知问题解决方案之间的平衡。它是如何找到这种理想平衡的呢？

如何衡量创造力

衡量创造性的挑战

衡量创造力，的确是一个创造性的挑战。首先，创造力不是一个明确的概念；其次，并不存在一种方法可以同时测量创造力的所有方面，因为整个过程相当复杂。毕竟，创造性的过程包括不同的阶段，在这些阶段中，你要探索一个问题，对它进行头脑风暴，提出不同的解决方案，选择和尝试一个解决方案，评估该解决方案，等等。因此，简单的是否问题无法衡量创造力。此外，创造力有时会出乎意料地出现，你无法随时在一个随机的人身上激发它。另一个问题是，“创造力”的概念很难被孤立出来。如果你想通过让受试者绘画或写作来了解他们的创造力水平，那么这还涉及其他技能，比如他们的语言能力和集中注意力的能力。

发散思维

如何创造性地解决“捕捉”创造力的所有问题，衡量一个人的思维发散程度？“发散性思维”似乎是创造力的一个核心要素，是指能够为一个问题想出不同解决方案的能力。研究人员可以通过“替代性使用任务”或“创造性合成任务”来测试你的思维发散程度。

替代性使用任务

在替代性使用任务中，研究人员要求你想出尽可能多的方法来使用一个特定的物体。不同答案的数量被用作衡量创造力的标准。通过这种方式你能够对这一问题给出或多或少的有创意的答案：

参与创造性思维的大脑网络

善于发散思维的人，其大脑的这些部分能更有效地协同工作。它们是默认模式网络和执行网络的一部分。

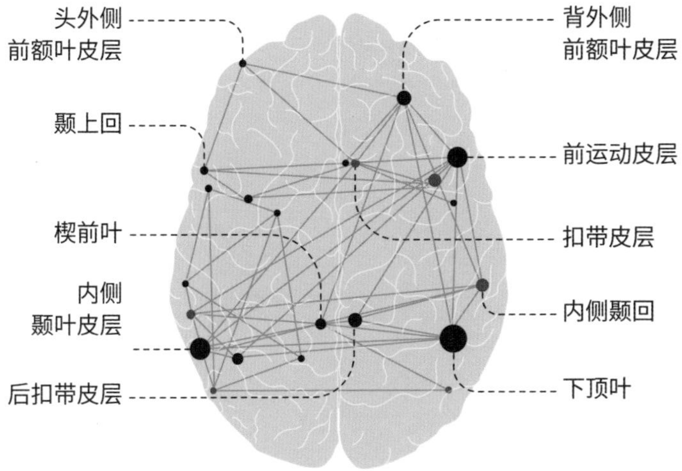

来源：Beaty et al.（2015）

“你能用一块砖头做什么？”

创造性合成任务

在创造性合成任务中，你需要以不同的方式组合三个符号（如8、C和0），并且每次都要创造一个新的形状。你想出的独特形状越多——其他人没有想出的组合——你的创造力分数就越高。

创造性合成任务

尝试每次以不同的方式组合符号“8”“C”和“0”，以创造独特的组合。

8C0

创造力如何在普通人的大脑中发挥作用？

你可以让人们在核磁共振扫描仪中思考这样一个替代性使用任务。这样，你可以观察他们在创造过程中的大脑活动。

管弦乐队成员个人

这些观察结果表明，当人们开始思考一块砖头的可能性时，大脑的许多部分都会处于活跃状态。

前额叶皮层

在创造过程中，你的前额叶皮层被激活。创造性思维过程中最活跃的区域是额下回。大脑的这一

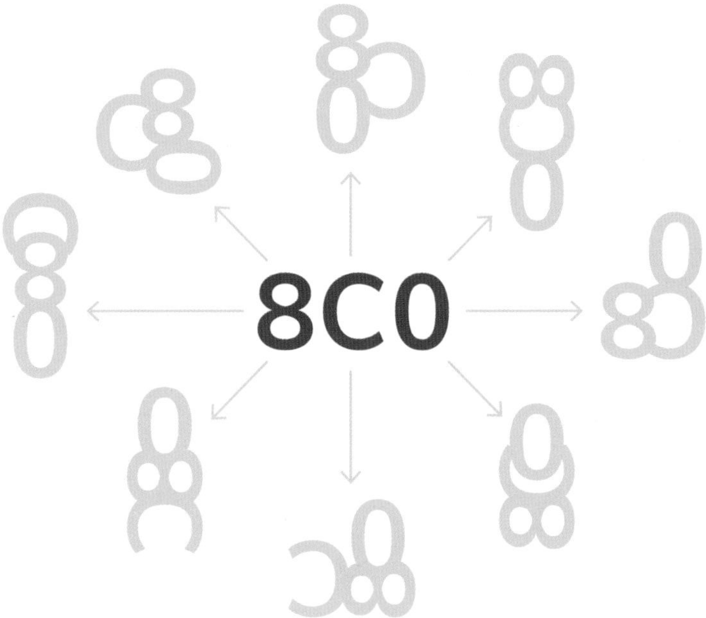

部分会“访问”你的长期记忆，并根据你的替代使用任务选择你需要的背景知识。例如，当你思考一块砖头的可能“用途”时，你会考虑各种想法，比如你在哪里遇到过一块砖头。额叶大脑皮层中其他变得活跃的部分是背外侧前额叶皮层，它是外侧前额叶皮层的一部分。这个大脑部分对短期记忆很重要，因为你需要用短期记忆来比较一块砖头所有可能的用途。此外，外侧前额叶皮层有助于选择相关信息。同时，在创造性思维过程中额内侧回也会被激活。这个大脑区域负责引导你的注意力，帮助你产生想法。

默认模式网络

当你进行创造性思考时，所谓的默认模式网络的区域也会活跃起来。当你处于休息状态，不需要主动将注意力集中在外部世界时，例如在做白日梦时，这个网络就特别活跃。该网络由你的记忆中心（海马体和其他结构）、内侧颞叶皮层、腹侧和背内侧前额叶皮层以及后扣带皮层组成。因此，当你的注意力向内，也就是内省时，默认模式网络会变得更加活跃。

研究人员认为，这个网络主要参与了许多不同想法的产生，例如一块砖头的可能用途。它允许尽可能多的自发想法出现，并专注于开始选择这些自发想法中哪些能真正为你的创意任务提供合适的答案。

小脑

小脑负责精细运动等技能。在创造过程中，它会变得活跃，这可能表明你的大脑正在准备在你想到某个问题的解决方案后进行活动。例如，如果你想到用一块砖头做镇纸，那么小脑已经为你将其放在一沓纸上做好了准备。

管弦乐队的合奏

没有互动，就没有音乐。大脑各部分的交响乐演奏者必须作为一个团队通力合作，才能产生创造性思维。事实上，大脑各部位之间的合作程度取决于创造阶段：有时它们紧密合作，但有时则不然。例如，在头脑风暴阶段，背外侧前额叶皮层这种内部批评家应该保持沉默。如果它保持沉默，你的大脑就会获得自由，你就可以自由联想，想出最疯狂的事情……

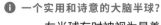

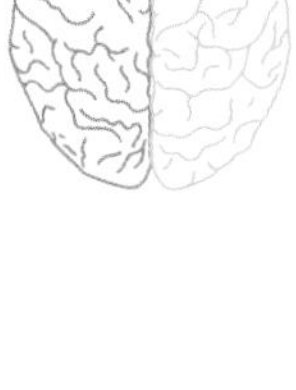

一个实用和诗意的大脑半球？

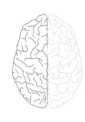

左半球有时被视为是善于分析、务实和有条理的，而右半球则被视为富有创造力、热情和诗意的。这种划分似乎过于简单化了。创造力并不局限于哪个半球。事实上，来自左右半球的整个大脑部分网络都参与了创造性思维，而不仅仅是一个大脑部分。

自由式说唱与“排练”式说唱

研究人员对说唱歌手进行了研究，以了解在创作过程中大脑各部分协同工作的程度。事实上，像劳伦·希尔这样具有抒情天赋的人展现出了惊人的创造力。最好的说唱歌手将语言、节奏和内容完美地结合在一起。

研究内容

一方面，研究人员研究了即兴创作的自由式说唱歌手的大脑激活情况：他们当场根据器乐节拍创作出新的、有韵律和有节奏的歌词。自由式说唱是在语言和音乐交会时最具挑战性的艺术创作形式之一。这时你的大脑处于一种（艺术）“流”状态，在这种状态下，你会毫无时间感地专注于一项具有挑战性但你拥有必要技能的任务。另一方面，研究人员还研究了不进行即兴表演而是演唱已经排练好曲子的说唱歌手们的脑活动。研究人员开发了一种特殊的研究方法，可以从大脑信号中过滤掉语音产生的噪声信号，从而可以专门研究与创作过程本身相关联的大脑网络。

研究结果

研究发现，说唱歌手的额叶大脑皮层（更具体地说是左侧的内侧前额叶皮层）在他们即兴创作时比他们“单纯”说唱时活跃得多。内侧前额叶皮层对动机、驱动力和有目的的行动很重要。即兴创作时，内侧前额叶皮层负责综合信息，从记忆中检索单词并生成单词和句子、韵律和节奏。为此，内侧前额叶皮层与你的右侧背外侧前额叶皮层需要紧密合作。特别是，在右侧背外侧前额叶皮层将信号传递给运动系统之前，它可以帮助你选择正确的动作，并将这些动作与你的目标相匹配。在即兴创作过程中，右侧背外侧前额叶皮层似乎受到了主动抑制。因此，研究人员怀疑，大脑会自主产生内部动机行为而不需要有意识地控制它们。由于缺乏控制，说唱歌手能够自由地创作新的歌词。因此，主动关闭大脑的某些部分，是创作过程的一部分。

自由式说唱时的大脑活动

在自由式说唱中，鲑鱼色的部分变得活跃，而与普通说唱相比，深蓝色的部分被抑制。

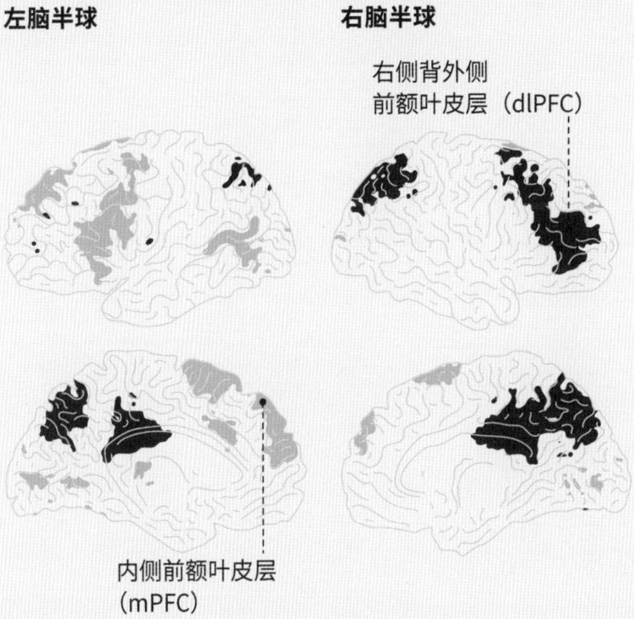

自由式说唱时的大脑激活

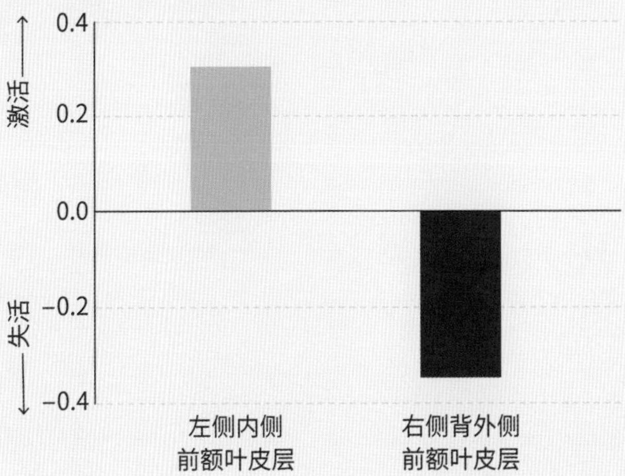

来源：Liu et al.（2012）

创造力如何在富有创意的大脑中发挥作用？

有些人比其他人更有创造力，这是一个公开的事实。那种对创造力的非凡敏感性是如何反映在大脑中的呢？

发散性思维者

正如之前提到的，发散性思维似乎是创造力的核心方面，是针对一个问题提出不同解决方案的能力。发散性思维最重要的一个方面是“认知控制”。你猜怎么着？那些擅长使用替代方案的人——可以针对同一个问题想到许多不同的解决方案——也擅长那些需要规范自己行为的任务，比如等所有人都到齐了再吃饭。一种可能的解释是，创造者在创作过程中更善于抑制无关的、显而易见的想法。如果你不太关注砖头作为一种建筑材料，那么就有更多的空间来创造性地使用它。研究人员对艺术家和科学家们的大脑活动进行了研究，发现他们观察到的大脑中互相矛盾的网络，例如，认知控制网络、默认模式网络（在无任务的清醒及静息状态时仍处于活跃状态）和显著性网络（当环境中出现引人注目的事件时变得活跃）比平时更紧密地联系在一起。因此，他们可以更容易、更快速地在这些不同的网络之间切换。这或许可以解释为什么他们既擅长发散性思维，又擅长行为调节，这两者都是创作过程中的重要步骤。

思维更敏捷的人

另一项研究表明，人们激活不同大脑网络的速度和灵活性与他们的创造力之间存在着关联。右侧背外侧前额叶皮层是驱动大脑不同功能网络之间的开关。有些开关要比其他开关消耗更多的能量，因此有些大脑网络更难被激活。有创造力的人无一例外都能在不同的大脑网络之间快速切换。越是有创造力的人，他们就越能够快速进行这种操作。

有创造力的人比没有创造力的人更频繁地在不同网络间切换

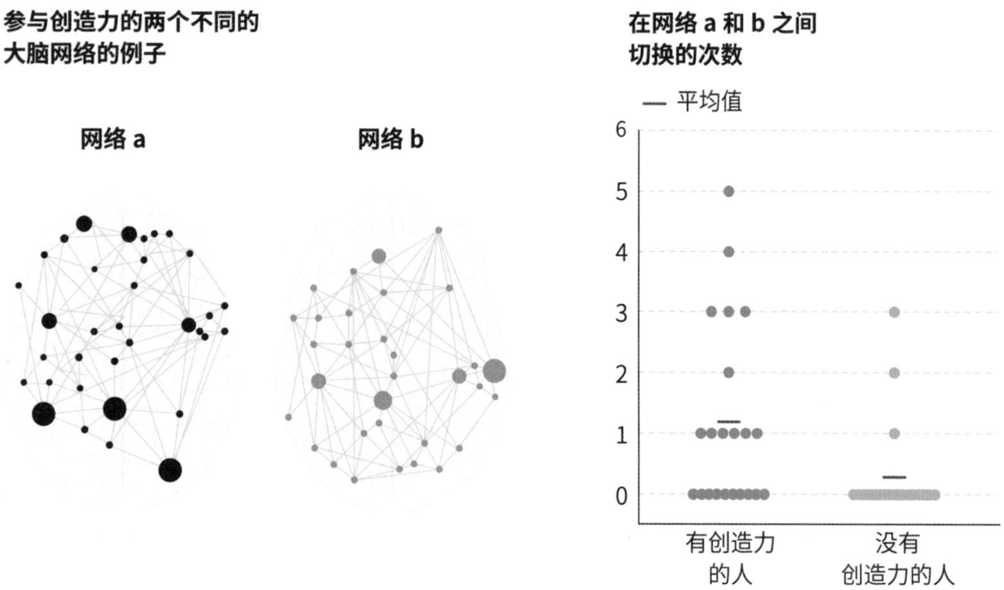

来源：Liu et al.（2012）

什么年龄段的人最有创造力？

优秀的青少年

在创造性思维过程中活跃的大脑部分在儿童时期仍处于发育阶段，尤其是控制思维的大脑部分。这些部分在很长一段时间内继续发育，一直到青春期。也许这对创造性过程的某些阶段是有利的（如自由式说唱），因此儿童比成年人更有创造力。

也许如此，但这并不适用于创造力的所有方面。事实上，创造力不同方面的发育的年龄是不同的。例如，洞察力、语言发散性思维和独创性一直发展到青春期晚期，而灵活性在青春期早期就已经达到了成人水平。

科学家发现，作为发散性思维者，青少年在空间意识方面的得分比儿童和成人都高。就发散思维而言，准确地发现新事物非常重要。因此，仔细研究创造过程的不同方面非常重要。那么这些发现与大脑发育有关吗？

太年轻就不会有“尤里卡时刻”？

帮助控制自己行为的内侧前额叶皮层在青少年中仍在发育（第91页）。与成年人相比，它有时特别活跃，有时则不太活跃，这取决于你让他们做的任务。荷兰的一项研究观察了青少年和成年人在执行发散性思维任务时前额叶皮层的激活情况。换句话说，在此过程中他们产生了创造性的想法。研究人员观察到了两点。首先，青少年想出的原创答案比成年人少，这与内侧前额叶皮层的低激活程度有关。但激活程度在个体之间差异很大：对于那些更善于想出原创答案的青少年，他们的内侧前额叶皮层更活跃。因此，要么是有些人在这方面更擅长，要么这些青少年的内侧前额叶皮层较早到达成人水平，使他们更善于想出原创性的想法。其次，青少年的额下回也被发现比成年人的活跃程度低。在这项任务中表现较差或较好的青少年之间的激活程度没有差异。额下回负责从你的长期记忆中选择知识，因此这对青少年在发散性思维任务中的表现有影响。像牛顿那样将长期记忆中的所有知识汇集在一起的“尤里卡时刻”对青少年来说是比较困难的，因为他们的额下回还没有完全发育。

进行创造性任务时的大脑激活，
青少年和成人

与要求受试者说出物体属性的任务相比，当受试者完成一项要求他们进行创造性思考的任务时，左下额叶皮层（●）显示出更高的激活度。

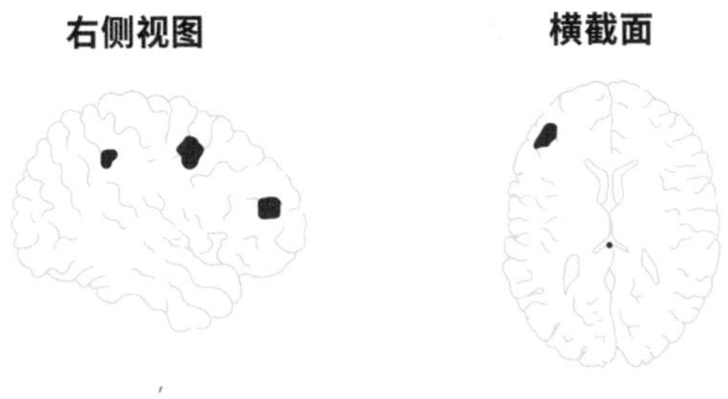

与描述物体属性时的大脑激活相比，成年人在创造性任务中下额叶皮层激活有很大差异，而青少年在这两项任务中的大脑激活情况没有差异。

在两项任务中，
下额叶大脑皮层相对于静息状态的激活情况

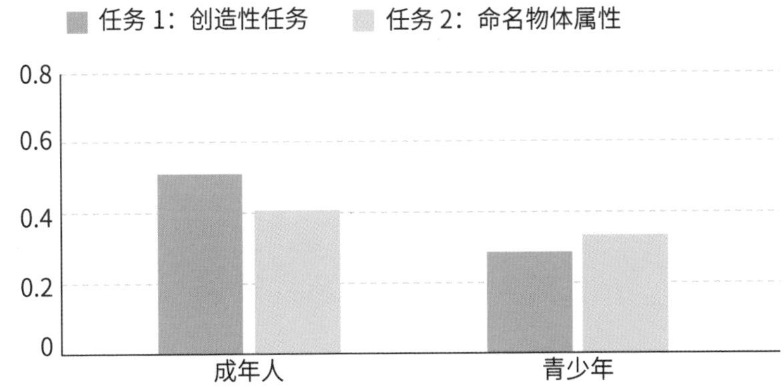

创造性任务的得分与左额下回大脑激活之间的相关性

与缺乏创造力的人相比，有创造力的青少年和成年人在下额叶皮层都表现出更高的激活度。

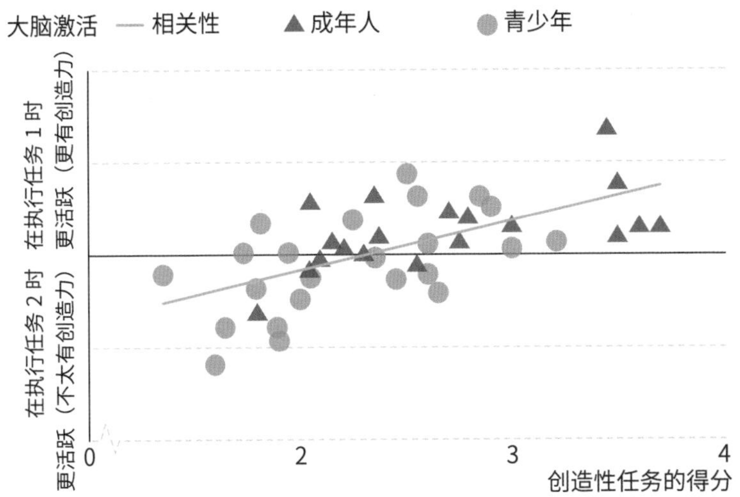

来源：Kleibeuker et al.（2013）

创造力是遗传的吗？

你的最大创造潜力中哪一部分是遗传的？许多研究表明，有些家庭整体上比其他家庭更有创造力。对此大致有三种可能的解释：要么有创造力的父母为他们的孩子创造了一个更有创造力的环境（在这种情况下，创造力是教养的结果），要么有创造力的父母将他们的创造性基因遗传给了他们的孩子（在这种情况下，创造力是天生的结果）。当然，这两种解释的结合也是可能的。

洋地黄对创造力的影响

提起文森特·梵高的名画《星空》（1889年），人们可能会立即想到画布上星星周围的黄色圆圈。这可能与他的药物使用有关。梵高当时正在服用“洋地黄”，一种从洋地黄中提取的药物，是医生为他的癫痫发作开的处方药。服用洋地黄的人经常看到周围有圆圈的黄斑，这是一种副作用，就像《星空》这幅画中所呈现出来的一样！

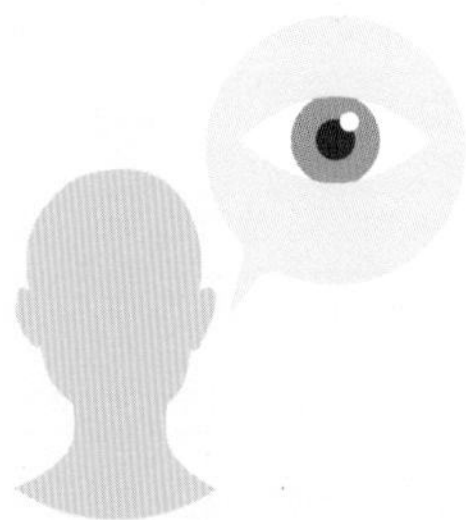

如何为你的创造性表达助一臂之力？

令人惊讶的答案是：扮演目击者！早些时候你读到过，有控制地、有意识地从你的记忆中检索相关信息是创造力的一个重要方面。研究人员首先要求参与者尽可能多地列出之前给他们看的一段视频的细节。这种提问技术类似于警察所使用的方法，他们希望犯罪的目击者尽可能准确地唤起他们的记忆。在完成“目击者任务”后，参与者在接下来的发散性思维任务中表现得更加出色，他们可以为一件物品想出更多的替代用途。

有趣的是，这一发现在扫描仪下执行两项任务参与者的大脑中得到了印证。一方面涉及记忆（从记忆中检索信息以完成替代任务）的网络，另一方面涉及认知控制区域（有目的地选择相关信息），这两个区域之间相互协作更加紧密。

结论：如果你以正确的方式提高你的记忆力，你的创造力也会提高！

是……

荷兰的一项大型双胞胎研究调查了共享DNA的同卵双胞胎，是否比异卵双胞胎或兄弟姐妹更有可能从事创造性的职业。在这项研究的8500多名参与者中，3%的人活跃在创意领域，如舞蹈、音乐、戏剧、美术或文学。在从事创意职业的人中，每4人中就有1人的家庭成员也在从事创意职业。而在家庭成员没有从事创意职业的人中，每25人中只有1人从事创意性职业。双胞胎研究分析显示，创意领域的工作70%是遗传的，30%可归因于参与者在他、她或他们生活中的独特经历。

……但是

尽管遗传倾向决定了创造力得分的70%，但作为一个没有创造力的人，也没有必要绝望。例如，当孩子们看到其他孩子进行创意活动时，他们也可以变得更有创造力。因此，每个人都有创造力，而你在人生道路上遇到的独特经历和挑战对你创造性的发挥会产生积极的影响。

创造力与精神疾病之间有联系吗？

画家文森特·梵高的精神健康状况很不稳定。他有成瘾问题，可能还患有双相情感障碍。他的抑郁症很严重，在37岁时自杀了。同时，在狂躁期，他也疯狂地作画。他作为画家活跃了10年，在此期间创作了900多幅画，这还不包括他的所有草图和素描。这意味着他几乎每36个小时就有一幅新的作品！关于艺术家患有精神疾病的逸事还有很多，比如作家欧内斯特·海明威（1899—1961）、诗人西尔维娅·普拉斯（1932—1963）和歌手艾米·怀恩豪斯（1983—2011）。和那些创意天才一样，患有精神疾病的“普通”创作者也害怕接受治疗。他们担心通过药物治疗，会失去创造力。这种担忧是否合理？精神疾病是否会使大脑更有创造力？

抑郁症和创造力

美国教授南希·安德里森的一项研究是最早调查从事创造性职业的人是否更容易患上精神疾病的研究之一。她采访了参加艾奥瓦州立大学著名的创意写作研讨会的30位作家。她发现80%的作家在人生的某个阶段有过精神障碍，而在年龄和智商相同的对照组中，这一比例为30%。随后的研究证实了这些结果。他们尤其关注抑郁症等情绪障碍，至于创造性写作和抑郁症之间的联系是否在其他类型的创意人士中重现，现在还不清楚。目前大多数研究都集中在作家身上。

多动症和创造力

相反，瑞典的一项大规模研究表明，患有精神疾病的人比普通人更有可能在创意部门工作。这是否意味着他们有一个更有创造力的大脑？在一项针对患有和未患有多动症的青少年的研究中，我们找到了这个问题的答案。这种发育障碍的特点是注意力不集中、多动和冲动行为。例如，多动症患者很难将注意力长时间集中在自己正在做的事情上，如玩游戏。该研究发现，这可能对日常生活产生负面影响，但反过来它确实对你的创造力有积极影响。

有和没有多动症的青少年被要求想象自己在玩具厂工作。他们的任务是想象并画出一个新的玩具，在此之前，他们已经看到了三个例子。这三个例子的共同点是它们都包括一个圆形物体，与电子产品有关，并与体育活动有关。在此强调，他们的玩具设计必须是独特和创新的。最后，患有多动症的青少年设计的玩具比没有多动症的青少年设计的玩具要新颖得多。后者更多的是依赖示例。“多动症患者”的设计甚至可以与那些参加过同类测试的天才青少年的设计相媲美。患有多动症的青少年受先验知识的影响较小，这种能力在他们想要跨越常规思考问题时非常实用。

西尔维娅·普拉斯

1932—1963

欧内斯特·海明威

1899—1961

艾米·怀恩豪斯

1983—2011

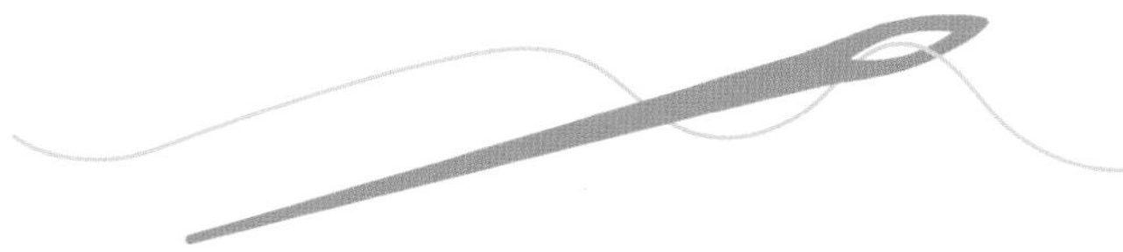

ⓘ 孔在尖上的针

人类的创造力是开创性发明的基础：例如，缝纫机的针。1800年，德国人巴尔塔萨·克雷姆斯（1760—1813）首次使用了针尖上有眼的针——在针的钝面开孔的基本设计已经存在了大约5万年。结果就是缝合线圈出现在缝合面的下方。因此，他使我们离“真正的”缝纫机又近了一步。

在这一章

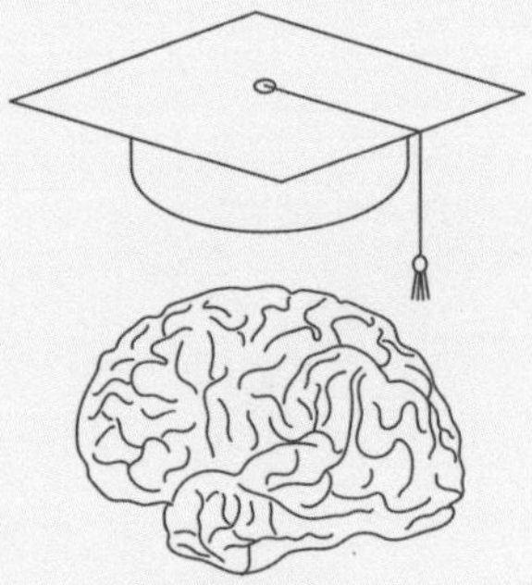

1

你将了解大脑是如何记忆和学习的。

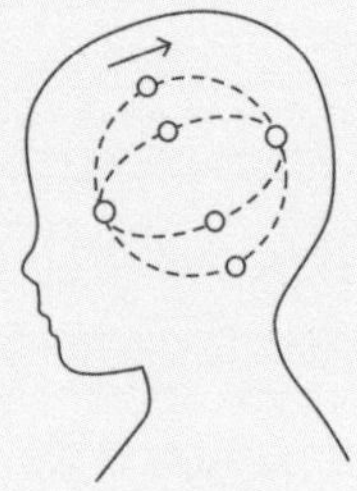

2

你将了解儿童认知能力的发展过程。

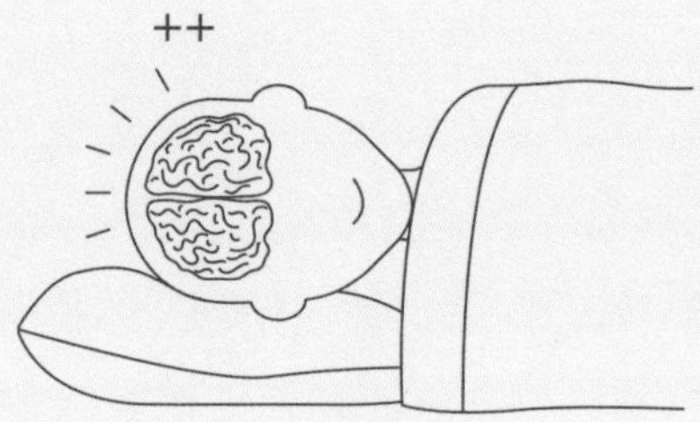

3

你将发现睡眠能使人变聪明的原因。

4

你将深入了解压力对学习的影响以及对此你能做些什么。

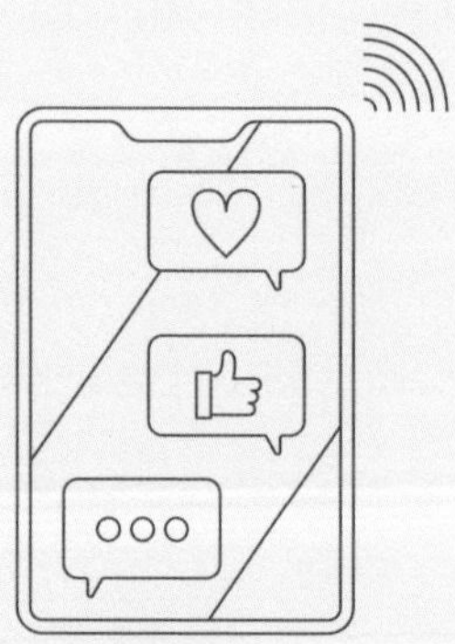

5

你将了解数字化对大脑发育的影响。

5

最适合大脑的学习环境

前四章我们已经介绍了关于人脑的见解。那么，我们能根据这些发现具体做些什么呢？一个新的研究领域，即教育神经科学，正致力于在课堂和学校环境中应用神经科学的成果。在最后一章，我们将重点关注诸如以下问题：大脑是如何“学习”的？从儿童到成人，大脑的学习过程是如何变化的？家长和老师如何才能为儿童创造一个能够获得最佳发展的环境？哪些因素对学习有积极作用，哪些因素对学习有消极作用——想想压力、睡眠和冥想？社交媒体对青少年的发育有什么影响？数字化是否会影响大脑发育，如果是，我们能够从中受益吗？

（最佳）学习型大脑

1

大脑如何学习（最佳）？

你的大脑如何从别人的错误中吸取教训？

谁是荷兰的第一位国王？中世纪的统治者是谁？你还记得这些知识吗？我已经不记得了，因为我在中学时代，对历史课特别不感兴趣。这绝对不是老师的问题，他是一个留着红色胡须的小个子壮汉，他尽最大努力向我和我的同学们生动地讲述了这一主题。有趣的是，我只对那时我在课堂上的位置记忆犹新：总是坐在右边中间的位置，旁边是我最好的朋友。

20年后，我成了一名神经科学家。我仍然没有在挖掘历史，但我在挖掘记忆。神经科学中最大和最成功的研究领域之一是学习和记忆的领域。从本质上讲，“学习”是“将信息存储到记忆中”的过程。当然，仍有许多问题需要被解决。儿童和青少年的大脑研究是一门相对年轻的学科，因此关于记忆和学习能力究竟是如何发展的，我们还不完全清楚。尽管如此，人们对记忆的基本原理和不同的记忆系统已经有了很多了解。在本条目中，你将了解到有关记忆和学习的最新见解。

通过手术被切除部分海马体的患者H. M.

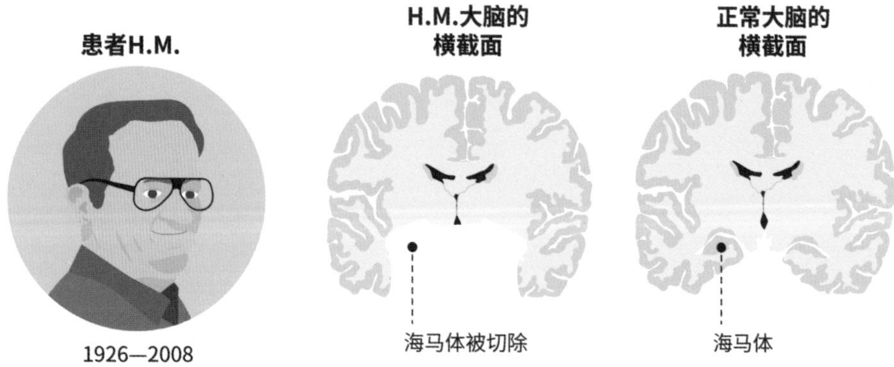

每次都是一个新的愉快相遇！

对脑损伤患者的研究首次明确了海马体对长期记忆的重要性。最著名的失忆患者之一是亨利·莫莱森（更为人所知的称呼是患者H. M.），为了治愈癫痫，他的左右海马体在手术中被切除，造成大部分缺失。亨利无法再储存新的记忆。他可以认出他的妻子，但在每次会见他的主治医生时都会重新介绍自己。

关于你的长期记忆

教育培养学生在知识社会中发挥作用。教育的重点是传授知识和技能（如写作），这些知识和技能被存储在大脑中，成为长期记忆的一部分。长期记忆本身包括显性（“陈述性”）记忆——有意识地“提取”的知识和技能（如罗马尼亚的首都），以及隐性（“非陈述性”）记忆——无意识、自动化的知识和技能（如骑车或阅读）。

显性记忆

海马体

显性记忆包括“语义记忆”和“情景记忆”，“语义记忆”是指关于世界的事实和知识（如国家历史），“情景记忆”是指个人记忆（如历史课上谁坐在你旁边）。海马体在显性记忆中起着核心作用。你可以把海马体看成是一座中央车站，你所有的知识和经验都要通过它，才能储存到大脑皮层。当你回忆起一段记忆时（例如你在游乐场赢得的那个小熊毛绒玩具），就会再次通过海马体。在这个过程中，海马体激活了大脑皮层中拥有相关知识的所有部分——例子中的“游乐场”和“毛绒玩具”——并将它们连接成了一个记忆。海马体神经元可以非常迅速地改变形状，建立新的连接。如果没有海马体，你就无法将关于“游乐场”和“毛绒玩具”的知识联系起来。

为什么我们对高中时期记忆犹新？

科学家发现，我们对青春期的深刻记忆与大脑从奖励中学习的方式有关。在英语中，这被称为“强化学习”。以前的研究表明，当你获得奖励时，大脑深层的神经核会变得活跃，与儿童或成人相比，青少年对奖励的反应更积极（第2章）。

研究人员对一组青少年进行了测试，让他们完成一项学习任务，猜测哪两张图片是相匹配的。每次猜完，他们都会收到积极的（“你猜对了”）或消极的反馈（“你猜错了”）。在积极反馈的情况下，你的纹状体在得到奖励时会变得活跃，学习过程便得到了强化：毕竟，下次你还想把两张正确的图片匹配在一起。而因为存在这种奖励反馈，青少年比成年人学习得更快。研究人员想知道这是否与青少年纹状体的激活程度较高有关。令他们惊讶的是，他们发现情况并非如此。他们确实发现，青少年的海马体和纹状体之间存在积极的协作关系——海马体通常不参与这种奖励学习，而成年人则没有这种协作。可以说，青少年的大脑处于“超速学习”状态。这种超速也许可以解释为什么记忆在这个发育阶段会被深刻地储存起来。

长期记忆由哪些部分组成？

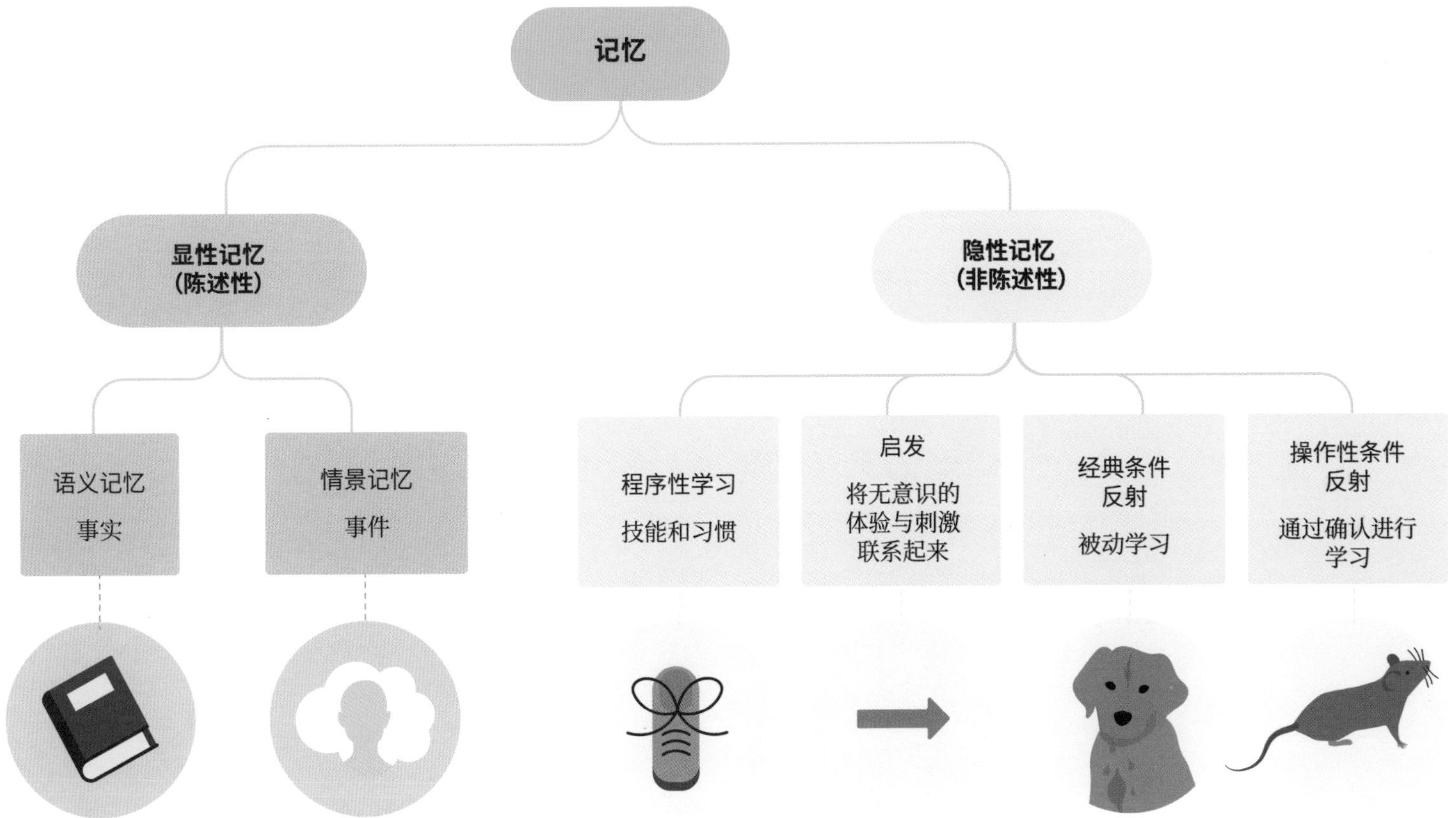

内侧前额叶皮层

存储和检索记忆的过程有时就像打开一个抽屉柜，你把记忆整齐地存放在抽屉里，以便在你需要的时候轻松找到。但实际上，这个过程更加复杂，你可以把它理解为不断更新信息并添加其他网站链接的新闻网站。你是否真的记住了你接受的新事实取决于许多因素。例如，在已经掌握很多知识的主

> “一个人的记忆就是一切。记忆是身份，是你自己。”
>
> ——史蒂芬·金（1947年生）

题上学习新知识会更容易。同样，与新闻网站相比：带有多个标签的文章也更容易出现在新闻推送的顶部。

大脑中负责连接新知识和现有知识的部分是内侧前额叶皮层。你学过鸟会飞和下蛋吗？那么当你学习到一种新的鸟类时，内侧前额叶皮层会自动让你知道它们也会飞行和下蛋。但是内侧前额叶皮层的结论有时可能太过简单。比如说，如果你学到蝙蝠可以飞行，基于“飞行”，内侧前额叶皮层可能会认为蝙蝠像鸟类一样也会下蛋，这就是大脑欺骗我们的方式。同样，刻板印象也是这个高效系统的“副产品”。

储存记忆的过程

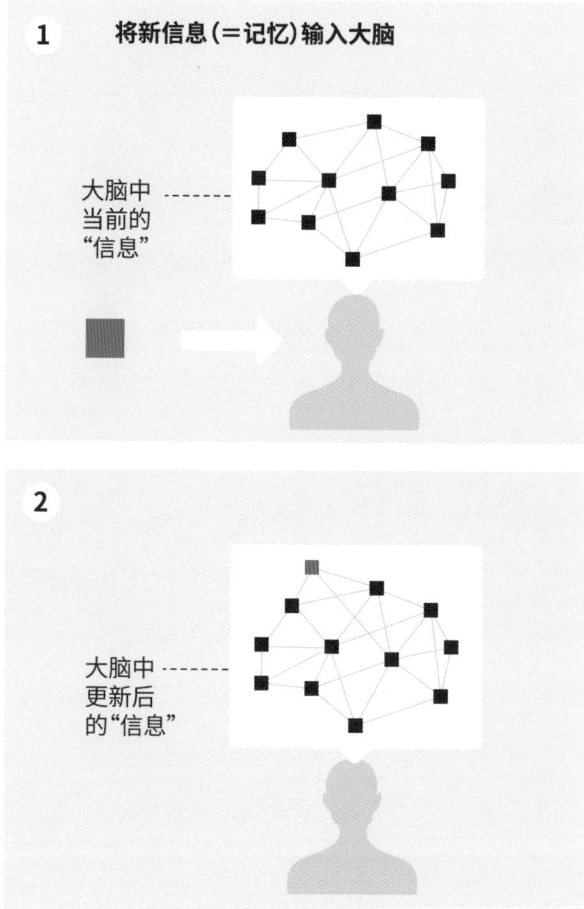

参与程序性学习的大脑区域

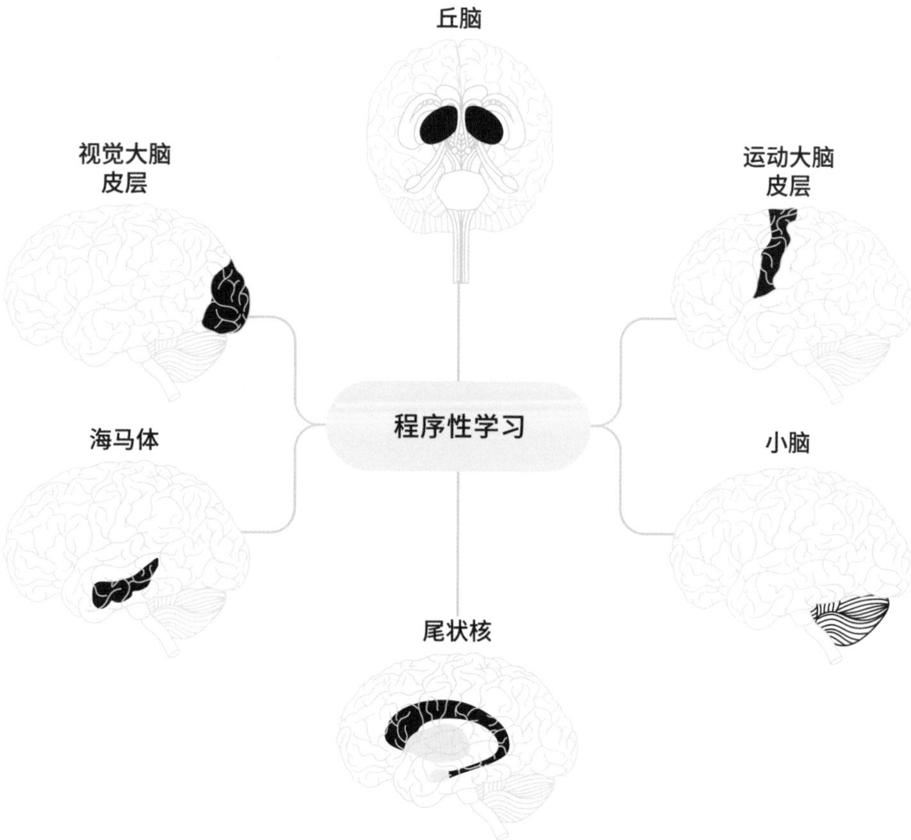

隐性记忆

隐性记忆不仅包括你的自动化知识和技能，还包括四个子系统。它们包括负责技能和习惯的“程序性学习”、将无意识的体验与刺激联系起来的“启发”“经典条件反射”（被动学习）和“操作性条件反射”（通过确认进行学习）。每个子系统都涉及大脑的不同部分。

程序性学习

快速、自动和无意识（不经过大脑皮层）完成的动作通常是经过反复练习数十到数百次学会的程序性技能。这些行为包括开车、系鞋带或阅读字母和单词等。程序性学习需要花费很多时间，但从长远来看，它可以节省大量时间。想象一下，每次你要系鞋带时都必须重新有意识地思考、计划和执行整个过程——打结、缠绕在一起、穿过另一个环并拉紧……

参与程序性学习的大脑网络包括海马体、丘脑（接收所有感觉信息的电话交换机）、大脑皮层的部分区域（尤其是视觉和运动大脑皮层，它们密切配合，因为在程序性动作中，你会对你看到的东西做出反应）、深层神经核（或基底神经节）和小脑，经过长时间练习后，这些区域负责程序性行为的自动化。

程序性学习包括两个阶段。如果你学习开车，那么第一阶段是有意识地学习换挡、加速、离合和刹车等新动作。这时，额叶大脑皮层仍然与海马体紧密合作。到第二个阶段，当你将新动作自动化后，深层核团，特别是尾状核团，会接管学习过程。

一项实验测试了大脑中一个新动作的学习如何在大脑的不同部分之间传递，在该实验中，参与者必须在扫描仪中学习将四个不同的路线与四根手指中的一根联系起来。他们事先没有任何知识储备，只是在练习过程中会被告知：你在某个特定路线上移动的手指是正确的还是错误的。因此，参与者只能通过尝试来学习。实验开始，当参与者犯了很多错误且仍然处于学习阶段时，前额叶、下回和颞叶（特别是颞中回、海马体和周围脑区）的大脑区域变得非常活跃。随着参与者犯的错误减少，大脑这些部分的活动也随之减少。在学习过程的中期，尾状核非常活跃，该脑区参与了奖励处理。这种高度的活跃可能反映了参与者越来越多地被告知他们做得很好。这种积极的反馈对大脑来说非常有益且有助于学习。

当你学习一个新的动作时会发生什么？

实验

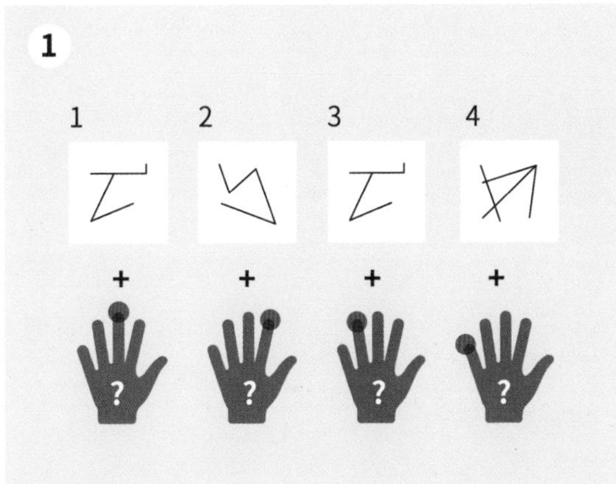

参与者需要学会将四个不同的路线与四根不同的手指联系起来。

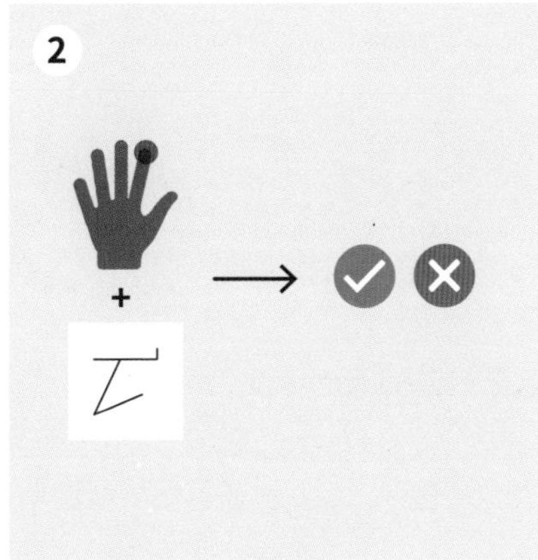

在练习过程中，他们被告知自己移动的手指是正确的还是错误的。

结果

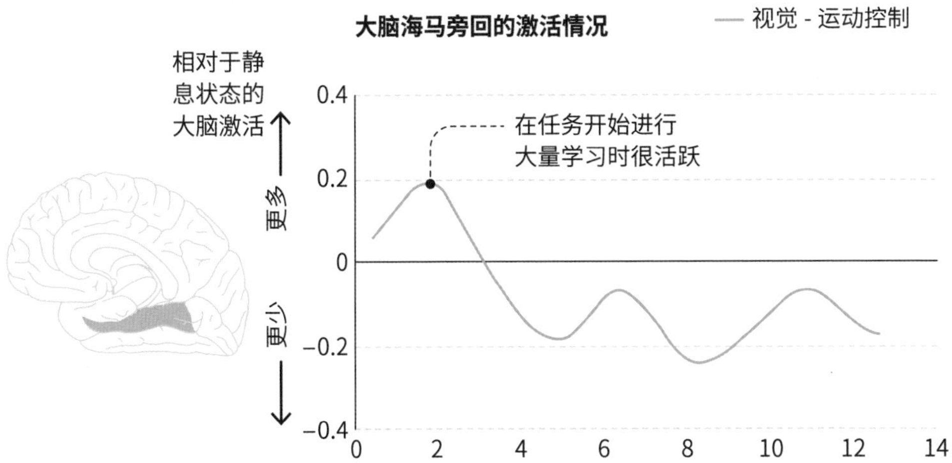

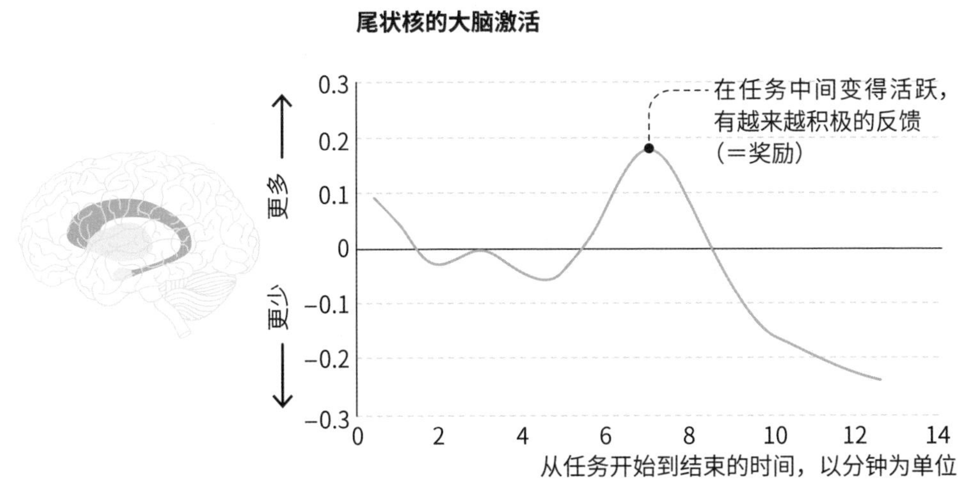

来源：Toni et al. (2001)

如何学习最顺畅？

大脑的最佳学习策略

复习，复习，复习

由于神经元之间的连接需要被多次激活才能永久地改变形状，因此对一项新技能或一则新信息来说，重复练习或多次学习非常重要。

弹奏钢琴曲或打高尔夫时的右转肩：你必须重复这些新动作几十次到几百次，然后它们才会被转移到大脑的深层神经核，你才能够在潜意识中完成这些动作。乘法表也是通过重复学习掌握的。你不仅要通过反复地大声朗读来被动地重复它们，而且还要主动地从记忆中检索它们（8乘以8是多少？呃……64！）。这些主动和被动的重复在两个方向上刺激了海马体：存储信息和检索信息。在你为寻找正确答案而经历了最大的努力和挫折时，神经元之间的连接会以闪电般的速度变化。这时，你就是正确的！

练习测试

只学习是不够的，你还得参加练习测试。事实上，学生参加的练习测试越多，他们记住的东西就越多，即使他们学习的时间更少。例如，在一项研究中，参与者需要记住三张包含50个单词的词汇表。一组学生可以在电脑屏幕上看到其中一个列表中的单词，他们被允许学习词汇表八遍；而另一组学生其中两到四次的学习课程被测试课程所取代，在测试中，他们被要求尽可能多地背出列表上的单词。结果是什么？参加了四次测试的学生能够记住更多的单词，尽管他们学习的次数较少。因此，结果表明，当你必须积极地从记忆中提取新知识时，你可以很好地学到新事物。

定期休息

如果在不同的学习阶段之间有一定的间隔时间，你就能记住更多的东西。这在一项研究中得到了证明。在这项研究中，参与者需要学习24组单词对，每组词对包含一个真实的单词和一个虚构的单词。一半的参与者在学习时连续接收到所有单词对，另一半的参与者则有八次短暂的休息时间。结果发现，后一组参与者比前一组参与者记住了更多的词对。

这也反映出，在两组人的大脑活动中，与“持续学习”的组别相比，“暂停学习”组的左前额叶更活跃。因此，和连续学习三个小时相比，最好的学习方法是分三次，每次学习一小时。这样做可以让神经元有机会修复和替换需要的受体，以加强与其他神经元的联系。

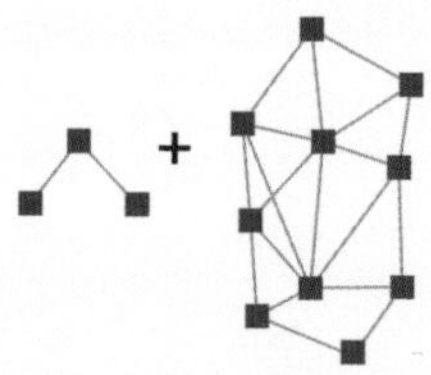

将新信息与现有知识联系起来

如果将新信息与现有知识联系起来，学习也会更容易。你想记住一些新知识吗？那就看看如何将新知识与已有的知识联系起来吧。如果你知道大脑皮层的总面积相当于一张展开的报纸，你就会把这个新知识与你已有的知识联系起来，比如一张展开的报纸有多大。因此，在检索新知识时，整个大脑网络就会活跃起来，使你更容易检索到关于大脑皮层大小的知识。找到越多与现有知识相关联的链接，就越能更有效地记住所有新事物。

参与经典条件反射的大脑部分，
属于边缘系统的一部分

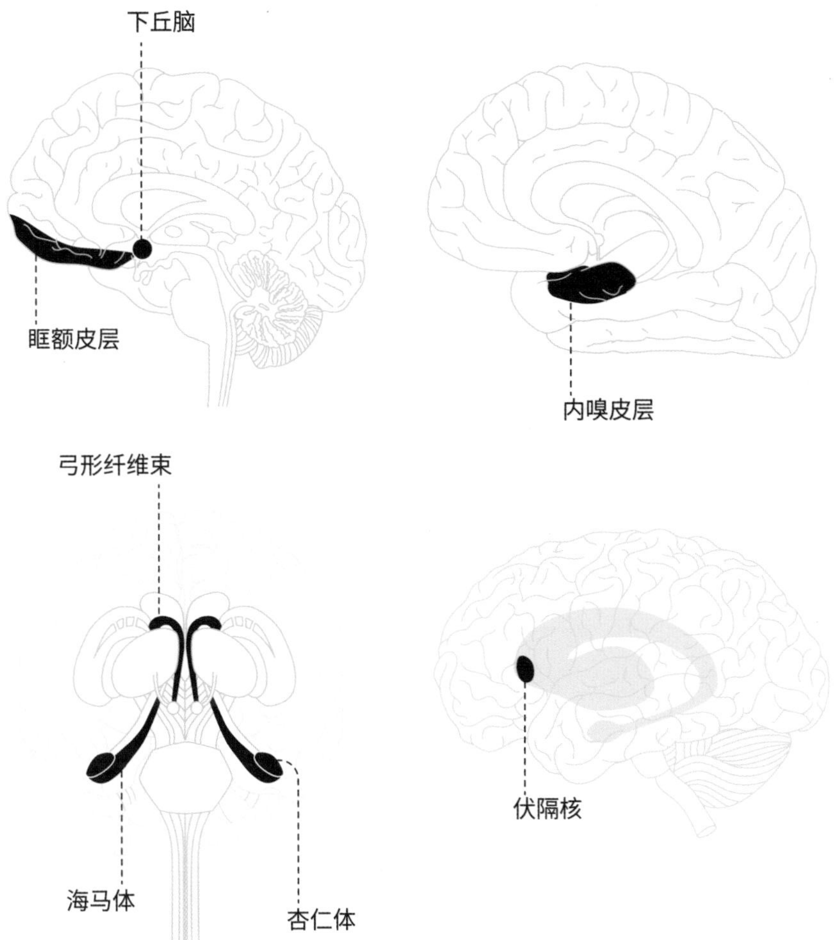

启发

启发是一种无意识的学习形式，它将你无意识中经历的事物与一个刺激联系起来。例如，你想在德语考试中回忆起一个单词的意思，如果你在准备过程中经常看到这个单词并反复练习，那么效果会更好。此外，由于启发作用，你可以无意识地建立含义之间的联系。如果你想不起“香蕉”这个单词，但突然看到了一张黄色餐巾纸，那么黄色会让你想起香蕉，并且能够更快地回忆出该单词。这种形式的学习甚至可以影响你的行为。在一项试验中，学生们需要在考试中想起一位教授，其他人则必须想一个流氓。想到教授的学生在考试中的得分比其他学生高。广告商也利用了这一点。例如，他们用绿色为产品打广告，使人们下意识地将产品与“健康”联系起来。

通过经典条件反射和操作性条件反射学习

经典条件反射是最简单的学习形式，并且是在不知不觉中进行的。这种被动的学习形式经常被用于研究恐惧。动物和人类都能迅速地将红灯亮起与电击或响声联系起来，从而引发生理反应：出汗和心率加快。很快，只要看到红灯就能触发这种生理恐惧反应。在这种无意识的条件反射学习中，大脑边缘系统或情绪系统似乎很活跃，特别是杏仁体。这种形式的学习是由俄国生理学家伊万·巴甫洛夫（1849—1936）首次描述的。

你也可以通过正向强化或负向强化来学习某种行为。这被称为操作性条件反射。比如，如果你讲了一个很有趣的笑话，引起了人们的大笑，那么你就会更频繁地讲这个笑话以期获得积极的反馈。如果没有人笑，你就不太可能再次尝试这个笑话了。美国心理学家伯尔赫斯·斯金纳（1904—1990）根据他对动物观察所得到的结果描述了这种学习形式。对他的理论的一个主要批评是：不是所有东西都可以直接转化并适用于人类。例如，他没有考虑到一个人所处的背景或环境及其对学习的影响。

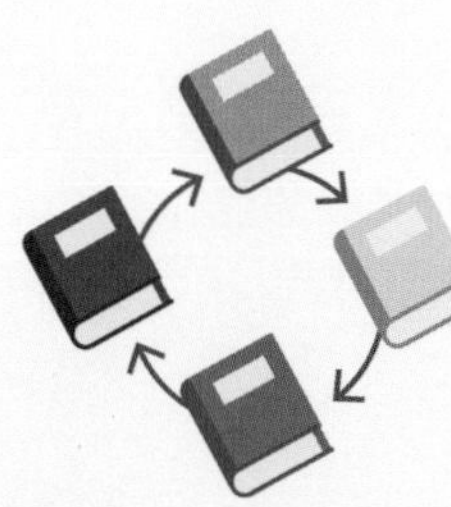

交替学习不同科目

你还可以通过交替学习不同科目来让你的大脑休息一下。如果你交替学习法语词汇和数学公式，这需要你的大脑采取两种不同的策略。这种策略之间的转换与真正的休息具有同样的效果。

从错误中学习

参与者在屏幕中央看到一个指向右边或左边的箭头。此外，一端还有两个分散注意力的箭头。如果中间的箭头指向左边，参与者按下左按钮，如果箭头指向右边，则按下右按钮。

实验

简单的情况 **复杂的情况**

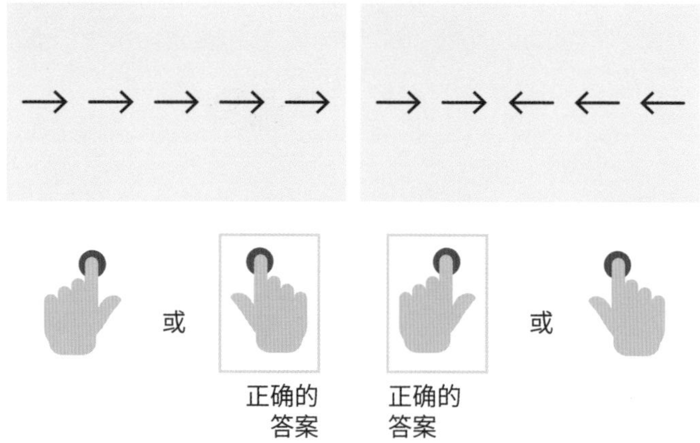

回答正确和回答错误时的大脑激活，
以微伏为单位

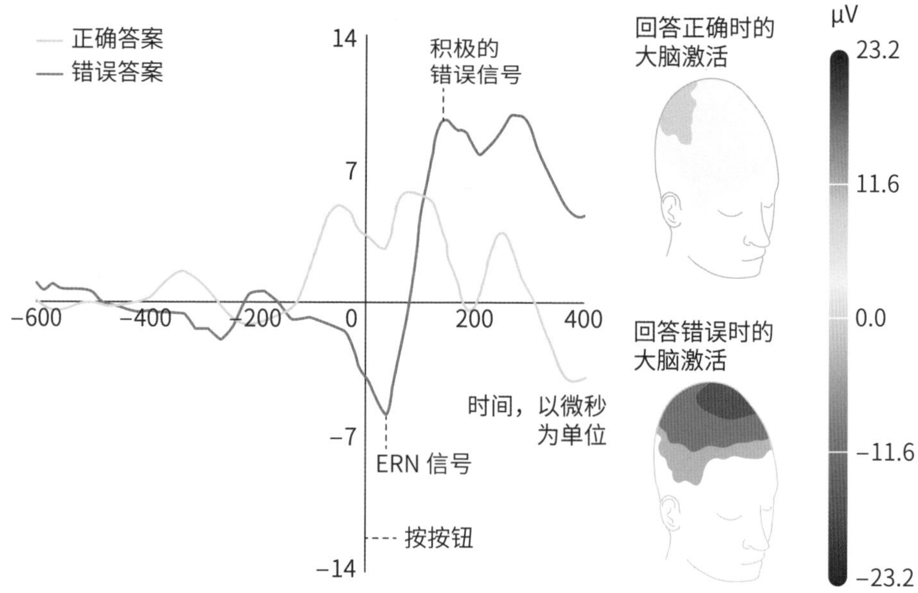

来源：Tamnes et al.（2013）

关于学习和你的学习能力

从本质上讲，学习的过程就是“将信息纳入记忆”。要做到这一点，你需要一种学习能力，而这种能力主要是通过从错误中学习，通过奖励或从他人身上学习来实现的！

从错误中学习

犯错是非常重要的，甚至是学习过程中所必需的。儿童的大脑处理这些错误的方式与成人的大脑不同，而这种差异反过来会影响儿童和成人的学习过程。通过脑电图（第55页），你可以测量大脑对其所犯错误的反应。在错误发生后不久，就会显示“哎呀信号”，也叫ERN信号（错误相关负波）。只需要100毫秒（一毫秒是千分之一秒），这意味着该信号在你意识到错误之前就已经被发出了。因此，在你真正意识到之前，你的大脑已经知道你做错了什么！那么这对你的学习有什么帮助呢？

为了找出答案，研究人员让受试者执行一项出错率很高的困难任务。他们被要求在看到一个向左或向右的箭头时按下左边或右边的按钮，同时屏幕上还显示出很多其他方向的箭头。值得注意的是：按下正确的按钮导致积极的大脑活动，而按下错误的按钮则导致消极的大脑活动，即ERN信号。负面信号比积极信号更早显现。因此，错误答案比正确答案更快地被大脑检测到。

根据研究人员的说法，这种错误检测发生在大脑深处，在扣带回前部，这个结构环绕着大脑束折叠并通过扣带束向大脑的其他部分发送错误信号。我们对此的反应是在执行下一个任务时速度稍微减慢，以避免再次犯错。ERN信号越强，受试者在随后的尝试中就越慢。因此，犯错有助于学习。更重要的是，儿童的ERN信号越强，他们在学校的表现就越好。

扣带回

扣带皮层 **扣带束**

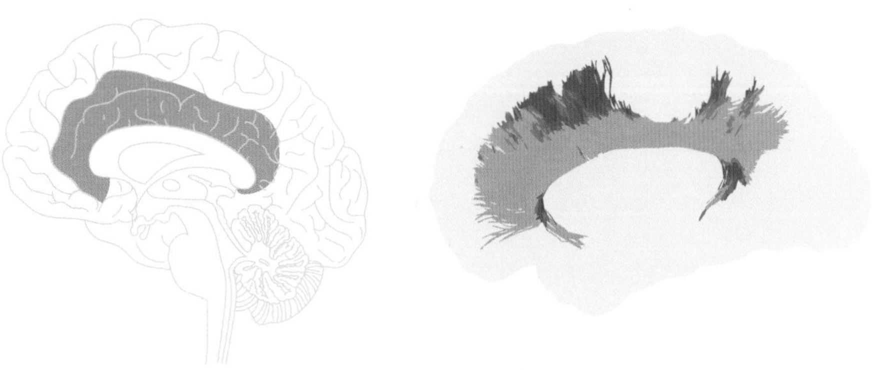

来源：Overbye et al.（2020）

婴儿是如何学习的？

一个成年人学习一个新的动作时，他能更好地理解别人做同样动作的方式和原因。研究人员通过让专业舞者观察其他舞者的表演，同时测量他们的大脑活动发现了这一点。当舞者做出观看者自己也练习过的复杂舞步时，观看者的大脑对舞者的反应更强烈。反之，如果观看者没有练习过该舞步，反应就没那么强烈。

这种社会功能——能更好地对他人（的动作）产生共鸣——也适用于学习新动作的婴儿。通过脑电图，研究人员可以测量感觉运动大脑皮层的激活情况，特别是通过Mu信号。当婴儿看到别人的动作时，这种信号会更活跃。

在研究的第一阶段，研究人员给10个月大婴儿的父母提供了两种玩具。

父母必须每天教宝宝玩三次其中一个玩具，并积极练习。

对另一个玩具，父母必须演示游戏，婴儿只能在一旁观看。

在第二阶段，父母被要求在实验室里玩这两个玩具，同时研究人员通过电极捕捉观察婴儿大脑中的Mu信号。

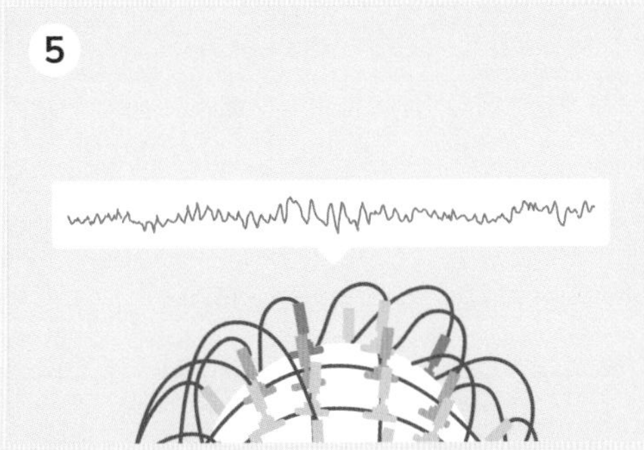

结果表明，“主动练习”玩具的Mu信号比“被动观察”玩具中的Mu信号强得多。

此外，事实证明：婴儿越能熟练掌握主动练习的玩具，他们的Mu信号就越强。

来源：Gerson & Bekkering.（2015）

结论是什么？婴儿需要积极主动地亲身体验新的动作才能掌握它们，例如，把球滚到某个地方、把积木放在某处、把一个形状放入形状拼图中。只有通过“做”事情，他们才能学会更好地理解他们周围的世界。

顺便说一下，这也适用于学龄儿童。被动地看、听老师讲、看学校里的电视或网络视频是不够的，积极参与，效果会更好！

斯金纳箱

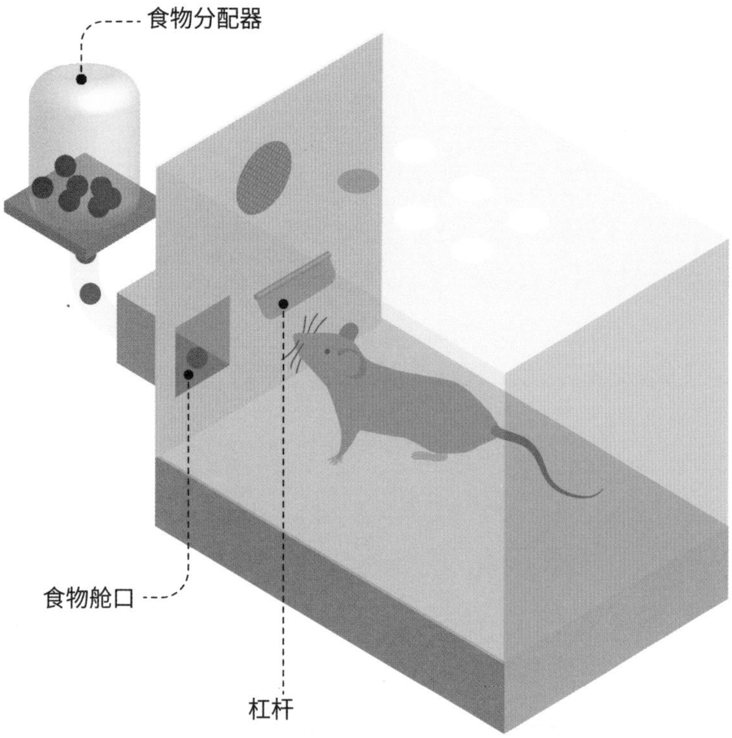

儿童和青少年的ERN信号成分本来就比年长的青少年或成年人的小。此外，儿童的ERN信号变化也更加多样：ERN信号不是对每个错误的反应都同样强烈。这表明快速和无意识的错误检测发生在一个人的发育后期。这一结论反映在扣带回的生长上，它一直持续到20岁。

通过奖励学习

大脑还可以通过奖励学习（速度更快），这也被称为强化学习。金钱或赞美等奖励会激活大脑的奖励网络（第92页），从而在大脑中释放多巴胺。这给你一种愉快的感觉，使你更有可能重复之前获得奖励的行为。奖励对学习的影响最早是由斯金纳教授在实验室大鼠身上发现的。在一个所谓的“斯金纳箱”里有一个小杠杆，大鼠必须学会按下它。起初，老鼠在探索笼子的过程中无意中按下了杠杆。每按一次，就会有食物从舱口出来。不一会儿，老鼠按下杠杆的次数就越来越多。在这方面，人类就像老鼠。如果你每完成一项家庭作业就能得到5欧元，你将会更经常地做作业。幸运的是，这也适用于更便宜的奖励，比如一张贴纸或一句赞美。

奖励比惩罚更有助于学习。例如，对错误答案的尝试给予赞赏会激励学生在下一次回答时给出正确的答案（或再次尝试），而不是因为答案错误而给予惩罚。请注意，奖励网络包括腹侧纹状体和眶额皮层，两者都是“奖励预测器”。随着时间的推移，奖励本身在大脑中激起的多巴胺越来越少，像称赞这样的奖励效果就会逐渐减弱。对奖励的预测会刺激多巴胺的释放。如果预测错了，你没有得到奖励，那么奖励网络的激活就会再次减少，你的学习速度实际上就会降低。缺乏多巴胺甚至会被认为是惩罚。反之亦然。如果不期望有奖励，但获得了奖励，那么这将刺激更多的多巴胺释放。因此，对孩子的赞美也要谨慎。偶尔的意外赞美效果最好。而且，你把赞美用于他们真正尽力完成的任务时，才是最有效的。

向他人学习

参与社交行为的同样复杂的大脑回路也被用于通过观察向他人学习，这也被称为“社会性学习”，你可以从别人的成功和错误中吸取经验和教训。例如，幼儿可以互相学习如何将一个三角形推进形状拼图玩具正确的孔中。同时，孩子也能够通过迟到的同学被罚停课等经历了解准时的重要性，他们不需要自己体验也能学习。

社会性学习不仅包括向他人学习，还包括了解他人，例如他们是否值得信任。如果你因为别人忘记带钱包而替对方付了午餐钱，但是下一次这个健忘的人没有为你做同样的事情，那么你很快就会得出结论：这个人不值得信任。青春期时，我们更加擅长与别人建立良好关系，也更擅长社会性学习。

大脑的两个部分在社会性学习中尤为重要。首先，腹侧纹状体帮助检测预期——你期望之前忘记带钱包的人在你没钱的时候也为你付钱。如果他没有这样做，腹侧纹状体就会变得活跃，并将调整后的期望传递给负责更新相关人物信息的内侧前额叶皮层。

变好的罪犯

在加拿大的列治文市，他们决定彻底采用这一技术：长期以来，青少年犯罪率一直在上升，直到警方决定用积极的“罚款”来奖励积极的行为。一年后，他们发现重复犯罪率从65%下降到了5%，减少了近92%！

社会性学习中活跃的大脑区域

内侧前额叶皮层

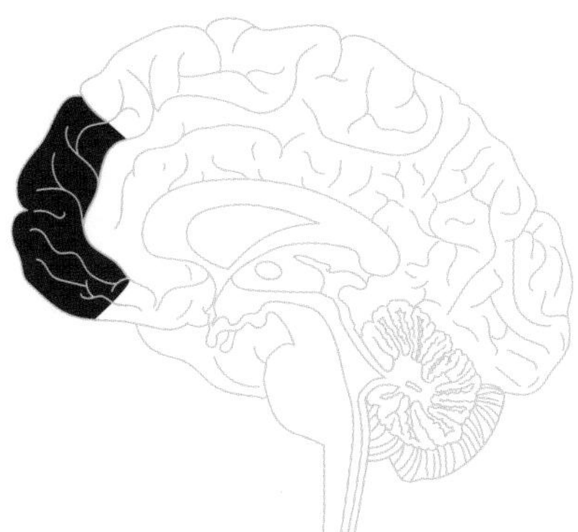

腹侧纹状体

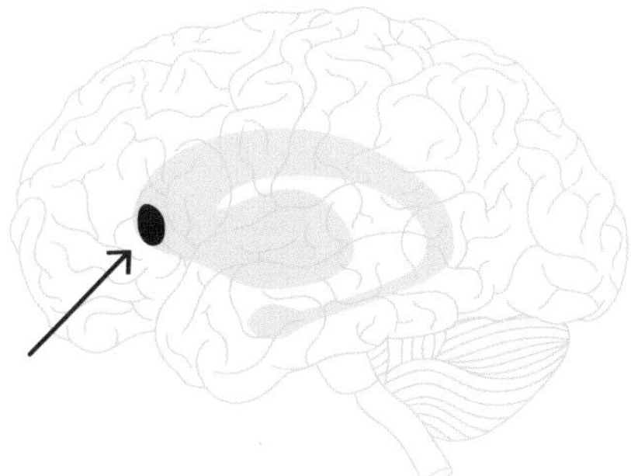

为什么儿童比成人更容易学习新的语言？

世界上有6 000多种不同的语言，每种语言都有成千上万个不同的词汇。想学外语，人类最好在10岁之前学习第二种、第三种、第四种……一旦过了这个关键时期，你就永远无法把一门新语言学得像母语一样流利。学习一门新语言最重要的步骤之一是学习新词汇。这可以通过听单词或大声朗读来实现。然而，多感官学习或强化学习更有效。你不仅要听单词，比如“飞机”，还要大声读出来，你还可以看一张飞机的图片，或做出相应的动作，比如张开双臂模仿飞行。

一项研究测试了两种多感官学习方法，看哪一种最有效，以及（年轻）成人和儿童之间是否存在效果差异。研究人员为德国儿童和成人提供了为期五天的英语培训课程。他们听了德语单词的英语读音，并结合了图片和演员的手势。六个月后，研究人员要求他们回忆这些德语单词的英文翻译。结果表明，通过手势学习的成年人在单词记忆方面表现更好。图片和手势对儿童同样有效，尽管他们记住的单词比成年人少。结论是：对儿童来说，多感官学习新语言的效果比成人更好，他们能够同样高效地记住通过图片或手势学到的单词，而且比看不到任何图片或手势的情况下要好。

研究人员在大脑中也看到了这一结果。他们让成年人在核磁共振扫描仪中给出单词的英文翻译。根据扫描结果，他们可以预测参与者是通过图片还是手势来学习这些单词的。在前一种情况下，视觉大脑皮层在翻译过程中是活跃的；在后一种情况下，运动大脑皮层是活跃的。因此，在学习新语言时激活多个脑区有助于记忆新的词汇。

指挥型大脑

2

认知技能是如何发展的?

执行功能

凡是在阿姆斯特丹中央车站下过车的人，可能都踏入过车站后面的共享空间。在这个交通十字路口，每天有近4万人通过（骑车或步行），所有交通标志都已经被拆除。这里没有规则、命令或禁令。你以为那些叛逆、脾气暴躁的阿姆斯特丹骑车人会对路过的行人大喊大叫，尤其当他们遇到游客，但事实并非如此。在共享空间推出3个月后，只发生了一起碰撞事故。此外，骑车的人还经常对别人说“请先走”。

荷兰为什么会实行这个彻底创新的交通概念呢？事实证明，越来越多的交通标志、警告牌和减速带对道路安全的影响越来越小。过多的安全规则使人们变得懒惰，他们不再那么留意。缺乏规则或禁令增加了你的不安全感和不确定性，有时骑车的人从左前方穿过，有时则从右后方穿过。因此，为了安全地到达对面，你必须时刻保持警惕。由于不能再依赖自动驾驶模式，你的大脑处于高度活跃状态。事实上，每隔一段时间，你就不得不调整计划，偏离你计划的直线穿越路线，因为你会在半路上被一辆路过的摩托车挡住去路。这时，你会格外警觉，对高度不可预测的环境做出更有意识的反应。想充分体验大脑的执行功能吗？那么请尝试一下这样的共享空间吧。

大脑中的指挥家

执行功能：短期记忆、认知灵活性和自我调节能力

你的学业成就不仅取决于你的智力或你在长期记忆中储存信息的能力，执行功能也是一个重要的预测因素。它们有助于你的学习，在执行功能方面有困难的孩子会发现在课堂上更难跟上进度。

执行功能也被称为高阶认知功能，类似于管弦乐队指挥家。就像指挥家（通过调整乐器的音量和节奏）使乐队成员之间完美地配合，直到奏出和谐的交响乐一样，执行功能确保所有脑部区域相互协作，以便你能够有目的地执行计划，在学校或者日常生活中不分心。如果没有执行功能，你将无法烹制新菜肴，按照烹饪说明一步步进行，计划什么时候烤、炖或煮哪种食材，以什么顺序进行，如果大脑中没有这个指挥家，你就无法做到这一点。此外，执行功能还能帮助你进行社交互动以及处理情绪。

执行功能的显著特点是，它们与智力没有直接联系（即使是聪明的孩子也会在执行功能上遇到困难），直到发育晚期才达到成熟水平（因此在童年和青春期仍会经历重大发展），社会经济地位较低家庭的孩子在执行功能上遇到的困难更大。这意味着环境对高阶认知功能有重要影响。这是个好消息，因为这意味着它们是可训练的——比智力更可训练。

神经科学家将执行功能分为三大类：短期记忆、认知灵活性和自我调节。我们将逐一探讨每个功能及其在儿童和青少年时期的发育。

成为数学家或物理学家?规范你的行为!

从脑部研究来看，擅长自我调节的儿童在数学和物理科目上得分更高。因为要理解新的理论模型或假设，通常需要抑制已有知识或假设。那些能够更快抑制地球平坦表象的人，可以更快理解为什么地球实际上是圆的。

你脑中的记忆工厂

短期记忆如何与你的感官记忆和长期记忆相互协作。

1. **外部刺激**
外部刺激通过感官进入。

2. **感官记忆**
感官信息在感官记忆中被接收。

3. **短期记忆**
在你的短期记忆中，你操纵着信息。目标是什么？你调整了什么，遗忘了什么？

4. **长期记忆**
练习、重复或极端警觉紧张的状态，会将感知固定在长期记忆中。

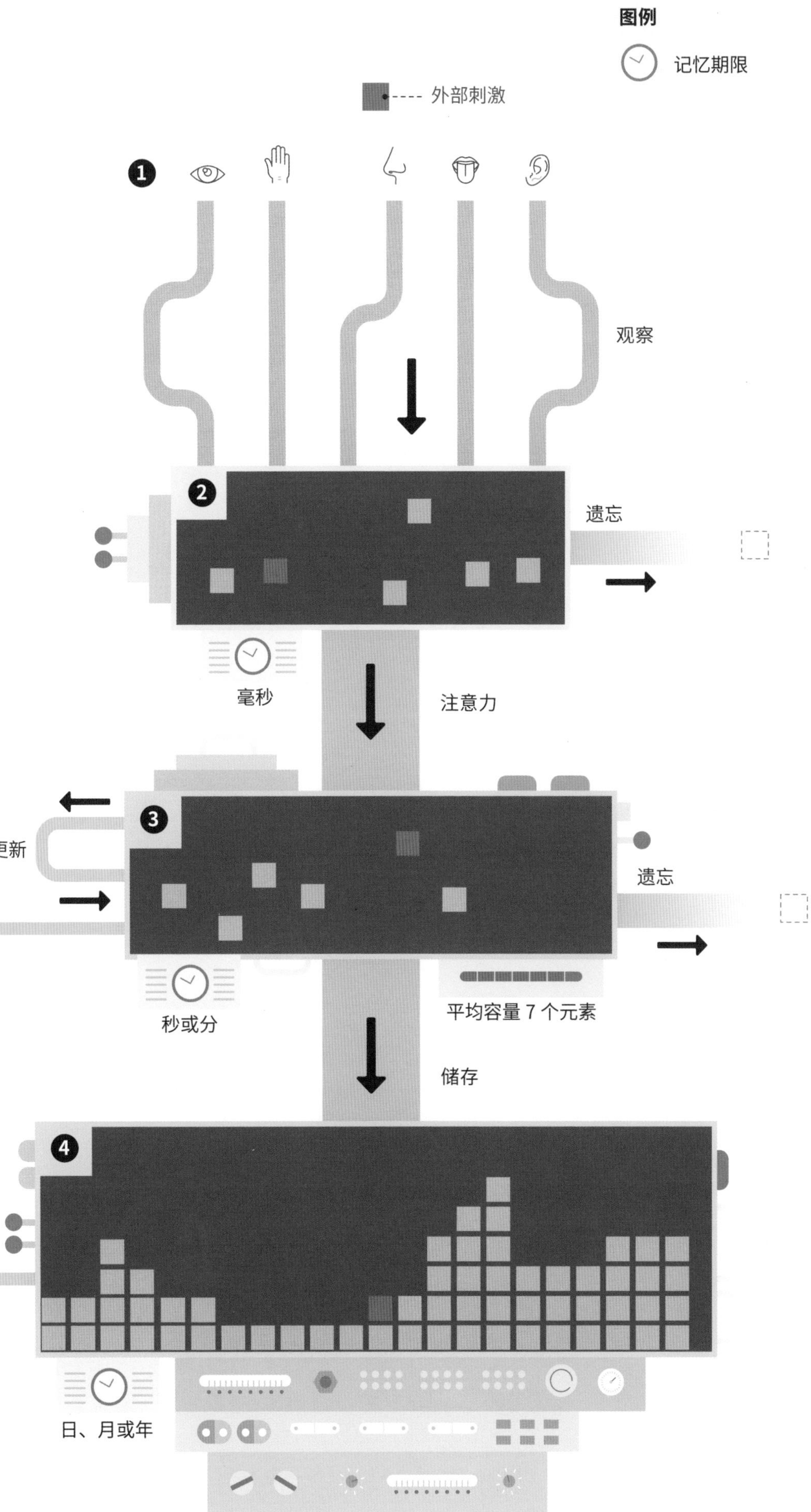

短期记忆任务

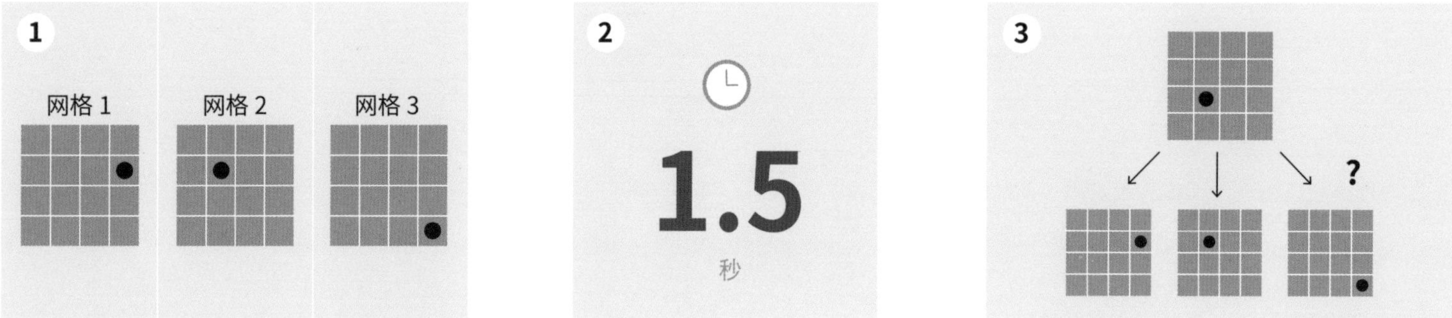

参与者将连续看到三个由 16 个方块组成的网格，每个网格上都有一个点位于特定位置。

延迟 1.5 秒后……

……出现一个新的网格，在任意位置上有一个点。参与者需要指出该点是否位于先前显示过的三个位置之一。

来源：Klingberg et al. (2002)

你的短期记忆

短期记忆的作用

计划是什么？应你女儿的要求做一顿有豆子的饭。你需要采取哪些步骤？列出购物清单，记住配料，直到把它们放进购物篮里。方法？你的短期记忆！当你需要积极记住事物以便在不久的将来立即将它们用于某个目标或任务时，你的短期记忆就派上用场了。与长期记忆（第196页）不同，短期记忆的容量有限。研究人员发现，人们在短期记忆中平均可以同时容纳7（±2）个元素。

此外，与长期记忆相比，短期记忆是“活跃的”，因为你可以操作要记忆的内容。假设你的购物清单上有四季豆，但发现青豆正在打折，这时，你就会在短期记忆中将四季豆替换为青豆。这也要求你能够集中注意力，忽略无关信息。

最后，短期记忆可以（部分地）预测孩子在课堂上的表现，这是因为短期记忆能够将新知识与现有知识联系起来。

短期记忆如何以及何时发育

一些科学家认为，短期记忆的发展在认知发展中起核心作用。毕竟，几乎所有思维过程都需要短期记忆——想想每天的代办事项。只有到了青春期，短期记忆的功能才达到成人水平。此外，短期记忆在不同时期会有不同的发展。例如，一组儿童（11至13岁）和一组年轻成年人（19至25岁）被要求完成一项短期记忆任务。结果发现，儿童能记住与青年相似数量的项目：大约7个。但事实证明，儿童比成年人更难主动操作这些项目。具体来说：如果给出一系列指令，例如脱下外套、挂在走廊的衣

短期记忆任务期间的大脑激活

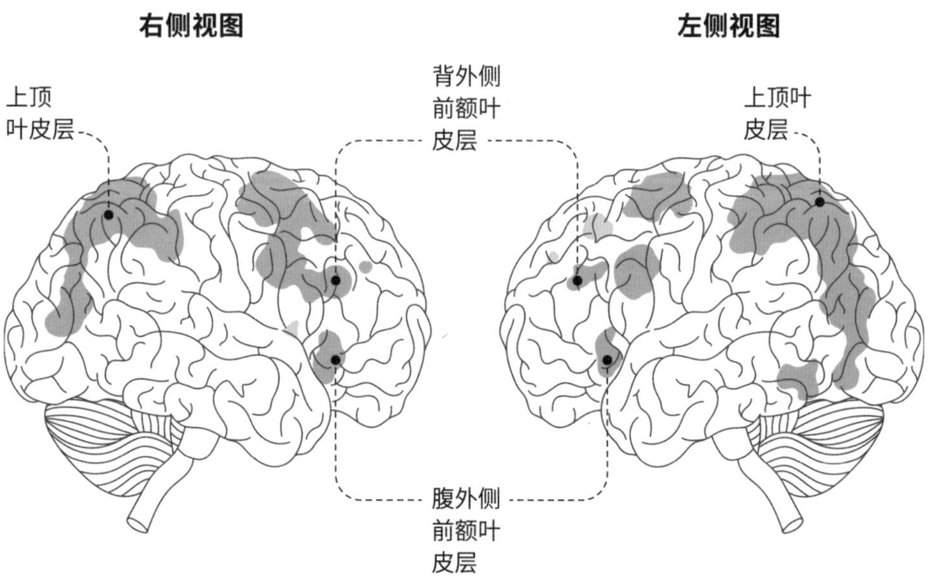

来源：Klingberg et al. (2002)

架上并将书包放入储物柜，儿童会记得很清楚。但如果最后一个指令突然变为“把书包放进车库”，他们就可能做不好了。

与短期记忆发展有关的大脑发育

为什么儿童的短期记忆还没有完全发挥作用？大脑的某些部分是否尚未发挥最佳功能？这种非最佳功能与短期记忆的不同方面，即“记忆”或“操作”有什么联系？还是这与儿童需要记住的信息量有关？

成年人进行短期记忆任务时，背外侧前额叶皮层、腹外侧前额叶皮层和上顶叶皮层似乎都很活跃。而在儿童中，并非所有这些大脑区域都像成年人那样活跃。在一项研究中，儿童和年轻人都看到了三到五张图片，他们需要以相同或相反的顺序来记忆。给他们一点时间来记忆图片的顺序，然后给他们看其中一张图片，让他们指出图片的位置（1、2、3、4或5）。特别是在操作过程中——以相反的顺序“保持”图片，背外侧前额叶皮层表现不太活跃。因此，它还没有充分发展到使短期记忆全力工作的程度。（事实上，研究人员已经通过具体的测试排除了儿童表现较差与短期记忆任务难度有关的可能性。）

“西红柿、黄瓜、生菜、胡萝卜、烧烤肉、鸡尾酒酱、蛋黄酱和……”

儿童短期记忆任务中
右背外侧前额叶皮层的激活

实验

向参与者展示三到五张图片。他们需要记住这些图片的顺序或相反的顺序。在相反的顺序中，你需要操作信息。

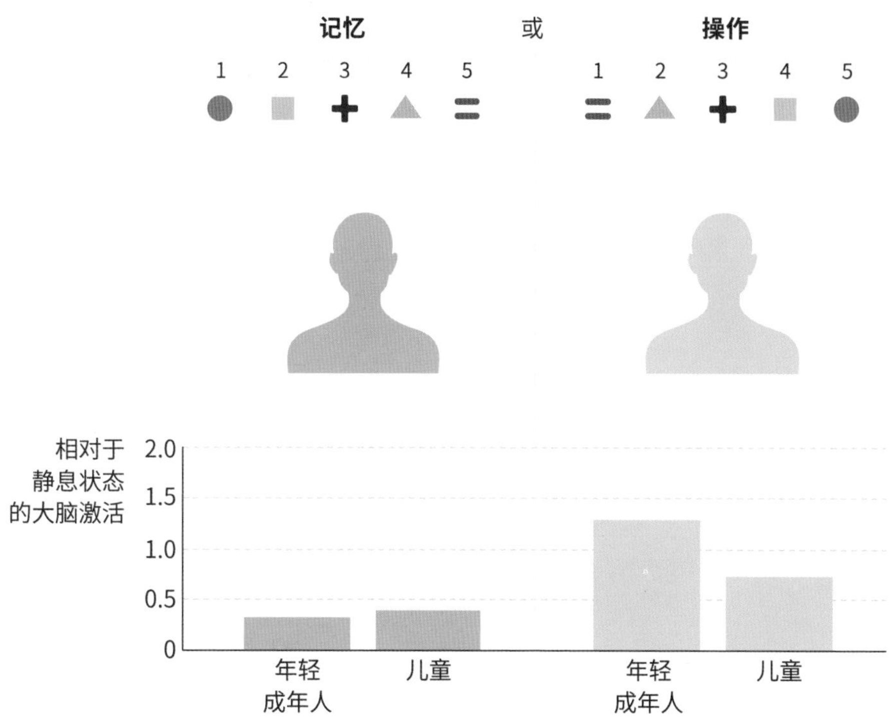

结果

儿童在处理短期记忆中的信息时，背外侧前额叶皮层尚未完全活跃。

来源：Jolles et al. (2011)

“SET”游戏规则

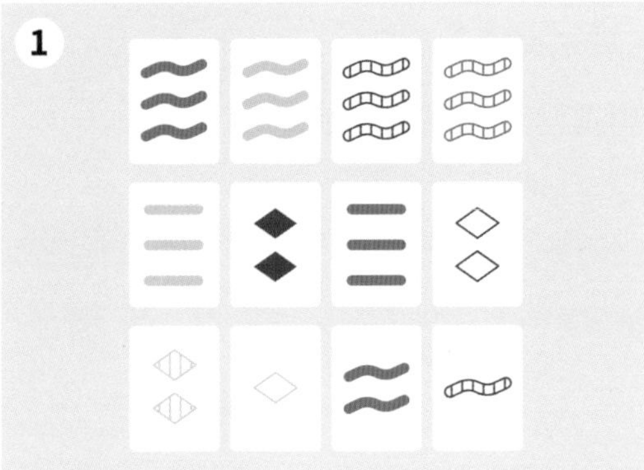

游戏规则的初始设置，4×3＝12 张卡片牌面朝上放在桌子上。

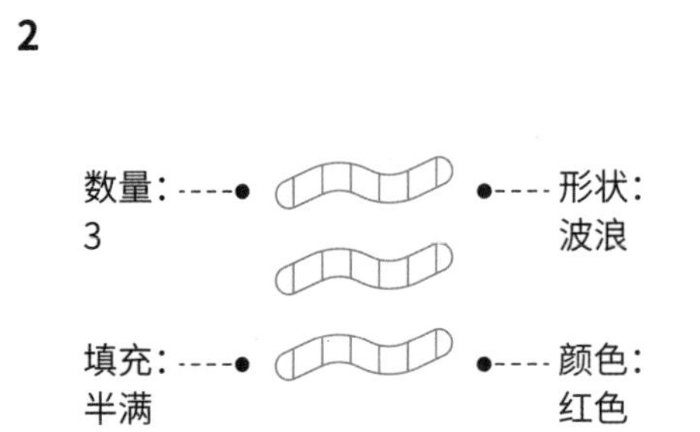

每张卡片包含四个属性：颜色、形状、填充、数字。

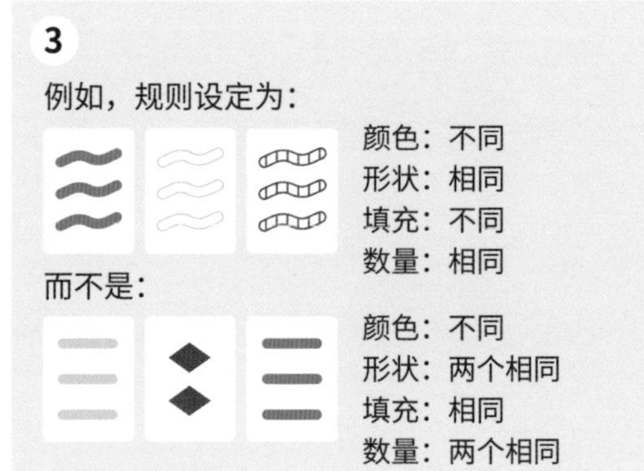

谁先看到三张组成一组的牌，谁就可以拿走它们。对于四个特征中的每一个，这三张牌的四种属性必须相同或不同。

灵活思考

灵活思考意味着什么

“灵活思考”是指从不同的角度看问题，并想出不同的方法来解决问题的能力。在日常生活中，当事情的发展与你的计划不符时，你需要这种灵活性来适应周围的环境。例如，在烹饪过程中发现某个原料用完了，思维灵活的人会在储藏室里寻找替代物；思维不灵活的人则会决定立即换另一种有原料的食谱，或者点外卖。无论如何，儿童的思维都不如成年人灵活：当他们的“常用”外套被清洗时，他们有时会发现换另一件外套相当困难。同时，如果同一个词有多个意义，他们也会很困惑——例如杯子既可以用来喝水，又可以是猫送给你的礼物。

如何测量灵活思考的能力

在实验室里，你可以用一种类似SET的纸牌游戏来测量灵活思考的能力。在这个游戏中，12张牌正面朝上放在桌子上，谁先看到三张组成“SET”的卡牌就可以将它们收入囊中。游戏结束时，如果你拥有最多的“SET”，恭喜你，你赢了！根据共同特征可以组合出不同的“SET”：相同形状、相同颜色……也可能是一组卡片，其中所有卡片的属性都不同。你需要灵活思考这个问题。你可以寻找三张带有红色图像的卡片，而每张卡片都可能有不同的形状；或者你可以寻找有不同颜色的相同形状的图像。所以你必须同时寻找相同和不同的属性。

这个游戏的“实验室版本”被称为“卡片分类任务”。有一个针对儿童的改良版：首先，小参与者必须指出卡片上描绘的是动物还是水果。经过几轮提问后，他们会得到一个新问题，即指出所描绘的动物或水果是彩色的还是黑白的。虽然4岁的孩子可以处理这种问题中的转换，但3岁的孩子仍然只能指出该卡片描绘的是动物还是水果。卡片分类任务另一个难度更大的版本是向儿童出示一张卡片，让他们根据共同的颜色、形状或数字，将其与其他四张卡片中的一张放在一起。经过几轮分类后，一旦他们掌握了（非预定义的）分类规则（例如，呈现的卡片总是与相同颜色的卡片配对），分类规则就会（秘密地）发生改变。例如，变成将卡片与具有相同形状的卡片配对。

为此，儿童需要具备两种技能：灵活地切换到新的分类规则（从颜色到形状）并遵守新的分类规则（而不是再次意外地切换回“按颜色排序”）。虽然儿童在11岁时就能像成人一样灵活地切换分类规则，但只有在15岁时才能保持新的规则。对于这种坚持——永久地抑制旧规则——你需要准备好另一种执行功能：自我调节。

大脑发育与灵活思维发展的关系

对灵活思维的研究相当具有挑战性。毕竟，将“转换”（例如从旧的分类规则到新的分类规则）作为一个独立的思维过程来测量并不那么容易：你必须在短期记忆中“保持”新规则，并通过自我调节抑制旧规则——这是两种不同的执行功能。为了区分参与“转换”“保持”和“抑制”的不同大脑过程，研究人员开发了一项巧妙的任务。

卡片分类任务

1 形状规则

从测试堆中最上面的图像中，指出卡片上的图像是动物还是水果，然后将其放入正确的牌堆中。

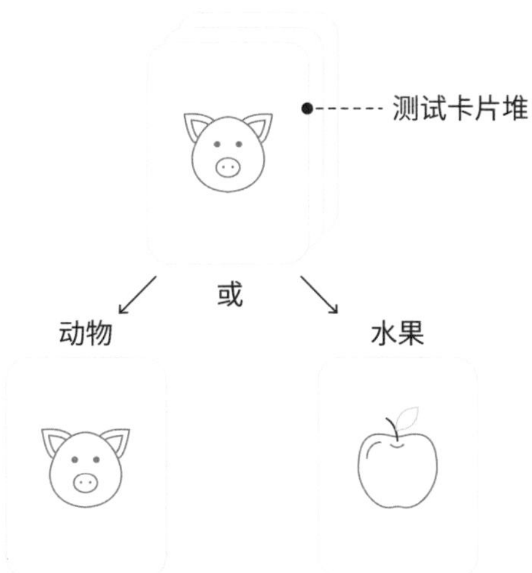

2 颜色规则

从测试堆中最上面的图像中，指出卡片上的图像是彩色的还是黑白的，然后将其放入正确的牌堆中。

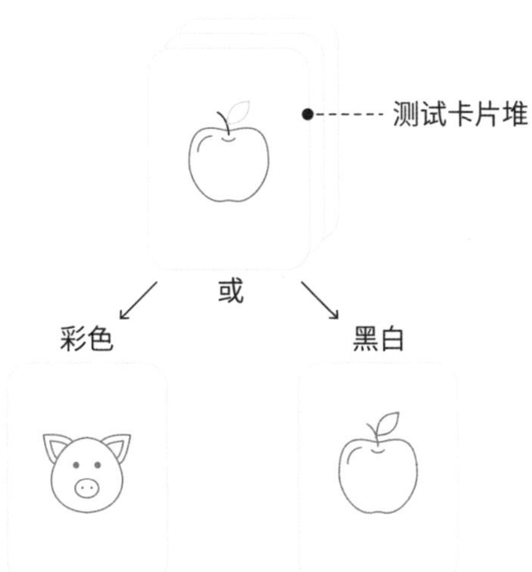

灵活性任务

一个步骤的持续时间，以秒为单位

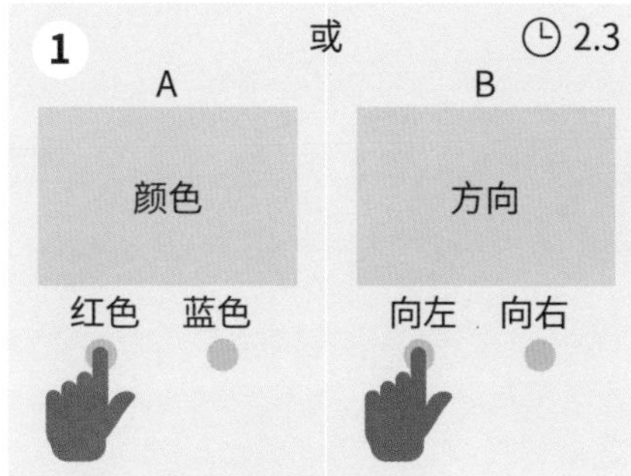

分类规则出现在屏幕上。

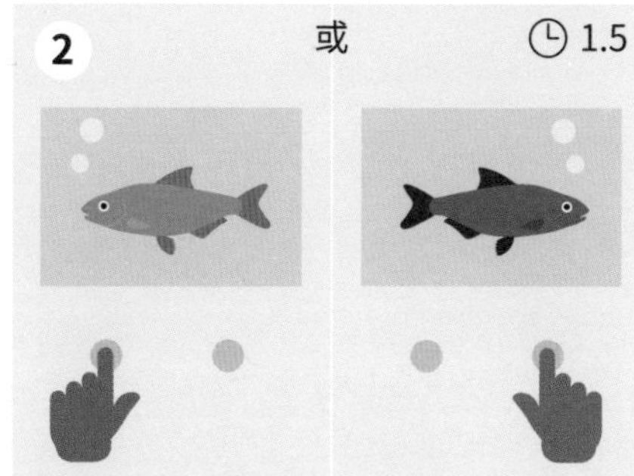

屏幕上出现一条鱼。根据第 1 步中的规则，参与者尝试给出正确的答案。

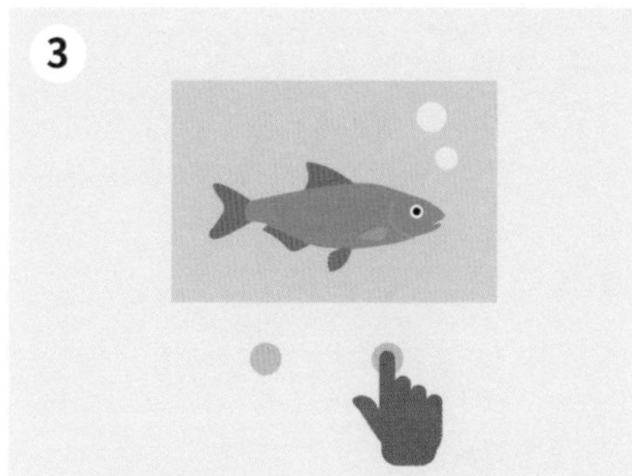

几次之后，规则改变，参与者根据新的规则给出答案。

来源：Wendelken et al.（2012）

他们研究了8至13岁的孩子在灵活思考时使用大脑的方式是否与20至27岁的成年人不同，如果是的话，差异是什么。在“灵活性任务”中，参与者每次都会看到一条红色或蓝色的鱼向左或向右游。有时他们被问及鱼的颜色，有时被问及鱼的游向。每次经过不同数量的“鱼圈”后，规则就会切换。

因此，研究人员检查了在切换过程中哪些大脑区域是活跃的。参与者通过使用左右按钮来表示鱼是红色还是蓝色，从而给出正确答案。当红鱼向左游而蓝鱼向右游时，参与者按正确按钮的速度比它们正好朝相反方向游时按得快。在另一种情况下，参与者不得不抑制明显的反应（向左游＝左按钮；向右游＝右按钮）来给出正确答案（红鱼向右游＝左按钮；蓝鱼向左游＝右按钮）。所以在这种情况下，你可以测量“抑制”或自我调节的过程。

研究人员发现，当红鱼向右游、蓝鱼向左游时，儿童在完成这项任务时速度较慢，尤其是在切换规则后比成年人错得更多。通过观察切换过程中大脑区域的平均激活模式，研究人员发现儿童和成年人大脑区域激活模式相同，尤其是背外侧前额叶皮层、前运动皮层、后顶叶皮层和前辅助运动皮层。当他们仔细观察激活模式时，发现了一些有趣的现象：在切换规则后，儿童背外侧前额叶皮层的激活速度变慢。因此，对成长过程中提高灵活思维的能力来说，重要的可能不是大脑区域活跃的程度，而是活跃的速度。

灵活性任务中背外侧前额叶皮层的激活

在儿童中，背外侧前额叶皮层在颜色规则试验开始时更加活跃，但在成人中不然。作者解释说，这是因为儿童的背外侧前额叶皮层启动的速度比成人慢，所以信号会继续从上一轮试验中“泄露”出来。因此，在下一轮试验开始时，信号仍然很强。

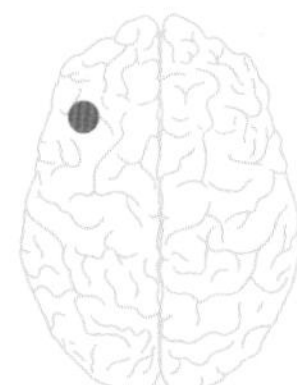

左侧背外侧前额叶皮层

— 颜色 — 方向

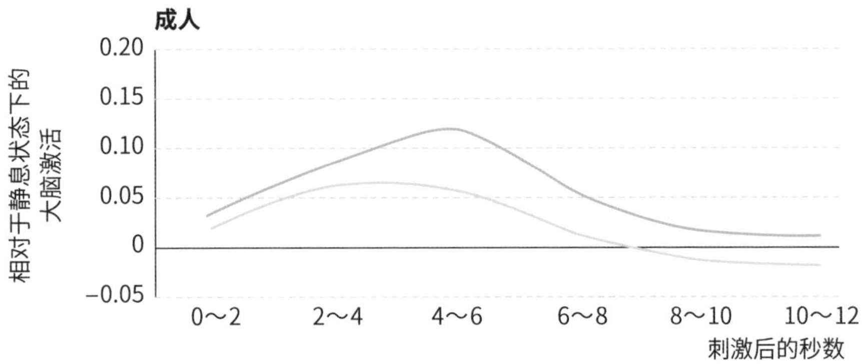

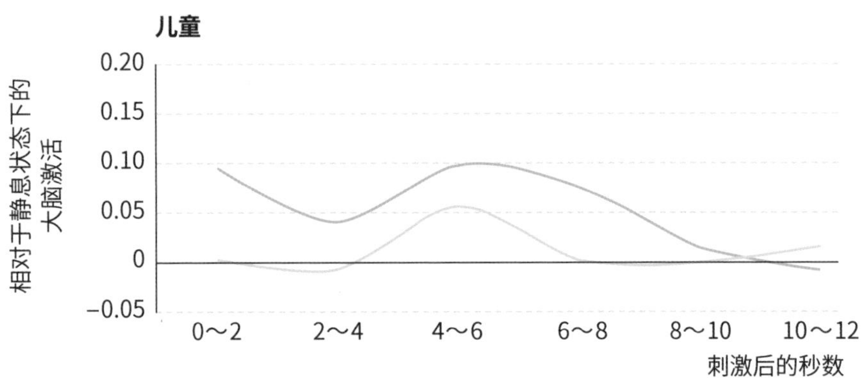

来源：Wendelken et al.（2012）

棉花糖测试

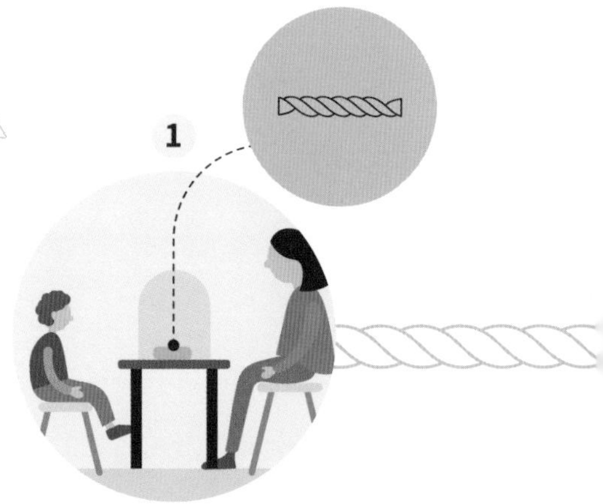

每个孩子都和一个实验负责人单独坐在一张桌子前。他们面前有一个蛋糕罩，下面有一颗棉花糖。

自我调节

自我调节是指能够控制自己行为的能力。它可以帮助你集中注意力并控制情绪。通过自我调节，你可以等到每个人都坐下来后再开始吃饭。虽然（大多数）成年人在这方面做得很好，但对孩子们来说却更难一些。

棉花糖测试：小奖励还是大奖励

在1970年进行的棉花糖测试中，32名3至6岁的儿童参加了测试，测试结果表明孩子们有多难以等待。每个孩子都和实验负责人单独坐在一张桌子前。在他们面前有一个蛋糕罩，罩子下面放着好吃的东西。实验负责人给孩子们提供一个选择：是现在拿小奖励（一颗棉花糖）还是稍后拿一个大奖励（两颗棉花糖）。实验负责人离开房间后，孩子们可以选择吃掉棉花糖。但是，如果他们能等到实验负责人回来——约15分钟——他们就会得到额外的零食！在32名儿童中，有10名儿童能够等待整整15分钟以获得更大的奖励。格外有趣的是，有些孩子对面的蛋糕罩下面放了两颗棉花糖，他们可以立即得到大奖励。在这些幸运儿中，没有一个人等待了15分钟，毕竟，更大的奖励马上就可以得到。结论是什么？当奖励就在他们眼前时，幼儿调节其冲动的能力较差。当重复进行棉花糖测试时，研究人员发现可以等待的孩子会寻找更多可以分心的事物。例如，他们可能会看向另一边以避免看到棉花糖。因此，在孩子渴望某样东西，但又必须等待一段时间时，帮助他们分散注意力是有帮助的。

5A
孩子等不及，已经把棉花糖吃了。

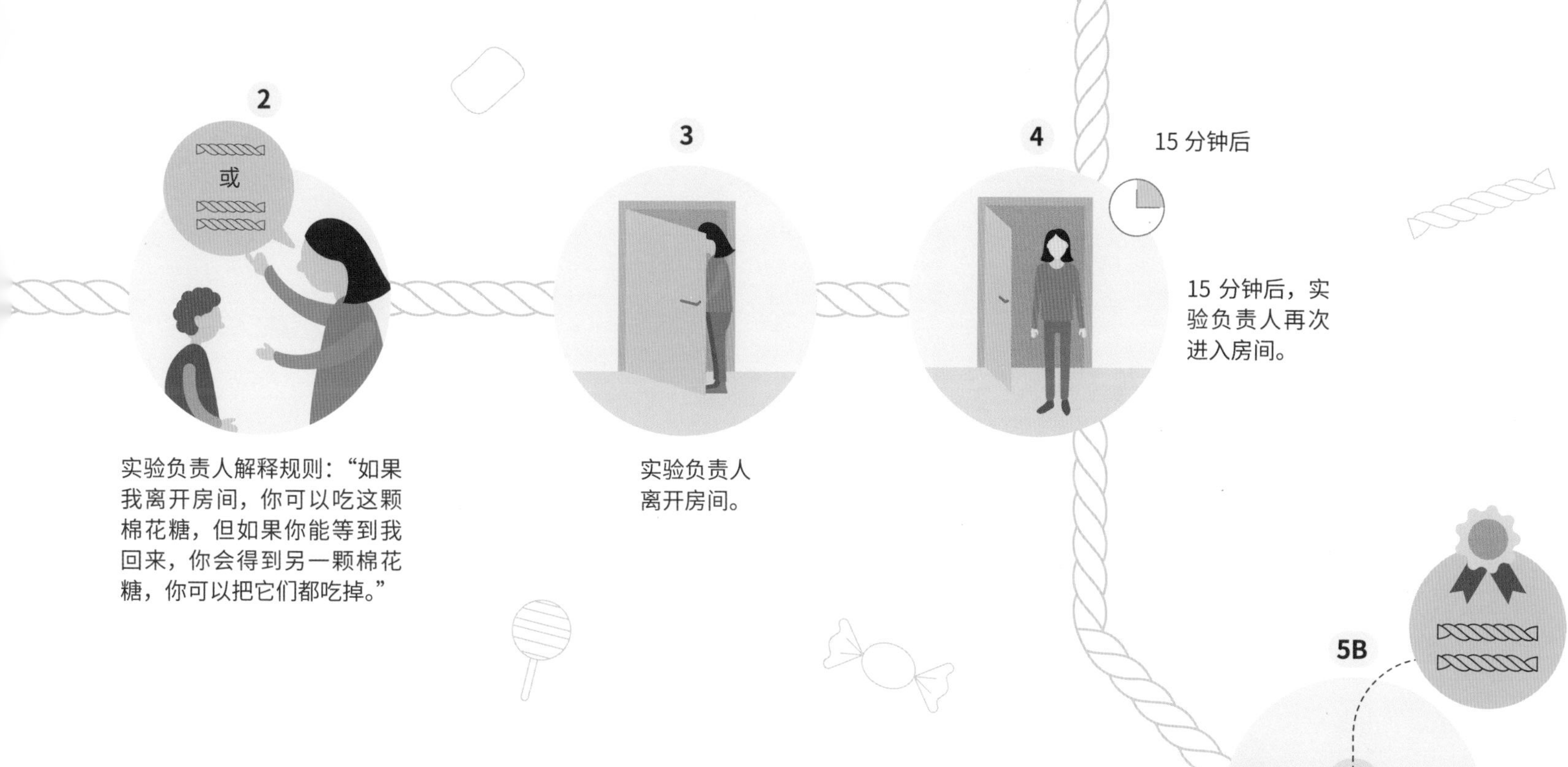

2
或
实验负责人解释规则：“如果我离开房间，你可以吃这颗棉花糖，但如果你能等到我回来，你会得到另一颗棉花糖，你可以把它们都吃掉。”
3
实验负责人离开房间。
4
15 分钟后
15 分钟后，实验负责人再次进入房间。

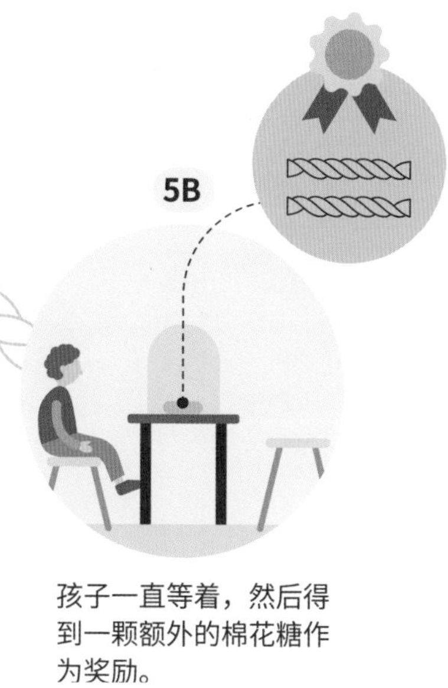

5B
孩子一直等着，然后得到一颗额外的棉花糖作为奖励。

棉花糖测试：学业成功的预测因素

多年后，研究人员对参加过棉花糖测试的儿童进行了进一步的跟踪调查，跟踪他们在学校里的表现。调查结果表明，小时候在棉花糖测试中表现出色的孩子在学校的课业成绩更好。他们的父母还表示，青少年时的他们比同龄人更善于计划、提前思考和集中注意力。研究人员甚至在40年后的大脑活动中发现了这一点。在核磁共振扫描仪下，这些如今已经四十多岁的“孩子”被要求在看到一个中性面部表情的图像时按下按钮，而在看到一个快乐的表情时不按。这相当困难，因为之前的研究表明，人们对快乐的反应比对中性的反应更快。结果，那些能够像他们小时候一样等待更大奖励的参与者在这项任务中的确表现得更好。这一点也反映在大脑中：情绪和奖励区域的活跃程度较低。这表明前额叶皮层对这些区域有更好的调节作用。大脑相关研究表明，自我调节或等待能力与前额叶皮层的发育以及前额叶皮层与情绪和奖励区域的连接有关。人在青春期时，连接更强和更快。连接发育得越好，一个人的自我调节能力就越强。

最近的研究表明，我们需要对棉花糖测试的长期影响做一些细微的调整。孩子能否等待更大的奖励与他们成长的社会经济环境有关。当研究人员将这一因素纳入分析时，棉花糖测试中的（不）耐心便不再是预测他们未来能否成功的指标。当然，这是很好解释的。如果你在一个总是没有甜食或总是不兑现承诺的环境中长大，那么你在一开始就把棉花糖吃掉，就是一个明智的选择。

前额叶皮层和奖励区域的连接在青少年时期变得更强

1 个个体，在不同年龄段的测量值

平均值

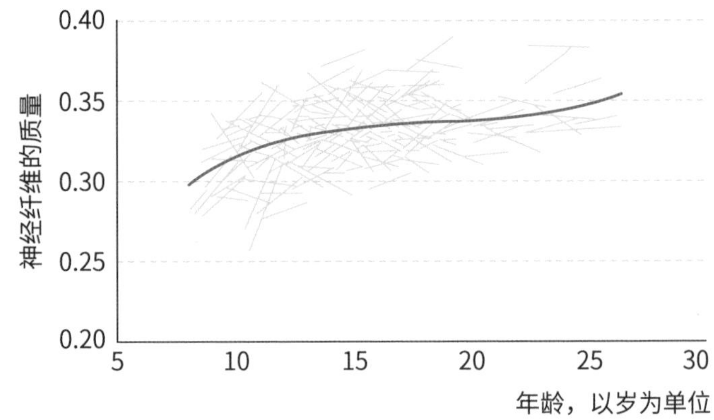

来源：Achterberg et al.（2016）

看到快乐的表情时腹侧纹状体的激活

当参与者看到一个快乐的表情时不应该按下按钮。年轻时擅长棉花糖测试的参与者更能抑制腹侧纹状体奖励区域的激活。

40 年前在棉花糖测试中表现出色的参与者

40 年前在棉花糖测试中表现不佳的参与者

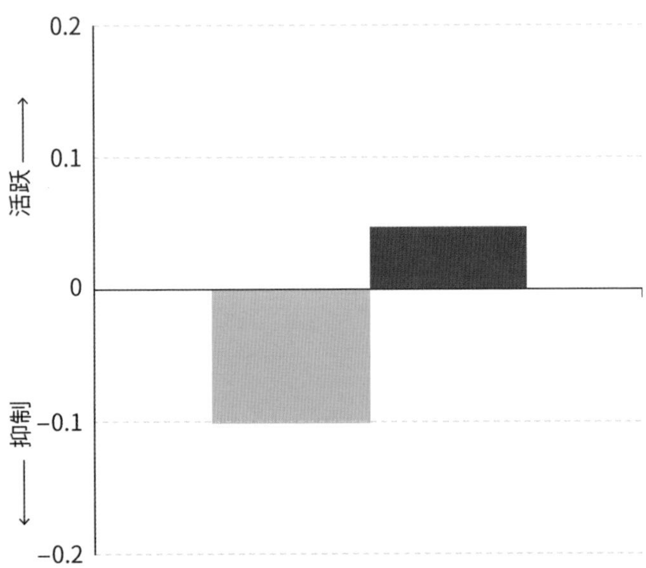

来源：Casey et al.（2011）

关于精神障碍和执行功能

如果“指挥家”精神错乱

许多精神障碍都伴随着执行功能方面的问题。患有精神障碍的人有时很难保持专注、组织或计划一件事。例如，他们经常开始一项任务，但后来却无法完成。目前，研究人员正忙于找出不同的精神障碍是否有不同的认知“特征”，以及这些问题与大脑的特征之间的关系。

在治疗精神健康问题方面，重要的是要了解短期记忆等问题是否会影响治疗。如果有影响，那么对于记忆功能较差的患者，你就得延长治疗时间，因为他们可能需要更久的治疗时间。精神分裂症是一种以精神错乱为特征的严重精神障碍性疾病，近年来受到大量研究。精神错乱是指一个人对世界的体验与现实世界不同，患有精神错乱的人可能会出现幻觉，听到或看到不存在的东西。

也有可能患妄想症：一个人以不同的方式解释或赋予事物或事件以意义。而在精神病发作期间，患者往往也会遇到执行功能方面的问题。更重要的是，这些问题往往发生在精神病发作之前，有时也发生在之后。例如，有些患者的短期记忆是有限的，一次只能记住很少的东西。你可以想象，这会导致许多方面的问题。但是你对疾病的洞察力、你意识到自己正患有精神病的程度，也与执行功能有关。毕竟，它们对信息的处理是必不可少的，而这恰恰是这些患者被困扰的地方。

精神分裂症的大脑（不存在）

在大脑中，执行功能的问题也是可见的，这显示在对精神分裂症患者和非精神分裂症患者的大脑比较研究中。在精神分裂症患者中，尤其是在前额叶皮层中，可以观察到灰质和白质减少。随后一项研究调查了这些大脑的异常部位是否也与卡片分类任务的分数相关。该任务中，分类规则在没有提前通知的情况下发生了变化。这种任务需要你的短期记忆、认知灵活性和自我调节能力。任务进行时，患者的背外侧前额叶皮层处于活跃状态，而得分较低的患者的该区域更小。同时，他们的海马旁回或下脚后区——颞叶内侧与海马相邻的一小部分——较小，而这一区域对记忆过程非常重要。他们的丘脑——交换站，也被发现较小，这就解释了为什么有时感觉信息不能正确地“传达”到大脑的其他部分。换句话说，与精神分裂症有关的大脑部位对执行功能也很重要。现在看来，大脑的异常部位和这些异常在日常生活中引起的问题似乎确实因人而异。任何一种具体的大脑特征都不能预测病人会遇到什么问题，以及如何治疗这些问题。

精神分裂症患者的大脑部位可能存在异常

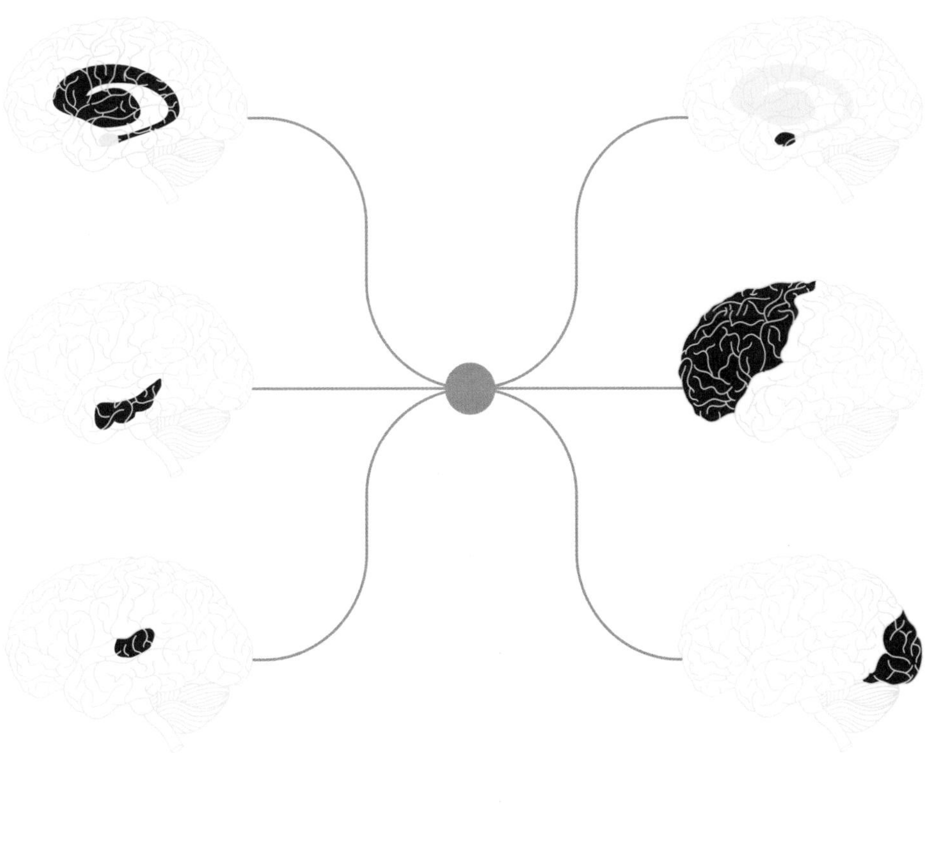

基底核
基底核功能异常，患者会出现妄想和幻觉。
海马体
海马体功能较差会影响学习和记忆。
听觉皮层
在你有意识地处理一种新的声音之前通常会产生一个更强的信号。对精神分裂症患者来说，这种意想不到的声音会大大降低大脑活性。
边缘系统（包括杏仁体）
这个部位异常的患者更难处理自己的情绪，因此他们比他人更常感到困惑或烦躁。
额叶
额叶功能的减弱导致患者很难计划和组织他们的思想。
枕叶
枕叶异常使许多精神分裂症患者对视觉信号的处理存在障碍。患者难以处理复杂的图像、识别运动或阅读面部表情。

再睡会儿吧！

3

为什么你在睡了一觉之后记忆力会变好？

睡眠对学习的影响

莫德今年15岁，她的父母对她早上赖床的习惯很生气。星期天早晨，通常家里其他人都已经吃完一顿丰盛的早餐后，莫德才会哈欠连天地穿着连体睡衣下楼。她的父母知道她睡得很晚，但他们也无计可施。对莫德来说，她也不喜欢这样。其次，她无论如何也睡不着，就算在床上躺好几个小时都睡不着。所以在上学的日子里，第一节课她经常迟到。

你的生物钟

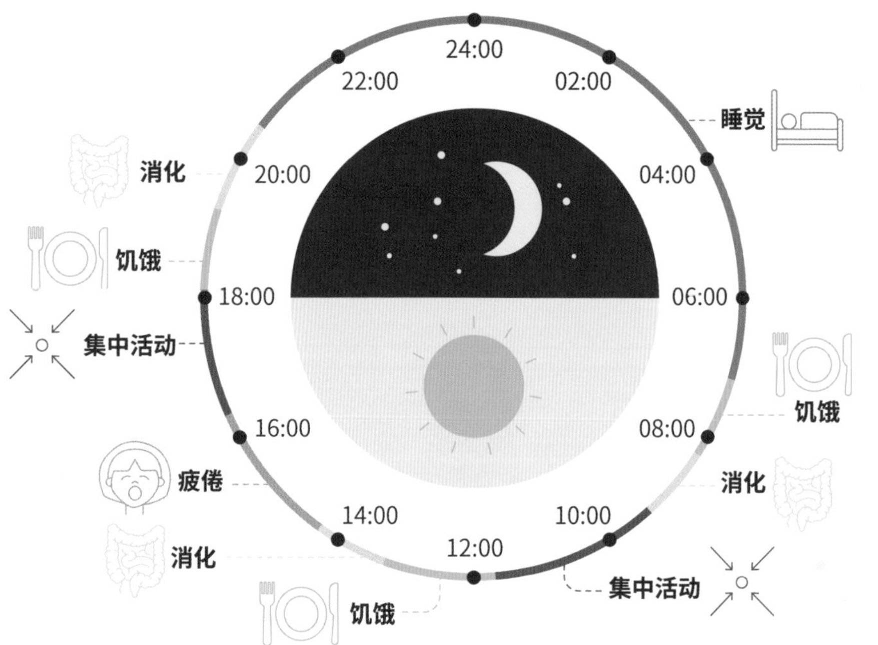

来源：Birchard en Leigh.（2019）

良好和充足的睡眠是必不可少的，因此每个人都有一个让你按时入睡的生物钟。夜间休息对身体的维护和成长至关重要。但是，需要夜间恢复的不仅仅是身体，大脑也需要一段离线时间。这并不意味着你的大脑在晚上就真的休息了，而是晚上大脑会发生一些对白天有益的过程。所以每个人都应该好好睡一晚，不论是婴儿还是成年人。

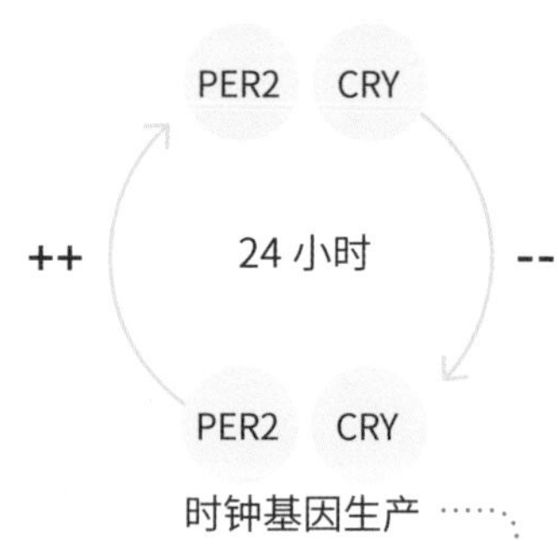

你的生物钟

你的生物钟根据黑暗和光明来调节“昼夜节律”(circadiaans ritme，circa意为“大约”，dia意为“白天”)。这种节律与地球自转的24小时周期相适应，影响你什么时候困倦（睡眠—清醒节奏）。同时，你的生物钟还调节新陈代谢、体温（夜间下降）、释放激素、心律和器官活动（肠道在睡眠时变得活跃）等功能。

生物钟位于下丘脑，视交叉上核（SCN）位于视交叉上方，是一群约四分之一立方毫米大小的细胞结构。SCN细胞非常特殊：即使不依靠外力，它们也能保持昼夜节律。如何做到这一点呢？通过活跃在SCN中的所谓时钟基因。这些基因被转录到SCN的神经细胞中，产生蛋白质PER2和CRY，而当蛋白质产物足够多时，生产又被抑制。激活时钟基因、生产蛋白质和抑制生产的周期大约需要24小时，但不是整24小时。

每天，（白天）光信号通过视神经传输进来，SCN细胞就会重置。因此，德国东部的人比德国西部的人平均早起半小时，尽管他们生活在同一时区。

那么，为什么患有视力障碍的人也有睡眠—清醒节奏呢？声音、温度、食物和身体活动也会影响这个节奏。如果没有一天的更迭——例如生活在一个持续发光的房间里——你的生物钟就会保持一个比日常24小时更长的睡眠—清醒节奏。所以你需要这些外部刺激来保持你的时钟正确，不然你每天都逃不过晚睡晚起。

为什么你会从睡眠中受益?

睡眠中的免费再激活

主动从记忆中检索新信息会记得更牢，关于这点我们在本章前面提到过（第200页）。背诵乘法表（1×8＝8，2×8＝16……）不如主动问（4×8＝？）效果好，通过这种方式，你可以激活记忆8这列乘法表新信息的脑细胞。最初，这些新信息在大脑中的存储是脆弱的，但当你越频繁地激活大脑中的记忆，你就越能记住一些东西。这么说来，睡觉的时候，你便会得到一个额外的重新激活机制，而且是免费的！

睡眠期间，最近经历的大脑模式再次变得活跃，这会改变大脑的分子结构。这一点反映在突触水平的长期增强上（第88页），但在更高水平上，记忆痕迹被镶嵌在不同的大脑系统中。其中，海马体和前额叶皮层都发挥着核心作用。海马体用于临时存储最近的经历，以便将新经历的相关信息传送到前额叶皮层的长期记忆中。睡觉时，这部分前额叶皮层与海马体同时被激活。然后，前额叶皮层中的新信息就与现有的知识联系起来。通过这种方式，在你睡觉的时候，信息就被固定在长期记忆中了。

最初，大脑前额叶皮层的激活取决于海马体的激活。一段时间后，前额叶皮层，特别是内侧前额叶皮层，接管了海马体记忆检索的任务。海马体和内侧前额叶皮层的激活模式互相被逆转。记忆被储存不久后，海马体变得非常活跃，在睡眠期间反而变得不活跃。相反，检索记忆时，内侧前额叶皮层变得活跃。

通过一项记忆任务，研究人员研究了睡眠是如何参与记忆储存的。该任务要求参与者在脑海中想象出单词表上的单词，48小时后测试他们记住了几对。当他们在大脑中检索词对时，研究人员用核磁

生物钟和体内平衡的发展

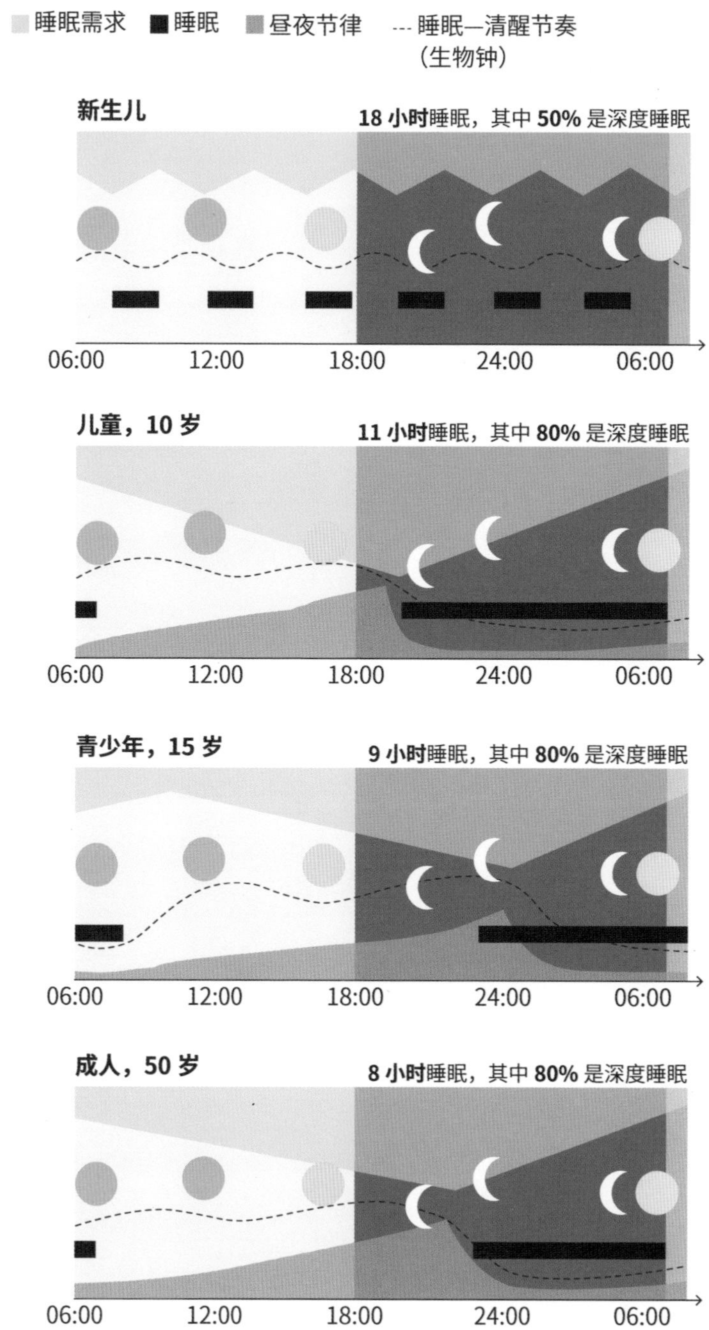

来源：Hummer en Lee.（2016）

睡眠时间

受光线等因素影响，生物钟使我们白天清醒，晚上睡觉。警报系统（紫色部分）负责协调身体的昼夜节律，并在一天中逐渐增强，在儿童身上比在青少年和成人身上增强得更快。另一个影响睡眠的过程是体内平衡，它使你的睡眠需求在清醒时增加，睡觉时减少（图中顶部绿色部分）。青春期时的睡眠需求高峰比童年和成人晚。最后是睡眠—清醒节奏（虚线），在下午有个低谷。那时，生物钟的警报系统没有那么强，但睡眠需求却在增加。对于青少年来说，直到上午晚些时候，这一比例都很低。可以看出，虽然生物钟对睡眠时间很重要，但体内平衡对睡眠质量尤其重要。

做梦机器

记忆是如何在睡眠期间
被固定在大脑中的？

❶ **提取经历**
在睡觉的时候回顾最近的经历。

❷ **启动机器**
你的海马体和前额叶皮层同时开始工作。

❸ **临时存储**
你将最近的经历临时存储在海马体中。

❹ **链接信息**
在前额叶皮层中，新获得的知识与已有知识相链接，从而嵌入到长期记忆中。

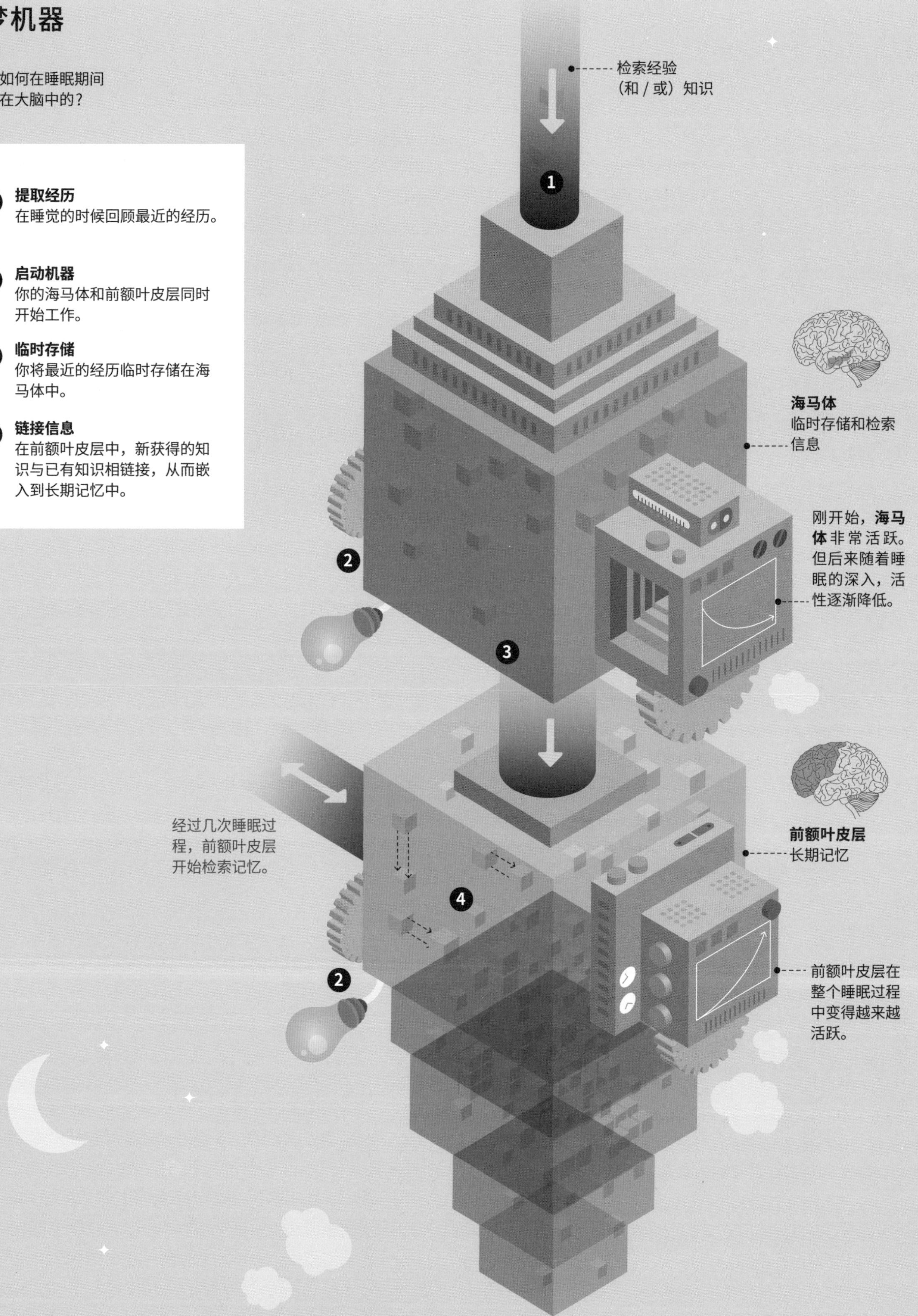

检索经验
（和 / 或）知识
1
海马体
临时存储和检索
信息
刚开始，海马体非常活跃。但后来随着睡眠的深入，活性逐渐降低。
2
3
前额叶皮层
长期记忆
经过几次睡眠过程，前额叶皮层开始检索记忆。
4
2
前额叶皮层在整个睡眠过程中变得越来越活跃。

共振扫描仪（MRI）测量他们的大脑活性。一条关键信息是：一组参与者正常睡了两晚觉，但另一组参与者被剥夺了一晚的睡眠。结果显示，与睡眠不足的参与者相比，另一组睡好觉的参与者在海马体和大脑内侧前额叶皮层之间表现出更多的协同激活现象。因此，充足的睡眠可以让你的记忆更牢固地储存在大脑前额叶皮层的长期记忆中。

即使在6个月后，单词列表似乎也还能更好地固定在之前正常睡眠的参与者脑中。虽然在6个月后，两组忘记的词对数相同（这是合理的），但是在大脑激活模式上，两组记住的词对显示出差异：正常睡眠的那组参与者的腹内侧前额叶皮层更活跃。

睡眠不足对记忆任务中大脑的影响

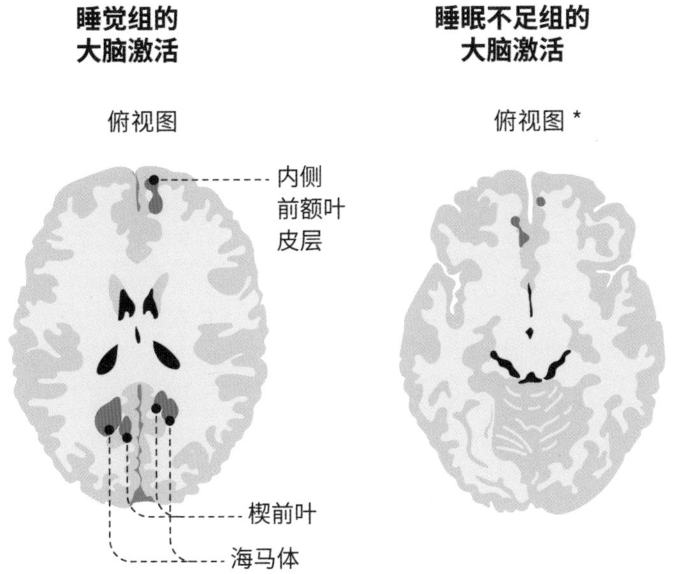

* 不同高度的横截面

来源：Gais et al.（2007）

深度睡眠的重要性

研究人员想知道记忆的重新激活发生在睡眠的哪个阶段，这是一个相当大的挑战，因为你不可能找睡着的人去做一项记忆测试，这也是研究人员巧妙利用气味的原因。毕竟，嗅觉是唯一一个与海马体直接接触的感官。即使在夜间，气味也能到达大脑中的记忆系统。

睡眠阶段

睡眠有两种类型：由四个睡眠阶段共同构成的“非快速眼动睡眠”（NREM）和“快速眼动睡眠”（REM）。每经过四次非快速眼动睡眠就会进入一次快速眼动睡眠，这个阶段占据了夜间平均10%～25%的时间。当处于“慢波睡眠”（SWS）时（也叫“深度睡眠”，属于非快速眼动睡眠的一个阶段），你很难被唤醒。在这个阶段，你的脑电波频率较低（0.4～4.6Hz），慢波在人刚进入睡眠时极多，然后在整个晚上重复出现的时间越来越少。青春期的一大特点是比成年后的深度睡眠多（高达90%）。相比之下，处于快速眼动睡眠阶段的人的脑电波保持着高频率的低振幅，与清醒状态相似。快速眼动睡眠的特点是快速的眼球运动（如名）和身体的肌肉松弛无力。据推测，我们主要就在这个阶段做梦。

入睡第一小时内的睡眠阶段，包括每个睡眠阶段的脑电图记录

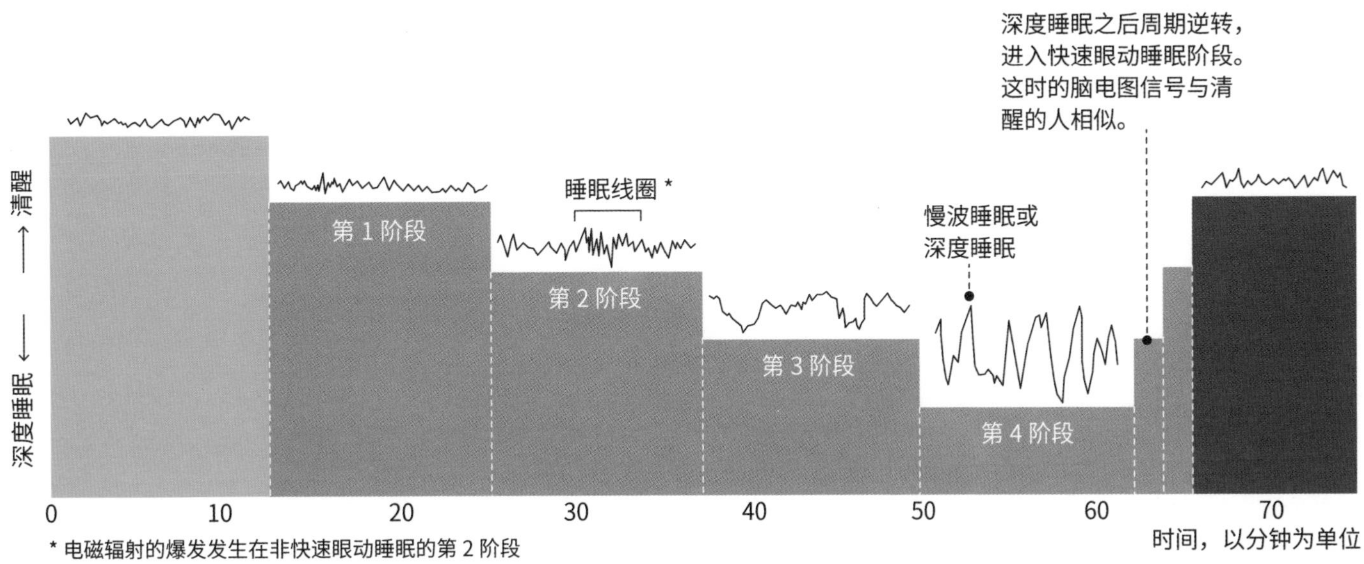

* 电磁辐射的爆发发生在非快速眼动睡眠的第 2 阶段

来源：Purves et al.（2001）

你知道
人一生中三分之一的
时间都在睡觉吗?

什么是梦?

尽管你在睡眠的各个阶段都会做梦，但大多数梦都发生在快速眼动睡眠阶段——至少是那些能被记住的梦。这些梦可能与被嵌在大脑中的记忆有关。其中，海马体和额叶内部皮层是主要的“负责人”，它们负责重新激活记忆。此外，你在梦中还能感受到强烈的情绪，这可能是由于你的边缘系统在睡眠中被激活了：它负责处理情绪并给记忆贴上情绪标签。

你知道
12%的人做的梦
都是黑白的吗?

你知道
比起不睡觉，你可以坚持
更长时间不吃东西吗?

遇到火灾危害时很有用！这是因为所有其他感官的神经束首先到达“开关站”——丘脑，丘脑再将感觉信息传递到大脑的其他目的地，如海马体。不过在睡眠期间，丘脑几乎不或很少传递这些刺激。

在参与者入睡前，他们必须玩一种记忆游戏——记住某些卡片（例如有汽车或花的图像）的位置。他们学会将物体信息（什么）与空间信息（哪里）联系起来。每张卡片也有特定的气味。他们睡着后，一些参与者能闻到这些气味，另一些则没有。第一种情况下，97%的参与者都留有较深的记忆；第二种情况下，该比率为85%，要低得多。

研究人员怀疑，在气味的影响下，与该气味相关的近期记忆和带有气味的卡片信息（什么和哪里）被检索了出来。有趣的是，参与者无法记住这些气味，所以重新激活的过程是无意识的。而且，就算参与者闻了一整天的这些气味，这对记忆游戏的得分也没有影响。因此，睡眠期间的记忆过程确实发生了一些独特的变化。

为了找出是哪个睡眠阶段造成的这种情况，研究人员在非快速眼动睡眠阶段向某些参与者提供气味，特别是在深度睡眠期间；其他参与者则是在快速眼动睡眠阶段被提供气味。结果显示，只有在那些在非快速眼动睡眠阶段接受气味的参与者中，研究人员才观察到了气味对记忆游戏的积极影响。这一结论与动物的睡眠研究一致：它们在深度睡眠时的海马体处于活跃状态。因此，在一项后续研究中，研究人员调查了海马体在气味记忆游戏中是否发挥了作用。核磁共振扫描仪显示，与“无气味”的参与者相比，前一天晚上接受气味的参与者的海马体在早上更活跃。从之前的研究可知，气味本身不会激活海马体，从而推断出，气味特别参与了气味卡片上的信息检索过程，重新激活了海马体，进而提高了在记忆游戏中的得分。

噢，对了！你也会需要一个“过度思考”的夜晚吧？例如当天有新学材料的测试？那么小睡一下吧，这也有助于记忆。

为什么婴儿出生自睡眠中

从在母亲的子宫里开始，胎儿似乎就会发展出一种睡眠—清醒节奏。通过测量他们的心率，你可以断定出胎儿是处于醒着还是非快速眼动睡眠或快速眼动睡眠阶段。胎儿似乎会根据母亲的身体活动（或没有活动）、心率、激素分泌和体温来调整他的睡眠—清醒节奏。出生后，婴儿需要一段时间才能发展出基于昼夜节律的睡眠模式，大多数婴儿需要8至12周后才会完全形成。

研究人员通过对自己的宝宝进行长达6个月的

监测发现：如果你把婴儿放在一个黑暗的房间里睡一天，或是在晚上喂奶时打开了夜灯，婴儿的睡眠—清醒节奏可能就需要更长时间才能形成。同时，这也表明睡眠—清醒节奏并不是第一个适应24小时周期的生物节奏。除了睡眠—清醒节奏，你的生物钟也在调节体温的24小时周期。婴儿出生1周后，体温就已经显示出昼夜节奏。

新生儿16至18小时的睡眠中，约一半时间都处于快速眼动睡眠状态，这比成年人快速眼动睡眠的占比要高得多。直到三四岁左右，婴儿的快速眼动睡眠时间才会逐渐减少。对于新生儿来说，更高比例的快速眼动睡眠时间有助于大脑发育。在老鼠的相关研究中，研究人员给2至3周龄的老鼠服用抗抑郁药物来减少其快速眼动睡眠时间。结果是：缺乏快速眼动睡眠的老鼠除了显示出较差的大脑皮层发育外，还表现出较弱的神经可塑性。

婴儿睡眠节奏的演变

下图是一个6个月大的婴儿的睡眠—清醒节奏，每个圆圈代表一天，最上面是午夜12点，最内圈是出生后的第一天。在最初的几天里，睡眠—清醒模式几乎没有节奏可言（这对父母来说是一段艰难的时期）。随着时间的推移，婴儿晚上睡得更规律、更久（圆圈右侧）；白天的小睡时间逐渐变短、频率降低。

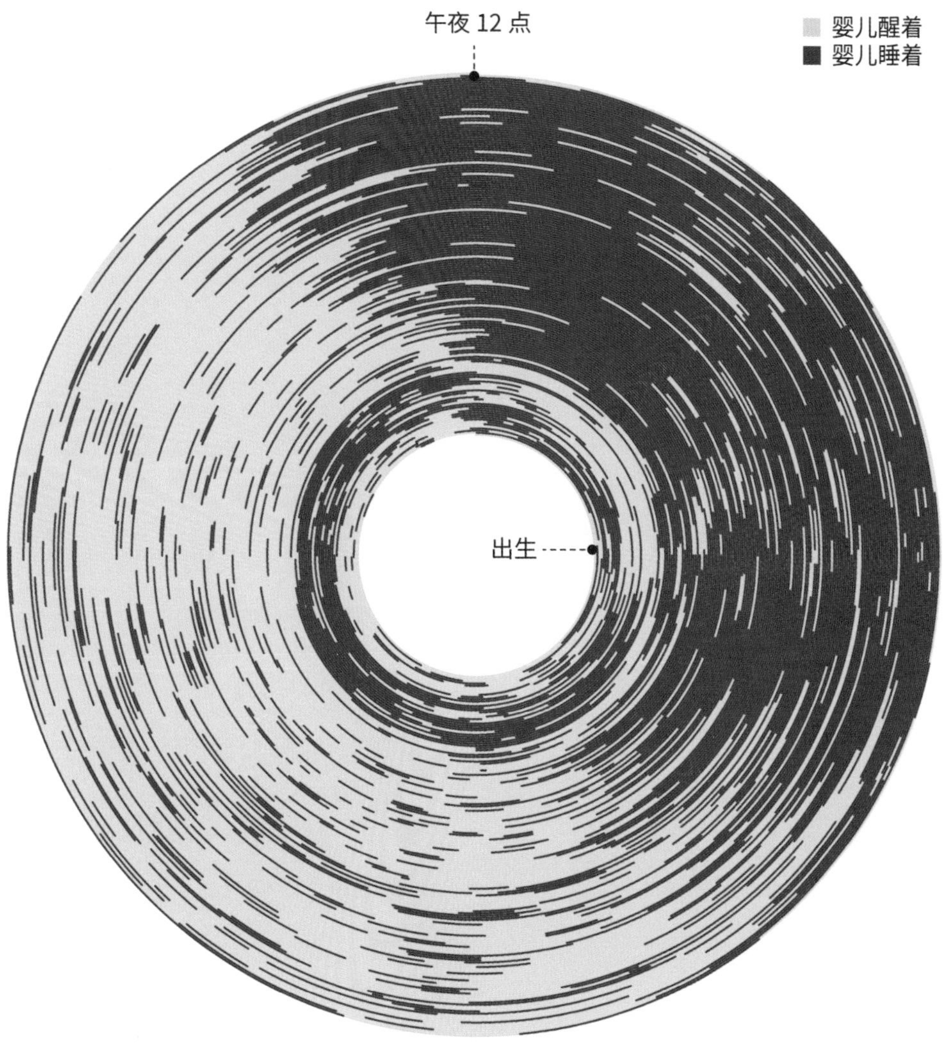

来源：u/Andrew_Elliott op Reddit.

为什么年轻大脑的海马体在夜间会过度活跃

幼儿对学习新单词如鱼得水，这是因为海马体在夜间繁忙地工作，以便将新词汇存储到记忆中。研究人员是如何知道这一点的呢？首先，他们让孩子学习一些物品和玩偶的名称。一周后，他们让孩子在核磁共振扫描仪中睡了一晚。当研究人员冲睡着的孩子播放新（虚构的）单词时，孩子的海马体和前额叶皮层都非常活跃。他们睡觉时的大脑对单词的反应越强烈，孩子就越能更有效地记住所有内容。因此，即使还是个孩子，你的海马体也已经在夜间忙着储存记忆了。

> “我喜欢睡觉。当我清醒时，我的生活往往会分崩离析。”
>
> ——欧内斯特·海明威（1899—1961）

为什么青少年从睡眠中受益

青春期＝不同的时区

大脑的变化能否解释引言中青春期的莫德为什么需要睡那么久？青春期时，你的睡眠节奏会发生变化，就好像青少年与家里的成人或小孩生活在不同的时区里。他们上床睡觉的时间比小时候平均晚50分钟，但又必须在同一时间起床。因此，他们比小时候平均少睡半小时到一个半小时。这种较晚的就寝时间部分地与他们自主性的增强有关：青少年能更多地决定自己的就寝时间。但他们较晚就寝也与大脑系统的睡眠—清醒节奏的变化有关。此外，睡眠调节系统的平衡变化使他们在晚上感到不那么困，从而需要更长时间入睡。

那么青少年需要更少的睡眠吗？一项允许青少年想睡多久就睡多久的研究发现，青少年的平均睡眠时间为9小时。另一项研究比较了其上学日和周末的睡眠时间，发现青少年只有在上学日才比儿童睡得少，周末的情况并非如此。所以，青少年需要的睡眠时间并不比儿童少。他们表现出来的睡得少是因为结合了较晚的就寝时间与相同的起床时间，例如，他们需要按时上学。

青春期＝上学晚？

那么，应该为了让青少年多睡觉而推迟上学时间吗？也有这方面的研究。一项2016年的研究比较

第一个睡眠周期的脑电波，
不同年龄段

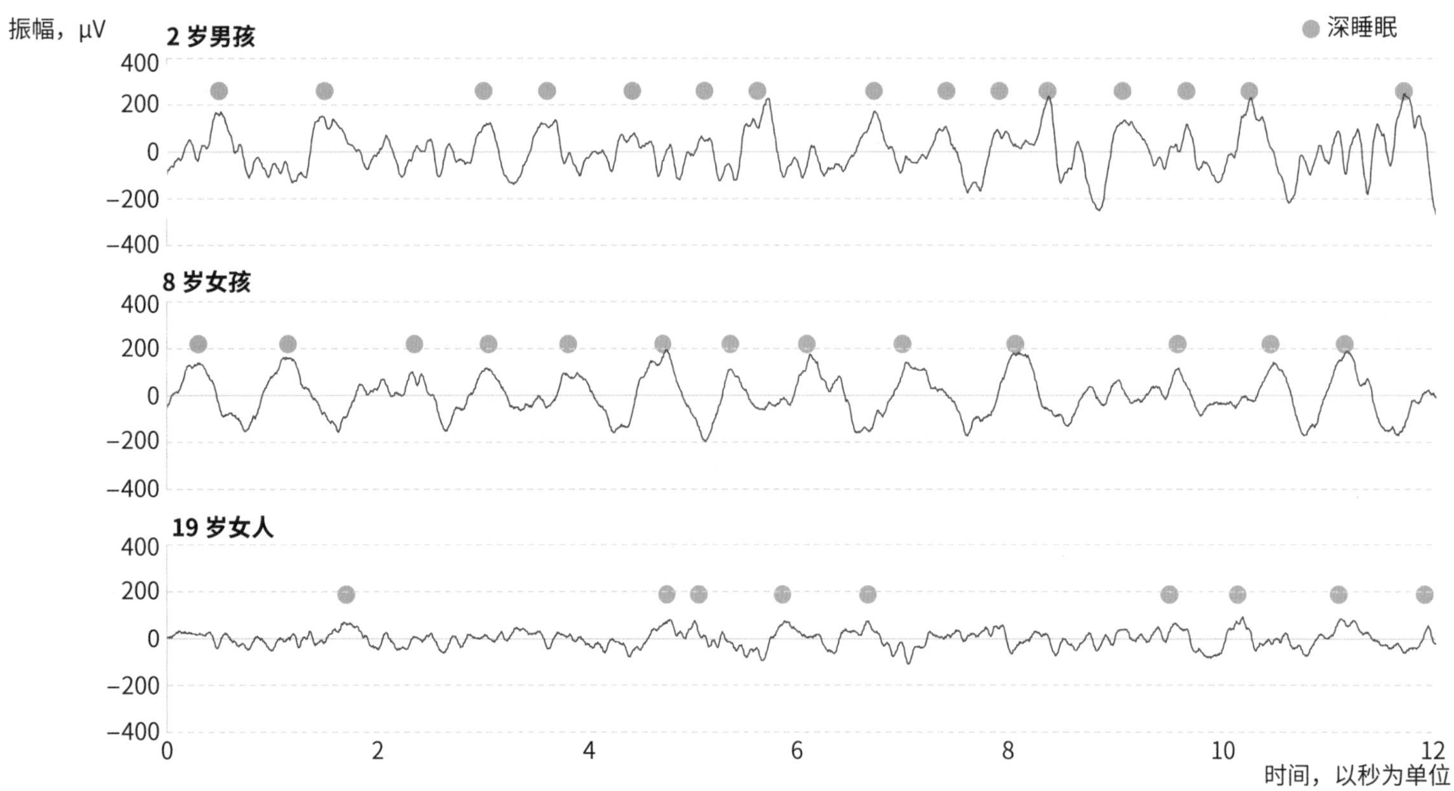

来源：Kurth et al.（2010）

儿童的睡眠时间越长，
记忆中心就越大

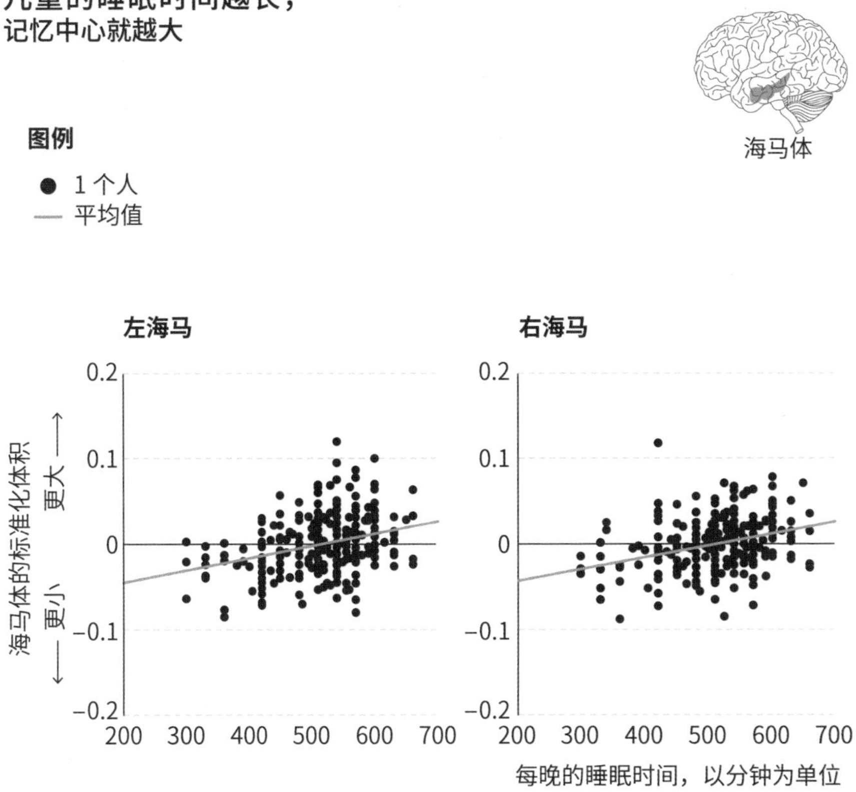

来源：Taki et al.（2012）

了38个青少年，主要是美国人。结果显示将上课时间至少推迟半小时（从8点半推到9点），会带来显著的改善：学生的出勤率更高、准时率更高、发生交通事故的可能性更低、喝咖啡的次数更少、学习成绩更好。值得注意的是，他们的就寝时间并没有改变：没有更晚睡觉，但早上睡得更久。

研究进一步显示：青少年每少睡一个小时，就会在标准化测试中少得一分。也许中学应该考虑一下充足的睡眠对学生的学业成绩和健康产生的积极影响了。

青春期时差

研究人员认为，青少年晚睡（也被称为“青春期时差”）与大脑的发育有关。脑电图研究表明，青少年睡眠期间脑电波的频率和振幅下降了40%。这种减少与青少年所处的青春期直接相关，并且可以用大脑皮层正常发育过程中发生的灰质减少现象来解释（第86页）。同时，在深度睡眠阶段，研究人员也测量到一个峰值：相比儿童和成人，青少年的模式更规律。青少年的深度睡眠量在大脑前额叶区域最多，但在儿童中，深度睡眠则主要发生在大脑后部区域。这种区域转变与灰质发展模式的变化相一致。研究人员认为，大脑发育过程中的这些变化导致了青春期时差的发生。

相反，睡眠也直接影响了大脑发育。儿童和青少年的睡眠时间越长，他们的海马体或记忆中心就越大。另一项研究发现，青春期小鼠在夜间发生的突触修剪多于白天，成年小鼠则没有经历此过程。神经元是大脑学习的基础，突触修剪是指大脑去除神经元之间多余的突触联系的过程，对提高大脑的工作效率至关重要。去除你不常用的联系可以为新的、更有用的联系腾出空间。因此，充足的睡眠对大脑的健康发育很重要。

青春期时差——晚睡、早起、睡眠时间比童年时少——究竟如何影响了青少年的认知功能呢？早期的研究确实显示了一些令人惊讶的结果：青少年似乎比成年人更少受到睡眠不足的影响。就算睡眠不足，他们的短期记忆能力也不像成年人那么差，这可能与大脑前额叶皮层的发育有关。该研究调查了一组青少年，他们每晚睡6.5个小时，这样持续了一周。一周结束后，研究人员让这些睡眠不足的青少年执行工作记忆任务，并接受核磁共振扫描，然后将他们的大脑活动成像与正常睡眠的青少年的大脑活动成像进行了比较。结果发现，睡眠不足组的大脑前额叶皮层过度活跃。一个可能的解释是，这也许是为了在工作记忆任务中表现良好而进行的一种过度补偿。即使睡眠时间短，青少年也总是比成年人经历更多的非快速眼动睡眠阶段。因此，记忆过程可能会被重新激活（当然，前提是发生在有限的范围内），从而弥补其对功能的影响。不过，事实是否确实如此，还有待进一步研究证明。

冥想的大脑

4

为什么你在考试时会脑袋短路？

有压力的大脑对学习的影响

詹姆斯是一名一年级经济学学生。过去几周里，他一直在为考试努力复习，甚至为了顺利通过考试而放弃了一些足球训练。如果合格，他就可以正式成为一名经济学二年级学生。他走进主考场，坐下，等待着开始答题。但当他打开试卷后，却回答不上那些问题，突然间，他什么也不记得了。他感到惊慌失措，这怎么可能呢？他明明做好了准备。最后，他只好匆忙回答了几道多选题。考试结束后他骑车回家，在路上，脑海中浮现出了答案。但已经太晚了！为什么他在考试期间会脑袋突然短路呢？

压力对大脑的影响

压力使你更难从记忆中提取信息。这条结论来自一个科学家小组的实验：他们在第一阶段让参与者学习6个虚构星系的年龄，然后在出现的两个星系中选择较老的一个，最后得知哪个是正确答案。通过这种方式，参与者了解到星系A比B老，B比C老，以此类推。接下来，科学家将部分参与者置于有压力的情境中：他们被要求做一个报告，并受到严格的评委会的评判。以上步骤全部准备好后，参与者在核磁共振扫描仪中执行了两项任务。

在第一项任务中，参与者需要在学了4个旧星系的基础上，再学习4个新星系的年龄。在这种方式下，因为可以将新信息与已有信息联系起来，他们学得更快。如果已知A比C老，而一个新星系比C年轻，那么你也知道A比新星系老（A＞C＞新星系）。在这样一个已有信息与新知识相联系的任务中，内侧前额叶皮层（mPFC）处于活跃状态（第198页）。在第二项任务中，参与者需要学习8个新星系的年龄，这意味着他们不能利用已经拥有的信息。在这样一项学习新信息的任务中，海马体是活跃的。

不过，在第一项任务中，通过严格的评委会并经历过压力的参与者的内侧前额叶皮层显得不那么活跃。他们的海马体在第一项任务与第二项任务中同样活跃，这样看来，已有信息似乎没有被利用到。因此，压力降低了内侧前额叶皮层的功能性。在某种程度上，将已有信息与新信息联系起来的能力受到了阻碍。这也许可以解释为什么当你有压力时（比如考试）很难回忆起学习过的内容。

可能的解决方案：在考试开始前做一些减轻压力的事情。这可以通过让你的大脑解决另一个问题来实现，比如数独游戏。减轻压力的最有效的方法似乎是体育锻炼，不过瑜伽或冥想也能很快达到目的。那么后者是如何运作的呢？

为什么我们对有压力的情况记得更清楚？

为什么你还能记得多年前紧张的驾照考试的细节，却想不起来一周前吃了什么早餐？研究人员对这一问题进行了调查。在第一阶段，他们让一组参与者在一个有许多醒目物体（例如颜色鲜艳的咖啡杯）的房间里向一个很严厉的评委会（压力很大！）做演讲；另一组参与者虽然也接触了同样醒目的物体，但幸免于评委会的刁难。在第二阶段，即一天后，研究人员通过核磁共振扫描仪检查了两组参与者的大脑激活情况，分别是在看到醒目物体和看到严厉的评委会成员的照片时。在“做报告”的参与者（经历压力）中，不同的照片诱发了相同的大脑激活模式；相反，在“未报告”的参与者（没经历压力）中，照片诱发了截然不同的大脑激活模式。因此，有压力的情况似乎会导致该情况下的所有感官知觉被固定在大脑中，成为一个压力记忆。在没有压力的情况下，感官知觉作为一个独立的元素被固定在大脑中。当你回想起那个有压力的情况，例如你的驾照考试，所有那一刻的细节都会一次性地涌现出来。

星系实验

实验

阶段 1 — 任务 1

A 学习 6 个虚构星系的年龄

最古老星系 ⟶ 最年轻星系

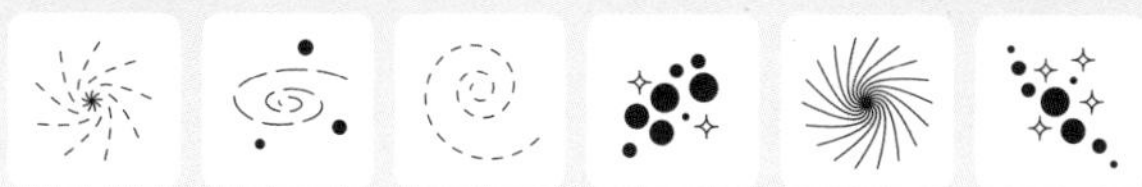

B 哪个星系更老?

阶段 2

处于压力状态的小组：
在评委会前做报告

正常情况下的小组：
无报告

阶段 3 — 任务 1

A 在 4 个老星系的基础上学习 4 个新的虚构星系的年龄

最古老星系 ⟶ 最年轻星系

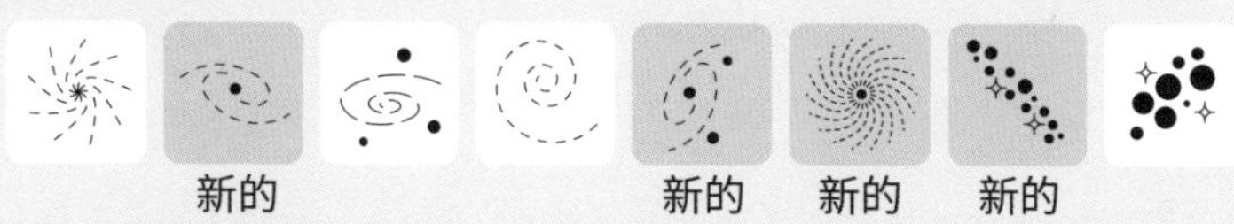

B 哪个星系更老?

阶段 3 — 任务 2

A 学习完全新的 8 个虚构星系的年龄

最古老星系 ⟶ 最年轻星系

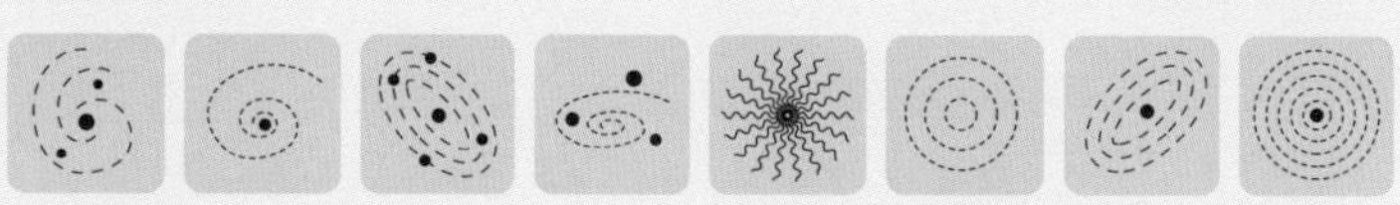

B 哪个星系更老?

结果

与新学的信息相比，这部分大脑区域对以前学过的信息显示出更高的激活度。

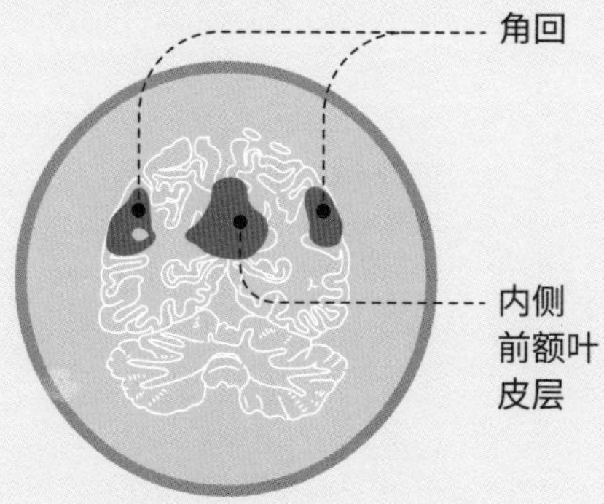

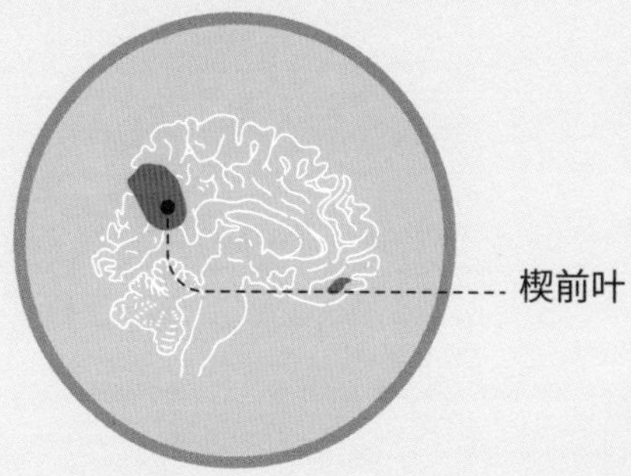

星系实验中内侧前额叶皮层的激活情况

将新信息与已有信息相联系，与新信息进行比较

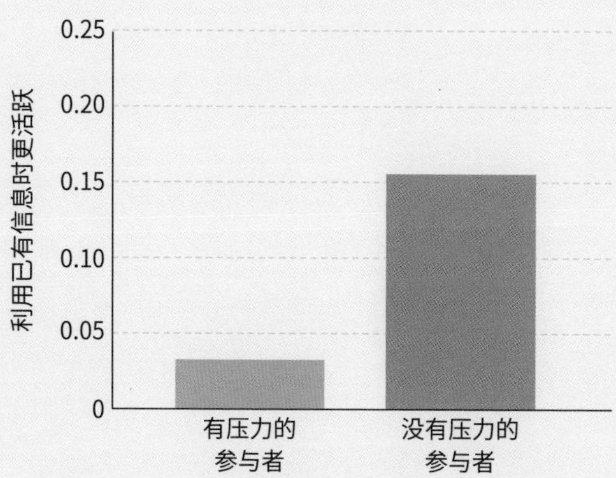

结论

压力使大脑无法利用已有信息来学习新的信息。

来源：Vogel et al.（2018）

选择性注意是如何工作的？

“让我们做一个练习。将注意力集中在呼吸上。只注意你的呼吸。‘观察’你的呼吸而不是操控它。在吸气和呼气时注意你的呼吸。呼吸没有对错之分。你的身体此刻呼吸的方式，就是现在正在发生的……”

如何通过正念冥想减轻压力

在此时此地，不是在彼时彼地

正念是一种被广泛使用和研究的冥想形式。在正念训练中，你要学会把注意力集中在此时此地。正念起源于佛教的冥想传统，20世纪90年代开始在西方受到关注。这种冥想形式经常被用来治疗心理和身体健康问题。

这些训练看起来简单，但需要关注此时此地，并不适合喜欢开小差和走神的大脑。大脑喜欢回忆过去，计划未来——“昨天在树林里散步真是太棒了，孩子们毫无怨言地走了很长一段路。对了，这就是为什么我答应给他们做煎饼。我一定不能忘记一会儿去超市买牛奶。家里还有糖浆吗？我出门之前得检查一下”。所以，要想让你大脑的注意力不断回到此时此地，需要付出很多努力。正念训练培养你对抗不断涌现的感官信息，并只过滤出有用信息或相关信息的能力。要做到这一点，你要利用大脑网络帮助你集中和保持注意力。

正念大脑的选择性注意

正念训练尤其能帮助提高你的“选择性注意”，即将注意力保持在一个特定的任务上，忽略其他刺激的能力。例如，在一个背景嘈杂且周围有无数其他对话的聚会上，你可以用你的选择性注意关注你的对话伙伴。选择性注意可以分为三个不同的部分：警觉、定向和执行控制。第一个组成部分让你准备好集中注意力，保持“警觉”——在正念训练的情况下，专注于你的呼吸。第二个组成部分通过从所有传入的刺激中过滤出正确的感官信息来帮助你“定位”正确的方向——将注意力集中在呼吸的声音、胸部的起伏上。第三个组成部分帮助你进行“冲突感知”，并在感知到信息处理中的冲突时立即采取行动。虽然正念训练要求将注意力集中在呼吸上，但执行控制部分可以让你的大脑“注意到”信息处理中的冲突。例如，你走神了，你正在空想，想着还要做的菜。一旦你意识到自己分心了，参与“冲突管理”的大脑网络就会向那部分参与控制的大脑发送信号，以再次加强它们的功能。然后你的大脑就会再次变得警觉，可以准备将注意力重新集中到你的呼吸上。

参与正念的大脑区域

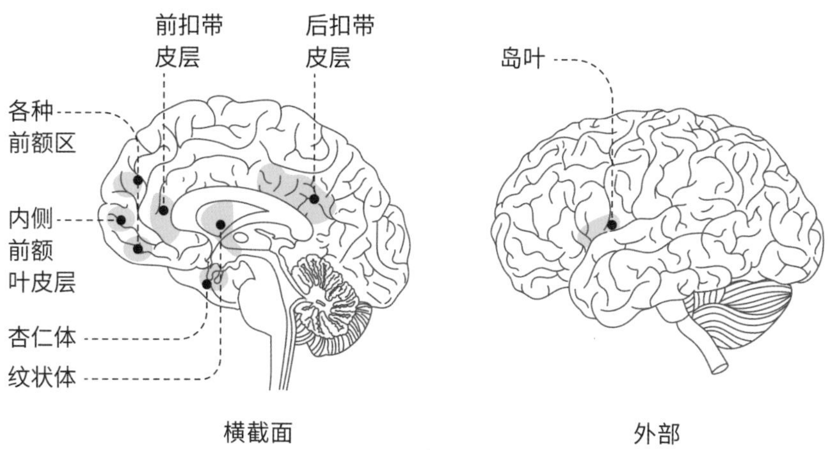

来源：Tang et al.（2015）

测量冥想大脑中的选择性注意

如何测量选择性注意的三个组成部分呢？一个常用的测试是“注意网络测试”（ANT）。实验中，参与者需要快速指出中间箭头的指向，同时（有时）在中间箭头旁边还有指向相反方向的“干扰箭头”（第202页）。干扰箭头会分散你的注意力，使你花更多的时间来选择正确答案。你对冲突信息的感知能力越强，你在ANT测试中的表现就越好。

在ANT测试或类似需要选择性注意的测试中，僧侣和其他经验丰富的冥想者往往得分很高。好消息是，你可以通过冥想提高你在ANT测试中的分数。研究发现，只要做5天每天20分钟的冥想练习就能提高“冲突管理”能力。因此无论从短期还是长期来看，冥想练习都能改善注意力的执行控制部分。短期内，注意力也会变得集中。但对于注意网络的定向部分则不同，只有那些已经进行了长时间冥想练习的参与者才会有所改善，而那些只做了2个月或更短时间冥想练习的参与者并没有定向部分的改进。一项研究证明，至少接受3个月时间冥想练习的参与者才有更强的警觉心（定向）。

表面上看，研究在冥想中的大脑发生了什么似乎很简单，只需将一组冥想者和一组非冥想者放在核磁共振扫描仪下比较结果即可，不是吗？其实不然。（但请保持冷静！）这种比较性科学研究存在许多问题，而关于冥想的研究还处于初级阶段。例如，许多发现尚未在其他样本中得到重复验证，因此报告可能会出现偶然性。此外，可能还存在一些没有发现影响所以（尚）未发布的研究，而已经发表的研究可能会歪曲人们关于冥想对大脑影响的认识。

通过回顾这些研究表明，结果取决于参与者在冥想方面的经验水平，初学者和佛教徒会有很大不同。此外，参与研究的人数在很大程度上也影响着结果。尽管如此，大脑网络在正念影响的研究中越来越频繁地出现。因此，我们可以（非常小心地！）说这些研究产生了许多有趣的发现。那么这些研究到底发现了什么呢？

正念冥想对大脑的影响

更好的冲突管理、疼痛管理和选择性注意

一项大型综合研究表明，经常冥想的人的某些脑部结构发生了永久性变化。例如前扣带皮层，它参与信息处理中的错误记录和冲突感知——执行控制或冲突管理，在冥想者的大脑中更大。另外，与没做过冥想的人相比，经常冥想的人的前扣带皮层在冥想练习中似乎更活跃。

另一项有趣的研究表明，那些认为自己将要接受疼痛刺激的冥想者的前扣带皮层格外活跃，因此这个大脑区域可能有助于处理疼痛。此外，冥想者的前扣带皮层与前岛叶网络的连接更紧密，这对于实现目标等执行功能很重要，尤其是在完成具有挑战性的任务时。此外，与没有冥想经验的参与者相

比，有冥想经验的参与者的顶叶中其他关于注意力的区域也更加活跃。顶叶参与了选择性注意。

更好的情绪调节和压力减少

除此之外，冥想者的背外侧前额叶皮层（dlPFC）比非冥想者的更活跃。背外侧前额叶皮层负责自我调节和情绪调节等相关功能，其增强的活性可能解释了正念是如何更好地调节情绪和减轻压力的。假设额叶的控制区域抑制了情绪区域的激活，那么在出现情绪调节需求之前，你必须先了解触发因素。而这种意识正是通过正念训练练出来的，旨在让你意识到当下的存在。在非冥想者、初级冥想者、经验较少和经验丰富的冥想者中，情绪调节与大脑激活之间的关系发生了一些特殊的变化。

正念是如何帮你减轻压力和控制情绪的?

冥想者的背外侧前额叶皮层更活跃，它可以调节杏仁体中情绪区域的激活。

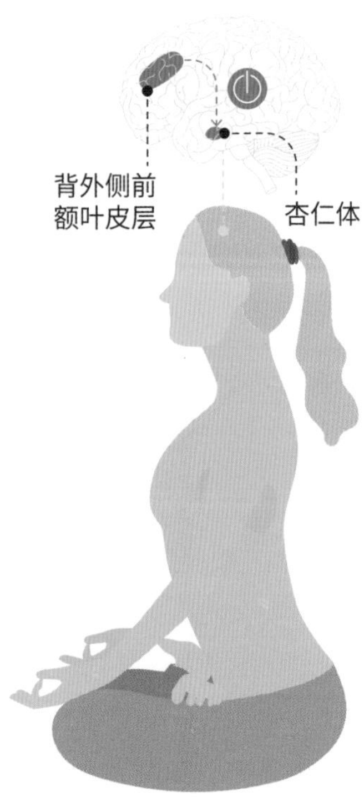

冥想让你忘记时间

研究人员让参与者估计一个特定符号在屏幕上的显示时间。他们需要指出每次符号的显示时间是长（1 600毫秒）还是短（400毫秒），屏幕显示时间在这两个时间跨度之间波动。经过一次听觉冥想练习后，相对于仅听有声读物的对照组，冥想者更倾向于高估符号的显示时间。研究人员认为，他们之所以会感觉时间变慢，是因为听觉冥想使他们专注于当下，使他们在更短时间内有意识地感知到更多时刻。

为非冥想者和（初级）冥想者减轻压力

丹麦的一项研究表明，非冥想者和（初级）冥想者在冥想期间大脑参与情绪调节的方式有所不同。在这项研究中，参与者需要执行一项经典的抑制任务：抑制某些刺激。任务开始后，参与者必须指出他们从屏幕中看到了多少个数字。有时数字的数量与数字本身一致（3个3），有时不一致（3个4）。在后一种情况下，你需要格外注意抑制自己的自发反应，不要自动地回答“4”，而要回答“3”。

数字任务进行中，参与者会看到能引起积极情绪（一条狗在海浪中奔跑）或消极情绪（一条蛇）的图片。结果显示，消极情绪似乎会拖慢参与者的抑制速度，导致分数更低。据推测，带有消极情绪的图片会占用更多的脑力，你需要花一些时间来处理它们（这会让你变慢），从而剩下较少大脑容量（这会让你的得分更差）。

研究人员随后将参与者分为两组。第一组接受为期6周的正念训练；第二组为对照组，接受6周的替代认知训练。（如果研究人员不向对照组提供可代替正念训练的方案，只是让他们“什么都不做”，那么这个事实本身就会对实验产生影响，而与正念训练本身无关。）

6周后，两组参与者都进行了抑制任务。任务中，他们被要求以“正念状态”参与测试，研究人员通过核磁共振扫描仪测量他们在任务期间的大脑激活情况。结果发现，接受了6周正念训练的参与者表现出更快的反应速度，带有消极情绪的图片对他们产生的干扰较少。与对照组相比，他们的背外侧前额叶皮层在执行任务时更活跃，而杏仁体变得不那么活跃。背外侧前额叶皮层抑制了杏仁体的活动。研究人员认为，冥想者的大脑能够抑制消极情绪的处理过程，从而在这项任务中表现得更好。

为初学者和经验丰富的冥想者减轻压力

另一项研究比较了有经验的冥想者和初学者，结果显示相反。经验丰富的冥想者在面对带有情绪的图片时，背外侧前额叶皮层的活动反而比初学者少，但他们杏仁体的活跃度较强。研究人员解释说这是因为经验丰富的冥想者擅于接受自己当前的情绪状态，并较少抑制情绪。

正念训练的短期和长期效果

第一项研究（6周的正念训练）表明：在短期内，冥想使你更好地调节甚至抑制情绪。第二项研究（经验丰富的冥想者）证明：长期来看，冥想使你更擅长接受情绪。这两项研究结果都与正念训练的步骤理论相符合。据认为，初学者需要学习抑制他们对情绪的最初反应。这一点可能解释了他们的背外侧前额叶皮层为何活跃。随着你积累的冥想经验变多，接受情绪会占据主导地位，对情绪的最初反应就会停止，因此不再需要主动抑制。

在一项焦虑症患者也参与的研究中，这一假设得到了证实。研究中，一半的参与者接受了正念训练，另一半作为活跃对照组则接受了替代训练。在进行正念或替代训练之前和之后，两组参与者都需要完成一项任务：指出呈现在他们面前的面部表情是愤怒的还是中性的。正念训练中，焦虑的参与者的杏仁体在观察中性面部表情时显示出比非焦虑参与者更高的活动水平，对于愤怒的面部表情则没有区别。进行正念训练之前，焦虑的参与者会对不明确的情绪刺激做出更强烈的反应。经过正念训练后，再面对中性表情时，焦虑的参与者的杏仁体则反应没那么强烈了。

此外，接受正念训练的参与者和对照组之间似乎存在一个显著的差异。在表情测试中，接受过正念训练的参与者的腹外侧前额叶皮层（vlPFC）更活跃。当需要描述情绪时，你的腹外侧前额叶皮层就会被激活。现在正念训练的目的是让你意识到当下，包括感知自己的情绪。研究人员认为，标记情绪是专门为参加正念训练的焦虑参与者设计的。所以他们可以更好地判断一个中性表情的感情色彩，这有助于对抗焦虑。参与者可以学会用心观察自己的情绪，而不是抑制情绪。此外，有焦虑症的参与者的症状得到了很大改善，他们的前额叶皮层的激活程度很高。这为通过正念训练治疗焦虑症提供了很多可能性。

抑制任务

参与者从抑制任务中看到了什么？

参与者需要指出他们在图片上看到了几个数字。任务期间，他们会看到一些引发消极情绪的图片。

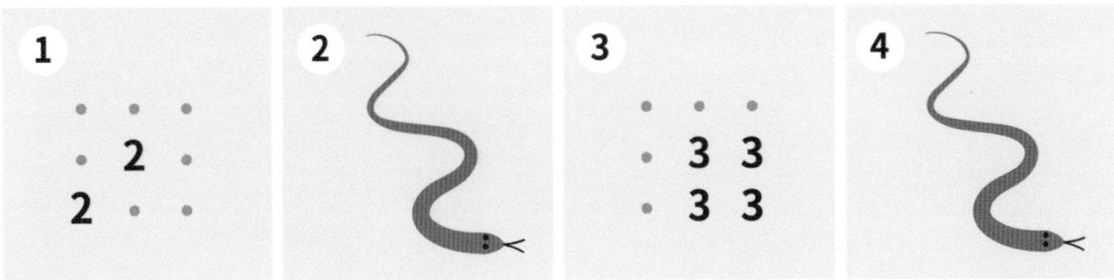

或是

参与者需要指出他们在图片上看到了几个数字。任务期间，他们会看到一些引发积极情绪的图片。

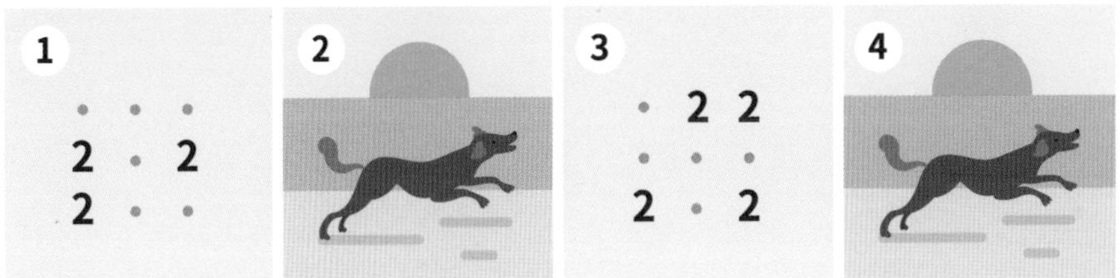

来源：Allen et al.（2012）

大脑2.0

5

年轻人的大脑因为数码产品而变懒？

数字时代的大脑发育

20世纪90年代初，一对年轻游客想去赛德伯格山脉远足，这片地区以南非橘红色的砂岩、引人入胜的峡谷和旋涡状的瀑布而闻名。民宿的老板没有可供远足的地形图，但他很快用纸和笔解决了这个问题。他凭记忆画了一张有蜿蜒的山路和地标的地图：河上有一座吊桥，左边是一片小沙地，右边是两座岩石拱门。他们应该不会迷路的。如果他们现在出发，还能赶上回民宿吃午饭。但是，民宿老板的“记忆地图”并不能有效传达到这对游客的大脑里去。直到深夜，一位公园护林员才把这两位徒步旅行者和他们的废纸送回民宿……

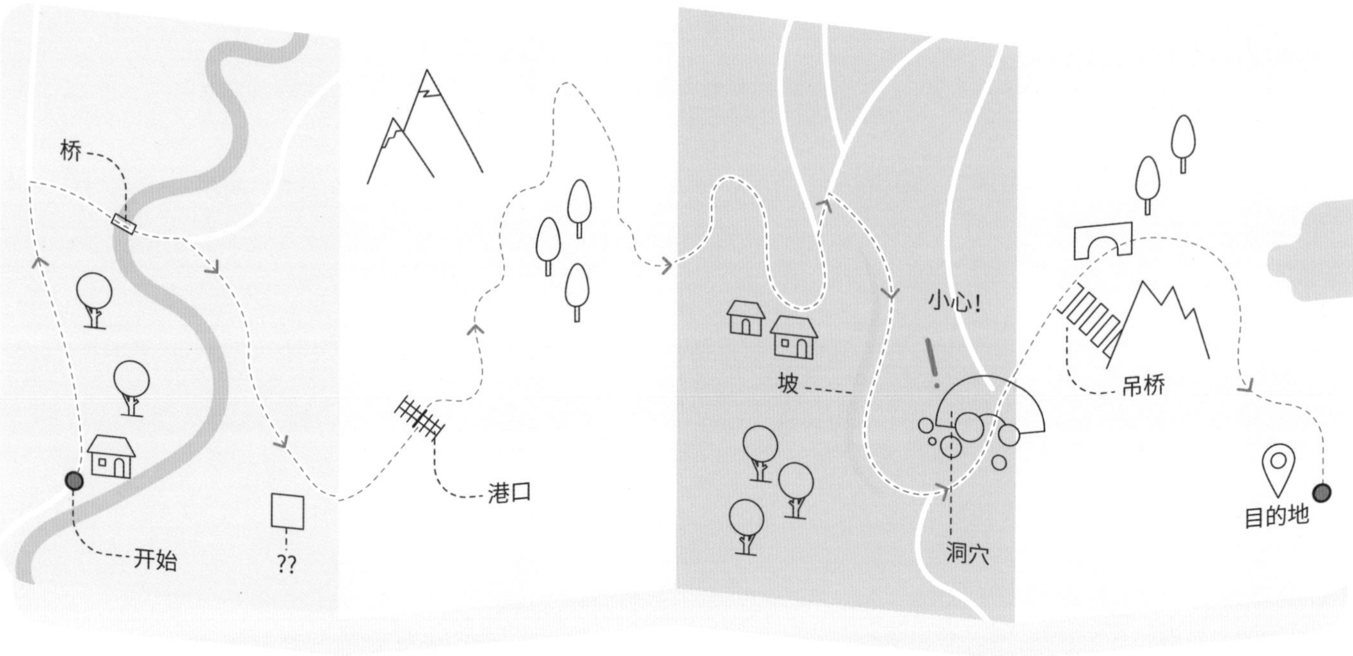

除了惊吓和饥饿，这对游客还留下了一个很有感染力的故事，一个只可能发生在前数字时代的故事。如今，人们已经很难再迷路了。你正在陌生的地方开车、骑车或步行？那么你的大脑几乎不需要思考，因为你会拿出智能手机——93%的人都有——然后打开谷歌或位智定位。你不再需要向陌生人问路，也不需要根据太阳的位置寻找北方。1995年至2012年出生的Z世代，是完全在数字世界中长大的第一代人。数字环境会影响大脑发育吗？如果会，它会使你变得更加灵活吗？

多任务智能手机用户

通常情况下，“检查一下手机”这句指令包括同时完成许多任务：解锁，快速浏览邮件、短信和其他电子信息，在社交媒体上点赞，在播放视频的同时打开并静音音乐，及时收获《卡通农场》里的作物。弹出一个新闻应用程序通知时，你可以一边玩《糖果传奇》，一边用半只眼睛阅读。或是在收到一条提醒你要立即发信息的日历通知时，你正同时想着《字谜争霸》的下一步。通过在智能手机上“练习”，会提高你的多任务处理能力吗？年轻人和其他智能手机用户一样，也很擅长吗？

社交媒体如何影响你的大脑

今天，Z世代的年轻人在数字世界中成长，这也影响了他们的社交生活。Z世代的社交生活主要体现在网上：Instagram、Snapchat、YouTube……这种线上生活要求你的大脑能够在不同的任务之间快速切换，例如，给人点赞和评论、发送消息的同时播放视频等。

年轻人的心理健康状况似乎与他们社交媒体的使用量有关，无论是过少还是过多地使用社交媒体都会对他们的心理健康产生负面影响。要理解这一点，你需要知道网络媒体是否以及如何影响了年轻人的大脑和技能发育。

社交媒体奖励你的大脑

最近，几位硅谷的CEO对社交媒体表示担心，认为其背后的算法对心理健康存在负面影响。像脸书这样的应用程序和其他在线媒体渠道，它们的收入模式是让用户尽可能长时间地使用该程序，这样可以让用户尽可能长时间地接触广告。脸书等公司就通过向它们的用户提供一种混合了（社交）奖励和不可预测性的机制来实现此目标。

社交媒体像水果机一样，利用的原理是间歇性巩固或周期性奖励。你下拉屏幕刷新并加载新数据时，就像你拉下水果机的手柄听到硬币的响声一样。如果你在水果机上总是赢钱，你就会产生习惯，奖励效应会越来越小。社交媒体巧妙地利用了这一机制。它们不定期地给你奖励：有趣的内容、一个赞……这种不可预测性促使你不断刷新。事实上，年轻人的大脑对这些社会奖励特别敏感（第96页），这也许可以解释为什么他们在社交媒体上如此活跃。

给你的帖子点个赞，给你的大脑发个踩？

社交奖励（点赞）和社交“惩罚”（负面评论）是如何影响大脑发育的？研究人员通过让年轻参与者在核磁共振扫描仪下接受测试来研究。类比于脸书上的点赞和负面评论，他们在测试中会收到来自同龄人的积极、中性或消极的反馈。（注意，脸书上没有拇指向下的评论图标，那会把人吓跑。）每次接受（积极、中性或消极的）刺激后，参与者可以通过按按钮发出非常不愉快的高分贝声音来回应反馈提供者。他们按按钮的时间越长，声音持续的时间就越长。通过负面反馈，研究人员希望创造一种社交排斥的环境。你的行为和情绪调节能力越差，你就越有可能想要“惩罚”提供负面反馈的人，比如在对方发布的帖子下留下负面评论。

结果表明，7至8岁的参与者的回应比9至10岁的参与者更具攻击性。（现实生活中也是如此，年轻人比成年人更难控制这种冲动反应。但他们有时也会因此而后悔，因为网络上的恶评很难被删除。）随着年龄的增长，你的行为和情绪调节能力会增强。此外，调节能力的改善程度还与大脑激活程度的变化相关。背外侧前额叶皮层是一个专门涉及情绪调节的脑区。该脑区发育得越快，社交情绪调节就会有更多改善。因此，这项研究表明大脑发育可能与儿童和青少年的网络行为有关。

总屏幕使用量百分比，
普通的上学日和休息日

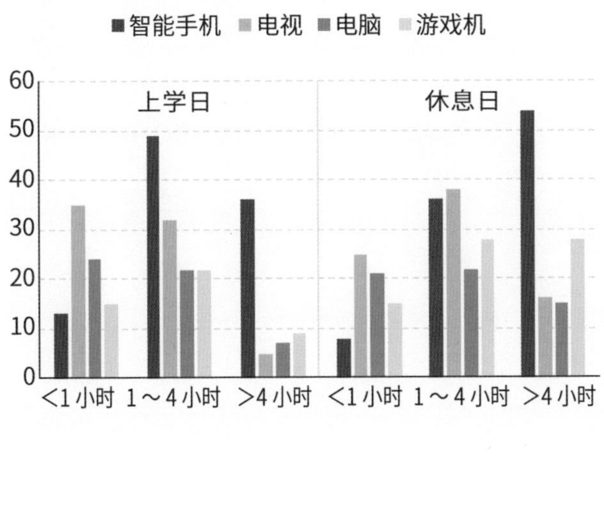

各年级青少年拥有智能手机的比例，
以百分比表示

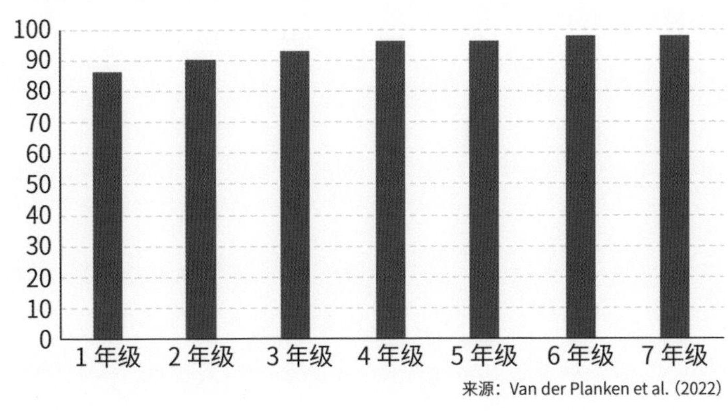

来源：Van der Planken et al.（2022）

大脑核磁共振扫描下的注意力分散实验

人们用智能手机进行多任务处理得越多，前额叶皮层就越活跃。这可能意味着，和那些不怎么用智能手机处理多任务的人相比，他们认为这项任务更加困难。

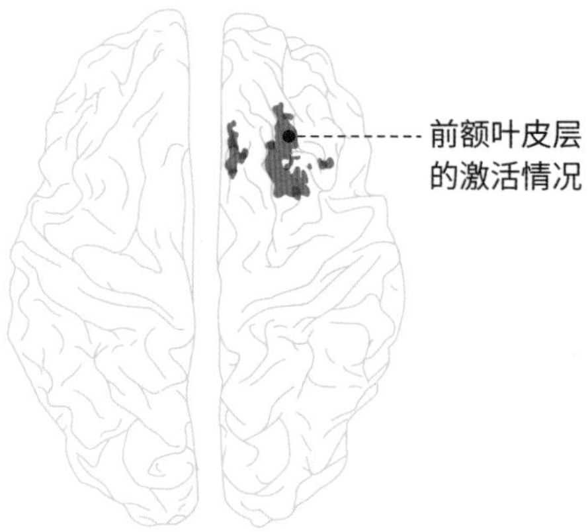

来源：Moisala et al.（2016）

集中和分散注意力

芬兰有项研究探讨了多任务处理是否与注意力和大脑激活的改善有关，调查对象是一组年龄在13至24岁的年轻人。参与者需要在核磁共振扫描仪下阅读书面文本，同时大声朗读文本，就像在听新闻的时候阅读信息一样。然后，参与者被分配了两个不同的子任务。第一个任务要求参与者集中精力阅读一份书面文本或大声朗读一份文本——集中注意力。之后他们需要判断书面文本和口头文本是否一致。平均而言，参与者在90%的情况下都能表现得很好。第二个任务则要求他们进行多任务处理，同时专注于书面和口头文本——分散注意力。

数字多任务≠模拟多任务

结果如何？在这种情况下，参与者指出书面文本和口头文本是否匹配的正确率平均只有75%。

有趣的是，这个结果与参与者在日常生活中的多任务处理频率和程度相关联。但经常在智能手机上执行多任务处理的年轻人反而在这项任务上表现更差，这一点十分令人惊讶。

乍一看这似乎很矛盾：在智能手机上“练习”多任务处理并不能让你擅长模拟多任务处理。相反，那些经常做数字化多任务处理工作的参与者更容易分心，这一发现也被其他研究所证实。研究人员通过大脑也证实了这一发现：在核磁共振扫描成像下，在智能手机上处理多任务的参与者的前额叶皮层表现出更强的活跃度。随着任务难度变高，该部位变得更加活跃。因此，更活跃的数字多任务处理者发现此任务更难。

对这些发现来说，智能手机的使用是原因还是结果，科学家们并不清楚。参与者之所以注意力不集中，是因为他们在日常生活中做了太多的任务处理，还是恰恰相反，Z世代的年轻人更容易分心的原因是他们的大脑构造？可能正因如此，他们才能在智能手机上同时做更多事情？因为他们更容易被传入的消息干扰。无论如何，经常使用智能手机并不能使你更擅长多任务处理，这是个不争的事实。

老式大脑训练和阅读

对孩子们来说，阅读是一场伟大的探索之旅，有助于培养他们的思维能力，能增加他们的词汇量，也能学到其他知识。然而现在，孩子们花更多时间独自坐在屏幕前。与阅读相比，这些屏幕前的时间是否给他们的大脑带来更多益处呢？

休息时的大脑

为了找到这个问题的答案，研究人员对一组8至12岁的儿童进行了核磁共振扫描。他们事先问孩子们，他们用于读书或坐在屏幕前的时间是多少。随后，年轻的参与者接受了所谓的“休息状态扫描”。扫描期间，你不需要特别思考任何事情，但你必须始终睁着眼睛。

即使在这种休息状态下，大脑仍然非常活跃。你可以测量不同的大脑网络的强度，例如语言网络或注意力网络（第36页）。更具体地说，你可以测量这种网络中的大脑各个部分之间的沟通程度。研究人员特别关注语言、注意力、记忆和视觉部分的大脑网络，因为它们都与阅读有关。他们想探寻屏幕时间和阅读时间与这些大脑网络的强度有何关联。

看书和看屏幕对大脑的影响

大脑中的文字处理区域与其他区域之间的关系

图例

- 梭状回对文字处理很重要
- 脑区间的功能连接增强
- 脑区间的功能连接减弱
- 对功能连接的影响大小

如果说一个人读了很多书，这在某种程度上是很合理的。但是看屏幕呢？通过观看、听取和阅读，不也经常接触到语言吗？研究人员对此进行了调查。

看书较多的儿童

那些看书较多的人，其大脑中的文字处理区域与其他区域之间的沟通更强。这些沟通对注意力、语言和行为调节都很重要。

看屏幕较多的儿童

那些花更多时间使用屏幕的人，其大脑中的文字处理区域与负责语言和行为调节的大脑区域之间的沟通较弱。

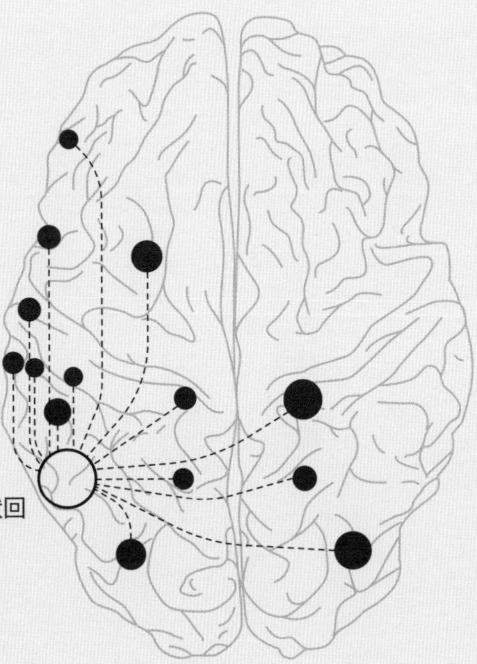

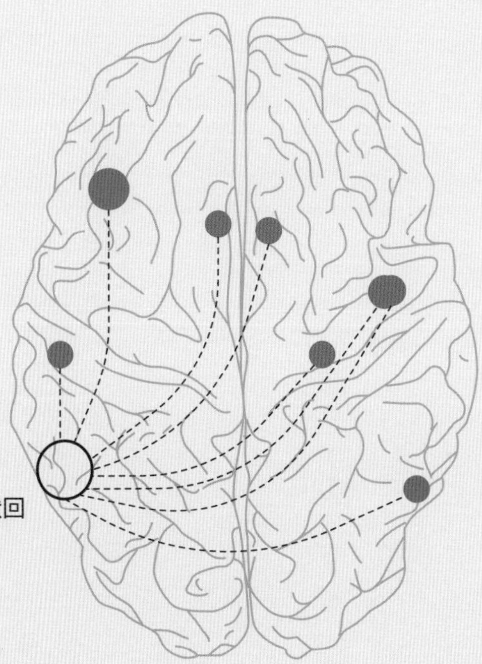

来源：Horowitz-Kraus en Hutton.（2018）

为什么大声朗读对儿童有好处

在儿童能够阅读之前，他们阅读文本所需的大脑网络就已经得到了充分使用。对年幼的孩童来说，即使他们没有看到图片，这些“阅读区域”在听故事时也是活跃的。研究人员怀疑原因是孩童使用这些大脑区域来想象故事情节。因此，定期给孩子讲故事有助于刺激他们大脑的阅读区域。研究表明，父母给孩子讲得越多，孩子的阅读区域就越活跃。

读书＝刺激大脑网络

结果发现，孩子们花在读书上的时间越多，他们的语言大脑网络与注意力、记忆和视觉大脑网络之间的沟通就越强。相反，孩子们使用屏幕的时间越多，这些大脑网络就越弱。读书可以训练所有这些大脑网络——哪怕对8岁的孩子来说也成立。请注意！该研究不能说明屏幕时间是否直接不利于他们的大脑发育。也可能存在一种假设：在屏幕前花更多时间意味着阅读的时间更少，因此大脑中的阅读网络发展得更慢（或更快）。

阅读和被阅读可以激活相同的大脑区域

这些大脑区域在孩子听故事时处于活跃，并于之后被用来阅读文字。因此，孩子在能够阅读之前，这些大脑区域就已经开始了训练，并学会了与其他大脑区域沟通。

语言区域……

● 理解 ● 语法

……以及与之相连的大脑区域：

● 复杂的认知过程：
- 前额叶皮层用于集中注意力
- 短期记忆用于跟进故事情节

● 视觉：想象故事情节

● 处理声音

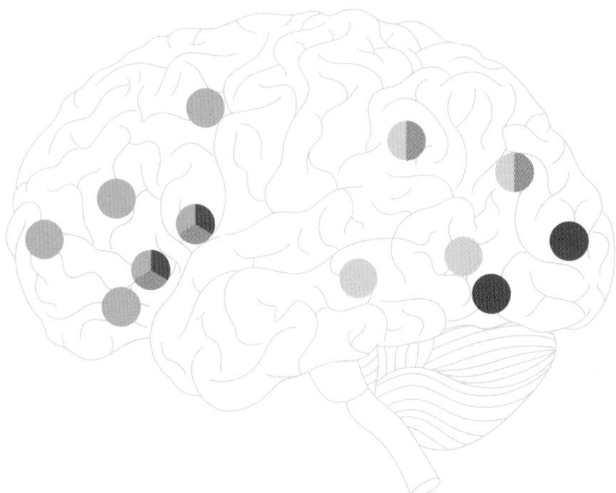

来源：Horowitz-Kraus en Hutton. (2015)

新式大脑训练和应用程序

如今，图书面临着众多竞争，比如（大脑）益智游戏和儿童在平板电脑或智能手机上玩的应用程序，它们为孩子提供了无尽的和多样化的学习机会。益智游戏标榜可以训练你的大脑，让你变聪明，取得更好的学习成绩。但是，它们真的比图书更益于大脑发育吗？

图书和迁移

许多脑力益智游戏都是为了训练执行功能。大脑的思维功能使你成功地完成一个目标、做好每步计划、不分心（第206页）。但是研究表明，尽管你在这些游戏中表现得越来越好，但并不能让你在学校中自动变得更聪明。换句话说，你没有迁移。科学家说的“迁移”是指在游戏中的练习模式同样对日常生活有影响。而阅读可以培养更广泛的思维能力，所以阅读比玩益智游戏更有效，这在一项汇总了2017年之前所有关于大脑训练游戏的综合研究中得到了证实。

脑力游戏和迁移

虽然商界叫它“大脑训练游戏”，但神经科学家更喜欢称其为“认知训练”。认知训练旨在提高诸如短期记忆等认知技能。目标是在短时间内定期重复这些认知活动，以便引起对其他认知技能有积极影响的大脑变化。这种迁移通过“神经可塑性”——大脑因应外界活动输入或经历变化而改变神经信息传递效能的现象——来诠释脑力游戏（第83页），只是这一假设很难被证实。

因此，科学家们想找出是否有可以为这个假设提供论据的研究。有项调查发现了超过16 000（！）项关于12个著名的商业数字大脑游戏的研究，其中70项都符合回顾分析的要求，例如有一个对照组。这项调查的结果是：10项研究观察到大脑变化与通过游戏进行的脑力训练有关，36项研究甚至发现了转移效应。不过，通过脑力游戏训练几周后，只有11项研究测量到了这种转移。此外，在这70项研究中，大多都没有一个（好的）对照组，无法和脑力游戏对原始“受训”对象的影响做比较。

理想情况下你需要两个对照组：一组不玩脑力训练游戏，另一组玩没有训练元素的游戏。对参与者来说，提前知道自己被分在受训组中本身就能产生积极的影响，比如你会在测试中更努力。此外，测试的负责人也不应该对参与者有任何先入为主的主观偏差，比如不知不觉地鼓励受过训练的参与者在测试中加油。只有采用双盲试验法，你才能排除其他因素不会（也）对参与者的认知“改善”产生积极影响的可能性。

结论是：如果你喜欢的是游戏本身带来的乐趣，那就尽情地玩吧。但如果你是因为广告上说的想提高认知能力，那么请三思。

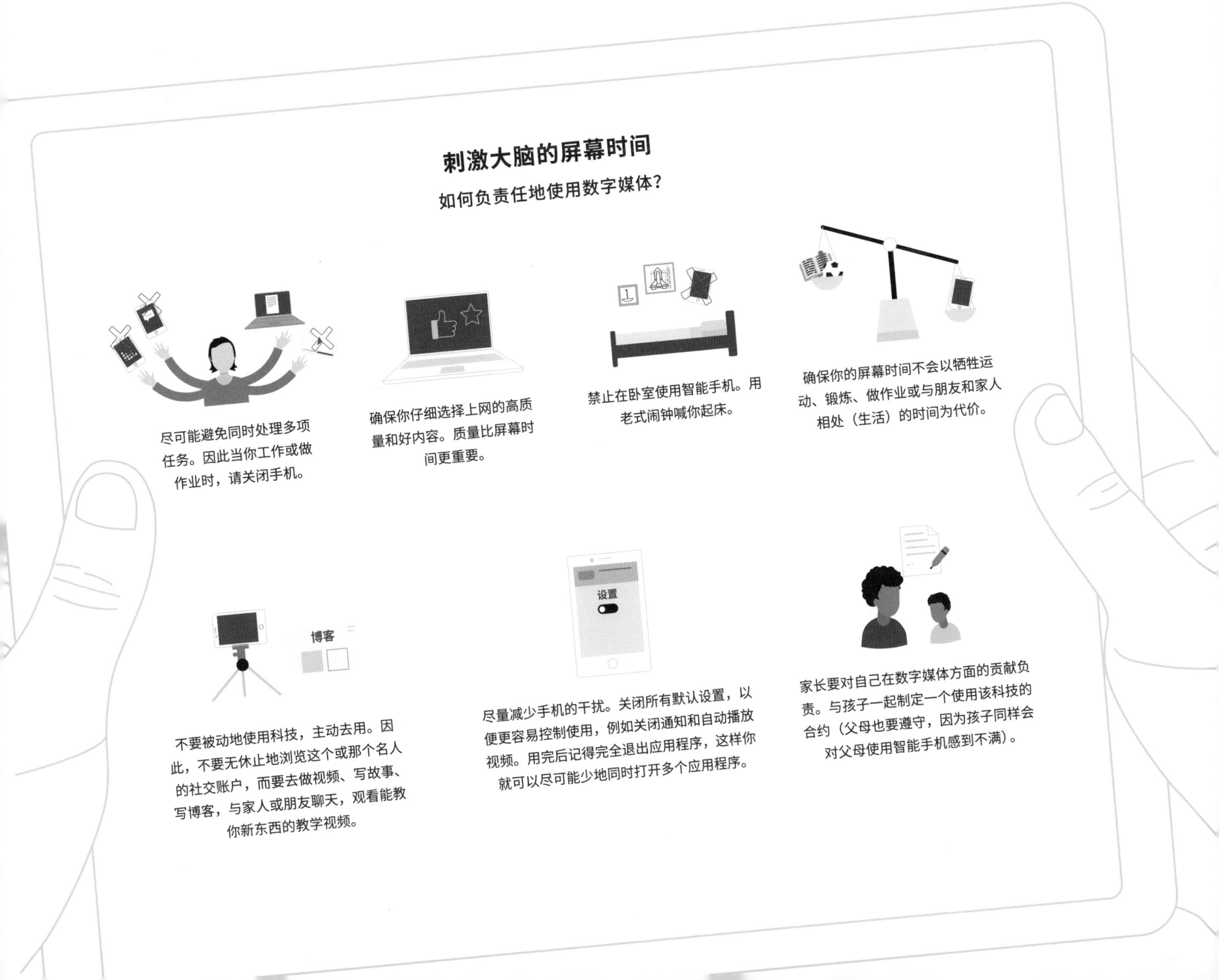

刺激大脑的屏幕时间
如何负责任地使用数字媒体？
尽可能避免同时处理多项任务。因此当你工作或做作业时，请关闭手机。
确保你仔细选择上网的高质量和好内容。质量比屏幕时间更重要。
禁止在卧室使用智能手机。用老式闹钟喊你起床。
确保你的屏幕时间不会以牺牲运动、锻炼、做作业或与朋友和家人相处（生活）的时间为代价。
博客
不要被动地使用科技，主动去用。因此，不要无休止地浏览这个或那个名人的社交账户，而要去做视频、写故事、写博客，与家人或朋友聊天，观看能教你新东西的教学视频。
设置
尽量减少手机的干扰。关闭所有默认设置，以便更容易控制使用，例如关闭通知和自动播放视频。用完后记得完全退出应用程序，这样你就可以尽可能少地同时打开多个应用程序。
家长要对自己在数字媒体方面的贡献负责。与孩子一起制定一个使用该科技的合约（父母也要遵守，因为孩子同样会对父母使用智能手机感到不满）。

致谢

几年前，一个小项目开始启动，如今已经长成了这本庞大而美丽的书。如果没有一些人的帮助，这是不可能实现的。做书就像是一种艺术工作，需要汇聚各种不同的才华。我们要感谢Lannoo团队的Pieter De Messemaeker，感谢他对这本书的想法、反馈，以及对这个项目的指导；感谢Mieke Verloigne的精美设计，使本书在视觉上成为一个整体，并充分展示了所有图形；感谢Michiel Verplancke的指导和想法，以及对文本和图形的精准反馈；感谢Françoise Parlevliet对本书做的所有推广工作；感谢Hervé Debaene和Stefanie De Craemer对本书的帮助和支持。特别感谢编辑Fieke Van der Gucht，她将文字处理得通俗易懂，并用她优美的语言丰富了它们。此外，还要感谢所有那些未被提及，但也为这个项目做出了宝贵贡献的人。

接下来，我要单独感谢这些人。

我（Lara）对我的创作伙伴Dirma Janse感激不尽。因为你卓越的才华，我那做本关于我最喜欢的主题的图画书的梦想才能实现。

说来也奇怪，我的职业便是提出问题和寻找答案。在这个过程中，我有幸与许多出色且才华横溢的人合作。特别是你，Eveline Crone，除了是一位优秀的导师和榜样之外，你从一开始就对这本书充满了热情。我也要感谢同事们提供的事实核查和第二意见方面的专业知识支持；同时也要感谢Eva van Meeteren-Naninck在最初阶段的思考和对我及对本书的信任；还要感谢Marieke Bos的批判性眼光和帮助。还有，感谢你们阅读这本书：Ilse van der Groep，Shanna Wielinga，Jorien van Hoorn，Lina van Drunen，Jochem Spaans，Anna van Duijvenvoorde和Dick Swaab。此外还要感谢L-CID团队、Change Platform团队以及SYNC Lab团队的同事们给予我的支持和鼓励。

能够写下这本书，在关键时刻支持我的家人和朋友们是不可或缺的。我想要特别感谢我的家人Midas，感谢你的耐心，对不起！感激Julian和Zeger，我可以近距离地观察你们的小脑袋。你们是我的宇宙。

首先，我（Dirma）要感谢Lara。通过我们良好而密切的合作，我们才能够创造出这本书中出现的美妙图画。你激发了我，让我有动力使科学和设计相互促进。我还要感谢我的朋友Hendri van de Pol，他为我提供了无数杯咖啡、茶和餐点，使我能够从事这本书的设计工作。你是我这个项目中最有力的支柱。

阅读清单

身为作者，我们当然也对在本书出版之前已经出现的精彩作品心存感激。如果你想了解更多关于大脑（研究）的信息，或者想欣赏美丽的科学可视化内容，我们强烈推荐这些书。

— Eveline Crone – *Het puberende brein*
— Dick Swaab – *Wij zijn ons brein*
— Barbara Braams – *Het riskante brein*
— Mariska Kret – *Tussen glimlach en grimas*
— Sarah-Jayne Blakemore – *Het geheime leven van het tienerbrein*
— Erik Scherder – *Singing in the brain*
— Lisa Feldmann Barrett – *Seven and a Half Lessons About the Brain*
— Frans de Waal – *Zijn we slim genoeg om te weten hoe slim dieren zijn?*
— Andreas Vesalius – *De Humani Corporis Fabrica Libri Septem*
— Larry W. Swanson & Eric Newman – *The Beautiful Brain. The Drawings of Santiago Ramon y Cajal*
— Olaf Breidbach – *Art Forms in Nature. The Prints of Ernst Haeckel*
— Frank Zöllner & Johannes Nathan – *Leonardo da Vinci. The Complete Paintings and Drawings*

参考书目

第1章
大脑的组成部分

1 神经系统

Bartheld, C. S. von, et al. (2016). The search for true numbers of neurons and glial cells in the human brain [...]. *The Journal of Comparative Neurology*, 524(18), 3865-3895.

Dusek, J. A. & Benson, H. (2009). Mind-body medicine [...]. *Minn Med,* 92(5), 47-50.

Gazzaniga, M.S. et al. (2014). *Cognitive neuroscience : the biology of the mind [...].* New York.

Herculano-Houzel, S. (2009). The human brain in numbers [...]. *Frontiers in Human Neuroscience*, 3, 31.

Ozbay, F. et al. (2007). Social support and resilience to stress [...]. *Psychiatry Edgmont,* 4(5), 35-40.

Rao, M. & Gershon, M. D. (2018). Enteric nervous system development [...]. *Nat Rev Neurosci,* 19(9), 552-565.

Rao, M. & Gershon, M. D. (2016). The bowel and beyond [...]. *Nat Rev Gastroentero*, 13(9), 517-528.

Saxe, L. (1991). Science and the CQT polygraph [...]. *Integrative Physiological and Behavioral Science,* 26(3), 223-231.

Sherin, J. E. & Nemeroff, C. B. (2011). Post-traumatic stress disorder [...]. *Dialogues Clin Neurosci*, 13(3), 263-278.

Sherrington, C. S. (1924). Problems of muscular receptivity. *Nature*, 113 (2851), 892-894.

2 大脑研究简史

Akkermans, R. (2018). Cécile Vogt. *Lancet Neurology*, 17(10), 846.

Codellas, P. (1932). S. Alcmaeon of Croton [...]. *J Roy Soc Med*, 25(7), 1041-1046.

Dickinson, E. & Verstegen, P. (vert.). (1983). Acht gedichten [...]. *De Tweede Ronde*, 4(1), 143.

Giné, E. et al. (2019). The Women Neuroscientists in the Cajal School. *Front Neuroanat*, 13, 72.

Mathangasinghe, Y. & Samaranayake, U. M. J. E. (2019). A brief history of neuroscience. *Sri Lanka Anatomy Journal*, 3(2), 72-74.

Metitieri, T. & Mele, S. (2020). Women in neuroscience [...]. *Reference Module in Neuroscience and Biobehavioral Psychology.*

Middendorp, J. J. van, et al. (2010) The Edwin Smith papyrus [...]. *Eur Spine J*, 19(11), 1815-1823.

Tate. (2016). Unlock Art: Where are the Women? *Smarthistory*. Geraadpleegd via https://smarthistory.org/unlock-art-where-are-the-women op 4 augustus 2021.

Vesalius, A. (1543). *De Humani Corporis Fabrica*. Basel.

Wickens, P. A. (2015). *A History of the Brain [...].* Londen.

3 大脑的解剖学

Adler, L. E. et al. (1982). Neurophysiological evidence for a defect in neuronal mechanisms [...]. *Biol Psychiat*, 17(6), 639-654.

Amunts, K. & Zilles, K. (2015). Architectonic Mapping of the Human Brain beyond Brodmann. *Neuron*, 88(6), 1086-1107.

Essen, D. C. van, et al. (1998). Functional and structural mapping of human cerebral cortex [...]. *Proc National Acad Sci*, 95(3), 788-795.

Gazzaniga, M. S. (1995). Principles of human brain organization derived from split-brain studies. *Neuron*, 14(2), 217-228.

Gazzaniga, M.S. et al. (2014). *Cognitive neuroscience : the biology of the mind [...].* New York.

Glasser, M. F. & Van Essen, D. C. (2011). Mapping Human Cortical Areas [...]. *The Journal of Neuroscience*, 31(32), 11597-11616.

Gray, H. & Lewis, W. H. (1918). *Anatomy of the Human Body.* Philadelphia.

Herbet, G. et al. (2018). Functional Anatomy of the Inferior Longitudinal Fasciculus [...]. *Front Neuroanat*, 12, 77.

Hillyard, S. A. et al. (1973). Electrical signs of selective attention in the human brain. *Science*, 182(4108), 177-180.

Schmahmann, J. D. (2019). The cerebellum and cognition. *Neuroscience Letters*, 688, 62-75.

Wycoco, V. et al. (2013). White Matter Anatomy What the Radiologist Needs to Know. *Neuroimaging Clin N Am*, 23(2), 197-216.

Zilles, K. & Amunts, K. (2010). Centenary of Brodmann's map-conception and fate. *Nature reviews. Neuroscience*, 11, 139-145.

4 小规模和大规模的大脑

Bullmore, E. & Sporns, O. (2009). Erratum: Complex brain networks [...]. *Nat Rev Neurosci*, 10, 312.

Bullmore, E. & Sporns, O. (2012). The economy of brain network organization. *Nature reviews. Neuroscience*, 13, 336-349.

Chee, M. W. L. & Zhou, J. Chapter 7: Functional connectivity and the sleep-deprived brain. *Prog Brain Res 246*, 159–176 (2019).

Cuvier, G. (1789). *Histoire des progrès des sciences naturelles [...].* Parijs.

Douglas, R. J. & Martin, K. A. C. (2007). The butterfly and the loom. *Brain Res Rev*, 55(2), 314-328.

Feldman, J. (2013). The neural binding problem(s). *Cogn Neurodynamics*, 7(1), 1-11.

Hagmann, P. et al. (2010). White matter maturation reshapes structural connectivity [...]. *Proceedings of the National Academy of Sciences*, 107(44), 19067-19072.

Heuvel, M. P. van den & Sporns, O. (2013). Network hubs in the human brain. *Trends in Cognitive Sciences*, 17(12), 683-696.

Lichtman, J. W. & Denk, W. (2011). The big and the small [...]. *Science,* 334(6056), 618-623.

Logothetis, N. K. (2008). What we can do and what we cannot do with fMRI. *Nature*, 453(7197), 869-878.

Varshney, L. R. et al. (2011). Structural Properties of the Caenorhabditis elegans Neuronal Network. *PloS Comput Biol*, 7(2), e1001066.

Tang, Y. et al. (2001). Total regional and global number of synapses in the human brain neocortex. *Synapse*, 41(3), 258-273.

Yan, G. et al. (2017). Network control principles predict neuron function in the Caenorhabditis elegans connectome. *Nature*, 550(7677), 519-523.

5 神经元和胶质细胞

Bartheld, C. S. von. (2018). Myths and truths about the cellular composition of the human brain [...]. *Journal of Chemical Neuroanatomy*, 93, 2-15.

Chee, M. W. L. & Zhou, J. (2019). Functional connectivity and the sleep-deprived brain. *Prog Brain Res*, 246, 159-176.

Gazzaniga, M.S. et al. (2014). *Cognitive neuroscience : the biology of the mind [...].* New York.

Masland, R. H. (2004). Neuronal cell types. *Current Biology*, 14(13), 497-500.

Paus, T. (2010). Growth of white matter in the adolescent brain [...]. *Brain and Cognition*, 72(1), 26-35.

Santuy, A. et al. (2020). Estimation of the number of synapses in the hippocampus [...]. *Sci Rep-uk*, 10, 14014.

Gulte, S. (2007). A shock to the system. *Wired.* Geraadpleegd via https://www.wired.com/2007/03/brainsurgery op 15 januari 2022.

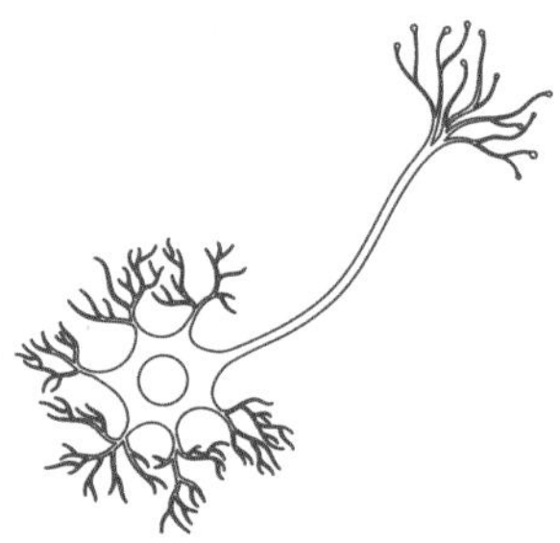

6 测量大脑的仪器

Basser, P. J. et al. (1994). Estimation of the effective self-diffusion tensor from the NMR spin echo. *Journal of Magnetic Resonance*, 103, 247-254.

Beaulieu, C. & Allen, P. S. (1994). Water diffusion in the giant axon of the squid [...]. *Magnetic Resonance in Medicine*, 32(5), 579-583.

Freudenreich, O. et al. (2008). Massachusetts General Hospital Comprehensive Clinical Psychiatry. *Sect Ix Psychiatric Disord,* 371-389.

Gazzaniga, M.S. et al. (2014). *Cognitive neuroscience : the biology of the mind [...].* New York.

O'Donnell, L. J. & Westin, C.F. (2011). An Introduction to Diffusion Tensor Image Analysis. *Neurosurgery Clinics of North America*, 22(2), 185-196.

第2章
从未成熟的大脑到成熟的大脑

1 婴儿时期的大脑发育里程碑

Baillargeon, R. & Wang, S.H. (2002). Event Categorization in infancy. *Trends in Cognitive Sciences*, 6(2), 85-93.
Benenson, J. F. et al. (2007). Children's altruistic behavior in the dictator game. *Evol Hum Behav*, 28(3), 168-175.
Chang, C. (2019). 'Culture helps shape when babies learn to walk'. *ScienceNews*. Geraadpleegd via www.sciencenews.org/article/culture-helps-shape-when-babies-learn-to-walk op 6 maart 2022.
Flensborg-Madsen, T. & Mortensen, E. L. (2018). Associations of Early Developmental Milestones With Adult Intelligence. *Child Dev*, 89(2), 638-648.
Gummerum, M. et al. (2008). To Give or Not to Give [...]. *Child Dev*, 79(3), 562-576.
Harris, P. L. et al. (1987). Children's knowledge of the situations that provoke emotion. *International Journal of Behavioral Development*, 10(3), 319-343.
Hanawalt, B. (1993). *Growing Up in Medieval London [...]*. Oxford.
Hayes, D. S. et al. (1981). Young children's incidental and intentional retention of televised events. *Developmental* Psychology, 17(2), 230-232.
Hetherington, E. M. et al. (1999). *Child psychology [...]*. McGraw-Hill (red.).
Hummel, T. et al. (2005). Androstadienone odor thresholds in adolescents. *Horm Behav*, 47(3), 306-310.
Jolles, D. D. & Crone, E. A. (2012). Training the developing brain [...]. *Front Hum Neurosci*, 6, 76.
Jukic, A. M. et al. (2013). Length of human pregnancy and contributors to its natural variation. *Hum Reprod*, 28(10), 2848-2855.
Kohnstamm, R. (2009). *Kleine ontwikkelings-psychologie. Dl. 1 [...]*. Houten.
Levine, L. J. (1995). Young children's understanding of the causes of anger and sadness. *Child Development*, 66(3), 697-709.
Lockman, J. & Tamis-LeMonda, C. (red.) (2020). *The Cambridge Handbook of Infant Development [...]*, Cambridge.
Malatesta, C. Z. (1982). The expression and regulation of emotion [...]. *Emotion and early interaction,* 1-24.
Marlier, L. et al. (2001). Olfaction in premature human newborns [...]. In: Marchlewska-Koj, A. et al (red.). *Chemical Signals in Vertebrates 9*, 205-209. New York.
Macfarlane, A. (1975). Olfaction in the development of social preferences in the human neonate. *Ciba Found Symp.*, 33, 103-117.
Miller, P. H. & Seier, W. L. (1994). Strategy Utilization Deficiencies in Children [...]. *Adv Child Dev Behav*, 25, 107-156.
Mills, C. M. & Keil, F. C. (2008). Children's developing notions of (im)partiality. *Cognition*, 107(2), 528-551.
Ruff, H. A. & Rothbart, M. K. (2001). *Attention in early development: themes and variations*. Oxford.
Saffran, J. R., Werker, J. F. & Werner, L. A. (2007). *Handbook of Child Psychology*. Hoboken.
Schaal, B. et al. (2000). Human Foetuses Learn Odours from their Pregnant Mother's Diet. *Chem Senses*, 25(6), 729-737.
Schellingerhout R. (2000). Het belang van de tast [...]. In: Bosch, J.D. et al. (red.). *Jaarboek Ontwikkelingspsychologie, orthopedagogiek en kinderpsychiatrie 4*. Houten.
Walvoord, E. C. (2010). The timing of puberty: is it changing? Does it matter? *The Journal of Adolescent Health*, 47(5), 433-439.

2 子宫内的大脑

Deen, B. et al. (2017). Organization of high-level visual cortex in human infants. *Nature communications*, 8, 13995.
Fulford, J. et al. (2003). Fetal brain activity in response to a visual stimulus. *Human brain mapping*, 20(4), 239-245.
Gazzaniga, M.S. et al. (2014). *Cognitive neuroscience : the biology of the mind [...]*. New York.
Hardy, K. et al. (1989). The human blastocyst [...]. *Development*, 107(3), 597-604.
Holland, D. et al. (2014). Structural growth trajectories and rates of change in the first 3 months of infant brain development. *JAMA Neurology*, 71(10), 1266-1274.
James, D. K. (2010). Fetal learning: a critical review. *Infant and Child Development*, 19(1), 45-54.
Jardri, R. et al. (2008). Fetal cortical activation to sound at 33 weeks of gestation [...]. *NeuroImage*, 42(1), 10-18.
Konkel, L. (2018). The Brain before Birth [...]. *Environ Health Persp*, 126(11), 112001.
Mampe, B. et al. (2009). Newborns' cry melody is shaped by their native language. *Current Biology*, 19(23), 1994-1997.
Mehl, M. R. et al. (2007). Are Women Really More Talkative Than Men? *Science*, 317(5834), 82.
Mirmiran, M. et al. (2003). Development of fetal and neonatal sleep and circadian rhythms. *Sleep medicine reviews*, 7(4), 321-334.
Partanen, E. et al. (2013). Prenatal Music Exposure Induces Long-Term Neural Effects. *PloS one*, 8(10), e78946.
Prochnow, A. et al. (2019). Does a 'musical' mother tongue influence cry melodies? [...]. *Music Sci*, 23(2), 143-156.
Ullman, H. et al. (2014). Structural Maturation and Brain Activity Predict Future Working Memory [...]. *J Neurosci*, 34(5), 1592-1598.
Wermke, K. et al. (2016). Fundamental frequency variation within neonatal crying [...]. *Speech, Language and Hearing*, 19(4), 211-217.
Wermke, K. et al. (2017). Fundamental frequency variation in crying of Mandarin and German neonates. *Journal of Voice*, 31(2), 255.
Yamada, Y. et al. (2016). An Embodied Brain Model of the Human Foetus. *Scientific reports*, 6, 1-10.

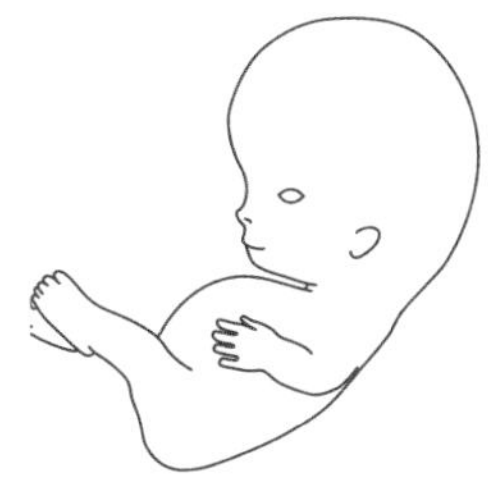

3 婴儿大脑的里程碑

Abbema, D. L. van & Bauer, P. J. (2005). Autobiographical memory in middle childhood [...]. *Memory*, 13(8), 829-845.
Akers, K. G. et al. (2014). Hippocampal neurogenesis regulates forgetting [...]. *Science*, 344(6184), 598-602.
Andersen, S. L. & Teicher, M. H. (2008). Stress, sensitive periods and maturational events in adolescent depression. *Trends in Neurosciences*, 31(4), 183-191.
Baharloo, S. et al. (1998). Absolute pitch [...]. *American journal of human genetics*, 62(2), 224-231.
Bangasser, D. A. et al. (2018). Sex differences in stress reactivity in arousal and attention systems. *Neuropsychopharmacology*, 44(1), 129-139.
Brouwer, R. M. et al. (2012). White matter development in early puberty [...]. *PloS One*, 7(4), e32316.
Casey, B. J., Tottenham, N., Liston, C. & Durston, S. (2005). Imaging the developing brain: what have we learned about cognitive development? *Trends in Cognitive Sciences* 9, 104–110.
De Bellis, M. D. et al. (2001). Sex differences in brain maturation [...]. *Cerebral Cortex*, 11(6), 552-557.
Giedd, J. N. et al. (2015). Child psychiatry branch of the National Institute of Mental Health [...]. *Neuropsychopharmacology*, 40(1), 43-49.
Gilmore, J. H. et al. (2018). Imaging structural and functional brain development in early childhood. *Nat Rev Neurosci*, 19(3), 123-137.
Gogtay et al. (2004). Dynamic mapping of human cortical development during childhood through early adulthood. *Proc Natl Acad Sci USA*, 101(21), 8174-8749.
Hedman, A. M. et al. (2011). Human brain changes across the life span [...]. *Human Brain Mapping*, 33(8), 1987-2002.
Holland, D. et al. (2014). Structural growth trajectories and rates of change in the first 3 months of infant brain development. *JAMA Neurology* 71(10), 1266-1274.
Jahanshad, N. & Thompson, P. M. (2017). Multimodal neuroimaging of male and female brain structure [...]. *Journal of Neuroscience Research*, 95(1-2), 371-379.
Jernigan, T. L. et al. (2016). The Pediatric Imaging, Neurocognition, and Genetics (PING) Data Repository. *NeuroImage*, 124, 1149-1154.
Knickmeyer, R. C. et al. (2008). A Structural MRI Study of Human Brain Development from Birth to 2 Years. *The Journal of Neuroscience*, 28(47), 12176-12182.
Lebel, C. & Beaulieu, C. (2011). Longitudinal development of human brain wiring continues

from childhood into adulthood. *The Journal of Neuroscience*, 31(30), 10937-10947.
Mills, K. L. et al. (2016). Structural brain development between childhood and adulthood […]. *NeuroImage*, 141, 273-281.
Sorrells, S. F. et al. (2018). Human hippocampal neurogenesis drops sharply in children to undetectable levels in adults. *Nature*, 555(7696), 377-381.
Taki, Y. et al. (2011). A longitudinal study of gray matter volume decline with age and modifying factors. *Neurobiol Aging*, 32(5), 907-915.
Westlye, L. T. et al. (2009). Life-Span Changes of the Human Brain White Matter […]. *Cerebral Cortex*, 20(9), 2055-2068.

4 青少年的大脑

Adriani, W. & Laviola, G. (2004). Windows of vulnerability to psychopathology and therapeutic strategy […]. *Behav Pharmacol*, 15(5-6), 341-352.
Blakemore, S.-J. et al. (2010). The role of puberty in the developing adolescent brain. *Human Brain Mapping*, 31(6), 926-933.
Braams, B. R. et al. (2015). Longitudinal Changes in Adolescent Risk-Taking […]. *The Journal of neuroscience*, 35(18), 7226-7238.
Chein, J. et al. (2011). Peers increase adolescent risk taking by enhancing activity in the brain's reward circuitry. *Developmental Science*, 14(2), F1-F10.
Crone, E. A. et al. (2016). Annual Research Review: Neural contributions to risk-taking in adolescence […]. *Journal of Child Psychology and Psychiatry*, 57(3), 353-368.
Dalsgaard, S. et al. (2020). Incidence rates and cumulative incidences of the full spectrum of diagnosed mental disorders […]. *JAMA psychiatry*, 77(2), 155-164.
Duarte, I. C. et al. (2020). Ventral Caudate and Anterior Insula Recruitment […]. *Front Neurosci*, 14, 678.
Duell, N. & Steinberg, L. (2020). Differential Correlates of Positive and Negative Risk Taking in Adolescence. *J Youth Adolescence*, 49(6), 1162-1178.
Duijvenvoorde, A. C. K. et al. (2016). What motivates adolescents? […]. *Neuroscience & Biobehavioral Reviews*, 70, 135-147.
Garey, L. J. et al. (1998). Reduced dendritic spine density on cerebral cortical pyramidal neurons in schizophrenia. *J Neurology Neurosurg Psychiatry*, 65(4), 446.
Haber, S. N. & Knutson, B. (2010). The reward circuit […]. *Neuropsychopharmacology*, 35(1), 4-26.
Hoorn, J. et al. (2018). Differential effects of parent and peer presence on neural correlates of risk taking in adolescence. *Soc Cogn Affect Neur*, 13(9), 945-955.
Galvan, A. et al. (2006). Earlier development of the accumbens relative to orbitofrontal cortex might underlie risk-taking behavior in adolescents. *The Journal of Neuroscience*, 26(25), 6885-6892.
Padmanabhan, A. et al. (2011). Developmental changes in brain function underlying the influence of reward processing on inhibitory control. *Accident Analysis and Prevention*, 1(4), 517-529.
Paus, T. et al. (2008). Why do many psychiatric disorders emerge during adolescence? *Nature reviews. Neuroscience*, 9(12), 947-957.
Steinberg, L. (2013). The influence of neuroscience on US Supreme Court decisions about adolescents' criminal culpability. *Nat Rev Neurosci*, 14(7), 513-518.
Pearson, J. M. et al. (2011). Posterior cingulate cortex […]. *Trends Cogn Sci*, 15(4), 143-151.
Pujara, M. S. et al. (2016). Ventromedial Prefrontal Cortex Damage […]. *J Neurosci*, 36(18), 5047-5054.
Sescousse, G. et al. (2013). Processing of primary and secondary rewards […]. *Neurosci. Biobehav. Rev.*, 37(4), 681-696.
Sporn, A. L. et al. (2003). Progressive Brain Volume Loss […]. *Am J Psychiat*, 160(12), 2181-2189.
Telzer, E.H. et al. (2015). Mothers know best […]. *Social Cognitive and Affective Neuroscience*, 10(10), 1383-1391.
Teslovich, T. et al. (2014). Adolescents let sufficient evidence accumulate […]. *Developmental Science*, 17(1), 59-70.
Wisniewski, D. et al. (2015). The Role of the Parietal Cortex in the Representation of Task-Reward Associations. *J Neurosci*, 35(36), 12355-12365.
Qu, Y. et al. (2015). Longitudinal changes in prefrontal cortex activation […]. *J Neurosci*, 35(32), 11308-11314.

5 老年人的大脑

Christensen, H. (2001). What Cognitive Changes can be Expected with Normal Ageing? *Aust Nz J Psychiat*, 35(6), 768-775.
Kaufmann, T. et al. (2019). Common brain disorders are associated with heritable patterns of apparent aging of the brain. *Nat Neurosci*, 22(10), 1617-1623.
NIH. (2020). How the aging brain affects thinking. Geraadpleegd via https://www.nia.nih.gov/health/how-aging-brain-affects-thinking op 17 maart 2021.
Peters R. (2006). Ageing and the brain. *Postgrad Med J*, 82(964), 84-88.
Pluvinage, J. V. & Wyss-Coray, T. (2020). Systemic factors as mediators of brain homeostasis […]. *Nat Rev Neurosci*, 21(2), 93-102.
Vinke, E. J. et al. (2018). Trajectories of imaging markers in brain aging […]. *Neurobiol Aging*, 71, 32-40.

第3章 男人和女人的大脑

1 男性和女性的行为差异

Alexander, G. M. & Hines, M. (1994). Gender labels and play styles […]. *Child Development*, 65(3), 869-879.
Archer, J. (2019). The reality and evolutionary significance of human psychological sex differences. *Biological Reviews*, 94(4), 1381-1415.
Boe, J. L. & Woods, R. J. (2017). Parents' influence on infants' gendertyped toy preferences. *Sex Roles*, 79(5-6), 358-373.
Bornstein, M. et al. (2016). Specific and general language performance across early childhood […]. *First Language*, 24(3), 267-304.
Camarata, S. & Woodcock, R. (2006). Sex differences in processing speed […]. *Intelligence*, 34(3), 231-252.
Cohen J. (1988). *Statistical Power Analysis for the Behavioral Sciences*. New York.
Davis, J. T. M. & Hines, M. (2020). How Large Are Gender Differences in Toy Preferences? […]. *Arch Sex Behav*, 49(2), 373-394.
Dinella, L. M. & Weisgram, E. S. (2018). Gender-Typing of Children's Toys […]. *Sex Roles* 79(5-6), 253-259.
Fulcher, M. & Hayes, A. R. (2017). Building a pink dinosaur […]. *Sex Roles*, 79(2), 10.
Ham I. J. M. van der, et al. (2020), Large-scale assessment of human navigation ability […], *Nature Scientific Reports*, 10, 3299.
Hyde, J. S. (2014). Gender similarities and differences. *Annual review of psychology*, 65, 373-398.
Kersey, A. J. et al. (2018). No intrinsic gender differences in children's earliest numerical abilities. *Npj Sci Learn*, 3, 12.
Levine S. C. et al. (2016). Sex differences in spatial cognition[…]. *WIREs Cogn Sci*, 7(2), 127-155.
Linn, M. C. & Petersen, A. C. (1985). Emergence and characterization of sex differences in spatial ability […]. *Child Development*, 56, 1479 -1498.
Moè, A. (2008). Are males always better than females in mental rotation? […]. *Learning and Individual Differences*, 19(1), 21-27.
Pasterski, V. L. et al. (2005). Prenatal Hormones and Postnatal Socialization by Parents […]. *Child Development*, 76(1), 264-278.
Peters, M. & Battista, C. (2008). Applications of mental rotation figures of the Shepard and Metzler type and description of a Mental Rotation Stimulus Library. *Brain and Cognition*, 66(3), 260-264.
Reardon, S. F. et al. (2019). Gender Achievement Gaps in U.S. School Districts. *American Educational Research Journal*, 56(6), 2474-2508.
Serbin, L. A. et al. (2001). Gender stereotyping in infancy […]. *International Journal of Behavioral Development*, 25(1), 7-15.
Steffens, M. C. et al. (2010). On the leaky math pipeline […]. *Journal of Educational Psychology*, 102(4), 947-963.
Stevenson, W. et al. (1986). Mathematics achievement of Chinese, Japanese, and American children. *Science* 231(4739), 693-699.
Tseng, M.H. & Hsueh, I-P. (2005) Performance of school-aged children on a Chinese handwriting speed test. *Occupational Therapy International*, 4(4), 294-303.
Twenge, J. M. (1997). Changes in masculine and feminine traits over time […]. *Sex Roles*, 36(5-6), 305-325.
Vandenberg S. G. & Kuse A. R. (1978). Mental Rotations, a Group Test of Three-Dimensional Spatial Visualization. *Perceptual and Motor Skills*, 47(2), 599-604.

Zell, E. et al. (2015). Evaluating gender similarities and differences using metasynthesis. *American Psychologist*, 70(1), 10-20.

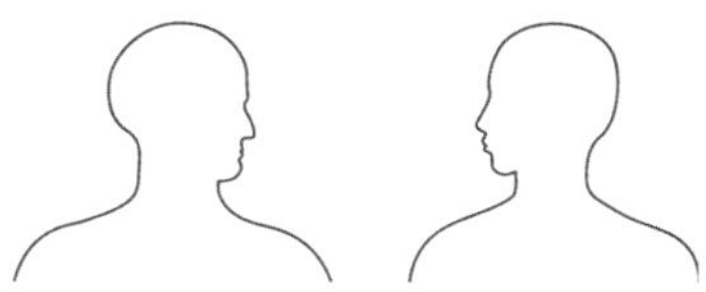

2 男女差异的可能因素

Anders, S. M. et al. (2015). Effects of gendered behavior on testosterone in women and men. *Proc National Acad Sci*, 112(45), 13805-13810.
Arnold, A. (2009). The organizational-activiational hypothesis [...]. *Horm Behav*, 55(5), 570-578.
Batrinos, M. L. (2012). Testosterone and Aggressive Behavior in Man. *Int J Endocrinol Metabolism*, 10(3), 563-568.
Blair, M. L. (2007). Sex-based differences in physiology [...]. *Adv Physiol Educ*, 31(1), 23-25.
Cueva, C. et al. (2015). Cortisol and testosterone increase financial risk taking and may destabilize markets. *Sci Rep-uk*, 5, 11206.
Davis, J. T. M. & Hines, M. (2020). How Large Are Gender Differences in Toy Preferences? [...]. *Arch Sex Behav*, 49(2), 373-394.
Dinella, L. M. & Weisgram, E. S. (2018). Gender-Typing of Children's Toys [...]. *Sex Roles*, 79(5-6), 253-259.
Dorak, M., T. (2017). Cancer: Gender Differences at the Molecular Level. In: Legato, M. J. (red.) *Principles of Gender-Specific Medicine [...]*. 401-416. Cambridge.
Endendijk J. J. et al. (2014). Boys don't play with dolls [...]. *Parenting-science and practice*, 14(3-4), 141-161.
Mesman, J. & Groeneveld, M. G. (2018). Gendered Parenting in Early Childhood [...]. *Child Dev Perspect*, 12(1), 22-27.
Reby, D. et al. (2016). Sex stereotypes influence adults' perception of babies' cries. *Bmc Psychology*, 4, 19.
Rothman, B. K. (1986). *The Tentative Pregnancy [...]*. New York.

3 性染色体对大脑的影响

Ball, G. (2019). Individual variation in longitudinal postnatal development of the primate brain. *Brain Structure & Function*, 224(3), 1185-1201.
Ball, G. F. (2016). Species variation in the degree of sex differences in brain and behaviour related to birdsong [...]. *Philosophical Transactions Royal Soc B Biological Sci*, 371(1688), 20150117.
Boe, J. L. & Woods, R. J. (2018). Parents' Influence on Infants' Gender-Typed Toy Preferences. *Sex Roles*, 79(5-6), 358-373.
Cervantes, C. A. & Callanan, M. A. (1998). Labels and Explanations in Mother-Child Emotion Talk [...]. *Dev Psychol*, 34(1), 88-98.
Chiu, S. W. et al. (2006). Sex-dimorphic color preference in children with gender identity disorder [...]. *Sex Roles*, 55(5), 385-395.
Choe, H. N. et al. (2021). Estrogen and sex-dependent loss of the vocal learning system in female zebra finches. *Horm Behav*, 129, 104911.
DeCasien, A. R. et al. (2020). Greater variability in chimpanzee (Pan troglodytes) brain structure among males. *Proceedings of the Royal Society B*, 287(1925), 20192858.
Holland, D. et al. (2014). Structural growth trajectories and rates of change in the first 3 months of infant brain development. *JAMA Neurology*, 71(10), 1266-1274.
Huttenlocher, J. et al. (1991). Early vocabulary growth [...]. *Developmental psychology*, 27(2), 236.
Johnson, W. et al. (2008). Sex Differences in Variability in General Intelligence [...]. *Perspect Psychol Sci*, 3(6), 518-531.
Jadva, V. et al. (2010). Infants' preferences for toys, colors, and shapes [...]. *Archives of Sexual Behavior*, 39(6), 1261-1273.
Joel, D. et al. (2015). Sex beyond the genitalia [...]. *Proceedings of the National Academy of Sciences*, 112(50), 15468-15473.
Joel, D. et al. (2020). The Complex Relationships between Sex and the Brain. *Neurosci*, 26(2), 156-169.
Iijima, M. et al. (2001). Sex differences in children's free drawings [...]. *Hormones and Behaviour*, 40(2), 99-104.
Morrone, M. C. et al. (1990). Development of contrast sensitivity and acuity of the infant colour system. *Proceedings. Biological Sciences*, 242(1304), 134-139.
Northoff, G. & Tumati, S. (2019). 'Average is good, extremes are bad' - Non-linear inverted U-shaped relationship [...]. *Neuroscience & Biobehavioral Reviews*, 104, 11-25.
Phillips, O. R. et al. (2019). Beyond a Binary Classification of Sex [...]. *Journal of the American Academy of Child & Adolescent Psychiatry*, 58(8), 787-798.
Picariello, M. L. et al. (1990). Children's sex related stereotyping of colors. *Child Development*, 61, 1453-1460.
Ritchie, S. J. et al. (2018). Sex Differences in the Adult Human Brain [...]. *Cerebral cortex*, 28(8), 2959-2975.
Stromswold, K. (2001). The heritability of language [...]. *Language*, 77(4), 647-723.
Studholme, C. et al. (2020). Motion corrected MRI differentiates male and female [...]. *Nat Commun*, 11(1), 3038.
Wierenga, L. M. et al. (2019). Sex Effects on Development of Brain Structure and Executive Functions [...]. *Journal of Cognitive Neuroscience*, 31(5), 730-753.
Wierenga, L. M. et al. (2017). Pediatric Imaging, Neurocognition and Genetics Study. A Key Characteristic of Sex Differences in the Developing Brain [...]. *Cerebral Cortex*, 28(8), 2741-2751.
Yeung, S. P. & Wong, W. I. (2018). Gender labels on gender-neutral colors [...]. *Sex Roles*, 79(5-6), 260-272.

4 性激素对大脑的影响

Alexander, G. M. & Hines, M. (2002). Sex differences in response to children's toys in nonhuman primates [...]. *Evol Hum Behav*, 23, 467-479.
Bakker, J. & Baum, M. J. (2008). Role for estradiol in female-typical brain and behavioral sexual differentiation. *Front Neuroendocrin*, 29(1), 1-16.
Bartheld, C. S. von, et al. (2016). The search for true numbers of neurons and glial cells in the human brain [...]. *The Journal of Comparative Neurology*, 524(18), 3865-3895.
Bartheld, C. S. von. (2018). Myths and truths about the cellular composition of the human brain [...]. *Journal of Chemical Neuroanatomy*, 93, 2-15.
Bangasser, D. A. & Wiersielis, K. R. (2018). Sex differences in stress responses [...]. *Hormones* 17(1), 5-13.
Bekhbat, M. & Neigh, G. N. (2018). Sex differences in the neuro-immune consequences of stress [...]. *Brain Behav Immun*, 67, 1-12.
Boe, J. L. & Woods, R. J. (2018). Parents' Influence on Infants' Gender-Typed Toy Preferences. *Sex Roles*, 79(5-6), 358-373.
Chiu, S. W. et al. (2006). Sex-dimorphic color preference in children with gender identity disorder [...]. *Sex Roles*, 55(5), 385-395.
Cortes, L. R. et al. (2019). Does Gender Leave an Epigenetic Imprint on the Brain? *Frontiers in Neuroscience*, 13, 173.
Ernst, M. et al. (2007). Amygdala function in adolescents with congenital adrenal hyperplasia [...]. *Neuropsychologia*, 45(9), 2104-2113.
Goddings, A.-L. et al. (2014). The influence of puberty on subcortical brain development. *NeuroImage*, 88, 242-251.
Herting, M. M. et al. (2020). Brain Differences in the Prefrontal Cortex, Amygdala, and Hippocampus in Youth with Congenital Adrenal Hyperplasia. *J Clin Endocrinol Metabolism*, 105(4), 1098-1111.
Herting, M. M. et al. (2014). The role of testosterone and estradiol in brain volume changes across adolescence [...]. *Human Brain Mapping*, 35(11), 5633-5645.
Hines, M. et al. (2003) Psychological Outcomes and Gender-Related Development in Complete Androgen Insensitivity Syndrom. *Archives of Sexual Behavior*, 32, 93-101.
Jadva, V. et al. (2010). Infants' preferences for toys, colors, and shapes [...]. *Archives of Sexual Behavior*, 39(6), 1261-1273.
Jordan-Young, R. M. (2012). Hormones, context, and 'Brain Gender [...]. *Soc Sci Med*, 74(11), 1738-1744.
Hemmen, J. van, et al. (2016). Neural Activation During Mental Rotation in Complete Androgen Insensitivity Syndrome [...]. *Cereb Cortex*, 26(3), 1036-1045.
Knickmeyer, R. C. & Baron-Cohen, S. (2006). Fetal testosterone and sex differences. *Early Hum Dev*, 82(12), 755-760.
Iijima, M. et al. (2001). Sex differences in children's free drawings [...]. *Hormones and Behaviour*, 40(2), 99-104.
McCarthy, M. M. et al. (2015). Surprising origins of sex differences in the brain. *Horm Behav*, 76, 3-10.

Menzies, L. et al. (2015). The effects of puberty on white matter development in boys. *Dev Cogn Neurosci.*, 11, 116-128.
Merke, D. P. et al. (2003). Children with Classic Congenital Adrenal Hyperplasia Have Decreased Amygdala Volume […]. *J Clin Endocrinol Metabolism*, 88(4), 1760-1765.
Mills, K. L. et al. (2021). Inter-individual variability in structural brain development […]. *NeuroImage*, 242, 118450-118450.
Moore, C. L. (1995). Maternal contributions to mammalian reproductive development […]. In: Slater, P. J. B. et al. (red.). *Advances in the study of behavior*, 24, 47-118. Amsterdam.
Morrone, M. C. et al. (1990). Development of contrast sensitivity and acuity of the infant colour system. *Proceedings. Biological Sciences*, 242(1304), 134-139.
Nguyen, T. (2010). Total Number of Synapses in the Adult Human Neocortex. *Undergrad J Math Model One Two*, 3(1), 1-13.
Pakkenberg, B. & Gundersen, H. J. G. (1997). Neocortical neuron number in humans […]. *J Comp Neurol*, 384(2), 312-320.
Picariello, M. L. et al. (1990). Children's sex related stereotyping of colors. *Child Development*, 61, 1453-1460.
Phoenix C. H. et al. (1959). Organizing action of prenatally administered testosterone […]. *Endocrinology*, 65, 369-382.
Schulz, K. M. & Sisk, C. L. (2006). Pubertal hormones, the adolescent brain, and the maturation of social behaviors […]. *Mol Cell Endocrinol*, 254-255, 120-126.
Schulz, K. M. & Sisk, C. L. (2016). The organizing actions of adolescent gonadal steroid hormones on brain and behavioral development. *Neuroscience & Biobehavioral Reviews*, 70, 148-158.
Servin, A. et al. (2003). Prenatal Androgensand Gender-Typed Behavior […]. *Developmental Psychology*, 39(3), 440-450.
Slijper, F. M. E. (1984). Androgens and Gender Role Behavior in Girls with Congenital Adrenal Hyperplasia (CAH). *Progress in Brain Research*, 61, 417-422.
Valadian, I. & Porter, D. (1977). *Physical growth and development from conception to maturity. Boston*
Webb E. A. et al. (2018). Quantitative Brain MRI in Congenital Adrenal Hyperplasia […]. *J Clin Endocrinol Metab*, 103(4), 1330-1341.
Wierenga, L. M. et al. (2018). Unraveling age, puberty and testosterone effects on subcortical brain development across adolescence. *Psychoneuroendocrinology*, 91, 105-114.
Wierenga, L. M. et al. (2019). Sex Effects on Development of Brain Structure and Executive Functions […]. *Journal of cognitive neuroscience*, 31(5), 730-753.
Yeung, S. P. & Wong, W. I. (2018). Gender labels on gender-neutral colors […]. *Sex Roles*, 79(5-6), 260-272.

5 大脑差异（男/女）和行为差异（男/女）之间的联系

Bluhm, R. (2013). New Research, Old Problems […]. *Neuroethics*, 6(2), 319-330.
David, S. P. et al. (2018). Potential Reporting Bias in Neuroimaging Studies of Sex Differences. *Scientific reports*, 8(1), 6082.
Eijk, L. van et al. (2021). Are Sex Differences in Human Brain Structure Associated With Sex Differences in Behavior? *Psychological Science*, 32(8), 1183-1197.
Etchell, A. et al. (2018). A systematic literature review of sex differences in childhood language and brain development. *Neuropsychologia*, 114, 19-31.
Giudice, M. D. et al. (2016). Joel et al.'s method systematically fails to detect large, consistent sex differences. *Proc National Acad Sci*, 113(14), e1965.
Grabowska, A. (2016). Sex on the brain […]. *Journal of Neuroscience Research*, 95(1), 200-212.
Hirnstein, M. et al. (2018). Cognitive sex differences and hemispheric asymmetry […]. *Laterality Asymmetries Body Brain Cognition*, 24(2), 1-49.
Ingalhalikar, M. et al. (2014). Sex differences in the structural connectome of the human brain. *Proceedings of the National Academy of Sciences*, 111(2), 823-828.
Joel, D. & Tarrasch, R. (2014). On the mis-presentation and misinterpretation of gender-related data […]. *Proc National Acad Sci*, 111(6), e637.
Luders, E. et al. (2006). Gender effects on cortical thickness and the influence of scaling. *Human brain mapping*, 27(4), 314-324.
Sanchis-Segura, C. et al. (2021). Beyond 'Sex Prediction' […]. *NeuroImage*, 257, 119343.
Shaywitz, B. A. et al. (1995). Sex differences in the functional organization of the brain for language. *Nature*, 373(6515), 607-609.
Sommer, I. E. C. (2004). Do women really have more bilateral language representation than men […]. *Brain: a journal of neurology*, 127(Dl. 8), 1845-1852.
Sommer, I. E. et al. (2008). Sex differences in handedness […]. *Brain research*, 1206, 76-88.
Tunç, B. et al. (2016). Establishing a link between sex-related differences in the structural connectome and behaviour. *Philos Trans Rl Soc Lond B Bio Sci*, 371(1688), 20150111.
Vries, G. J. D. (2004). Minireview: Sex Differences in Adult and Developing Brains […]. *Endocrinology*, 145(3), 1063-1068.
Wallentin, M. (2018). Sex differences in post-stroke aphasia rates are caused by age […]. *Plos One*, 13(12), e0209571.

第4章
聪明的头脑：非凡的大脑？

1 关于“智力”的概念

Barholomew, D. J. et al. (2009). A new lease of life for Thomoson's bonds model of intelligence. *Psychological Review,* 116(3), 567-579.
Bratsberg, B. & Rogeberg, O. (2018). Flynn effect and its reversal are both environmentally caused. *Proceedings of the National Academy of Sciences*, 115(26), 6674-6678.
Benbow, C. & Lubinski, D. (2006). Study of Mathematically Precocious Youth After 35 Years […]. *Perspectives on Psychological Science*, 1(4), 316-345.
Craik, F. I. M. & Bialystok, E. (2006). Cognition through the lifespan […]. *Trends in Cognitive Sciences*, 10(3), 131-138.
Conway, A. R. A. et al. (2003). Working memory capacity and its relation to general intelligence. *Trends in Cognitive Sciences,* 7(12), 547-552.
Flynn, J. R. (1987). Massive IQ Gains in 14 Nations […]. *Psychological bulletin*, 101(2), 171-191.
Hunt, E. (2011). *Human Intelligence*. New York.
Jensen, A. R., (2006), *Clocking the mind […]*. Amsterdam.
Kell, H. J. et al. (2013). Who rises to the top? […]. *Pscychological Science*, 24(5), 648-659.
Kendler, K. S. et al. (2015). Family environment and the malleability of cognitive ability […]. *Proc Nat Ac Scie*, 112(15), 4612-4617.
Polderman, T. J. et al. (2015). Meta-analysis of the heritability of human traits based on fifty years of twin studies. *Nature Genetics*, 47, 702-709.
Ritchie, S. (2015). *Intelligence […]*. Londen.
Tucker-Drob, E. M. (2009). Differentiation of cognitive abilities across the life span. *Developmental Psychology,* 45(5), 1097-1118.
Van Der Maas, H. L. J. et al. (2006). A dynamical model of general intelligence […]. *Psychological Review,* 113(4), 842-861.
Wallin W. W. (1911) A Practical Guide for the Administration of the Binet-Simon Scale for Measuring Intelligence. *Psychol Clin*, 5(7), 127-238.
Willoughby, E. A. et al. (2021). Genetic and environmental contributions to IQ in adoptive and biological families with 30-year-old offspring. *Intelligence*, 88, 101579.

2 动物智力、人类智力、平均智力和超常智力

Cerella, J. (1985). Information processing rates in the elderly. *Psychological bulletin*, 98(1), 67-83.
Deary, I. J. et al. (2010). The neuroscience of human intelligence differences. *Nat Rev Neurosci*, 11(3), 201-211.
Goriounova, N. A. et al. (2018). Large and fast human pyramidal neurons associate with intelligence. *Elife*, 7, e41714.
Herculano-Houzel, S. (2009). The human brain in numbers […]. *Frontiers in human neuroscience*, 3, 31.
Heuer, K. & Toro, R. (2019). Evolution of neocortical folding […]. Zenodo. https://doi.org/10.5281/zenodo.2538751.
Heuer, K. et al. (2018). Evolution of neocortical folding […]. *Cortex*, 118, 275-291.
Hofman, M. A. (2014). Evolution of the human brain […]. *Front Neuroanat*, 8, 15.
Hulshoff Pol, H. E. et al. (2006). Changing your sex changes your brain […]. *European Journal of Endocrinology*, 155(1), 107-114.
Jerison, H. J. (1975). Evolution of the brain and intelligence. *Curr Anthropol*, 16(3), 403-426.

Jung, R. E. & Haier, R. J. (2007). The Parieto-Frontal Integration Theory (P-FIT) of intelligence […]. *Behav Brain Sci*, 30(2), 135-187.

Karama, S. et al. (2009). Cortical thickness correlates of specific cognitive performance […]. *NeuroImage*, 55(4), 1443-1453.

Kim, D.-J. et al. (2015). Children's intellectual ability is associated with structural network integrity. *NeuroImage*, 124 (Dl. A), 550-556.

McDaniel, M. A. (2005). Big-brained people are smarter […]. *Intelligence*, 33(4), 337–346.

Narr, K. L. et al. (2007). Relationships between IQ and regional cortical gray matter thickness in healthy adults. *Cereb Cortex*, 17(9), 2163-2171.

Penke, L. et al. (2012). Brain white matter tract integrity as a neural foundation for general intelligence. *Molecular Psychiatry*, 17(10), 1026-1030.

Pietschnig, J. et al. (2015). Meta-analysis of associations between human brain volume and intelligence differences […]. *Neuroscience & Biobehavioral Reviews*, 57, 411-432.

Potts, R. (2011). Big brains explained. *Nature*, 480, 43-44.

Shaw P. et al. (2006) Intellectual ability and cortical development in children and adolescents. *Nature*, 440, 676-679.

Smaers J. B. & Soligo C. (2013). Brain reorganization, not relative brain size, primarily characterizes anthropoid brain evolution. *Proc Biol Sci*, 280(1759), 20130269.

Witelson, S. F. et al. (1999). The exceptional brain of Albert Einstein. *Lancet*, 353, 2149-2153.

3 你的大脑是如何体验音乐的?

Alluri, V. et al. (2013). From Vivaldi to Beatles and back […]. *NeuroImage*, 83, 627-636.

Chen, J. L. et al. (2008). Listening to musical rhythms recruits motor regions of the brain. *Cereb Cortex*, 18(12), 2844-2854.

Dyck, E. van, et al. (2015). Spontaneous Entrainment of Running Cadence to Music Tempo. *Sports Medicine – Open*, 1(1), 1-14.

Gordon, C. L. et al. (2018). Recruitment of the motor system during music listening […]. *PLoS ONE*, 13(11), e0207213.

Goriounova, N. A. et al. (2018). Large and fast human pyramidal neurons associate with intelligence. *Elife*, 7, e41714.

Grahn, J. A. & Brett, M. (2007). Rhythm and beat perception in motor areas of the brain. *J Cogn Neurosci*, 19(5), 893-906.

Kim, D.-J. et al. (2015). Children's intellectual ability is associated with structural network integrity. *NeuroImage*, 124(Dl. A), 550-556.

Lauter, J. et al. (1985). Tonotopische organisatie in de menselijke auditieve cortex onthuld door positronemissietomografie. *Gehooronderzoek*, 20(3), 199-205.

Mangold S. A. & Das, M. J. (2021). Neuroanatomy, Cortical Primary Auditory Area. In: *StatPearls*. Treasure Island.

Pacchetti, C. et al. (2000). Active Music Therapy in Parkinson's Disease […]. *Pscychosomatic Medicine*, 62(3), 386-393.

Pietschnig, J., et al. (2015). Meta-analysis of associations between human brain volume and intelligence differences […]. *Neuroscience & Biobehavioral Reviews*, 57, 411-432.

Schaefer, R. S. (2014). Images of time […]. *Front Psychol*, 5, 877.

Schaefer, R. S. et al. (2014). Moving to Music […]. *Front Hum Neurosci*, 8, 774.

Sachs, M. E. et al. (2015). The pleasures of sad music: a systematic review. *Front Hum Neurosci*, 9, 404.

Witelson, S. F. et al. (1999). The exceptional brain of Albert Einstein. *Lancet,* 353(9170). 2149-2153.

Wittwer, J. E. et al. (2013). Effect of rhythmic auditory cueing on gait in people with Alzheimer disease. *Arch Phys Med Rehabil*, 94(4), 718-724.

Zatorre, R. J. (2003). Absolute pitch: a model for understanding the influence of genes and development on neural and cognitive function. *Nat Neurosci*, 6(7), 692-695.

4 为什么莫扎特创作音乐也要花一万个小时?

Baer, L. H. et al. (2015). Regional cerebellar volumes are related to early musical training and finger tapping performance. *NeuroImage*, 109, 130-139.

Bailey, J. A. et al. (2014). Early Musical Training Is Linked to Gray Matter Structure in the Ventral Premotor Cortex […]. *J Cogn Neurosci*, 26(4), 755-767.

Bangert, M. et al. (2006). Shared networks for auditory and motor processing in professional pianists […]. *NeuroImage*, 30(3), 917-926 .

Baumann, S. et al. (2006). A network for sensory-motor integration […]. *Ann N Y Acad Sci*, 1060, 186-188.

Bengtsson S. L. et al. (2005). Extensive piano practicing has regionally specific effects on white matter development. *Nat Neurosci*, 8(9), 1148-1150.

Butkovic, A. et al. (2015). Personality related traits as predictors of music practice […]. *Personality and Individual Differences*, 74, 133-138.

Elbert, T. et al. (1995). Increased cortical representation of the fingers of the left hand in string players. *Science*, 270(5234), 305-307.

Ericsson, K. A. et al. (1993). The role of deliberate practice in the acquisition of expert performance. *Psychological review*, 100(3), 363-406.

Haslinger, B. et al. (2005). Transmodal sensorimotor networks during action observation in professional pianists. *J Cogn Neurosci*, 17(2), 282-293.

Hoch, L. & Tillmann, B. (2012). Shared structural and temporal integration resources for music and arithmetic processing. *Acta Psychol*, 140(3), 230-235.

Honing, H. (2012). Without it no music […]. *Ann Ny Acad Sci*, 1252(1), 85-91.

Hutchinson, S. et al. (2003). Cerebellar Volume of Musicians. *Cereb Cortex*, 13(9), 943-949.

Kirschner, S. & Tomasello, M. (2010). Joint music making promotes prosocial behavior in 4-year-old children. *Evolution and Human Behavior*, 31(5), 354-364.

Lahav, A. et al. (2007). Action representation of sound […]. *J Neurosci*, 27(2), 308-314.

Macnamara, B. N. & Maitra, M. (2019). The role of deliberate practice in expert performance […]. *R Soc open sci*, 6, 190327.

Marie C. et al. (2011). Musicians and the metric structure of words. *Journal of Cognitive Neuroscience*, 23(2), 294-305.

Moore, E. et al. (2014). Can Musical Training Influence Brain Connectivity? […]. *Brain Sci*, 4(2), 405-427.

Musacchia, G. et al. (2007). Musicians have enhanced subcortical auditory and audiovisual processing of speech and music. *Proc Natl Acad Sci USA*, 104(40), 15894-15898.

Pfordresher, P. Q. & Palmer, C. (2006). Effects of hearing the past, present, or future during music performance. *Perception & Psychophysics*, 68(3), 362-376.

Phillips-Silver, J. & Trainor, L. J. (2005). Feeling the Beat […]. *Science*, 308(5727), 1430-1430.

Rauscher, F. H. et al. (1995). Listening to Mozart enhances spatial-temporal reasoning […]. *Neurosci Lett*, 185(1), 44-47.

Rogenmoser, L. et al. (2017). Keeping brains young with making music. *Brain structure & function*, 223(1), 297-305.

Schmithorst, V. J. & Holland, S. K. (2004). The effect of musical training on the neural correlates of math processing […]. *Neurosci Lett*, 354(3), 193-196.

Schlaffke, L. et al. (2019). Boom Chack Boom […]. *Brain Behav*, 10(1), e01490.

Schneider, P. et al. (2002). Morphology of Heschl's gyrus reflects enhanced activation in the auditory cortex of musicians. *Nature Neurosci*, 5(7), 688-694.

Vaquero, L. et al. (2016). Structural neuroplasticity in expert pianists depends on the age of musical training onset. *NeuroImage*, 126, 106-119.

Wan, C. Y. & Schlaug, G. (2010). Music Making as a Tool for Promoting Brain Plasticity across the Life Span. *Neurosci*, 16(5), 566-577.

Winkler, I. et al. (2009). Newborn infants detect the beat in music. *Proc National Acad Sci*, 106(7), 2468-2471.

Yang, H. et al. (2014). A Longitudinal Study on Children's Music Training Experience and Academic Development. *Sci Rep*, 4, 5854.

Zatorre, R. J. et al. (2007). When the brain plays music: auditory-motor interactions in music perception and production. *Nature Publishing Group*, 8(7), 547-558.

5 尝试与失败之间的大脑

Abraham, A. et al. (2006). Creative Thinking in Adolescents with Attention Deficit Hyperactivity Disorder (ADHD). *Child Neuropsychology*, 12(2), 111-123.

Andreasen, N. C. (2008). The relationship between creativity and mood disorders. *Dialogues Clin Neurosci*, 10(2), 251-255.

Aymond, S. M. (2017). Neural Foundations of Creativity [...]. *Revista colombiana de psiquiatría*, 46(3), 187-192.

Beaty, R. E. (2015). Default and Executive Network Coupling Supports Creative Idea Production. *Nature Publishing Group*, 5, 1-14.

Beaty, R. E. et al. (2019). Network neuroscience of creative cognition [...]. *Curr Opin Behav Sci*, 27, 22-30.

Benedek M. et al. (2014). Intelligence, creativity, and cognitive control [...]. *Intelligence*, 46, 73-83.

Boccia, M. et al. (2015). Where do bright ideas occur in our brain? [...]. *Front Psychol*, 6, 1906.

Crone, E. A. & Dahl, R. E. (2012). Understanding adolescence as a period of social-affective engagement and goal flexibility. *Nat Rev Neurosci*, 13, 636-650.

Guilford, J. P. (1967). Creativity [...]. *The Journal of Creative Behavior*, 1(1), 3-14.

Kyaga, S. et al. (2013). Mental illness, suicide and creativity [...]. *Journal of Psychiatric Research*, 47(1), 83-90.

Kenett, Y. N. et al. (2018). Driving the brain towards creativity and intelligence [...]. *Neuropsychologia* 118 (Dl. A), 79-90.

Kleibeuker, S. W. et al. (2012). The development of creative cognition across adolescence [...]. *Dev Sci*, 16(1), 2-12.

Kleibeuker, S. W. et al. (2013). The neural coding of creative idea generation across adolescence and early adulthood. *Front Hum Neurosci*, 7, 905.

Li, J. et al. (2017). High transition frequencies of dynamic functional connectivity states in the creative brain. *Sci Rep*, 7, 46072.

Liu, S. et al. (2012). Neural Correlates of Lyrical Improvisation [...]. *Scientific reports* 2, 822.

Madore, K. P. et al. (2017). Neural Mechanisms of Episodic Retrieval Support Divergent Creative Thinking. *Cereb Cortex* 29(1), 150-166.

Pidgeon, L. M. et al. (2016). Functional neuroimaging of visual creativity [...]. *Brain Behav*, 6(10), e00540.

Roeling, M. P. et al. (2016). Heritability of Working in a Creative Profession. *Behav Genet*, 47(3), 298-304.

Ward, T. B. et al. (1999). Creative cognition in gifted adolescents. *Roeper Review*, 21, 260-266.

第5章
最适合大脑的学习环境

1 你的大脑如何从别人的错误中吸取教训?

Arnold, K. M. & McDermott, K. B. (2013). Free recall enhances subsequent learning. *Psychonomic Bulletin & Review*, 20(3), 507-513.

Bandura, A. (1977). *Social Learning Theory*. New York.

Büchel, C. & Dolan, R. J. (2000). Classical fear conditioning in functional neuroimaging. *Current Opinion in Neurobiology,* 10(2), 219-223.

Callan, D. E. & Schweighofer, N. (2009). Neural correlates of the spacing effect in explicit verbal semantic encoding support the deficient-processing theory. *Human Brain Mapping*, 31(4), 645-659.

Calvo-Merino, B. et al. (2006). Seeing or doing? [...]. *Curr Biol*, 16(19), 1905-1910.

Cross, E. S. et al. (2006). Building a motor simulation de novo [...]. *NeuroImage*, 31(3), 1257-1267.

Gerson, S. A. et al. (2015). Short-term Motor training, but Not Observational Training [...]. *J Cogn Neurosci*, 27(6), 1207-1214.

Gerson, S. A. & Woodward, A. L. (2014). Learning from their own actions [...]. *Child Dev*, 85(1), 264-277.

Graddol, D. (2004). The future of language. *Science*, 303(5662), 1329-1331.

Hirsh, J. B. & Inzlicht, M. (2010). Error-related negativity predicts academic performance. *Psychophysiology*, 47(1), 192-196.

Joiner, J. et al. (2017). Social learning through prediction error in the brain. *NPJ Sci Learn*, 2, 8.

Kesteren, M. T. R. van, et al. (2012). How schema and novelty augment memory formation. *Trends Neurosci*, 35(4), 211-219.

Kesteren, M. van & Meeter, M. (2020) How to Use Your Memories to Help Yourself Learn New Things. *Front. Young Minds*, 8, 47.

Mayer, K. M. et al. (2015). Visual and Motor Cortices Differentially Support the Translation of Foreign Language Words. *Current Biology*, 25(4), 530-535.

Meel, C. S. van, et al. (2012). Developmental Trajectories of Neural Mechanisms Supporting Conflict and Error Processing in Middle Childhood. *Developmental Neuropsychology*, 37(4), 358-378.

O'Doherty, J. P. (2004). Reward representations and reward-related learning in the human brain [...]. *Current Opinion in Neurobiology*, 14(6), 769-776.

Overbye, K. et al. (2019). Error processing in the adolescent brain [...]. *Developmental Cognitive Neuroscience*, 38, 100665.

Schlichting, M. L. & Preston, A. R. (2015). Memory integration [...]. *Curr Opin Behav Sci*, 1, 1-8.

Squire, L. R. (1992). Memory and the hippocampus [...]. *Psychological review*, 99(2), 195-231.

Squire, L. R. (2004). Memory systems of the brain [...]. *Neurobiol Learn Mem*, 82(3), 171-177.

Tamnes, C. K. et al. (2013). Developmental Cognitive Neuroscience. *Accident Analysis and Prevention*, 6, 1-13.

Thomas, M. S. C. et al. (2019). Annual Research Review: Educational neuroscience [...]. *J Child Psychology Psychiatry Allied Discipl*, 60(4), 477-492.

Toni, I. et al. (2001). Learning Arbitrary Visuomotor Associations [...]. *NeuroImage*, 14(5), 1048-1057.

Van den Bos, W. et al. (2012). Learning whom to trust in repeated social interactions [...]. *Group Process. Intergroup Relat*, 15, 243-256.

Zaromb, F. M. & Roediger, H. L. (2010). The testing effect in free recall is associated with enhanced organizational processes. *Memory & Cognition*, 38(8), 995-1008.

2 执行功能

Achterberg, M. et al. (2016). Frontostriatal White Matter Integrity Predicts Development of Delay of Gratification [...]. *The Journal of neuroscience*, 36(6), 1954-1961.

Casey, B. J. et al. (2011). Behavioral and neural correlates of delay of gratification 40 years later. *Proc National Acad Sci*, 108(36), 14998-15003.

Casey, B. J. et al. (2008). The adolescent brain. *Dev Rev*, 28(1), 62-77.

Diamond, A. & Ling, D.S. (2016). Conclusions about interventions, programs, and approaches for improving executive functions [...]. *Developmental Cognitive Neuroscience*, 18, 34- 48.

Huizinga, M. & Van der Molen, M. W. (2007). Age-group differences in set-switching and set-maintenance on the Wisconsin Card Sorting Task. *Dev Neuropsychol*, 31(2),193-215.

Javitt, D. C. et al. (2008). Neurophysiological biomarkers for drug development in schizophrenia. *Nat Rev Drug Discov*, 7, 68-83.

Jolles, D. D. et al. (2011). Developmental differences in prefrontal activation during working memory maintenance and manipulation for different memory loads. *Developmental Sci*, 14(4), 713-724.

Klingberg, T. et al. (2002). Increased Brain Activity in Frontal and Parietal Cortex [...]. *J Cognitive Neurosci*, 14(1), 1-10.

Mareschal, D. (2016). The neuroscience of conceptual learning in science and mathematics. *Current Opinion in Behavioral Sciences*, 10, 114-118.

Mischel, W. & Ebbesen, E. B. (1970). Attention in delay of gratification. *J Pers Soc Psychol*, 16(2), 329-337.

Neville, H. J. et al. (2013). Family-based attention training program. *Proc Natl Acad Sci USA*, 110(29), 12138-12143.

Rüsch, N. et al. (2007). Prefrontal-thalamic-cerebellar gray matter networks and executive functioning in schizophrenia. *Schizophr Res*, 93(1-3), 79-89 .

Trivedi, J. K. (2006). Cognitive deficits in psychiatric disorders [...]. *Indian J Psychiat*, 48(1), 10-20.

Wendelken, C. et al. (2012). Flexible rule use [...]. *Dev Cogn Neuros-neth*, 2(3), 329-339.

Zelazo P. D..(2006). The Dimensional Change Card Sort (DCCS [...]. *Nat Protoc*, 1(1), 297-301.

3 睡眠对学习的影响

Anders T. et al. (1995). Normal sleep in neonates and children. In: Ferber R. & Kryger M. H. (red.) *Principles and practice of sleep medicine in the child*. Philadelphia, 7-18.

Beebe, D. W. et al. (2009). Preliminary fMRI findings in experimentally sleep-restricted adolescents engaged in a working memory task. *Behav Brain Funct*, 5, 9.

Birchard, K. & Leigh, D. (2019). The Importance of Keeping Time With Our Internal Clocks. *Front Young Minds*, 7, 72.

Buchmann, A. (2011). EEG sleep slow-wave activity as a mirror of cortical maturation. *Cereb Cortex*, 21(3), 607-615.

Campbell, I. G. et al. (2012). Sex, puberty, and the timing of sleep EEG measured adolescent brain maturation. *Proc Natl Acad Sci USA*, 109(15), 5740-5743.

Deboer, T. (2018). Neurobiology of Sleep and Circadian Rhythms. *Neurobiology of Sleep and Circadian Rhythms*, 5, 68-77.

Dewald, J. F. et al (2010). The influence of sleep quality, sleep duration and sleepiness on school performance in children and adolescents […]. *Sleep Med Rev*, 14(3), 179-89.

Borb, A. A. & Achermann, P. (1999). Sleep homeostasis and models of sleep regulation. *Journal of biological rhythms*, 14(6), 559-570.

Gais, S. et al. (2007). Sleep transforms the cerebral trace of declarative memories. *Proc Natl Acad Sci USA*, 104(47), 18778-18783.

Geerdink, M. (2017). *In search of light therapy to optimize the internal clock, performance and sleep*. Rijksuniversiteit Groningen.

Hagenauer, M. H. et al. (2009). Adolescent changes in the homeostatic and circadian regulation of sleep. *Developmental neuroscience*, 31(4), 276-284.

Hummer, D. L. & Lee, T. M. (2016). Daily timing of the adolescent sleep phase […]. *Neuroscience & Biobehavioral Reviews*, 70, 171-181.

Koopman-Verhoeff, M. & Saletin, J. (2020). A Good Night's Sleep: Necessary for Young Minds. Front. Young Minds. 8:77. doi: 10.3389/frym.2020.00077

Kurth, S. (2010). Mapping of cortical activity in the first two decades of life […]. *J Neurosci*, 30(40), 13211-13219.

Marshall, L. & Born, J. (2007). The contribution of sleep to hippocampus-dependent memory consolidation. *Trends Cogn Sci*, 11(10), 442-450.

McGraw, K. et al. (1999). The development of circadian rhythms in a human infant. *Sleep*, 22(3), 303-310.

Mirmiran, M. et al. (2003). Development of fetal and neonatal sleep and circadian rhythms. *Sleep Medicine Reviews*, 7(4), 321-334.

Ouyang, Y. et al. (1998). Resonating circadian clocks enhance fitness in cyanobacteria. *Proc Natl Acad Sci USA*, 95(15), 8660-8664.

Rivkees, S. A. (2003). Developing circadian rhythmicity in infants. *Pediatric endocrinology reviews*, 1(1), 38-45.

Roenneberg, T. et al. (2007). The human circadian clock entrains to sun time. *Curr Biol*, 17(2), R44-R45.

Purves, D. et al. (2001) Thalamocortical Interactions. In: Purves, D. et al. (red.) *Neuroscience*, 2nd Edition, Sunderland, 618.

Sadeh, A. et al. (2009). Sleep and the transition to adolescence: a longitudinal study. *Sleep*, 32(12), 1602-1609.

Takashima A. et al. (2006). Declarative memory consolidation in humans […]. *Proc Natl Acad Sci USA*, 103(3), 756-761.

Taki, Y. et al. (2012). Sleep duration during weekdays affects hippocampal gray matter volume in healthy children. *NeuroImage*, 60(1), 471-475.

Tarokh, L. et al. (2016). Sleep in adolescence […]. *Neuroscience & Biobehavioral Reviews*, 70, 182-188.

Wilhelm, I. et al. (2012). Neuroscience and Biobehavioral Reviews. *Neuroscience & Biobehavioral Reviews*, 36(7), 1718-1728.

Woelfe, M. A. et al. (2004). The adaptive value of circadian clocks […]. *Curr Biol*, 14(16), 1481-1486.

Urbain, C. et al. (2016). Sleep in children triggers rapid reorganization of memory-related brain processes. *NeuroImage*, 134, 213-22.

Zaromb, F. M. & Roediger, H. L. (2010). The testing effect in free recall is associated with enhanced organizational processes. *Mem Cogn* 38(8), 995-1008.

4 有压力的大脑对学习的影响

Allen, M. et al. (2012). Cognitive-Affective Neural Plasticity following Active-Controlled Mindfulness Intervention. *J Neurosci*, 32(44), 15601-15610.

Bradley M. M. & Lang P. J. (2017) International Affective Picture System. In: Zeigler-Hill V. & Shackelford T. (red.) *Encyclopedia of Personality and Individual Differences*. Houten.

Botvinick, M. M. et al. (2001). Conflict monitoring and cognitive control. *Psychological review*, 108(3), 624-652.

Carsley, D. et al. (2017). Effectiveness of Mindfulness Interventions for Mental Health in Schools […]. *Mindfulness*, 9(3), 1-15.

Kim, H.-R. et al. (2017). Building Emotional Machines […]. *Ieee T Multimedia*, 20, 2980-2992.

Kluen, L. M. et al. (2017). Impact of Stress and Glucocorticoids on Schema-Based Learning. *Neuropsychopharmacol*, 42(6), 1254-1261.

Tang, Y.-Y. et al. (2015). The neuroscience of mindfulness meditation. *Nature Reviews. Neuroscience*, 16(4), 1-13.

Taylor, V. A. et al. (2011). Impact of mindfulness on the neural responses to emotional pictures in experienced and beginner meditators. *NeuroImage*, 57(4), 1524-1533.

Vogel, S. et al. (2018). Stress affects the neural ensemble for integrating new information and prior knowledge. *NeuroImage*, 173, 176-187.

5 数字时代的大脑发育

Achterberg, M. et al. (2020) Longitudinal changes in DLPFC activation during childhood are related to decreased aggression following social rejection. *Proc National Acad Sci*, 117(15), 8602-8610.

Crone, E.A. et al. (2006). Neurocognitive development of the ability to manipulate information in working memory. *Proc Natl Acad Sci*, 103(24), 9315-9320.

Horowitz-Kraus, T. & Hutton, J. S. (2018). Brain connectivity in children is increased by the time they spend reading books […]. *Acta paediatrica*, 107(4), 685-693.

Horowitz-Kraus, T. & Hutton, J. S. (2015) From emergent literacy to reading […]. *Acta Paediatrica*, 104(7), 648-656.

Hutton, J. S. et al. (2015) Home Reading Environment and Brain Activation in Preschool Children Listening to Stories. *Pediatrics*, 136(3), 466-478.

Tarbox, J. & Tarbox, C. (2016). *Training Manual for Behavior Technicians Working with Individuals with Autism*. San Diego.

Kidd, D. C. & Castano, E. (2013). Reading literacy fiction improves theory of mind. *Science*, 342(6156), 377-380.

Moisala, M. et al. (2016). Media multitasking is associated with distractibility and increased prefrontal activity in adolescents and young adults. *NeuroImage*, 134, 113-121.

Ophir, E. et al. (2009). Cognitive control in media multitaskers. *Proc Natl Acad Sci USA*, 106(37), 15583-15587.

Przybylski, A. & Weinstein, N. (2017). A large-scale test of the Goldilocks hypothesis […]. *Psychol Sci* 28(2), 204-215.

Rideout, V. & Robb, M. B. (2018). *Social Media, Social Life: Teens Reveal Their Experiences*. San Francisco.

Rossignoli-Palomeque, T. et al. (2018). Brain Training in Children and Adolescents […]. *Front Psychol*, 9, 565.

Simons, D. J. et al. (2016). Do 'brain-training' programs work? *Psychol Sci Public Interest*, 17, 103-186.

译名对照

在本部分中，我们尽可能收录了荷兰语中的流行术语，除非科学术语更为常见，才会被用于文中。

A

Achterhoofdskwab (occiptaalkwab)　枕叶
Actiepotentiaal　动作电位
ADHD　注意力缺陷多动症
Adrenarche　肾上腺
Alzheimer　阿尔茨海默病
Amygdala　杏仁体
Apoptose　细胞凋亡
Autismespectrumstoornis　自闭症谱系障碍
Axon　轴突

B

Basale kernen　基底核
BOLD-signaal　BOLD（血氧水平依赖）信号
Brain training games (breinspelletjes)　益智游戏
Breinorganisatietheorie　大脑组织理论
Rámony Cajal　圣地亚哥·拉蒙·卡哈尔

C

Circadiaans ritme　昼夜节律
Complete androgeen ongevoeligheidssyndroom (CAOS)　完全性雄激素不敏感综合征
Congenitale bijnierschorshyperplasie (CAH)　先天性肾上腺皮质增生症
Chromosoom　染色体
Coginitieve ontwikkeling　认知发育
Connectoom　连接组
Cortisol　皮质醇
CT-scan　计算机断层扫描

D

Darmflora (microbioom)　微生物群
Dendriet　树突
Depressie　抑郁症
Diamond, Marian　玛丽安·戴蒙德
Diepe slaap (slow wave sleep)　深度睡眠
Divergent denken　发散思维
DNA　DNA（脱氧核糖核酸）
Dopamine　多巴胺
Dorsolaterale prefrontale cortex (dlPFC)　背外侧前额叶皮层

E

Ectoderm　外胚层
EEG-scan　脑电图扫描
Effectgrootte　效应大小
Einstein, Albert　阿尔伯特·爱因斯坦
Endoderm　内胚层
Epilepsie　癫痫患者
Episodisch geheugen　情景记忆
Executieve functies　执行功能
Expliciet geheugen　显性记忆

F

Feedback　反馈
Feedforward　前馈
Forster, Laura Elizabeth　劳拉·伊丽莎白·福斯特
Frontale hersenschors　额叶大脑皮层
Fylogenetische stamboom　系统发育谱系

G

Galen, Claudius　劳迪亚斯·盖伦
Gebied van Broca　布洛卡区
Gebied van Wernicke　韦尼克区
Gedragsregulatie　自我调节
Gehoorbeentjes　听小骨
Gekristalliseerde intelligentie　晶体智力
Gender　性别
Gestreept lichaam (striatum)　纹状体
G-factor　G因素
Gliacellen　胶质细胞
— astrocyten　星形胶质细胞
— microglia　小胶质细胞
— olygodendrocieten　少突胶质细胞
Globus pallidus　球状体
Goldman-Rakic, Patricia　帕特里夏·戈德曼-拉基奇
Camillo Golgi　卡米洛·高尔基
Gonadarche　性腺
Grijze stof　灰质

H

Hemoglobine　血红蛋白
Hersenbalk (corpus calossum)　胼胝体
Hersenkamer (ventrikel)　脑室
Hersenschors (cortex cerebri)　大脑皮层
Hersenstam (truncus cerebri)　脑干
Hippocampus　海马体
Homeostase　体内平衡
Hypofyse　垂体
Hypothalamus　下丘脑

I

Impliciet geheugen　隐性记忆
INAH-3　下丘脑前部间质核-3
Intelligentiequotiënt (IQ)　智商
Ionkanaal　离子通道

K

Klassiek conditioneren　经典条件反射
Kleine hersenen (cerebellum)　小脑
Kortetermijngeheugen　短期记忆

L

Langetermijngeheugen　长期记忆
Langetermijnpotentiatie (LTP)　长时程增强
Lateralisatietheorie　偏侧化理论
Limbisch systeem　边缘系统

M

Maria Mikhailovna Manasseina　玛丽亚·米哈伊洛夫娜·马纳西娜
Mediale prefrontale cortex (mPFC)　内侧前额叶皮层
MEG-scan　脑磁图扫描
Mesoderm　中胚层
Mindfulness　正念

大脑信息图

[比] 劳拉·维伦卡 著
[比] 迪尔玛·扬斯 绘
轮妹 译

图书在版编目（CIP）数据

大脑信息图 / (比) 劳拉·维伦卡著 ; (比) 迪尔玛·扬斯绘 ; 轮妹译. -- 北京 : 北京联合出版公司, 2024. 8. -- ISBN 978-7-5596-7712-9

Ⅰ. Q954.5-49

中国国家版本馆CIP数据核字第2024DY9746号

Atlas van ons brein. Een visuele reis door de hersenen

by Lara Wierenga and Dirma Janse

出品人	赵红仕
选题策划	联合天际
责任编辑	高霁月
特约编辑	庞梦莎
美术编辑	梁全新
封面设计	孙晓彤

出　　版	北京联合出版公司 北京市西城区德外大街83号楼9层 100088
发　　行	未读（天津）文化传媒有限公司
印　　刷	北京雅图新世纪印刷科技有限公司
经　　销	新华书店
字　　数	290千字
开　　本	1092毫米 × 930毫米 1/12 21.5印张
版　　次	2024年8月第1版　2024年8月第1次印刷
I S B N	978-7-5596-7712-9
定　　价	238.00元

关注未读好书

客服咨询

本书若有质量问题，请与本公司图书销售中心联系调换
电话：(010) 52435752

布罗德曼分区脑图

外

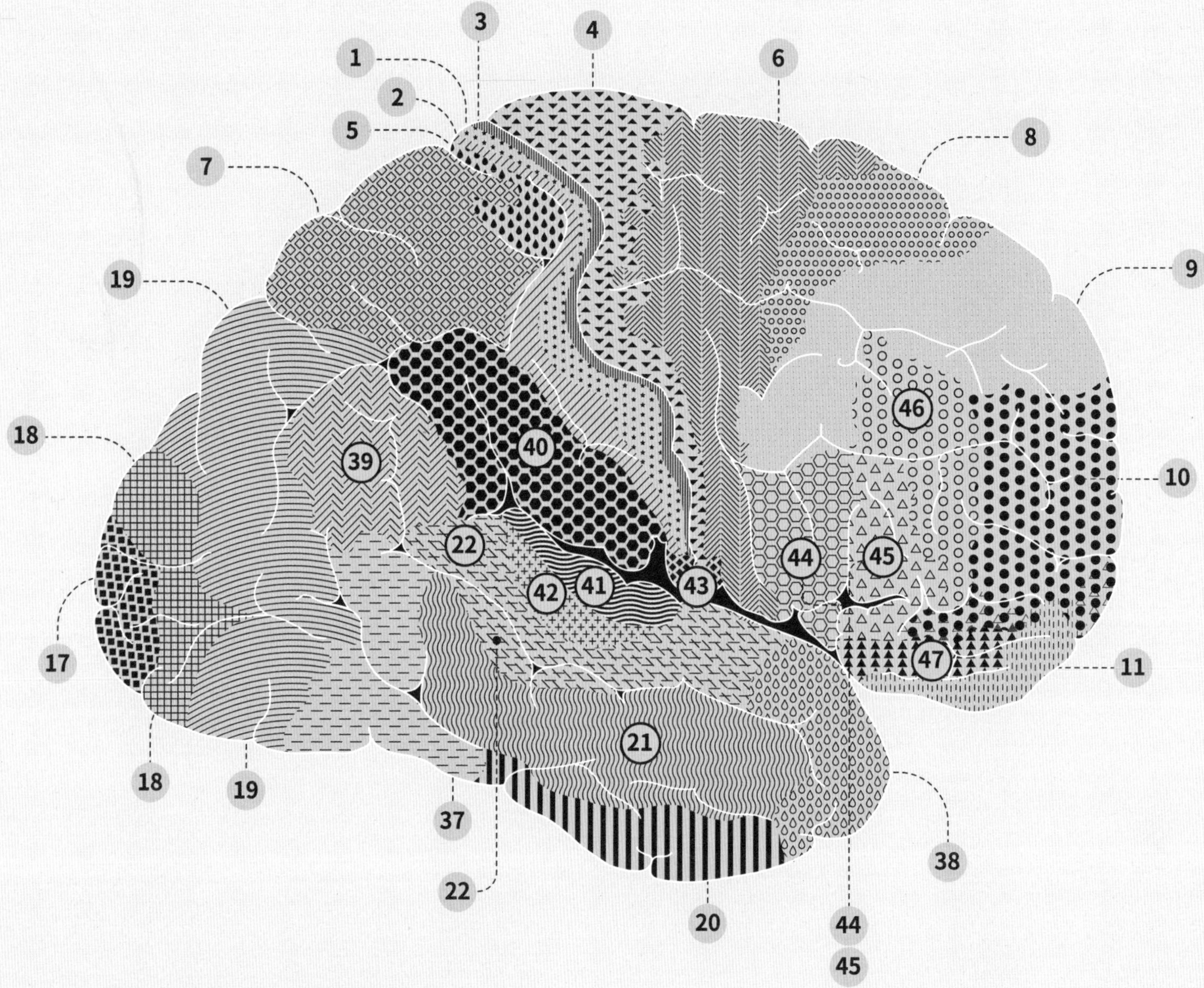

图例

1 初级体感皮层 中央后回（内侧）
2 初级体感皮层 中央后回（末尾）
3 初级体感皮层 中央后回（前端）
4 初级运动皮层
5 体感联合皮层
6 前运动皮层
7 体感联合皮层
8 额叶眼动区
9 背外侧前额叶皮层
10 前额叶皮层
11 眶额区
12 眶额区
13 岛叶皮层
17 初级视觉皮层
18 次级视觉皮层
19 视觉联合皮层
20 颞下回
21 颞中回
22 韦尼克区
23 腹侧后扣带皮层
24 腹侧前扣带皮层
25 膝下皮层
26 压外区
27 前下托
28 腹侧内嗅皮层
29 压后皮层
30 压后皮层
31 背侧后扣带皮层
32 背侧前扣带皮层
33 前扣带皮层
34 背侧前嗅皮层
35 旁嗅皮层
36 海马旁皮层
37 梭状回
38 颞极区
39 角回
40 缘上回
41 初级听觉皮层
42 次级听觉皮层
43 中央下区
44 布洛卡区
45 布洛卡区
46 背外侧前额叶皮层
47 下额叶皮层
48 下脚后区（介于35区和27区之间）
52 岛叶旁区（未显示）